U0142268

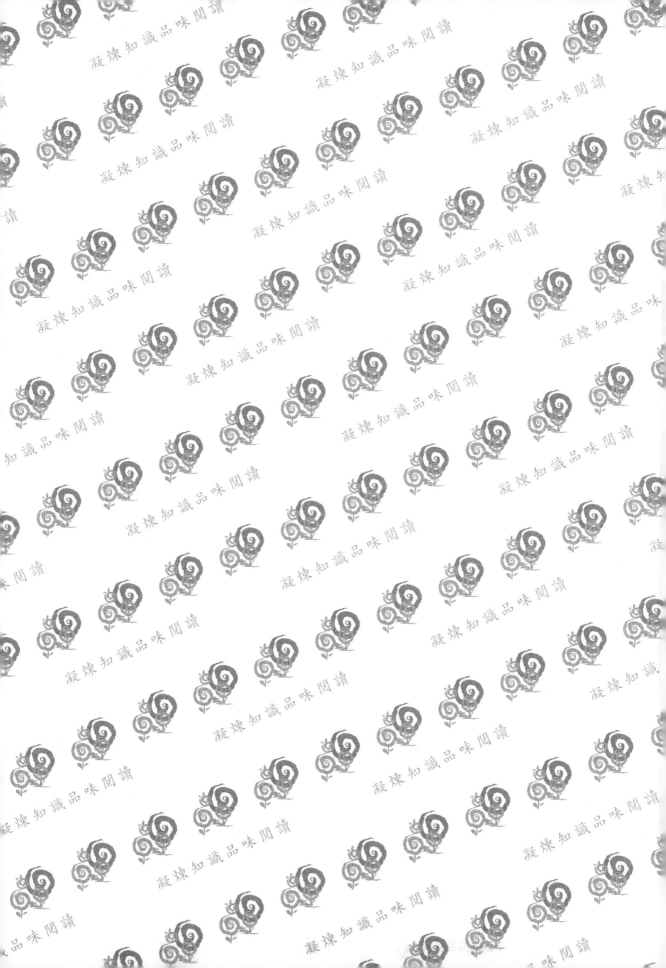

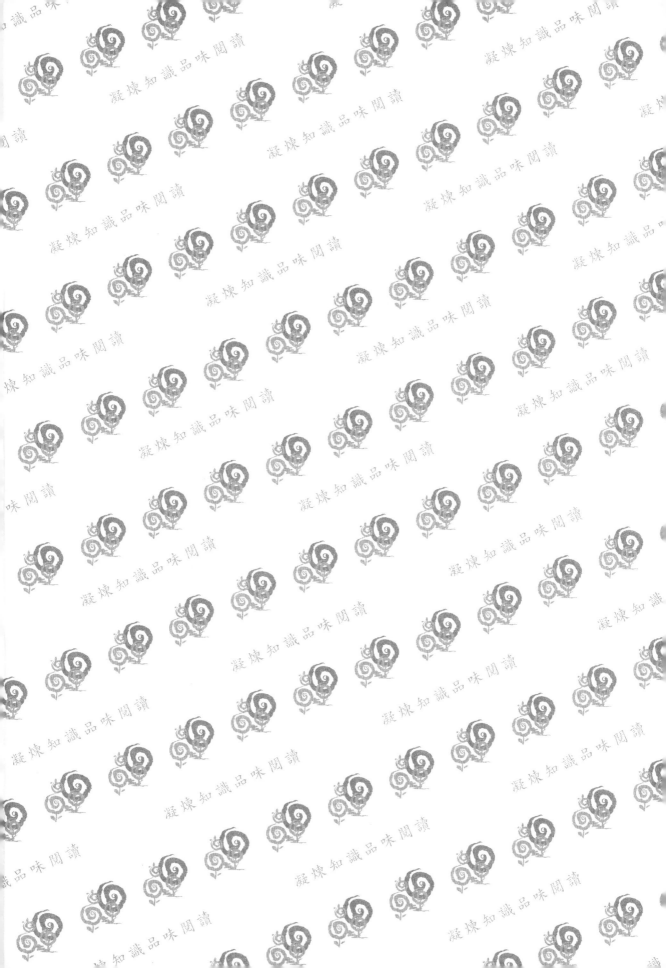

水土保持工程

Soil and Water Conservation Engineering

黃宏斌——著

五南圖書出版公司 印行

序　言

　　1964年臺灣省主席黃杰先生以「治山先治水」觀念說明水土保持之重要性後，隨即推動水土保持工作和人才培育。五十幾年來，隨著臺灣經濟發展，氣候變遷、環境保護與生態棲地保育等意識興起，水土保持以水土資源保育為核心，與時俱進，適時調整工作內容以營造生產、生活和生態三生互利共存環境。從山坡地農牧利用、防砂工程，逐漸融入整體性治山防災、大規模崩塌防減災、農村建設和生態工程等工作項目，水土保持工程之理解與應用也益形重要。

　　本書第一版係配合水土保持技術規範和水土保持手冊內容撰寫，第二版之撰寫原則與第一版不同，從臺灣水文和地文特性出發，以水文分析和土壤沖蝕之理論基礎，分章節闡述泥砂生產、土壤流失，與野溪治理、崩塌地處理、土石流防治、排水系統規劃設計等工程項目，接著介紹滯洪池、沉砂池、擋土牆、防砂壩、生態工程、防災工程等設計單元，以及工程規劃設計相關內容。本書廣泛探討山坡地和平地城鄉地區之保水、蓄水和滯洪，以及維持地力，防止土壤劣化等議題。適合大學部三年級以上和研究所學生，以及公務員和專業技師參考使用。

　　感念指導教授於在學期間之諄諄教誨，謹以此書獻給中興大學何智武教授與臺灣大學陳信雄教授。

目　錄

圖目錄

表目錄

chapter 1

水土保持概論

Introduction of Soil and Water Conservation

1.1 水土保持重要性

　　人類由游牧社會轉化成定耕農業社會，對土地利用頻度、生產力相對增加。歷史記載文明古國首都之遷移理由經常是糧食供應不足問題。由於首都聚集人口越來越多，糧食需求壓力越來越大，除了增加糧食生產外，附近地區之供應量也越來越大。

　　在交通運輸不發達年代，如何增加糧食生產量會是一個重要課題。在糧食生產無法滿足之情況下，不是超限利用土地，導致土地劣化、生產力衰退，就是掠奪附近地區之收成，或是遷都。後來，交通運輸技術發達，運輸路線有陸路運輸，也有運河開鑿由漕運，或經由沿海船運。糧食供應地區距離首都或大城鎮越來越遠，糧食生產量之問題越來越普遍。當收成不好時，就可能發生暴動或改朝換代。如古代文明古國之埃及、中亞、印度以及中國之黃土高原，大都為了提高生產力，增加糧食生產，形成土地超限利用，以致土地生產力衰退，甚至沙漠化，文明古國無法供應眾多人口之糧食需求而淪落。美國在1935年間調查歷史上曾有高度文明而現代淪於貧困落後國家，發現其原因為土地利用不當而造成今日之貧困與落後狀態。

　　然而，不少領導者並未從歷史經驗中學得教訓，僅要求增加糧食生產量；而未注重水土保持和永續維護土地生產力結果，常導致生產量到達一個高峰之後便急遽下降，產生糧食不足之情形。除了土地生產力枯竭外，因為人口聚集，民生、農業或工業用水需求增加，各種廢水如果未經妥善處理即放流，亦有可能汙染水源，導致水資源之質、量經營壓力增大。

圖1-1　土砂淹沒吊橋

圖1-2　土砂破壞河邊房舍和擋土牆

圖1-3　土砂淹沒房舍和箱涵

圖1-4　土砂埋沒房舍

1.2 演進與發展

　　「水土保持」於1910年首先出現在美國農業部的《農訊》，當初係指防止土壤沖蝕而言。1930年以後，才開始受到重視。美國水土保持工作創導人班乃脫（Bennett, H. H.）定義「水土保持係以合理土地利用為基礎，一面使用土地，一面予以土地必需之處理，以維持土地生產力延續持久而不衰退。」

　　除了土地使用外，為防止土地過度使用產生劣化，美國前水土保持局局長沙特（Salter. R. M.）提出「水土保持乃是合理利用土地，適當保護土壤，不使發生劣化，並恢復已被沖蝕之土地，重行利用，並保存水分以供作物之吸收，對耕地施以適當之灌溉與排水，以增生產。」大致上都集中在土地保育利用方面；較少涉及水資源涵養或保護。佛力凡（Frevert, R. K.）同時考慮水、土資源的保育，他提出「水土保持是水土之合理利用，不使浪費，以求生產量達到高度之水準而永續不絕。」

　　美國水土保持之發展則是從防止土壤沖蝕，進而維持土地生產力，再進步到合理利用土地，最後擴展至水土資源合理利用。1994年我國立法通過之水土保持法則定義「水土保持之處理與維護目的係以保育水土資源，涵養水源，減免災害，促進土地合理利用，增進國民福祉。」

　　國民政府遷臺初期，糧食需求壓力大，除平地農業生產外，同時推動山坡地開發計畫，積極推廣落實山坡地農場相關之水土保持處理和維護措施，此一階段水土保持主要工作為山坡地農業生產規劃。當時之目標除了降低山坡地農場開發過程和營運期間之水土沖刷外，主要是著重在山坡地農業之生產量。1964年省主席黃杰先生鑑於部分山坡地地區開發導致土壤流失，根據「治山先治水」之觀念，在臺灣新生報說明水土保持之重要性，開始重視水土保持。由於當初時空背景條件下，制定水土保持法有所困難，因此針對山坡地之保育和利用目標，於1976年公布山坡地保育利用條例。1994年水土保持法和1996年水土保持技術規範相繼公布實施後，臺灣相關之水土保持處理與維護工作陸續展開，此一階段之水土保持工作為農村綜合規劃建設。與山坡地保育利用條例不同的是，水土保持法是偏重實施水土保持處理與維護之相關規定。

　　後來，生態保育觀念崛起，國土保安和環境保護概念受到國人普遍重視，山

坡地農業由生產轉為山坡地保育、環境生態營造，水土保持處理與維護項目不再局限於水土流失控制，而擴大範圍至同時需要考慮自然生態環境復舊或營造，此一階段之水土保持工作為推動自然生態工法、生態工法、生態工程或近自然工法等。接著，由於國民素質提高，921地震後之水土保持處理、維護措施必須同時落實生產、生活和生態之條件，實施範圍除了原有之整體治山防災外，也包含土石流防災應變和農村社區再生項目，此一階段之水土保持工作為推動坡地防災技術、土石流及崩塌地處理工程。

　　近年來因為氣候變遷影響，降雨強度增加所產生之土壤沖蝕力大增，乾旱期拉長導致土壤沖蝕現象更為嚴重，全流域總合治水觀念興起，讓水土保持之重要性更為顯著，因應莫拉克颱風災情，此一階段之水土保持工作為大規模崩塌處理。

　　水土保持工作並非僅局限在森林和山坡地地區，依據水土保持法之精神，應該擴展至整塊國土，結合都市計畫法令和非都市土地之聚落建設，增加保水、蓄水、滯洪和防洪，以及維持地力，防止土壤汙染、劣化功能。因此，水土保持目標隨時代背景之不同需求，而有不同定義，其最終目的乃是保護地球上人類賴以生存的有限之土地資源和水資源，使這兩項資源適時適地發揮最大利用效果，並且永續不絕。

圖1-5　北歐傳統農舍

1.3　水土保持處理與維護範圍

　　水土保持之處理與維護，並非局限在單一工法，而是因地制宜，就地取材，考量生態環境需求，以工程、農藝或植生方法，單獨或配合運用。而集水區治理為保育水土資源、涵養水源、防治沖蝕、崩塌、地滑、土石流、洪水及土砂災害，並以淨化水質、維護自然生態環境為目的。由於一般建設計畫都有其目的事業興辦機關負責，因此，除了集水區治理外，水土保持處理與維護都是配合輔助措施。水土保持處理與維護範圍有：

一、集水區治理。

二、農、林、漁、牧地之開發利用。

三、探礦、採礦、鑿井、採取土石或設置有關附屬設施。

四、修建鐵路、公路、其他道路或溝渠等。

五、於山坡地或森林區內開發建築用地，或設置公園、墳墓、遊憩用地、運動場
　　地或軍事訓練場、堆積土石、處理廢棄物或其他開挖整地。

六、防止海岸、湖泊及水庫沿岸、水道兩岸之侵蝕或崩塌。

七、沙漠、沙灘、沙丘地或風衝地帶之防風定砂及災害防護。

八、都市計畫範圍內保護區之治理。

九、其他因土地開發利用，為維護水土資源及其品質，或防治災害需實施之水土
　　保持處理與維護。

1.4　工程手冊與水土保持手冊

　　由於省主席黃杰先生於1964年倡導水土保持時，我國並沒有相關之處理與維護理論和技術，因此，農復會（農委會前身）協助山地農牧局（水土保持局前身），參考美國使用多年之手冊編譯成工程手冊，內容僅止於農地水土保持部分（1975）；1984年增加水土保持工程各項單元；1992年彙總成農地篇、工程篇和植生篇，1995年臺北市政府亦編印直轄市第一部水土保持手冊；2005年編印之水土保持手冊再擴充為總論、坡地保育、植生方法、工程方法和生態工法等5

篇。目前使用之水土保持手冊係2017年編印之水土保持手冊，分總論、基本資料調查與分析、工程、土石流、農藝、植生等6篇。

一、水土保持手冊，山地農牧局編印（1975年1月第一次修訂，1981年10月第二次修訂，1983年9月改訂）。

分山邊溝、果園山邊溝、山邊溝植草、平臺堦段、臺壁植草、草帶法、石牆法、寬壟堦段、等高耕作、覆蓋作物、敷蓋、綠肥、坡地防風、作業道、連絡道、農路植草、植生護坡、截洩溝、草溝、砌石溝、砌磚溝、預鑄溝、小型涵管、跌水等分為24章。

主要內容為農地水土保持之處理單元。

二、水土保持工程手冊，山地農牧局編印（1984年11月出版，1988年6月再版）。

分概論和各項處理單元兩篇。

(一) 概論篇有野溪治理、蝕溝控制、邊坡穩定、道路水土保持、坡地排水、坡地灌溉、工程施工及維護等7章。

(二) 各項處理單元篇則有防砂壩、潛壩、丁壩、堤防、護岸、整流工程、土壩、節制壩、噴植法、植生帶法、植草苗法、打樁編柵、固定框法、擋土牆、棄土場、排水溝、跌水、涵管、農塘、水源設施、抽水設施、輸配水設施、蓄水設施等23章。

為了補充1975年版水土保持手冊不足之處，1984年編印水土保持工程手冊，增加水土保持工程之相關單元，同時以概論和各項處理單元分別說明工法和工程項目。

三、水土保持手冊，臺灣省水土保持局、中華水土保持學會編印（1992年1月）

分工程、農地和植生3篇。

(一) 工程篇又分概論、處理單元、工程施工及維護等3部分。

　　1. 概論有野溪治理、坑溝整治、崩塌地調查與處理、土石流防治、邊坡穩定、道路水土保持、礦區水土保持、坡地排水、開挖整地水土保持、滯洪設施等10章。

　　2. 處理單元有防砂壩、潛壩、丁壩、堤防、護岸、整流工程、土壩、擋土牆、棄土場、排水設施、沉砂池、滯洪壩等12章。

(二) 農地篇有概論、山邊溝、山邊溝植草、平臺堦段、臺壁植草、寬壟堦

段、石牆法、草帶法、等高耕作、覆蓋作物、綠肥、敷蓋、坡地防風、截水溝、排水溝、草溝、跌水、小型涵管、L型側溝、過水溝面、農路支線、園內道、作業道、植生護坡、道路植草、蝕溝治理、節制壩、農地整坡、農地沉砂池、坡地灌溉、水源設施、抽水設施、輸配水設施、農塘、蓄水設施、坡地農場規劃等36章。

(三) 植生篇有概論、植生前期作業、植生方法、特殊土壤地區植生方法、維護管理、植生調查與分析等6部分。

1. 概論有適用範圍與內涵、植物之定義與功能、設計原則等3章。

2. 植生前期作業有植生前期作業之意義與目的、生育地之改善、排水、植生基礎處理等4章。

3. 植生方法有直播、噴植、植生帶鋪植、土壤袋植生、草苗栽植、草皮鋪植、容器育苗栽植等7章。

4. 特殊土壤地區植生方法有紅土地區植生方法、泥岩地區植生方法、礦區植生方法、海岸地區植生方法等4章。

5. 維護管理有澆水、施肥、補植、病蟲害防治等4章。

6. 植生調查與分析有植群的定量介質、樣區大小選擇、基本植物社會介量之組合、重要值指數、種歧異度之測定、種子發芽數調查、覆蓋率調查等7章。

除了彙整農地篇和工程篇外，因應環境綠美化之時代需求增加植生篇。

四、臺北市水土保持手冊，臺北市政府建設局、中華水土保持學會編印（1995年6月）分工程、農地和植生3篇。

(一) 工程篇又分概論、處理單元、工程施工及維護等3部分。

1. 概論有野溪治理、坑溝整治、崩塌地調查與處理、土石流防治、邊坡穩定、道路水土保持、礦區水土保持、坡地排水、開挖整地水土保持、滯洪及沉砂設施、遊憩區水土保持、工程環境綠美化等12章。

2. 處理單元有防砂壩、潛壩、丁壩、堤防、護岸、整流工程、土壩、擋土牆、棄土場、排水設施、沉砂池、調節池、落石防護設施等13章。

(二) 農地篇又分概論和處理單元等2部分。

1. 概論有坡地農場規劃、農地排水、蝕溝治理、農路系統、農地整坡、

坡地灌溉、坡地農園綠美化共7章。

2. 處理單元有山邊溝、平臺堦段、等高耕作、覆蓋作物、綠肥、敷蓋、坡地防風、截水溝、排水溝、跌水、農路支線、園內道、作業道、步道、路面排水、L型側溝、過水路面、植生護坡、蝕溝控制、整坡、農地沉砂池、水源設施、抽水設施、輸配水設施、農塘及蓄水設施等共25章。

(三) 植生篇有概論、植生前期作業、植生方法、特殊地區植生方法、維護管理、植生調查與分析、坡地綠美化等共7章。

以臺灣省水土保持局之水土保持手冊為主體，增加遊憩區水土保持和工程環境綠美化。

1994年5月27日水土保持法訂定，依據水土保持法第8條規定，該條所列舉地區之治理或經營、使用行為，應經調查規劃，依水土保持技術規範實施水土保持之處理與維護，以及第12條規定，於山坡地或森林區內從事該條所列舉行為，應先擬具水土保持計畫。因此，行政院農業委員會於1996年8月6日公告發布水土保持技術規範，以利製作水土保持計畫（含水土保持規劃書、水土保持計畫和簡易水土保持申報書）時所採用之公式、參數有所規範。

五、水土保持技術規範（1996年8月6日公告發布），行政院農業委員會編印（2000年4月）

分總則、基本資料調查與分析、規劃設計、工程施工與維護、防災措施、特殊專業技術及其他、水土保持技術之審議、附則等8章。

(一) 基本資料調查與分析有氣象與水文、逕流量分析、地下水調查、地形測繪、地形調查、工程地質調查、土壤調查與分析、土壤流失量、泥砂生產量調查、泥砂運移量調查、土地利用現況調查、植生調查等12節。

(二) 規劃設計有農地水土保持、蝕溝治理、節制壩、農地整坡、農地沉砂池、坡地灌溉、農塘、植生綠化、野溪治理、坑溝整治、崩坍地處理、土石流防治、邊坡穩定設施、道路水土保持、礦區水土保持、坡地排水系統、開挖整地水土保持、沉砂設施、滯洪設施、防砂壩、潛壩、丁壩、堤防、護岸、整流工程、土壩、擋土牆、土石堆積場、排水設施、沉砂池、滯洪壩等31節。

(三) 防災措施有防災綠帶、防止落石、土石流防災措施、臨時防災措施等4節。

(四) 特殊專業技術及其他有涉及本法及施行細則部分、涉及特定水土保持區劃定與廢止準則部分等2節。

(五) 水土保持技術之審議有一般水土保持技術、開發建築用地、高爾夫球場、遊憩用地、修建道路、探採礦、堆積土石、採取土石、設置公墓、處理廢棄物、農林漁牧用地之開發利用、水土保持施工等12節。

為了配合2001年1月1日行政程序法施行，以及遵照行政院核定之「國土保安計畫──解決土石流具體執行計畫」，通盤檢討水土保持技術規範。主要工作為保留水土保持技術規範可以納為法令規定位階之條文，並將無法納為條文內容編印成水土保持手冊。

因此，水土保持技術規範自1996年8月6日由行政院農業委員會公告發布後，歷經2000年3月31日、2002年4月29日、2003年8月15日、2010年10月15日、2012年3月30日、2012年10月23日、2014年9月11日、2020年3月3日等8次修正。

六、水土保持手冊，行政院農業委員會水土保持局、中華水土保持學會編印（2005年11月）

分總論、坡地保育、工程方法、植生方法、生態工法等5篇。

(一) 總論篇有水土保持意義與目的、水土保持之內容、水土保持方法、臺灣水土保持工作之範圍等4章。

(二) 坡地保育篇又分通論、農地水土保持、蝕溝控制、安全排水、坡地用水與灌溉、農路系統等6部分。

　　1. 通論有坡地保育、土壤沖蝕、土壤流失量之估算、坡地水土保持方法及配置、林地水土保持、分段截流、覆蓋與敷蓋、蝕溝處理、農路系統等9章。

　　2. 農地水土保持有坡地保育、山邊溝、山邊溝植草、平臺堦段、寬壠堦段、臺壁植草、石牆法、草帶法、覆蓋、敷蓋、綠肥、坡地防風、農地沉砂池等13章。

　　3. 蝕溝控制有蝕溝控制1章。

　　4. 安全排水有截水溝、草溝、排水溝、路面排水、小型涵管、L型側

溝、過水路面、跌水等8章。

5. 坡地用水與灌溉有水源設施、抽水設施、輸配水設施、農塘、蓄水設施等5章。

6. 農路系統有農路、園內道、作業道、步道等4章。

(三) 工程方法篇又分通論、處理單元等2部分。

1. 通論有野溪治理、坑溝整治、崩塌地處理、土石流防治、邊坡穩定、坡地排水、滯洪及沉砂設施、道路水土保持、礦區及土石採取區水土保持、開挖整地水土保持、遊憩區水土保持等11章。

2. 處理單元有防砂壩、梳子壩及開口壩、固床工、丁壩、堤防、護岸、整流工程、土壩、擋土牆、土石堆置場、排水設施、沉砂池、滯洪池等13章。

(四) 植生方法篇又分通論、植生前期作業、植生方法、植生維護與管理、特殊地植生等5部分。

1. 通論有適用範圍與內涵、植物與環境、環境條件與植物生長、植生作業規劃設計原則等4章。

2. 植生前期作業有植生前期作業之定義與目的、植生前期作業之工作項目、配合處理之工程等3章。

3. 植生方法有植生導入作業、直播、噴植、植生帶鋪植、土壤袋植生、草苗栽植、草皮鋪植、容器苗穴植、木本植物栽植及移植等9章。

4. 植生維護與管理有施肥、灌溉、病蟲害防治、植生之診斷、植生之養護、植生調查與分析等6章。

5. 特殊地植生有崩塌地、泥岩地區、紅土地區、工址周邊、緩衝綠帶、防風定砂、礦區、廢棄物處理場、坡地綠美化等9章。

(五) 生態工法篇又分通論和處理單元等2部分。

1. 通論有前言、生態工法應用原則、生態環境調查、監測與應用、生態工法規劃原則、生態指標之應用等5章。

2. 處理單元有護岸、堤防、固床工、透過性防砂壩、多孔性擋土牆、植生護坡、魚道等7章。

七、水土保持手冊，行政院農業委員會水土保持局編印（2017年12月）
分總論、基本資料調查與分析、工程、土石流、農藝、植生等6篇。

(一) 總論篇有水土保持之定義與目的、水土保持之內容、水土保持方法、水土保持工作範圍、水土保持手冊發展沿革等5章。

(二) 基本資料調查與分析篇又分通論、基本資料調查、水文水理與泥砂分析等3部分。

　　1. 通論有基本資料調查目的與範圍、輔助調查資料等2章。

　　2. 基本資料調查有地形調查與測繪、地質調查、土壤調查、地下水調查、蝕溝調查、土石流調查、野溪調查、崩塌地調查、農路調查、植生調查、土地利用現況調查、河床質調查、生態評估調查等13章。

　　3. 水文水理與泥砂分析有水文分析、水理分析、集水區泥砂侵蝕、流失與生產分析等3章。

(三) 工程篇又分通論和處理單元等2部分。

　　1. 通論有野溪治理、野溪淤積土石清疏、蝕溝控制、崩塌地處理、開挖整地、坡地排水、礦區及土石採取區、沉砂滯洪設施、生態工程等9章。

　　2. 處理單元有防砂壩、潛壩、固床工、丁壩、堤防、護岸、整流工、土壩、節制壩、擋土牆、樁、土釘、岩栓、地錨、格梁、防落石設施、土石堆置場、排水溝、暗渠、跌水、洩槽、橫向集水管、地下水集水井、排水廊道、魚道、沉砂池、滯洪池等27章。

(四) 土石流篇又分通論、處理單元、非工程防護對策等3部分。

　　1. 通論有土石流基本特性、土石流相關參數、土石流防治等3章。

　　2. 處理單元有土石流攔阻工法、土石流淤積工法、土石流導流工法、土石流緩衝林帶等4章。

　　3. 非工程防護對策有土石流潛勢溪流判釋、土石流影響範圍劃設、土石流觀測、土石流警戒基準值訂定等4章。

(五) 農藝篇又分通論、處理單元、農地水土保持相關配合措施等3部分。

　　1. 通論有概論、臺灣山坡地利用概況、土壤侵蝕與控制、水土保持農藝方法、防風定砂、農地水土保持規劃等6章。

　　2. 處理單元有等高耕作、覆蓋、敷蓋、綠肥、山邊溝、平臺階段、寬壟階段、石牆法、草帶法、農塘、農地沉砂池、農地防風、乾砌石護坡、梯田、農地整坡、過水溝面等16章。

3. 農地水土保持相關配合措施有農路系統、農地排水、農地灌溉等3章。

(六) 植生篇又分通論、植生工程材料之特性與應用、植生調查、植生前期作業、植生導入作業、植生維護與管理、常用植生工法類型、特殊地植生工程、其他地區植生方法等9部分。

1. 通論有適用範圍與內涵、植生之保育功能、植生工程基本規劃設計、基地立地條件與植生對策、植生演替系列與植生復育等5章。

2. 植生工程材料之特性與應用有種子材料、苗木材料、一般木椿材料、植生木椿材料、植生被覆材料、植生之纖維材料、客土材料、其他植生應用材料等8章。

3. 植生調查有植生調查類別、植物相調查項目與方法、植生定量調查方法、植生調查分析與應用等4章。

4. 植生前期作業有植生前期作業之工作項目、坡面處理（含整地）、坡面保護工程（含安定設施）、坡腳保護工程（含安定設施）、坡面排水工程等5章。

5. 植生導入作業有植生導入工法之種類、播種工法、栽植工法、植生誘導法等4章。

6. 植生維護與管理有播種法與地被植物之維護管理與成果調查、栽植工程之維護管理與苗木檢驗、其他維護管理之問題與對策等3章。

7. 常用植生工法類型有直播、噴植工法、植生帶（毯）鋪植、草苗栽植、苗木栽植、大型苗木斷根作業等6章。

8. 特殊地植生工程有特殊地之類型、紅土地區植生方法、泥岩地區植生方法、水庫裸露帶植生方法、採礦區或採石場植生方法、強酸（鹼）性土壤地區、海岸地區植生方法等7章。

9. 其他地區植生方法有崩塌地植生工程、緩衝綠帶、道路植生、景觀生態考量植生方法等4章。

以2005年行政院農業委員會水土保持局、中華水土保持學會編印之水土保持手冊為主體，增加土石流篇和部分邊坡穩定工程之處理單元。

1.5 水土保持法規

一、山坡地保育利用條例

1976年4月29日發布，歷經8次修正，目前適用2019年1月9日修正版。

二、山坡地保育利用條例施行細則

1977年9月30日發布，歷經6次修正，目前適用2020年5月13日修正版。

三、水土保持法

1994年5月27日訂定，歷經5次修正，目前適用2016年11月30日修正版。

四、水土保持法施行細則

1995年6月29日核定，歷經10次修正，目前適用2019年3月7日修正版。

五、水土保持技術規範

1996年8月6日公告發布，歷經8次修正，目前適用2020年3月3日修正版。

六、行政院農業委員會水土保持局水土保持計畫審核監督作業要點

1999年11月25日公布，歷經16次修正，目前適用2020年5月29日修正版。

七、水土保持計畫審核監督辦法

2004年8月31日公布，歷經9次修正，目前適用2020年3月12日修正版。

八、水土保持計畫審核監督辦法所需書、表、文件之格式共33種

2006年4月26日公告，歷經12次修正，目前適用2020年4月13日修正版。

工程手冊，行政院農業發展委員會提供補助，
臺灣省政府農林廳山地農牧局印，1982.10

水土保持手冊，行政院農業委員會，臺灣省
農林廳山地農牧局編印（1975年10月第一次
修訂，1981年10月第二次修訂，1983年9月改
訂）

水土保持工程手冊，行政院農業委員會，臺灣
省農林廳山地農牧局編印（1984年11月初版，
1988年6月再版）

水土保持手冊工程篇，臺灣省水土保持局、中
華水土保持學會編印（1992年10月）

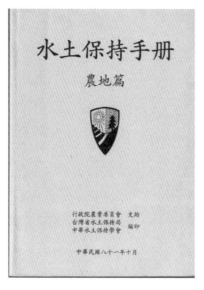

水土保持手冊農地篇，臺灣省水土保持局、中華水土保持學會編印（1992年10月）

水土保持手冊植生篇，臺灣省水土保持局、中華水土保持學會編印（1992年10月）

臺北市水土保持手冊工程篇，臺北市政府建設局、中華水土保持學會編印（1995年6月）

臺北市水土保持手冊農地篇，臺北市政府建設局、中華水土保持學會編印（1995年6月）

臺北市水土保持手冊植生篇，臺北市政府建設局、中華水土保持學會編印（1995年6月）

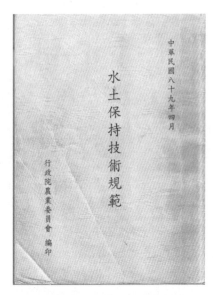

水土保持技術規範，行政院農業委員會，1996年8月

水土保持手冊，行政院農業委員會水土保持局、中華水土保持學會編印（2005年11月）

水土保持手冊總論篇、基本資料調查與分析篇，行政院農業委員會水土保持局編印（2017年12月）

水土保持手冊工程篇、土石流篇，行政院農業　水土保持手冊農藝篇、植生篇，行政院農業委
委員會水土保持局編印（2017年12月）　　　員會水土保持局編印（2017年12月）

參考文獻

1. 山地農牧局，水土保持手冊，1983.09
2. 臺北市政府建設局、中華水土保持學會，臺北市水土保持手冊，1995.06
3. 臺灣省水土保持局、中華水土保持學會，水土保持手冊，1992.10
4. 行政院農業委員會，水土保持技術規範，2020.3
5. 行政院農業委員會水土保持局、中華水土保持學會，水土保持手冊，2005.11
6. 行政院農業委員會水土保持局，水土保持手冊，2017.12
7. 林俊全、孫志鴻，臺灣國土監測報告，臺灣大學地理環境資源學系、台灣地理資訊中心、環境資源研究發展基金會，2009.06
8. 林鎮洋，國土復育與水土防災，新台灣人文教基金會，2010.2
9. 洪楚寶，水土保持，中國土木水利工程學會，1987.11
10. 陳亮全等，生活防災，國立空中大學，2008.2
11. 黃宏斌，水土保持工程，五南出版社，2014.04

12.黃宏斌，水土資源保育，2000年民間環保政策白皮書，歐陽嶠暉編，277-290頁，2000.08

13.黃宏斌，水土保持與永續資源，楊盛行編，永續資源學程，36-41頁，1999.05

14.Hudson, N., Soil Conservation, Cornell University Press, 1971

15.Troeh, F. R., J. A. Hobbs & R. L. Donahue, Soil and Water Conservation for Productivity and Environmental Protection, Prentice-Hall, Inc., 1980

習題

1. 為什麼要做水土保持工程？
2. 什麼時候要實施水土保持工程？
3. 何謂水土保持工程？水土保持工程包含哪些項目？
4. 水土保持法與山坡地保育利用條例之異同點。
5. 何謂水土保持之處理與維護？請問何種地區之治理或經營、使用行為，需要實施水土保持之處理與維護？
6. 何謂水土保持之處理與維護？您認為目前尚有哪些工作項目未列入水土保持技術規範之技術準據說明者。

chapter 2

臺灣地理特性與氣候變遷

Taiwan's geographic characteristics and Climate Change

2.1　形成

　　臺灣島是由菲律賓海板塊自東南方向西北方擠壓歐亞板塊所形成，其中，中央山脈以西為歐亞板塊，海岸山脈為菲律賓海板塊，花東縱谷就是兩大板塊間之縫合線。雖然學術界目前對於臺灣島形成有弧陸碰撞、弧弧碰撞和二次碰撞等不同主張，但是都認為碰撞最早發生在宜蘭東部外海，島嶼也在這一帶冒出海面。

　　依據中央地質調查所之研究成果顯示：40～44億年前，地球板塊逐漸成形。板塊是地球表面厚度介於10到100公里間之岩板，早期臺灣與中國華南共同所在之陸地，大約是在數億年前從南半球逐漸移動到目前位置。1億多年以前，古太平洋板塊快速形成，並以極快速度向東西兩側擴張移動，造成古太平洋板塊隱沒歐亞大陸之下。這個隱沒作用導致大規模火山噴發和歐亞大陸板塊東緣大陸棚上之巨厚沉積物被推擠隆起，而形成最早期之臺灣島雛形。

　　當古太平洋板塊完全隱沒在歐亞大陸板塊下面後，除擠壓作用和火山噴發停止外，也因為解壓張裂關係，形成許多陷落之沉積盆地。以濱海、沼澤植物或淺海生物遺骸為主之沉積物經過長期埋積在盆地內，常變成石油、天然氣與煤礦等能源礦產，最厚之沉積層厚度可達8,000公尺以上。

　　約2,000萬年前時，由於南中國海板塊向東邊隱沒到臺灣東側之菲律賓海板塊之下，導致菲律賓海板塊上形成一長串之火山島鏈。這串島鏈北端之火山島就是海岸山脈、綠島與蘭嶼。到了1,000萬年前，發生一次較大規模之溢流式火山噴發，在大陸棚上形成大面積之玄武岩熔岩平臺，也就是澎湖群島前身。同一時期，菲律賓海板塊與歐亞大陸板塊發生碰撞，將當時位在臺灣附近大陸棚上之沉積層與岩層推擠隆起，露出海面形成臺灣島。300萬年前，移動之海岸山脈與臺灣島發生接觸，因為推擠作用促成臺灣島抬升，形成中央山脈和西部平原。此次「弧陸」碰撞是海岸山脈與臺灣島合併之開始，地質學家將這次火山島弧與歐亞大陸之擠壓作用稱為「蓬萊運動」。

　　約280萬年前，菲律賓海板塊隱沒到北部臺灣島下方形成臺灣島北部以及外海地區之大規模火山噴發。直到80～50萬年前，臺灣北部地區之板塊推擠不再作用並引起地殼張裂，而形成地函之岩漿大量湧出地表，再次引發持續約30萬年之火山活動，同時形成大屯火山群、基隆火山群以及基隆嶼、棉花嶼、彭佳嶼與

釣魚臺；金瓜石和九份之金銅礦產，與大屯山之硫磺礦。

　　100萬年以來，大約每10萬年就發生一次冰河期。冰河期會造成全球海面大規模降低數十公尺至數百公尺。當海水下降超過80公尺時，臺灣海峽會乾枯變成陸地。最近一次冰河期發生在25,000～18,000年前，那時候臺灣海峽是不存在的，直到約5,000年前，全球海水面之變化才逐漸趨於穩定。

　　因此，臺灣島可以是具有地槽與島弧雙重地質背景之島嶼，目前菲律賓海板塊仍舊以每年約7公分之速率撞擊臺灣島。其中，中央山脈為2億5千萬年至1億年前，從古大陸沖刷下來之土石沉積在歐亞板塊東緣地帶，形成厚達一萬公尺以上之先第三紀變質雜岩系為主之沉積物地槽，經長期高溫和高壓等外力條件形成變質岩，後來經過蓬萊造山運動露出地表。

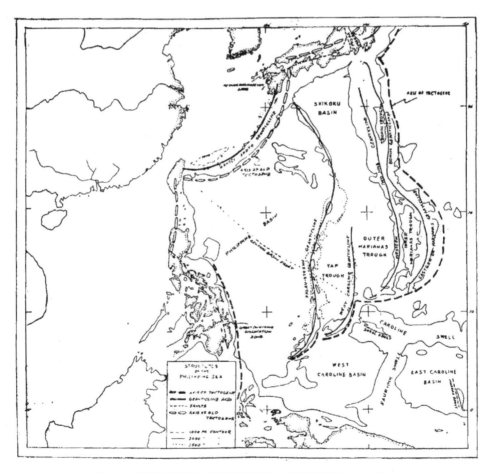

圖2-1　臺灣位置圖（取自林朝棨，臺灣地形，1957）

臺灣分為三個主要地質區：

一、中央山脈地質區

(一) 西翼與山嶺（第三紀之亞變質岩層）

(二) 東翼（先第三紀之變質雜岩系）

二、海岸山脈地質區（新第三紀地層）

三、西部麓山地質區（新第三紀碎屑岩層；砂岩、頁岩互層）

2.2 地形

經過擷取臺灣地形（林朝棨，1957）內文重點可得：由於臺灣島形成過程塑造出雁形排列之地體構造，以及山高谷深之地形特徵；位於琉球弧與呂宋弧之會合點，形狀為紡錘形或番薯形。臺灣島最北端自富貴角至最南端鵝鑾鼻，南北長度約380公里；最東邊自秀姑巒溪河口至西邊濁水溪口，東西寬約140公里，海岸線總長約1,144公里，面積約36,000平方公里。

一、臺灣之地理特性

(一) 地形陡峻

(二) 地質脆弱

(三) 河川湍急

(四) 颱風豪雨頻繁

二、臺灣主要地形組成要項

(一) 脊梁山脈

脊梁山脈為臺灣最高之山系，為臺灣島之脊梁，又稱中央山脈。自蘇澳南方，經南湖大山、合歡山、大武山至恆春半島。脊梁山脈東坡為東部片岩山地；西坡則為中央黏板岩山地。

(二) 雪山山脈

雪山山脈位於蘭陽溪到大甲溪沿線西側。分布範圍自三貂角，經雪山、白姑

大山、宋城大山至玉山山脈。雪山山脈與玉山山脈之東西兩側均為黏板岩山地，黏板岩山地之西有新第三系衝上斷層山地，濁水溪以北稱加里山脈。加里山山脈自鼻頭角，經新店、大湖、東勢至集集，呈現1,000到2,000公尺之高原形態。一般將其併入雪山山脈，但因其地質與雪山山脈有差異，反而與阿里山山脈地質相類似。

(三) 桃園緩曲帶

新第三系衝上斷層山地西側為高600公尺以下之臺地、切割臺地與山麓丘陵，臺地基盤幾乎全為第三紀末、第四紀初之頭科山統，岩質鬆軟，呈極微弱之褶皺，小林貞一稱「桃園緩曲帶」。

(四) 沖積平原

沖積平原位於臺灣最西部，且延長伸入臺灣海峽。平原西緣有寬度約數公里之沙灘地帶，因地盤隆起與大量泥砂淤積而產生新生地。

(五) 盆地

沖積平原與西部衝上斷層山地間，或衝上斷層山地中之陷落構造常形成盆地，如臺北盆地和臺中盆地等。

(六) 斷層崖與斷層谷

脊梁山脈東側為世界有名之大斷層崖，斷層崖之東有臺東縱谷平原與海岸山脈，而臺東縱谷為斷層谷。

(七) 火山與火山島

臺灣火山不多，主要為大屯火山群和基隆火山群。其中，大屯火山群主要由安山岩、集塊岩組成。基隆火山群則為石英安山岩、集塊岩組成。火山島有琉球弧南方延長線上之彭佳嶼、基隆嶼和龜山島，以及呂宋弧北方延長線上之綠島和蘭嶼。

(八) 高山

全球僅有少數島嶼國家如日本、夏威夷、紐西蘭和格陵蘭等，擁有超過3千公尺高山。其中，紐西蘭有24座，日本有21座，臺灣則有258座。

(九) 海岸地形

1. 臺灣海岸地形可分為岬灣、斷層、藻礁、珊瑚礁和堆積等5類。

名稱	特徵
岬灣海岸	淡水河與三貂角間海岸。岬角與海灣交互形成，海蝕地景。
斷層海岸	三貂角與恆春半島旭海間海岸。沙丘、岬角、海階、海蝕平臺、海蝕洞等地景。
藻礁海岸	自老梅、石門、富貴角、麟山鼻、觀音至新屋海岸地景。
珊瑚礁海岸	主要為恆春半島。珊瑚礁地景。
堆積海岸	淡水河與屏東楓港間海岸。沙灘、沙洲、沙丘、潟湖等地景。

2. 斷崖：臺灣清水斷崖高度高達800公尺，為世界第二高斷崖。

地名	斷崖高度（m）
夏威夷卡勞帕帕（Kalaupapa）	1,010
臺灣清水斷崖	800
澳洲大洋路（Great ocean road）	456
希臘聖托里尼（Santorini）	400
英國七姊妹白色斷崖（Seven Sisters Cliff）	350
愛爾蘭莫赫斷崖（Cliffs of Moher）	214

(十) 其他

1. 和平島、桶盤嶼：早期係為與臺灣島相連之平地丘陵，後來因為海蝕作用而與本島分離，形成獨立之島嶼。

2. 外傘頂洲：北港溪、八掌溪、曾文溪口附近有一大片沿岸沙洲，稱外傘頂洲。近來因為西部海岸構築港口、防波堤、海埔新生地等人工構造物，影響南北流向之漂沙功能，外傘頂洲有往南移動現象。

3. 琉球嶼：係為高屏溪溪口外隆起珊瑚礁所形成之珊瑚島。

4. 珊瑚礁：分布於臺灣北部、東部與南部之海岸地帶，以高雄附近與恆春半島最發達。

5. 藻礁：主要分布自老梅、石門、富貴角、麟山鼻、觀音至新屋，其中，觀音至新屋間之海岸為臺灣面積最大且最完整之藻礁海岸。

6. 澎湖群島：原為一大玄武岩方山，經切割、地塊運動、海蝕與陸地下沉而分為64個方山群。其中，花嶼為火山島，地質與大陸同。

　　坡度陡峻之山脈或山坡地容易產生沖蝕現象，結構鬆散之沖積扇和崩積層也是容易產生土石沖刷、運移之區域，尤其是崩積層還很容易成為土石流發生之料源。臺地、盆地邊緣較陡坡地經常是容易發生土壤沖蝕區域，周邊野溪上游也是容易發生溯源侵蝕、縱向沖蝕嚴重之地帶。斷層帶充滿破碎土石和斷層泥，也是地下水流動之最佳廊道，不適合在其上方或附近短距離內興建建築物或工程構造物。

圖2-2　臺灣衛星影像圖

2.3　工程地質

　　岩石係岩漿冷卻固結形成火成岩。火成岩因為變質作用形成變質岩；也會因為風化搬運作用形成沉積岩。沉積岩會因為變質作用形成變質岩，同時，變質岩會由於風化、搬運、沉積作用形成沉積岩；也會因為超變質作用形成岩漿。

一、岩漿

岩漿係固體、液體和氣體之三相混合物，成分以二氧化矽為主。花崗岩質岩漿含量最高，安山岩居中，玄武岩最低。岩漿生成有其特定的板塊構造環境，其中，隱沒帶為安山岩質岩漿，形成溫度最高；中洋脊為玄武岩質岩漿，形成溫度居中；大陸地殼板塊則為花崗岩質岩漿，形成溫度最低。

二、沉積岩包含礫岩、砂岩、頁岩、泥岩和石灰岩

(一) 礫岩：礫岩，又稱鵝卵石，為岩石風化後大於4.75公釐之岩塊或岩石，經水流搬運、沉積、膠結之產物。礫岩特性主要受母岩性質、級配、膠結度所影響；級配不良、膠結度低之礫岩較疏鬆、透水性高、易被水沖失；新鮮者可以成為混凝土骨材。分布於臺灣西部及海岸山脈。

(二) 砂岩：砂岩為粒徑4.75～0.075公釐之岩塊或岩石膠結而成。砂岩之工程性質優良；強度因節理、膠結物及膠結度不同而有所不同；一般砂岩抗風化力強、透水性好，易產生節理。含泥質膠結物之砂岩則抗風化弱、結構疏鬆、透水性大。存在於第三紀砂岩層（汐止群、三峽群、苗栗群）及更新世地層。

(三) 頁岩：頁岩係細粒黏土礦物沉積岩化而成，具有頁理及破碎帶。新鮮岩體透水性低、強度弱，岩體脆弱易開裂，易風化、透水性弱；容易產生頁理剝離，砂頁岩之接觸面易滑動。分布於西部丘陵麓山帶。

(四) 泥岩：泥岩為無頁理之細粒沉積物，含有機質及黏土礦物。易風化、透水性弱。含膨脹性黏土礦物者容易因為吸水膨脹劣化而被沖刷；含雲母礦物者，雲母片被潤滑會降低抗剪力。分部於西部丘陵麓山帶及海岸山脈。

(五) 石灰岩：石灰岩係由造礁珊瑚及其他鈣質，如貝類、藻類等有機物所膠結形成，為水泥原料。抗風化弱，且常覆蓋於泥岩之上，若其界面被水潤滑，將降低抗剪強度而有滑落之虞。珊瑚礁石俗稱硓𥑮石，分布於新竹橫山、高雄岡山與花蓮和平。

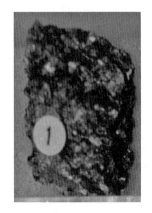

圖2-3　礫岩

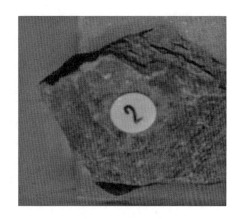

圖2-4　砂岩

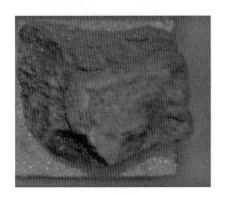

圖2-5　頁岩

圖2-6　石灰岩

三、火成岩

火成岩係由岩漿冷卻形成之岩石，為大地之母岩，可分為：

(一) 安山岩質岩漿：岩漿自火山爆發，噴發出來之岩漿團塊緩慢冷卻會成為安山岩，有礦物斑點，北部斑點較小，東部較大。急速冷卻會成為閃長岩。

(二) 玄武岩質岩漿：岩漿順著板塊裂縫湧出，在地面漫流，緩慢冷卻會成為玄武岩；急速冷卻會成為輝長岩。

(三) 花崗岩質岩漿：岩漿向上湧冒，在地殼中緩慢冷卻會成為花崗岩，礦物顆粒最大，淺色是石英、白雲母；深色是黑雲母；粉紅色是正長石。一般急速冷卻岩漿若在地底發生，又稱深成岩，如閃長岩、輝長岩、黑曜

岩等。

(四) 安山岩：安山岩之礦物顆粒較細，以角閃石、長石為主，亦多為玻璃質物質。多塊狀、少節理，新鮮岩塊屬於中至高強度，抗風化力極弱，表面風化覆蓋土厚，坡腳有崖錐堆積，新鮮者可為良好混凝土骨材。分布於大屯、基隆火山群周邊山坡地及臺灣沿海小島嶼。

(五) 玻璃：當岩漿急速冷卻，由熔岩狀態快速變成固體時，內部原子沒有足夠時間做規則性排列，無法結晶而形成玻璃。

表2-1　安山岩之工程指數

項目	新鮮安山岩	風化安山岩
比重	2.6～3.0	2.0～2.5
單軸抗壓強度（kg/cm^2）	800～1,500	150～350
耐蝕度（%）	95～97	75～85

(六) 玄武岩：玄武岩礦物以長石、輝石為主。極易從柱狀節理面產生破壞，新鮮岩體屬於中至高強度，強度大小主要受風化程度及岩體內氣孔分布影響；新鮮者可以成為良好之混凝土骨材。分布於臺北市周圍山地（汐止、南港、公館、新店等）及澎湖。

(七) 凝灰岩：凝灰岩係由火山噴發之小於4公釐粒徑岩屑堆積固結而成。新鮮岩體強度中等；抗風化極弱，膠結物遇水易化成黏土，繼而膨脹或被沖刷流失。分布於臺北近郊（六張犁、南勢角）、桃園角板山及南莊層等。

(八) 火山角礫岩：火山角礫岩係由火山噴發之大於4公釐粒徑岩屑堆積固結而成。新鮮時岩體安定且抗壓強度高，如受風化侵蝕，強度將大為減弱。分布於大屯及基隆火山群周邊山坡地。

(九) 花崗岩：花崗岩主要礦物為石英、長石及雲母。強度極高、抗風化強，新鮮者可以成為良好混凝土骨材。分布於花蓮秀林鄉及金門。

圖2-7 安山岩

圖2-8 玄武岩

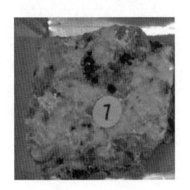

圖2-9 花崗岩

四、變質岩包含板岩、片岩、片麻岩、變質砂岩和大理岩

(一) 板岩：板岩係在地殼深處因為板塊擠壓產生之高溫、高壓，促使地殼下黏土及頁岩發生輕度變質為極細粒之岩石。具有劈理，屬中強度岩石，易沿劈理面裂開成石板或滑動，抗風化弱。分布於雪山山脈及中央山脈。

(二) 片岩：片岩是砂岩、頁岩、凝灰岩、板岩變質而成，為結晶狀具片理之岩石。一般有綠色（凝灰岩變質之綠泥石）、灰色（變質砂岩）和黑色（頁岩變質成石墨）3種。其中，石墨片岩易造成小規模岩體滑落；綠泥片岩抗風化弱、強度低；矽質片岩強度高。分布於中央山脈東斜面。

(三) 片麻岩：片麻岩由砂岩、片岩及火成岩變質而成，具不完整之片理。白色為石英、正長石或白雲母；黑色為黑雲母。新鮮岩體強度高、抗風化強，可為良好骨材。分布於中央山脈東側蘇澳至花蓮路段。

(四) 變質砂岩：變質砂岩係砂岩變質而成，顆粒粗細均有，較高度變質者稱石英片岩，為臺灣最堅硬之岩石，又稱石英岩。石英岩抗壓強度極高，抗風化強。分布於中央山脈西斜面及雪山山脈北端。

(五) 大理岩（結晶石灰岩）：大理岩由石灰岩經變質作用產生再結晶而形成，其顆粒較原石灰岩大，岩性質軟、細緻。新鮮岩體堅硬為高等建材；但岩體中片理與節理明顯、抗風化弱，易被河流侵蝕成河谷。分布於中央山脈東側之太魯閣段。

圖2-10　板岩

圖2-11　片岩

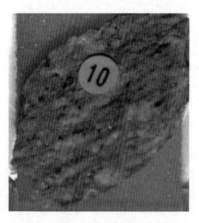

圖2-12　片麻岩

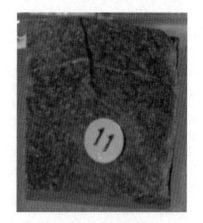

圖2-13　變質砂岩

圖2-14 大理岩

表2-2 岩石分類表（臺北市水土保持手冊附冊，1995）

岩類		岩石名稱及其代號	
火成岩	深成岩	花崗岩（Gr）、閃長岩（Dr）、輝長岩（Ga）	
	火山岩	熔岩	流紋岩（Rh）、安山岩（An）、玄武岩（Ba）
		碎屑岩	集塊岩（Ag）、凝灰岩（Tu）
		熱液換質岩（h）	
沉積岩	碎屑岩	礫岩（Cg）、砂岩（Ss）、粉砂岩（St）、頁岩（Sh）、泥岩（Ms）	
	非碎屑岩	石灰岩（Ls）	
變質岩	頁理岩	片麻岩（Gn）、片岩（Sc）、板岩（S1）、千枚岩（Ph）	
	非葉理岩	大理石（Mb）、石英岩（Qz）、蛇紋岩（Sp）	

表2-3 岩石強度（參照國際岩石學會，ISRM，分類）

岩石強度分類表				
等級	名稱	單壓強度		描述
		百萬巴斯葛（MPa）	公斤／平方公分（kg/cm²）	
R0	極弱岩石	0.25～1.0	2.54～10.18	大拇指甲僅能壓出凹痕
R1	甚弱岩石	1.0～5.0	10.18～50.9	可以地質錘細端敲碎，可以小刀切削之
R2	弱岩	5.0～25	50.9～254.5	小刀難以切割；地質錘細端可敲出淺痕
R3	中強岩石	25～50	254.5～509	小刀無法切割；地質錘敲可擊一次可裂
R4	強岩	50～100	509～1018	地質錘敲擊一次始裂
R5	甚強岩石	100～250	1018～2545	地質錘敲擊多次始裂
R6	極強岩石	>250	>2545	地質錘猛力敲擊僅見小碎片跳出，極難於敲裂
備註：1MPa = 10.18kg/cm²　　1kg/cm² = 10ton/cm²　　1Pa = 1N/m²				

2.4 全球氣候變遷

當人類為了增加糧食生產，大量砍伐森林，超限利用土地，如陡坡地耕種或一年多穫，不僅土地沒有休養生息機會，土地生產必須仰賴大量肥料，土壤沖蝕也益發嚴重，土地生產力大為降低。土壤沙漠化後，沙漠範圍擴大，沙塵暴發生頻率增加，能夠生產利用之土地面積變相形減少，土地糧食生產之壓力益發嚴重。

森林面積減少後，二氧化碳減量速率減緩，大氣溫室效應增強，整個地球溫度漸漸上升，海平面進而上升，陸地面積相形減少，人類可使用的糧食生產之陸地面積相對減少，糧食生產之壓力益發嚴重。

當全球氣候變遷越來越明顯，極端氣候事件發生頻率越來越多，降雨總量微幅增加；但降雨天數減少，導致降雨強度增大、乾旱期間延長的結果發生。除了排水不及造成淹水、劇烈沖刷使土砂生產量加劇、水庫供水壓力大增等。另外，溫度上升導致昆蟲往高海拔地區遷移，仰賴昆蟲授粉之糧食作物會大受影響，生產量降低。因此，水資源需求和調配將越來越嚴苛，水源涵養的重要性與日俱增，也逐漸提升水土保持工作的重要性。

為了因應全球氣候變遷，未來水土保持工作應該要有新思維和新做法，亦即水土保持工作已經不能局限在防止高強度降雨情況下之土壤沖蝕或防災工作而已；同時必須兼顧嚴重乾旱期之水資源供應問題。因此，在新興都市計畫區域內，建議興建滯洪設施以吸收因為本身開發所增加之逕流量，避免增加既有排水設施之負荷；同時降低建蔽率，增加雨水入滲面積，提高雨水和中水回收量，在總合治水觀念下，集水區之上、中、下游必須擬具不同之水土保持策略以為因應。

氣候變遷是指氣候在一段時間內的波動變化，一段時間也可能是指幾十年或幾百萬年，波動範圍可以是區域性或全球性的，其平均氣象指數的變化。氣候變遷的影響因素，包括太陽輻射、地球運行軌道變化、造山運動與溫室氣體排放等。

工業革命以後，人類大量使用煤、石油和天然氣等化石燃料，每年約有60億噸的二氧化碳排放至大氣中，造成的溫室效應越來越嚴重。溫室效應氣體中，二氧化碳和氧化亞氮主要來自化石燃料的燃燒過程；氟氯碳化物的使用則包括冷媒、噴霧劑和發泡劑等化學用途；甲烷則來自於發酵與腐化的過程，包括反芻動物、水田和垃圾掩埋場的排放等；臭氧則來自於汽機車、發電廠和煉油廠所排放

的氮氧化物和碳氫化合物，再經過光化學作用所產生的。

Intergovernmental Panel on Climate Change（IPCC）第五次評估報告（2015）指出，1880～2012年間，全球包含陸地與海洋平均溫度上升0.85℃，遠超過1850～1900和2003～2012年間之0.78℃。1901～2010年間，海平面平均高度上升19公分，1993～2010年間每年上升3.2公釐。劇烈降雨和乾旱發生之頻率和強度都有增加之趨勢，同時，極端高溫發生頻率增加，北大西洋發生強烈颱風數量也增加。

IPCC2014預估2100排放情境，全球平均溫度上升1.0℃～3.6℃，極端高溫將上升4.8℃，海平面高度平均每年上升40～63公分，最高為82公分。亦即熱浪和豪大雨發生頻率增加，乾旱發生強度和頻率也將會增加。東亞地區冬雨減少，夏雨增加。臺灣未來情境，降雨量大而集中；不降雨天數增加。西南沿海地層下陷嚴重，低窪地區之淹水威脅增加，都市洪水災害威脅劇增，乾旱威脅更頻繁。

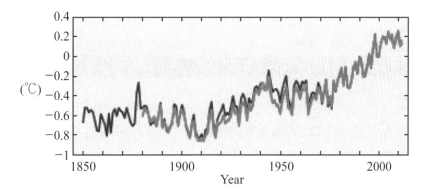

圖2-15　平均溫度變化圖（IPCC, Climate Change 2014, Synthesis Report, 2015）

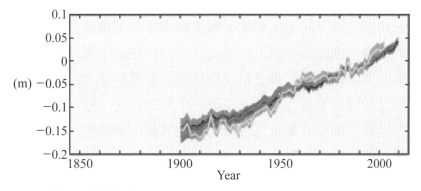

圖2-16　平均海平面變化圖（IPCC, Climate Change 2014, Synthesis Report, 2015）

表2-4　以1986～2005年間數據為基礎，預測21世紀中期和晚期溫度和海平面變化（IPCC, Climate Change 2014, Synthesis Report, 2015）

年期（西元）		2046～2065		2081～2100	
預測變化項目	情境模擬	平均	範圍	平均	範圍
平均溫度變化（℃）	RCP2.6	1.0	0.4～1.6	1.0	0.3～1.7
	RCP4.5	1.4	0.9～2.0	1.8	1.1～2.6
	RCP6.0	1.3	0.8～1.8	2.2	1.4～3.1
	RCP8.5	2.0	1.4～2.6	3.7	2.6～4.8
平均海平面上升高度（m）	情境模擬	平均	範圍	平均	範圍
	RCP2.6	0.24	0.17～0.32	0.40	0.26～0.55
	RCP4.5	0.26	0.19～0.33	0.47	0.32～0.63
	RCP6.0	0.25	0.18～0.32	0.48	0.33～0.63
	RCP8.5	0.30	0.22～0.38	0.63	0.45～0.82

2.5　全球暖化對於氣候變遷的影響

　　過多溫室氣體會阻擋太陽長波輻射逸散到大氣，導致溫度上升。陸地和海洋比熱不同，在暖化影響下，氣壓相差越大，使得各地氣候現象加劇。陸地上會造成極度嚴重乾旱；海洋上更會產生劇烈低氣壓。全球雨量分配會更加不均，旱更旱、澇更澇。

　　升高的溫度讓兩極地區冰原加速溶融，不僅極地生態受到威脅，大量淡水注入海水中，會淡化海洋鹹度，導致受鹹度驅使之洋流循環停擺，受洋流影響地區，氣候隨之改變，進而有生態上的變化；同時全球海平面不斷升高，會淹沒陸塊低窪地區，改變陸地生態。再者可反射紅外線之冰原減少，兩極地區吸收熱量效率更好，寒帶地區升溫會比熱帶地區更快，威脅當地生態。持續上升之地表溫度會擴大熱帶地區，縮小寒帶地區面積，高山雪線向高處退，冰河溶融、大河斷流，導致氣候改變和生態衝擊。

　　地球暖化造成全球氣候變遷現象，最主要為改變氣溫及降雨情形，進而影響水文、水資源、農業生產、農業需水量及生態系統，對地球人類及生物生存環境

造成重大影響及危害。

一、溫室效應

物種生長、生存、數量及分布：溫室效應除了會使全球氣溫升高外，進而改變降雨模式，增加水患、乾旱、風災等異常氣候事件發生頻率。這些環境因子變化均可能直接或間接影響物種生長、生存、數量及分布，導致生態系組成與功能改變，繼而影響生物多樣性之保存與維護（李玲玲，2005）。氣溫升高使得生物往南、北極或高海拔地區移動，也促使許多地區外來種突然增加。當生物物種族群與分布因氣候而改變時，群聚組成亦將改變，進而影響生態系統運作。最明顯的是，植物生長環境高度將持續上升，賴以為生之物種也隨之往高海拔區域遷移。

二、糧食危機

全球溫度升高1℃，將導致許多樹種提早5～7天發葉芽（李培芬，2008）。同時，國際稻米研究所的資料顯示，若晚間最低氣溫上升1℃，稻米收成便會減少一成。

三、減少紅樹林分布

海平面上升將嚴重威脅紅樹林生態系，21世紀末太平洋地區16個島國將有13%紅樹林會被淹沒。過去數十年間，全球溼地面積平均每年減少0.5至1.5%（李培芬，2008）。

四、動物生理週期

有一種海龜在較暖年生長得較大，較早達到性成熟。由溫度決定性別之爬蟲類動物，在未孵化前，生理受到溫度影響而改變，最後改變族群性別比率（李培芬，2008）。

五、動物棲息行為

蝴蝶、鳥類在溫度上升影響下，分布範圍有向兩極和高海拔移動之趨勢。某些區域候鳥之遷移時間，在春天會提前到達，秋天則會延後起飛（李培芬，

2008）。北極熊會利用漂浮海冰作為交通工具，冬天懷孕之北極熊則在海冰裡挖雪洞作為產房。如果北極夏季海冰在21世紀末前消失則會導致野生北極熊滅絕之可能（國際環保組織綠色和平網站，2008）。

六、珊瑚白化

當海水表面溫度上升超過季節最高溫攝氏1℃以上時，會造成珊瑚白化現象。

七、水資源

過多降雨將導致過量營養鹽流入河溪、湖泊、水庫等水域，使得浮游植物族群量增加，降低水域清澈度、減少日照量。另外，長期乾旱導致生活、工業、農業等用水不足；極端降雨事件異常，暴雨損毀取水、蓄水及供水系統設施造成缺水。而海水水位上升，導致海水入侵地下水，將會減少地下水可用水量。

八、其他效應

另外，長期乾旱也會增加森林大火發生頻率、熱浪也會提高犯罪、火災、電力、水利設施損壞頻率，以及疾病傳播機率和範圍。2007 Global Review聯合國國際減災策略組織（2007）出版之Disaster Risk Reduction: 2007 Global Review報告（UNISDR 2007）指出：全球環境的變遷（包括氣候變遷、都市化過程、經濟全球化與貧富差距擴大）導致災害風險提升。

極端氣候發生的頻率增加，導致如熱浪、颱風、洪水和乾旱等風險增加。極端氣候產生之災害，將超越人類原有面對災害的經驗。極端氣候將導致災害的脆弱性增加，且引致多面向的綜合災害屬性。

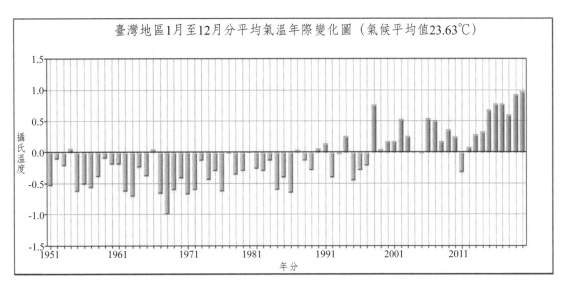

圖2-17　臺灣地區1951年至2020年的平均溫度距平值（平均值：23.63℃，1981～2010）（中央氣象局，2020年臺灣氣候分析，2021）

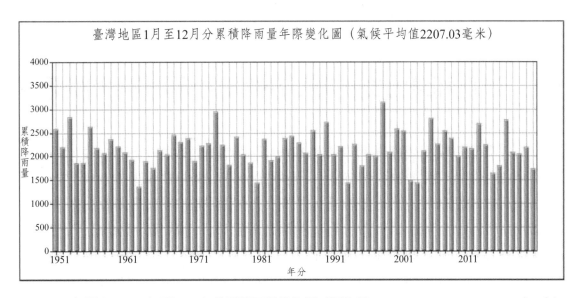

圖2-18　臺灣地區1951年至2020年的累積雨量變化圖（平均值：2207.03mm，1981～2010）（中央氣象局，2020年臺灣氣候分析，2021）

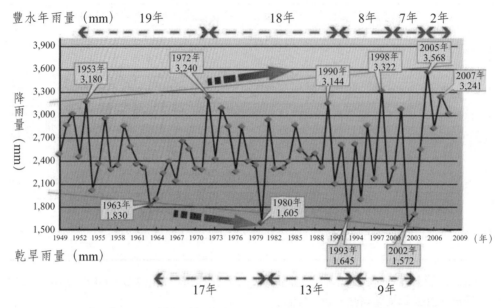

圖2-19　遇雨則澇；少雨則旱（黃金山，氣候變遷對水文環境及國土之衝擊，2011）

2.6　全球暖化對於臺灣地區的影響

　　中央研究院環境變遷研究中心於2009年發現地球溫度每上升一度，臺灣每年前10%的強降雨會增加約140%，而最低20%的小雨則會減少約70%。強降雨增加下，會增加水災、土石流發生的機率；小雨則是土壤水分來源，臺灣中、南部在冬、春季主要仰賴小雨。極端強降雨颱風事件（1970～1999）平均3至4年發生一次；2000年以後平均每年發生一次。而短延時（1～6小時）、長延時（超過48小時）降雨強度、總降雨量、極端強降雨颱風事件（2000～2009），則都有明顯增加的現象。

　　1998～2007年間，北部和南部發生乾旱頻率，明顯較中部和東部地區多。過去40年之年降雨量並無明顯變化，但颱風降雨比例從1970年代之15%，提高至2000年代之30%，顯示豐水期集中降雨量變多，枯水期降雨量減少，呈現遇雨則澇；少雨則旱。

　　此外，中央氣象局科技中心之卓盈旻和盧孟明（2014）指出：

(一) 臺灣2001～2010年之平均溫度,是自1911年以來最暖10年,在此期間,都市與山區、外島間之溫度差異更大,顯示臺灣近20年發展較快之都市暖化現象較明顯。

(二) 近30年雨量在乾季呈減少趨勢,雨季則有增加情形。所有測站春季雨量都有減少現象,南部山區和外島夏季雨量增多現象明顯。

(三) 近20年都市日最低溫度升溫幅度大於日高溫度,表示都市暖化現象主要是受日最低溫度上升顯著的影響。

(四) 臺灣日照時數和相對溼度有類似變化,從1960年開始有明顯減少趨勢,但日照時數在2000年之後有回升現象。

一、臺灣面臨的災害威脅

(一) 自然的易致災性:颱風侵擊、高強度降雨、豐枯水期明顯、山高水急、蓄水不易、地質脆弱、表土鬆軟。

(二) 社經發展影響:用水量增加導致超抽地下水、都市熱島效應增加降雨強度、不透水面積增加,加重下水道排水負荷,都市化人口集中、地下場站和大型空間,增加災害脆弱度與風險。農業與觀光發展的需求,山坡地和河川超限利用與不當開發。

(三) 氣候變遷的衝擊:極端降雨事件有增加趨勢、颱風降雨強度增加、降雨型態改變、乾旱發生頻率與強度增加,以及海水位上升威脅等。

二、洪災與坡地災害在氣候變遷下可能的脆弱度與衝擊

(一) 洪災

1. 降雨強度增加提高淹水風險。
2. 侵臺颱風頻率與強度增加,衝擊防災體系之應變與復原能力。
3. 海平面上升易導致沿海低窪地區排水困難。
4. 暴潮發生機率增加,導致淹水機會與時間增加。

(二) 坡地災害

1. 降雨強度增加,導致嚴重之水土複合性災害。
2. 侵臺颱風頻率與強度增加,提高二次災害風險與復原難度。
3. 大規模崩塌災害。

三、坡地災害類型及原因

坡地災害最多的縣市為南投、臺中、苗栗、嘉義、高雄及臺南。坡地災害類型，以崩塌最多，接著是落石、路基坍方、土石流、地滑等。

豪雨是坡地災害原因之一。降雨超過坡地警戒的頻率有逐年上升趨勢。西部較東部明顯。1989～1999年間，日累積雨量超過坡地警戒值（300～700mm）的頻率低於0.6%；1999～2009年間超過警戒值的降雨頻率大於0.8%。

1990～2009年間，臺灣災害次數增加，災害特性改變（轉變為水土複合型災害），災害程度加劇（損失增加、影響層面變大）。至2005年為止，最大降雨強度220mm/hr（杜鵑颱風，恆春，2003.9.2），最大24小時降雨量1,748mm（賀伯颱風，阿里山，1996.7.31），而且時空分配不平均。2019年臺灣年平均降雨量為2,450mm，較1949～2018年間之平均年雨量2,508mm少。

基隆河流域內之年平均降雨量為2,190mm至4,650mm之間。而且大部分崩塌地位於雨量3,750mm至4,500mm之範圍內，極端降雨影響崩塌發生之重要因素。（顧承宇等，2012）

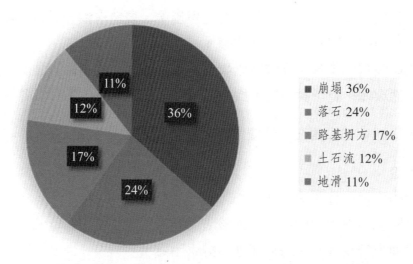

圖2-20　坡地災害種類（陳亮全等，氣候變遷與災害衝擊，臺灣氣候變遷科學報告，2011）

表2-5 洪水、坡地及複合型災害之氣候與環境變遷因子及其衝擊面向（陳亮全等，氣候變遷與災害衝擊，臺灣氣候變遷科學報告，2011）

氣候變遷因子	洪水災害	坡地災害	複合型災害
極端降雨強度增加	超過區域排水系統負擔或堤防防護標準，提高淹水風險	坡地災害風險提高	影響：高災害風險地區之防災應變能力，水庫、橋梁、堤防等基礎設施之安全，水質穩定、水庫操作與乾旱缺水、土砂沖刷、河道淤積和二次災害，漂流木與堰塞湖問題
強颱風發生機率增加	連續性大規模災害衝擊防災體系的應變和復原能力	連續性災害提高二次災害風險，以及影響防災體系的應變和復原能力	
豐枯期降雨愈顯不均	影響水庫蓄水能力、水質穩定和水庫操作安全	影響土壤保水能力	
海平面上升及地層下陷	暴雨侵襲時排水更為困難，增加淹水風險		
地震頻繁與重大災害之環境衝擊	環境脆弱度增加，影響公共建設的復原和重建		

參考文獻

1. 何春蓀，臺灣地質概論，經濟部中央地質調查所，1975.12
2. 林俊全、孫志鴻，臺灣國土監測報告，臺灣大學地理環境資源學系、台灣地理資訊中心、環境資源研究發展基金會，2009.06
3. 林朝棨，臺灣地形，臺灣省文獻委員會，1957
4. 林鎮洋，國土復育與水土防災，新台灣人文教基金會，2010.2
5. 卓盈旻、盧孟明，1951-2013年臺灣氣候變化特徵，中央氣象局科技中心簡報資料，2014.09
6. 國語日報出版中心，新編國語日報辭典，2005.4
7. 陳亮全等，生活防災，國立空中大學，2008.2
8. 陳亮全等，氣候變遷與災害衝擊，臺灣氣候變遷科學報告，2011
9. 黃金山，氣候變遷對水文環境及國土之衝擊，臺大新百家學堂，2011.09

10. 臺灣商務印書館，辭源，1972.10

11. 顧承宇等，氣候變遷下極端降雨引致廣域坡地災害評估技術之研究，中華水土保持學報，43(1): 75-84(2012)

12. .Intergovernmental Panel on Climate Change, IPCC, climate change 2014, Impacts, Adaptation, and Vulnerability, Summary for Policymakers, 2014

13. Intergovernmental Panel on Climate Change, IPCC, climate change 2014, Synthesis Report, 2015

習題

1. 試述臺灣之水文、地文特性和土壤沖蝕之關係。

2. 極端氣候事件下，水土保持工程規劃設計原則為何？

3. 試述水庫集水區整體治理規劃之工作原則、工作項目及注意事項。

4. 何謂土石流？試述土石流防治之規劃設計原則及其方法和措施。

5. 試述大面積地滑區處理之規劃設計原則及其對策。

6. 試述泥岩地區調節池及沉砂設施之規劃設計原則。

7. 開挖整地所造成之水土保持問題有哪些？試述開挖整地水土保持之規劃設計原則。

8. 試述邊坡穩定及其綠美化之規劃設計原則。

9. 溫室氣體有哪幾種，來自何處？

10. 試述全球暖化對於氣候變遷之影響。

11. 試述氣候變遷導致臺灣面臨之災害威脅有哪些？

12. 試述氣候變遷對水土保持之影響。

13. 試述洪災與坡地災害在氣候變遷下可能之脆弱度與衝擊。

chapter 3

水文分析
Hydrologic Analysis

3.1 流域與集水區

　　流域係指某特定溪流出海口以上天然排水所匯集之地區。而集水區係指溪流一定地點以上天然排水所匯集之地區。因此，一條河流只有一個流域；卻因為任何一點都可指定為集水點，而有無限多個集水區。另外，區域排水集水區係指一定地點（集水點、排放口）以上人為規劃排水所匯集之地區。因此，點、線、面源之集水面積，係依據點、線、面源之集水點以上天然排水所匯集之面積。其中，點源為排水系統或管涵、箱涵以點狀型式排入、排出。線源為線狀型式之道路截、排水系統。面源則為均勻分布之平面型式降雨或排水。集水區劃設是水利建設或排水計畫之根本，在完成劃設流域、集水區或區域排水集水區範圍，並計算其集水面積，配合地形、地質、土壤、植生和土地使用狀況，分析其逕流係數後，再據以計算集水點之逕流量。

　　劃設集水區範圍時，需要注意集水範圍係以自然地勢劃設，所以，道路路塹段會因為不同之山坡地邊坡而有多個集水範圍；其次，需要了解集水區範圍內有無既設截、排水系統中途將逕流安全排出或排入。尤其是不能只考慮計畫區域之集水範圍，因為沒有截、排水系統之邊坡集水面積，經常大於路塹段之計畫區域面積範圍。

3.2 設計洪峰流量

　　為達到防洪規劃設計目標，集水區之設計逕流量經常以洪峰流量估算，如果該集水區有水位流量站之設置時，逕流量就可以採用該水位流量站之單位歷線分析求得；如果沒有實測資料時，小面積山坡地集水區建議採用合理化公式（Rational Formula）或面積流量分析法計算。也就是目前經常用來估算洪峰流量之方法有合理化公式和流量歷線法兩種。合理化公式法僅能求得洪峰流量；而流量歷線法不僅能夠求得洪峰流量與流量歷線，同時也能夠用來推導滯洪設施之出流歷線，亦即各個時間點之出流量值。雖然如此，流量歷線法計算過程繁複，需要耗時蒐集相當多水文參數資料，對於沒有實測水文資料或小面積開發，尤其是小

型山坡地社區開發，選用合理化公式法求得滯洪量會比較經濟、省時。

一、合理化公式

雖然周文德的應用水文學手冊建議，應用合理化公式之面積以不超過100英畝、40.5公頃為宜，至多不超過200英畝、81公頃，目前水土保持機關是以不超過1,000公頃為宜。

$$Q_p = \frac{1}{360} CIA$$

式中：Q_p：洪峰流量（cms）；C：逕流係數；I：降雨強度（mm/hr）；A：集水面積（ha）

二、逕流係數

逕流係數為單位面積小時降雨量（降雨強度）所產生之逕流量。逕流係數也可以為逕流量和降雨量之比值，其影響因子包含蒸發量、蒸散量、截流量和入滲量等，這些影響因子又會因為當地氣候、地形、地質、植生和土地利用狀況不同而有所不同。因此，如果要準確推估逕流係數時，唯有在該集水區設置監測站並蒐集一定期間之資料後，才能夠分析推導當地、當時土地利用狀況下之逕流係數。儘管如此，還是無法求得開發中和開發後之逕流係數。因此，大部分小面積開發計畫之集水區經常以地形條件和開發與否，選擇逕流係數之經驗值。水土保持技術規範之逕流係數C值依據有無開發整地，可以分為開發整地區及無開發整地區兩大類；開發基地或集水區之地形狀況，則分陡峻山地、山嶺區、丘陵地或森林地、平坦耕地和非農業使用等5種狀況，兩者搭配考慮後，決定逕流係數值。開發前採用無開發整地區之C值，開發中之C值以1.0計算，開發後及各項C值應依下表選擇之，但有實測資料者不在此限。

表3-1　逕流係數表（水土保持技術規範）

集水區狀況	陡峻山地	山嶺區	丘陵地或森林地	平坦耕地	非農業使用
無開發整地區	0.75～0.90	0.70～0.80	0.50～0.75	0.45～0.60	0.75～0.95
開發整地區	0.95	0.90	0.90	0.85	0.95～1.00

三、集流時間

集流時間（t_c）係指逕流自集水區最遠一點到達集水點或放流口所需時間，一般為非成河河段（漫地流）之流入時間與成河河段（河道、渠道）之流下時間之和。請注意，集流時間不是逕流自集水區最高點到達集水點或一定地點所需時間。其計算公式如下：

$$t_c = t_1 + t_2$$
$$t_1 = \ell/v$$

式中，t_c：集流時間（min）；t_1：流入時間（雨水經地表面由集水區邊界流至河道所需時間），亦即漫地流時間；t_2：流下時間（雨水流經河道或渠道由上游至下游所需時間），亦即河道流或渠道流時間；ℓ：漫地流流動長度，以水平長度計算；v：漫地流流速。由於漫地流流速因地表粗糙度不同而有所不同，在規劃階段經常採用0.3至0.6 m/s計算。

非成河河段之流況一般為漫地流，或表面流，其流速主要受地表坡度、粗糙度、水深或水力半徑影響，其他如水溫、泥砂濃度、植生彎折度等因素，亦會有所影響。在如此複雜之影響條件下，再加上沒有完整之資料可供參考，因此，規劃階段之非成河河段流速經常以經驗值0.3～0.6m/s計算。成河河段流速計算方面，如果是整治過之河段，則可依據斷面大小、坡度和粗糙係數，依曼寧（Manning）公式計算；另外，因為芮哈（Rziha）經驗公式在坡度大於14%時，計算所得之速度會急遽增加，因此，天然河段經常採用較保守之芮哈公式估算：

Rziha公式：

$$t_2 = L/W$$

其中，

$$W = 72 \, (H/L)^{0.6} \, (km/hr)$$

或

$$W = 20 \, (H/L)^{0.6} \, (m/s)$$

式中，t_2：流下時間（min）；W：流下速度（km/hr或m/s）；H：溪流縱斷面高程差（km）；L：溪流長度（km）。

四、降雨強度

水利工程設計較具代表性之降雨強度公式型式，主要有兩參數之Talbot公式和三參數之Horner公式：

$$I = \frac{A}{(t+B)}$$

$$I = \frac{A}{(t+B)^n}$$

當Horner公式中之B值為零時，即為兩參數之Sherman公式：

$$I = \frac{A}{t^n}$$

式中，I：降雨強度（公釐／小時）；t：降雨延時或集流時間（分）；A、B、n為常數。

如果蒐集到一座雨量站歷年降雨事件之雨量紀錄後，要分析不同頻率年之降雨強度作為水利或水保工程規劃使用時，常選用10、20、30、40、60、90分鐘及2、3、4、6、12、18、24小時等降雨延時予以分析，亦即上述降雨強度公式中之t為降雨延時；因此，同一雨量站不同頻率年會有一組不同A、B、n參數之降雨強度公式，導致全國各雨量站之降雨強度公式參數表可以彙整成厚厚一本參考表格。如果將其無因次化，亦即將設計降雨強度除以重現期距25年、60分鐘延時之降雨強度值，則一座雨量站無論任何頻率年，都只有一組參數之降雨強度公式，將會大為節省篇幅。

水土保持技術規範之無因次降雨強度公式係沿用許銘熙教授與本人之研究成果〔許銘熙、黃宏斌，1993.8，臺灣地區雨量強度—延時—頻率關係之研究（二），交通部氣象局專題研究報告，國立臺灣大學水工試驗所研究報告〕

$$\frac{I_t^T}{I_{60}^{25}} = (G + H\log T)\frac{A}{(t+B)^C}$$

$$I_{60}^{25} = \left(\frac{P}{25.29 + 0.094P}\right)^2$$

$$A = \left(\frac{P}{-189.96 + 0.31P} \right)^2$$

$$B = 55$$

$$C = \left(\frac{P}{-381.71 + 1.45P} \right)^2$$

$$G = \left(\frac{P}{42.89 + 1.33P} \right)^2$$

$$H = \left(\frac{P}{-65.33 + 1.836P} \right)^2$$

由於氣象局各雨量站設站年分不一，記錄期間也不同，因此，當雨量記錄期間足夠做為統計分析時，則可以經由統計分析推導出該雨量站之A、B、C、G、H等參數製表；其餘雨量記錄期間不足以做統計分析之雨量站，則僅記錄其年平均降雨量。所以，無因次降雨強度有三種估算法，第一優先估算法係適用於記錄年限長（超過25年完整記錄）之雨量站，直接採用表列之A、B、C、G、H值代入估算降雨強度；第二優先估算法係採用表列之年平均降雨量代入公式，先求得A、B、C、G、H值後，再求得降雨強度；最後估算法為附近沒有雨量站時，由附圖3-1之年平均等雨量線圖找出該計畫區位置之年平均降雨量，再代入公式先求得A、B、C、G、H值後，再接著估算降雨強度。

2020年版之水土保持技術規範刪除表列A、B、C、G、H值之採用，僅規定推估降雨強度之年平均降雨量，應參考高程、坡向等條件，採就近符合計畫區降雨特性15年以上雨量資料推估降雨強度，這方式所求得之降雨強度，比原先之25年統計標準低。另外，計畫區附近無合適雨量資料時之估算，與最後估算法相同。也就是：

(一) 當開發基地位於表列氣象站附近時，前項之年平均降雨量與A、B、C、G、H等係數，可參考附錄三中附表3-2至附表3-5。

(二) 當計畫區附近之氣象站只有年平均降雨量且無A、B、C、G、H等係數時，可依前述之計算式，分別計算各參數值。

(三) 當計畫區附近無任何氣象站時，則從年等雨量線圖查出計畫區之年平均降雨量值，再依計算式分別計算各參數值。

年平均降雨量值會忽略月尖峰降雨量值，同時月平均降雨量也會忽略小時尖峰降雨量值。因此，以小時尖峰降雨強度規劃設計排水工程，可以降低驟雨淹

水之風險；但是如果用來規劃河川防洪工程時，則會有過度保守之設計。相反地，以年平均降雨量設計水利或水土保持工程，則會造成低估小面積集水區設計逕流量之結果。另外，規劃山坡地排水系統之設計降雨強度時，除了公式另有規定外，一般無法設定降雨延時值，因此經常假設集水區內之降雨為一均勻降雨事件，以集流時間代替降雨延時。

五、流量歷線法

流量歷線法係以某一重現期距24小時降雨延時有效降雨量，代入SCS修正三角形單位歷線推導流量歷線，說明如下：

三角形單位歷線法

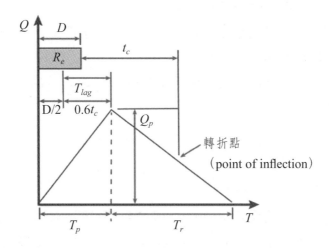

圖3-1 三角形單位歷線圖（資料來源：水土保持手冊，行政院農委會水土保持局，2017）

三角形單位歷線係假設集水區流量歷線（過程線）呈三角形分布，具有固定的基期，洪峰流量與降雨量成正比關係。這樣，由三角形面積可得

$$Q_p = \frac{2QA}{T_p + T_r}$$

式中，Q_p：洪峰流量；Q：總逕流水深；A：集水區面積；T_p：歷線開始至到達洪峰流量時間；T_r：到達洪峰流量時間至歷線結束。

當總逕流水深（Q）等於單位有效降雨深度R_e（一般取10mm），則上式稱之為三角形單位歷線（triangular unit hydrograph）。三角形單位歷線法概念相當簡

單，適用於海洋島嶼型小集水區的洪峰流量設計，尤其在欠缺實測資料的上游集水區，更屬重要。

$$T_p = \frac{D}{2} + T_{lag}$$

式中，D：有效降雨延時（hr），$D \leq 0.133t_c$；T_{lag}：稽延時間（hr），表有效降雨中心至洪峰流量到達時間，可表為（Mockus 1957; Simas 1996）

$$T_{lag} = 0.6t_c$$

式中，t_c：集流時間（hr），可依前述集流時間相關公式推求之。

假設 $T_r = mT_p$，且Mockus（1957）提出，$m = 1.67$。

(一) 設定某一重現期距24小時暴雨量

1. 採用主管機關治理規劃報告各重現期距分析成果或水文設計應用手冊（經濟部水資源局，2001）成果。

2. 沒有治理規劃報告者，可以採用鄰近開發基地氣象站或雨量站之降雨強度公式：

$$I_{24}^T = \frac{a}{(t+b)^C}$$

$$R_{24} = I_{24}^T \times 24$$

式中，I_{24}^T：重現期距 T 年，降雨延時24小時之降雨強度（mm/hr）；t：降雨延時（1,440min）；a、b、c為係數；R_{24}：24小時暴雨量（mm）。

(二) 設計雨型

依據鄰近開發基地氣象站或雨量站之降雨強度公式進行各重現期距雨型設計，設計雨型採交替區塊法，單位時間刻度採10分鐘（集流時間較短者採用5分鐘）。

(三) 有效降雨量

有效降雨量為降雨量減去降雨損失量。降雨損失依土地利用及土壤別而定，一般採固定降水損失率（即平均降雨損失）2～4mm/hr估計，或採SCS之曲線號碼法CN（Curve Number）估計有效降雨。曲線號碼可依據土壤種類、地表覆蓋和土地利用等條件決定。然後，再由曲線號碼來估算超滲降雨量，方法簡便而且

可以考慮開發基地之土壤與土地利用特性，頗適合於推估開發前、後超滲降雨量之變化，進而評估基地開發對逕流量之影響。

美國水土保持局利用多次降雨與超滲降雨紀錄，做成累積超滲降雨量與累積降雨量之相關曲線圖，其計算公式如下：

以SCS之曲線號碼法（Curve Number，CN）計算

$$P_e = \frac{(P - I_a)^2}{P - I_a + S}$$

$$I_a = 0.2S$$

$$英制 S = \frac{100}{CN} - 10$$

$$公制 S = \frac{25400}{CN} - 254 \text{ (mm)}$$

式中，P_e：累積超滲降雨量（mm）；P：累積降雨量（mm）；S：含初期扣除量之最大滯流量，由曲線號碼（CN）求得；CN：SCS曲線號碼。

(四) 集流時間

SCS三角形單位歷線法將地表逕流分為層流（sheet flow）、集中逕流（shallow concentrated flow）和渠流（channel flow）三個階段，這三個階段所流經時間的總和即為集流時間（hr）。

請特別注意：合理化公式集流時間的單位是分鐘；流量歷線法則是小時。

$$t = t_s + t_{sc} + t_c$$

1. 層流（一般小於300ft）：

$$t_s = \frac{0.007(nL)^{0.8}}{P_2^{0.5} S^{0.4}}$$

t_s：集流層流時間（hr）；n：曼寧粗糙係數；L：層流長度（ft）；P_2：重現期距2年、延時24小時降雨（in）；S：層流流路坡度（m/m）。

如果降雨單位改為公釐（mm）；長度單位改為公尺（m），有

$$t_s = \frac{0.007\left(n\frac{L}{0.3048}\right)^{0.8}}{\left(\frac{P_2}{25.4}\right)^{0.5} S^{0.4}}$$

經整理,得

$$t_s = \frac{0.091(nL)^{0.8}}{P_2^{0.5}S^{0.4}}$$

2. 集中逕流:

(1) 無鋪面層:

$$V = 16.1345S^{0.5}$$

(2) 鋪面層:

$$V = 20.3282S^{0.5}$$

$$t_{sc} = \frac{L}{3600V}$$

式中,L:淺流路徑長度(ft);V:流速(ft/s)。如果長度單位改為公尺(m)時,有

(3) 無鋪面層:

$$V = 0.3048 \times 16.1345S^{0.5}$$

經整理,得

$$V = 4.9178S^{0.5}$$

$$t_{sc} = \frac{L}{17704S^{0.5}}$$

(4) 鋪面層:

$$V = 0.3048 \times 20.3282S^{0.5}$$

經整理,得

$$V = 6.196S^{0.5}$$

$$t_{sc} = \frac{L}{22306S^{0.5}}$$

3. 渠流:

$$V = \frac{1.486}{n}R^{2/3}S^{1/2}$$

R 為水力半徑（ft）。

如果改為公制，則有

$$V = \frac{1}{n}R^{2/3}S^{1/2}$$

$$t_c = \frac{L}{3600V}$$

(五) 推估單位歷線洪峰流量

$$Q_p = \frac{0.208P_eA}{\frac{t_r}{2} + t_{lag}} = \frac{0.208P_eA}{t_p}$$

其中，

$$t_r = 2\sqrt{t_c}$$

$$t_p = \frac{t_r}{2} + t_{lag} = \sqrt{t_c} + 0.6t_c$$

$$t_r \leq 0.133t_c$$

$$t_b = t_p + t_m = t_p + 1.67t_p = 2.67t_p = 2.67(\sqrt{t_c} + 0.6t_c)$$

式中，t_r：單位降雨延時（hr）；t_c：集流時間（hr）；Q_p：三角形單位歷線洪峰流量（cms）；t_{lag}：洪峰稽延時間（hr）；P_e：有效降雨量（mm）；A：開發基地面積（km^2）。

水利署鑑於臺灣集水區面積較小，修正集流時間如下表：

集流時間	D≦0.133	採用值（min）
$t_c \geq 6.0$hr	> 48 min	60
$5.0 \leq t_c < 6.0$hr	$40 \leq D < 48$ min	50
$4.0 \leq t_c < 5.0$hr	$32 \leq D < 40$ min	40
$3.0 \leq t_c < 4.0$hr	$24 \leq D < 32$ min	30
$2.0 \leq t_c < 3.0$hr	$16 \leq D < 24$ min	20
$1.0 \leq t_c < 2.0$hr	$8 \leq D < 16$ min	10
$t_c < 1.0$hr	$D < 8$ min	5

(六) 校正單位歷線洪峰流量

在求得三角形單位歷線總逕流體積和有效雨量在開發基地內之降雨體積後，比較單位歷線內總逕流體積和開發基地降雨體積，以修正單位歷線洪峰流量。

(七) 以某一重現期距於特定延時之有效降雨量代入單位歷線，求得流量歷線。

六、集水面積計算

目前許多學校、機關或顧問公司已經大量使用地理資訊系統之圖幅計算集水區面積；如果是選用地形圖計算集水面積者，為避免求積儀因為比例尺大小不同而導致地形圖過小產生誤差，建議集水面積維持至少10公分見方為原則，亦即：1平方公分面積在10,000分之一地形圖上代表1公頃；25,000分之一地形圖上是6.25公頃；50,000分之一地形圖上則是25公頃。因此，如果是計算集水區面積時，集水區範圍都能維持長、寬至少各10公分之面積，其建議如下：

(一) 面積未滿100公頃者，不要選用小於1/10,000比例尺地形圖。

(二) 面積在100公頃以上、未滿625公頃者，不要選用小於1/25,000比例尺地形圖。

(三) 面積在625公頃以上、未滿2,500公頃者，不要選用小於1/50,000比例尺地形圖。

參考文獻

1. 王如意、易任，應用水文學，新編上冊，16印，國立編譯館出版，茂昌圖書有限公司，2017.8

2. 王如意、易任，應用水文學，新編下冊，新編10印，國立編譯館出版，茂昌圖書有限公司，2016.5

3. 臺北市政府建設局、中華水土保持學會，臺北市水土保持手冊，1995.06

4. 行政院農業委員會，水土保持技術規範，2020.3

5. 行政院農業委員會水土保持局，水土保持手冊，2017.12

6. 河村三郎，土砂水理學1，森北出版株式會社，1982.11

7. 索明編譯，雷萬清、張玉田校正，應用水文統計學，偉成文化事業有限公司，1977.3

8. 唐山譯，工程水文學，大中國圖書公司，1971.6

9. 徐世大、朱紹鎔、雷萬清編著，實用水文學，東華書局，1969.9

10. 陳信雄，森林水文學，國立編譯館，千華出版社，修訂版一版，1990.12

11. 許銘熙，王如意，黃宏斌，基隆河整治對水文之影響（三），國立臺灣大學水工試驗所研究報告第198號，1995.01

12. 許銘熙，王如意，黃宏斌，基隆河整治對水文之影響（二），臺灣大學水工試驗所研究報告第171號，1994.01

13. 顏清連，王如意，黃宏斌，基隆河整治對水文之影響（一），臺灣大學水工試驗所研究報告第129號，1993.01

14. 黃宏斌，水文環境影響評估及查核，臺灣電力公司環境影響評估及查核研討班講義，1999.11

15. Chow, V. T., Editor-in-Chief, Handbook of Applied Hydrology, 大學圖書出版社 1981

16. Eagleson, P. S., Dynamic Hydrology, 狀元出版社，1970.5

17. Linsley, R. K., Jr., Kohler, M. A. & J. L. H. Paulhus, Hydrology for Engineers, Mei Ya Taiwan Edition, 3rd edition, 2nd printing, 1983.02

習題

1. 水土保持技術規範之降雨強度推估，係使用無因次降雨強度公式計算，試述其使用上之優缺點。

2. 設計降雨強度公式中，為何降雨延時因子可以用集流時間取代？

3. 長延時和短延時設計降雨強度有何不同之特點以及用途？

4. 降雨強度公式中採用年平均降雨量當計算參數之優缺點，應用哪種年平均值會較合適？

5. 當計算集流時間時，為什麼渠道流時間不能用曼寧公式計算？

6. 試述計算任一集水區之集水點逕流量之步驟和需要注意之事項。

7. 如何估算河流中任意一個定點之逕流量？

8. 試簡述有無實測地形圖之坡度計算方法，並說明地形圖之比例尺大小對其計算結果之影響。

9. 新北市淡水區一塊完整集水區之山坡地，其面積為1.2公頃，該山坡地唯一之山溝，其漫地流長度為150公尺，河道長度為380公尺，河道高差為10公尺，請以25年頻率降雨強度計算該集水區集水點處之逕流量（漫地流流速採0.45m/s；逕流係數採0.75）為何？

10. 新北市淡水區一塊山坡地，為一完整集水區，其面積為1.2公頃，山坡坡面平均坡度為10%之黏壤土山坡地，以等高耕作方式種植桂竹，每段坡長都在30公尺左右，該山坡地唯一之山溝，其漫地流長度為150公尺，河道長度為380公尺，河道高差為10公尺，請計算該集水區集水點處之逕流量為何？

11. 有一條複式斷面河川，其相關參數如圖表所示，規劃枯水期之流量集中在低水河槽，枯水期之設計流量為244cms；100年重現期距設計流量為590cms，設計坡降為0.002，低水河槽出水高為20cm；建床河槽出水高為50cm時，試問低水河槽以及洪水平原之設計尺寸為何？

W_1	h_1	m_1	m_2	n_1	n_2	n_3	n_4
35m	4m	0.35	0.3	乾砌石	類地毯草	漿砌石	夾雜1.3cm小石河床

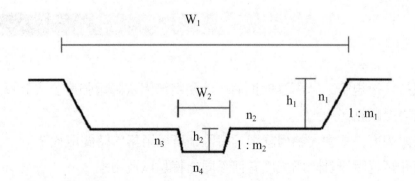

chapter *4*

土壤沖蝕

Soil Erosion

4.1 土壤沖蝕

　　土壤受人為開挖或破壞等非天然外力和天然外力如雨水、逕流、風力、地震、海浪、重力、溫度變化等衝擊後，自固結之土體鬆散分離、搬移與堆積的現象，稱之為土壤沖蝕。影響土壤沖蝕因子，以水力沖蝕為例，外力有雨滴分散作用、逕流搬運、降雨強度和總降雨量、地表坡度、坡長；而土壤對分散與搬運之抵抗力，則有土壤透水、保水性質、地表植生或其他物質覆蓋狀態。

　　土壤沖蝕過程依序分為土壤分離、搬運、堆積。沖蝕因為外力種類不同，可分為水蝕與風蝕。其中，水蝕係由水滴打擊地面之動能與地面逕流之剪力作用而發生。而風蝕則是藉風之動能引起之土粒移動。

　　地表沖蝕可分為正常沖蝕和加速沖蝕兩大類。

一、正常沖蝕（Normal Erosion）又稱自然沖蝕（Natural Erosion）或地質沖蝕（Geological Erosion）

(一) 自然沖蝕為自然界中地質變化之一環，是自然界保持均衡狀態下，原有之良好植被未被破壞時發生之土壤沖蝕。

(二) 地球上任何陸地，任何時間，此種沖蝕均不斷在進行。

(三) 其土壤粒子之移動過程極為緩慢，幾乎不易被察覺。下層土壤與母岩經風化作用生成之土壤，應足以抵償被沖蝕所損失之土壤。

二、加速沖蝕（Accelerated Erosion）又稱非自然沖蝕（Abnormal Erosion）

(一) 當地面植被與土壤之結構被人為因素破壞後，沖蝕現象逐漸加劇，謂之加速沖蝕。

(二) 加速沖蝕是土壤粒子與土壤化學物質發生剝離與移動之主因。加速沖蝕期間由母岩生成之土壤不足以抵償已損失之土壤。

(三) 首先損失表土，所含之某些養分將完全隨表土流失，土地生產力因而降低，然後露出心土再至基岩，終致災害益形擴大。坡地隨即構成沖蝕溝。後來沖蝕溝不斷加深與擴大，流出物沉積於沖積平原、河口三角洲或海岸平原。

4.2 土砂生產

　　因為風化或地殼變動所產生之土壤沖蝕，為正常沖蝕或一次土砂生產；因為人為開發或破壞所產生之地表沖蝕、崩塌、地滑、土石流等外力影響所導致之沖蝕，為加速沖蝕，或二次土砂生產，或山坡地土砂生產。

　　一、一次土砂生產

一次土砂生產歸因於短期風化、長期風化與地殼變動三大類。

(一) 短期風化
1. 氣溫：短週期之溫度變化容易導致不同結晶質所構成之岩石，因為不同膨脹差，促使岩石破壞成細粒化或緻密之岩石。長週期之溫度變化，則會使表層與下層發生不同之膨脹差而破壞。
2. 雨水：雨水和空氣中之二氧化碳作用，溶解岩石間之膠結物質，破壞岩石結構。

(二) 長期風化
岩石因本身地質條件和長期氣象因素會風化成黏土礦物。

(三) 地殼變動
節理或片理發達之岩石，如片岩或片麻岩等，容易沿著節理或片理面風化而破壞。

　　二、山坡地土砂生產

山坡地土砂生產有地表沖蝕、崩塌、地滑、土石流和二次沖蝕及崩塌。

(一) 地表沖蝕
當地表之抗沖力，如內摩擦力和凝聚力等，小於降雨、風力或人為等外力時，稱地表沖蝕。沖蝕過程先有土粒分散，繼而搬運，至適當地點則落淤、堆積。

1. 沖蝕程序

當土壤地表受到降雨或是強風吹拂時，土壤顆粒因為降雨打擊或強風剪應力作用而鬆動，接著而來之打擊或剪力作用就會產生飛濺現象，當土壤顆粒懸浮離開地表面後，被逕流或強風運送離開，留下坑洞。由於坑洞邊緣存在高低差之關係，逕流或風力之運移剪應力在坑洞邊緣有增強效應，產生較大之掘鑿力。由於坑洞上游側之持續掘鑿作用產生之溯源沖蝕現象，導致坑洞發展成紋溝。當數條紋溝持續伸長、擴張，紋溝合併現象就會隨之發生，在伸長、擴張、合併之交互作用下而形成蝕溝。這一連串之沖蝕程序，又可以區分為飛濺沖蝕、層狀沖蝕、指狀沖蝕和溝狀沖蝕。

(1) 飛濺沖蝕（Splash Erosion）又名雨滴沖蝕（Raindrop Erosion）

當雨滴落下與空氣之摩擦作用在接近地面時，成等速運動。一旦到達地面，其本身之動能消耗在打擊地面之作用上，此時裸露之土粒將因雨滴之打擊而被分散，甚至隨飛濺之水滴而濺射至他處，即稱之為飛濺沖蝕

(2) 層狀沖蝕（Sheet Erosion）又名表層沖蝕

由超滲雨量逐漸形成逕流之初，逕流呈現一種緩和而均勻之漫地流，深度多在 0.1～3.0mm 之間，稱為薄膜流（Film Current）。僅能流動於土粒中間，或帶有極小之波紋在地表面由上而下流動，俟薄膜流之流速加大時，平滑之斜坡地表即遭受沖蝕而呈層狀剝落，此為逕流沖蝕之開始，亦即層蝕之始，然後演變成紋溝沖蝕。

(3) 指狀沖蝕（Rill Erosion）也稱細溝或紋溝沖蝕

地表經層狀沖蝕後形成凹凸不平，於是雨水向低窪處或順坡耕犁溝匯流，生成許多小蝕溝，其分布似手指分歧，故稱為指狀沖蝕。指狀沖蝕之小蝕溝以寬100 公分、深30 公分為限，超過者即列為溝狀沖蝕。

(4) 溝狀沖蝕（Gully Erosion）又稱為溝壑沖蝕

指狀小蝕溝繼續發展、加深、延長、擴寬、互相兼併，逕流更集中，沖蝕能量大增，形成大溝，是為溝狀沖蝕。蝕溝之形狀隨土壤及其基岩之軟、硬、深度、層理與溝底降坡之急緩而異，可歸列如下四種型態：

a. 寬平淺溝：在土壤堅實黏重之處，雨水挾土粒而去，形成溝。

b. V型蝕溝：表土軟而深厚之土地，蝕溝多呈尖底V型斷面。

c. U型蝕溝：土壤鬆軟，底部堅硬，蝕溝多呈溝底寬平而溝邊陡峭之U型斷

面。

d. 複式蝕溝：在U型的溝底，下割進展到穿過堅硬的土層或岩盤時，如再遇鬆軟的土層，又形成V 型深溝，同時兼有下部V型與上部U型的複式斷面。

2. 一般流體（含水流和氣流）沖蝕程序如下：

(1) 流體沖蝕程序：

a. 撞擊作用導致固結物體鬆散。

b. 接近物體表面之流體藉由剪應力和上舉力，將鬆散物體顆粒懸浮起來。

c. 因懸浮掏空之物體表面，再因為流體剪應力作用而有向下掘鑿現象。

d. 運動流體將懸浮之物體顆粒搬離原處。

(2) 如果流體為水流時，則水力沖蝕程序如下：

a. 雨滴打擊產生之飛濺現象。

b. 薄膜流產生之懸浮作用。

c. 逕流剪應力產生之掘鑿現象。

d. 逕流之搬運作用。

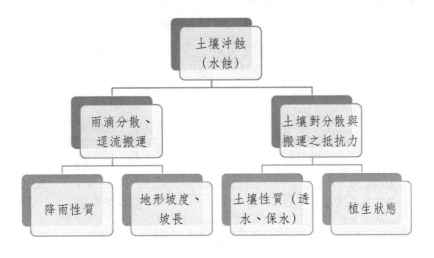

圖4-1　土壤沖蝕示意圖

3. 土壤水力沖蝕程序

洪楚寶於1987年編著之《水土保持》一書中，土壤沖蝕程度分級並非分4

級；而是分為5級，此外，分級說明僅有定性描述；沒有流失量之量化分級，經常造成困擾。後來，行政院農業委員會於1987年發布之山坡地土地可利用限度分類標準，就將土地沖蝕徵狀及土壤流失量作為沖蝕分級之標準，接著，1992年臺灣省水土保持局和中華水土保持學會共同編印之水土保持手冊農地篇，以及1995年臺北市政府建設局和中華水土保持學會共同編印之臺北市水土保持手冊農地篇都採用1987年版山坡地土地可利用限度分類標準之沖蝕程度分級。

1999年，行政院農業委員會修正山坡地土地可利用限度分類標準，除將嚴重沖蝕級別之「土壤顏色」修正為「土石顏色」外，其餘沖蝕程度分級都和1987年版一樣。雖然如此，行政院農業委員會水土保持局和中華水土保持學會共同編印之2005年版之水土保持手冊，除了附錄1999年修正之山坡地土地可利用限度分類標準外，其坡地保育篇就與修正之分類標準不同；融入定性和定量之土地沖蝕徵狀及土壤流失量標準。鑑於土壤沖蝕程度係依據土地所呈現之沖蝕徵狀所決定，而有關表土、底土流失量之估算，因須經過長期觀測，且含礫石、碎石含量不明確之判斷標準，因此有2017年行政院農業委員會提出修正，保留現場可以量測到之土地徵狀；刪去需要長期觀測之土壤流失量。

2018年行政院農業委員會將嚴重和極嚴重級別之「30公分以上」及「100公分以上」，分別修正為「逾30公分」和「逾100公分」。2020年版之山坡地土地可利用限度分類標準並未修正沖蝕級別。下表為2020年行政院農業委員會修正發布之山坡地可利用限度分類標準：

表4-1　土壤沖蝕程度分級（山坡地可利用限度分類標準，2020）

沖蝕程度級別	土地沖蝕徵狀
輕微	沖蝕溝寬度未滿30公分且深度未滿15公分之土地。
中等	地面有溝狀沖蝕現象，其沖蝕溝寬度30公分至100公分，且深度15公分至30公分之土地。
嚴重	沖蝕溝寬度逾100公分且深度逾30公分之土地，呈U型、V型或UV複合型，仍得以植生方法救治。
極嚴重	沖蝕溝寬度逾100公分且深度逾30公分之土地，甚至母岩裸露，局部有崩塌現象。

表4-2　各沖蝕級別之土地沖蝕徵狀和土壤流失量標準修正整理

沖蝕程度級別	定性土地沖蝕徵狀	土地沖蝕徵狀及土壤流失量	土地沖蝕徵狀及土壤流失量	土地沖蝕徵狀及土壤流失量	土地沖蝕徵狀	土地沖蝕徵狀
標準出處	洪楚寶、水土保持(1987)	山坡地土地可利用限度分類標準(1987)、水土保持手冊(1992)、臺北市水土保持手冊農地篇(1995)	山坡地土地可利用限度分類標準(1999)、水土保持手冊2005、2017	水土保持手冊 水土保育篇(2005)	山坡地土地可利用限度分類標準(2017)	山坡地土地可利用限度分類標準(2018、2020)
輕微	無明顯之任何沖蝕現象、土壤滲透率高、或坡度甚好、緩、整地合理，無距離土壤移動現象。	地面無小沖蝕溝之跡象，表土流失量在25%以下。	地面無小沖蝕溝之跡象，表土流失量在25%以下。	地面無顯著的任何沖蝕現象，土壤良好，或坡度甚緩、無距離移動現象。表土流失量在25%以下。	沖蝕溝寬度未滿30公分、且深度未滿15公分之土地。	沖蝕溝寬度未滿30公分，且深度未滿15公分之土地。
中等	有明顯之表層沖蝕、指狀沖蝕或蝕溝、土飛揚、坡度稍陡、地表覆蓋稍有顯著破壞。	地面有蝕溝系統之跡象，碎石、礫石含量在20%以下，表土流失量超過25%至75%。	地面有蝕溝系統之跡象，碎石、礫石含量在20%以下，表土流失量超過25%至75%。	地面有顯著的沖蝕現象，其沖蝕溝寬度在30~100公分間，且深度15~30公分之土地。礫石、碎石含量在20%以下，表土流失量超過25%至75%。	地面有溝狀沖蝕現象，其沖蝕溝寬度在30~100公分，且深度15分~30公分之土地。	地面有溝狀沖蝕現象，其沖蝕溝寬度30~100公分，且深度在15~30公分之土地。

續表4-2

沖蝕程度級別	定性土地沖蝕徵狀	土地沖蝕徵狀及土壤流失量	土地沖蝕徵狀及土壤流失量	土地沖蝕徵狀及土壤流失量	土地沖蝕徵狀	土地沖蝕徵狀
嚴重	有顯著之溝狀沖蝕現象，其深度在30～100公分之間，或深度15～30公分之風砂堆積。	地面沖蝕多，片狀沖蝕活躍，土壤顏色鮮明，礫石、碎石含量超過20%～40%，底土流失量在50%以下。	地面沖蝕多，片狀沖蝕活躍，土壤顏色鮮明，礫石、碎石含量超過20%～40%，底土流失量在50%以下。	沖蝕溝寬100公分以上且深度30公分以上，呈U型、V型或UV複合型，仍得以植生方法救治。礫石含量超過20%～40%，底土流失量在50%以下。	沖蝕溝寬度逾100公分以上之土地，呈U型、V型或UV複合型，仍得以植生方法救治。	沖蝕溝寬度逾100公分且深度逾30公分之土地，呈U型、V型或UV複合型，仍得以植生方法救治。
極嚴重	沖蝕溝深達100公分以上，或呈U型或V型，尚可以植物救治者。	掌狀溝分歧交錯，含石量超過40%，底土流失量超過50%，甚至母岩裸露，局部有崩塌現象。	掌狀蝕溝分歧交錯，含石量超過40%，底土流失量超過50%，甚至母岩裸露，局部有崩塌現象。	沖蝕極端劇烈，表土無從固定，且沖蝕已侵入心土，不易以母岩方法救治者。含石量超過44%，底土流失量超過50%，甚至母岩部有岩裸露，局部有崩塌現象。	沖蝕溝寬度在100公分以上，且深30公分以上之土地，甚至母岩部有岩裸露，崩塌現象。	沖蝕溝寬度逾100公分且深度逾30公分之土地，至母岩部有崩塌現象。
極端嚴重沖蝕（壞地）	沖蝕極端劇烈，表土已無從固定，且沖蝕已侵入心土或母岩，不易以植物方法救治者。					

(二) 二次沖蝕或崩塌

由於地理資訊系統發展迅速，許多學者專家經常將集水區土壤流失量當作泥砂生產量，卻忽略河道泥砂運移量。雖然集水區河道坡度沒有兩側坡面坡度大，但是河道泥砂沖刷還是滿嚴重的。因此，集水區泥砂來源應該包含坡面土壤流失量或沖蝕量（含崩塌、坡地土壤沖蝕）與河道泥砂沖刷量。另外，沖蝕土砂經過一段時期之堆積作用後，會因為外力作用發生二次沖蝕或崩塌，在估算集水區泥砂來源時，需要列入計算的是可移動土砂量，而非僅是通用土壤流失公式所估算之土壤流失量。

三、坡地土砂生產類別

(一) 表層沖蝕

當洪積層或新第三紀層由於膠結物質溶解或消失，導致游離之砂礫被地表水帶走。尤其是透水性差之岩石表面，地表水極易形成，當表層土壤一旦遭受沖蝕後，下層土壤亦會因出露而繼續沖蝕。受到化學風化之岩石，如花崗岩等露出後與空氣產生氧化，形成物理性破壞，繼而被地表水帶走。

(二) 直接崩塌

淺層崩塌（0.1～1m）是風化層或運積層在降雨時形成含水層，由於孔隙水壓之作用而發生崩塌破壞。深層崩塌係斷層或破壞帶之黏土礦物產生之膨脹壓，或水分潤滑造成之崩塌破壞。一般喬木樹根長度很少超過2.5公尺，因此，森林可發揮防止淺層崩塌之效果；深層崩塌則須依賴工程方法解決。

(三) 地滑

(四) 二次崩塌及二次沖蝕

舊時期之沖蝕堆積物經過一段時期後，發生再次沖蝕或崩塌。

4.3　岩石之風化

基岩之風化歷經下列每一過程者，稱為連續性風化。亦即基岩風化、分解或裂解為岩塊，岩塊風化或裂解為石礫，石礫再風化、裂解為砂，砂風化、分解為

細砂，最後風化為黏土。歷經下列各個過程者，稱為連續性風化：

基岩 → 岩塊 → 石礫 → 砂 → 細砂 → 黏土

表4-3　岩石特性表

		沉積岩	
		沉積岩	
1	礫岩	沉積岩	礫石就是鵝卵石。 礫岩是由礫石堆積而成。
2	砂岩	沉積岩	93%石英，5%長石，2%雲母。 砂岩是由砂粒堆積而成。
3	頁岩	沉積岩	頁岩是由黏土或坋土堆積而成
4	石灰岩	沉積岩	石灰岩是由珊瑚、貝殼、藻類等生物的遺骸堆積膠結而成。 珊瑚礁石俗稱硓咕石。
		火成岩	
5	安山岩	火成岩	火山爆發後，噴發出來的岩漿團塊冷凝後形成安山岩。 有礦物斑點，北部斑點較小；東部較大。
6	玄武岩	火成岩	岩漿順著板塊裂縫湧出，在地面漫流，冷凝後形成玄武岩。 有小氣孔（氣孔構造）。
7	花崗岩	火成岩	45%石英，35%正長石，20%雲母。 地底岩漿向上湧冒，在地殼中停留一段相當長的時間，逐漸凝固形成花崗岩。 礦物顆粒最大，淺色是石英、白雲母；深色是黑雲母；粉紅色是正長石。
		變質岩	
8	板岩	變質岩	板塊擠壓產生之高溫高壓，促使地底下岩石發生變質作用。 板岩是輕度變質的頁岩。黑亮光澤的是絹雲母。
9	片岩	變質岩	片岩是砂岩、頁岩或凝灰岩變質而成。 片岩一般有綠色（凝灰岩變質之綠泥石）、灰色（變質砂岩）和黑色（頁岩變質成石墨）三種。
10	片麻岩	變質岩	由砂岩或花崗岩變質而成。黑白斑點有如芝麻。白色為石英、正長石或白雲母；黑色為黑雲母。
11	變質砂岩	變質岩	砂岩變質而成，臺灣最堅硬的岩石，又稱石英岩。玉山、雪山、大霸尖山峰頂都是變質砂岩。
12	大理岩	變質岩	100%方解石（碳酸鈣），變質石灰岩。岩性質軟、細緻，常做為建材和雕塑石材。

一、火成岩類之風化

(一) 花崗岩之風化程序有兩大類：
　　1. 基岩風化為岩塊，再風化為砂。
　　2. 基岩直接風化為砂。
(二) 安山岩與玄武岩：安山岩和玄武岩都是直接由基岩風化為岩塊。
(三) 集塊岩與凝灰岩：火山噴出後，在近火山口處之大岩塊稱集塊岩；離火
　　山口較遠處之小岩塊稱凝灰岩；離火山口更遠處之小岩塊稱火山灰。
　　1. 年代較久之集塊岩和凝灰岩：風化程序為基岩風化為岩塊，再風化為
　　　石礫。
　　2. 年代較輕者則有兩類風化程序：
　　　(1) 基岩直接風化為砂。
　　　(2) 基岩直接風化為黏土。

二、變質岩類之風化

(一) 千枚岩和結晶片岩經常存在於破碎帶，其風化程序有兩類：
　　1. 基岩風化為石礫，最後風化為砂。
　　2. 基岩直接風化為黏土。
(二) 蛇紋岩吸水後會膨脹，其風化程序也有兩類：
　　1. 基岩風化為岩塊，最後風化為黏土。
　　2. 基岩直接風化為黏土。
(三) 黏板岩：和蛇紋岩其中一類相似，其風化程序也是基岩直接風化為黏
　　土。

三、沉積岩類之風化

(一) 砂岩：風化程序有三類：
　　1. 基岩風化為岩塊，再風化為石礫。
　　2. 基岩風化為石礫，再風化為砂。
　　3. 基岩直接風化為砂。
(二) 頁岩：風化程序為基岩風化為砂，再風化為黏土。

圖4-2 蝕溝（一）

圖4-3 蝕溝（二）

參考文獻

1. 行政院農業委員會，水土保持技術規範，2020.3
2. 行政院農業委員會水土保持局，水土保持手冊，2017.12
3. 陳文福，黃宏斌，德基水庫集水區第五期治理計畫之規劃，經濟部德基水庫集水區管理委員會，11-45頁，2003.05
4. 游繁結，李三畏，陳明健，陳慶雄，黃宏斌，許銘熙，農業施政計畫專案查證報告，加強山坡地水土保持——治山防災計畫，中華農學會農業資訊服務中心，174頁，2004.12
5. 黃宏斌，水土資源保育，2000年民間環保政策白皮書，歐陽嶠暉編，277-290頁，2000.08
6. 黃宏斌，山坡地水土保持治理及資源保育工作，桃園縣山坡地非農業使用之水土保持設施安全規定講習，31-60頁，2002.05
7. 黃宏斌，臺北縣雙溪鄉雙溪集水區整體治理調查規劃，農委會水土保持局第一工程所技術成果報告，2001.12
8. 黃宏斌，大興社區土石防治整體治理規劃工程，農委會水土保持局第六工程所技術成果報告，2001.12
9. 黃宏斌，德基水庫集水區第六期治理計畫調查規劃，經濟部德基水庫集水區管理委員會，2009.06
10.黃宏斌，鐵塔基礎之水土保持，臺灣電力公司地工技術實務研討班講義，1-8頁，1999.12
11.黃宏斌，林昭遠，魏迺雄，加強坡面綠覆保水與區域性水土資源保育中長程方針規劃（臺北分局），行政院農業委員會水保局臺北分局研究報告，2008.12
12.黃宏斌，陳信雄，邱祈榮，魏迺雄，黃國文，白石溪集水區整體治理調查分析與規劃，行政院農業委員會林務局，2006.05
13.黃宏斌，賴進松，石門水庫集水區泥砂調查分析及監測技術之研究（II），行政院農業委員會水保局研究報告，2008.12
14.黃宏斌，魏迺雄，蘭陽溪等上游集水區整體調查規劃，行政院農業委員會水保局第一工程所研究報告，2007.11

15. 謝正義，黃宏斌，水土保持工程永續指標評估項目研究，行政院農委會水土保持局研究報告，2011.12

16. Hudson, N., Soil Conservation, Cornell University Press, 1971

17. Kirkby, M.J. & R. P. C. Morgan, Soil Erosion, John Wiley & sons Ltd., 1980

18. Troeh, F. R., J. A. Hobbs & R. L. Donahue, Soil and Water Conservation for Productivity and Environmental Protection, Prentice-Hall, Inc., 1980

習題

1. 試闡述風力沖蝕之程序。

2. 水力沖蝕之程序為(1)雨滴打擊之飛濺作用、薄膜流之懸浮作用、水流勢能之掘鑿作用、水流之運搬作用　(2)雨滴打擊之飛濺作用、水流勢能之掘鑿作用、薄膜流之懸浮作用、水流之運搬作用　(3)雨滴打擊之飛濺作用、水流之運搬作用、水流勢能之掘鑿作用、薄膜流之懸浮作用。

3. 風力沖蝕之程序可分(1)摩擦作用、乾燥作用、衝擊作用、推移作用　(2)乾燥作用、摩擦作用、衝擊作用、推移作用　(3)乾燥作用、摩擦作用、推移作用、衝擊作用。

4. 指狀沖蝕之小蝕溝，寬深均小於(1)10公分　(2)20公分　(3)30公分。

5. 蝕溝治理之範圍為(1)集水面積10公頃以下、溝寬10公尺以下　(2)集水面積20公頃以下、溝寬20公尺以下　(3)集水面積10公頃以下、溝寬30公尺以下。

6. 蝕溝沖蝕及指狀沖蝕之泥砂生產量可依(1)通用土壤流失公式估算　(2)相關之河床載運移量公式計算　(3)以上兩者皆可。

7. 層狀沖蝕量之調查，以(1)現場實測計算　(2)通用土壤流失公式估算　(3)以上兩者皆可。

chapter 5

泥砂生產量及土壤流失量計算
Sediment Yield and Soil Erosion Calculation

5.1 集水區土砂生產量

集水區之土砂生產量，包含坡面或山坡地之土壤流失量、河道沖刷量，以及山崩、地滑、坍岸或土石流等產生之土砂量。如果是估算通過集水點之土砂流出量時，則需要同時考慮土砂遞移率，亦即沖刷土砂能夠移動或是被逕流或河道水流輸送到某一定點之比率。因此，非常明確地，集水區土砂生產量並不等於集水區之泥砂流出量。

圖5-1　河床沖刷

圖5-2　河床沖刷

5.1.1 土壤流失量

　　坡面或山坡地土壤流失量多寡會受當地水文、地文（地形、地質）和地表上之土地覆蓋情形影響，如果沒有長期觀測記錄，是很難精準估算計畫區之土壤流失量，當然，開發後之土地利用改變所產生之土壤流失量更是無法得知。因此，在水土保持工程規劃設計階段之土壤流失量，經常使用通用土壤流失公式（Universal Soil Loss Equation, USLE）估算，請參閱附錄四至附錄七所示。

　　土壤流失量係一般坡面或山坡地觀測區在當時地表覆蓋或植生狀況下之年平均土壤流失量，因此，並不包含如山崩、地滑、坍岸或土石流等特殊事件所產生之土砂量。再者，由於土砂遞移率之作用，並不是所有沖刷土砂都能夠立即移動或被逕流輸送到某一定點，因此，在集水點觀測或估算之土壤流出量，並不等於流失量。

　　部分文獻以水庫在某次颱風所增加之淤積土砂量除以水庫集水區面積，作為該水庫集水區之土壤流失量，除了沒有考慮經由溢流和洩洪排出之土砂量、河道沖刷量、山崩、地滑、坍岸或土石流等產生之土砂量外，也沒有考慮土砂遞移率之情況下，估算集水區坡面之土壤流失量是會產生極大誤差的。

5.1.2 河道沖刷量

　　依據質量守恆定律，某一河段河道或是河床在單位時間內之沖刷或淤積量（或高度），係根據進入該河段來砂量和離開該河段輸砂量計算而得。而進入該河段來砂量和離開該河段輸砂量，乃是由該河段水流之挾砂力所決定。如果是來砂量大於輸砂量時就會產生淤積；相反地，來砂量小於輸砂量時，就會產生沖刷現象。

　　一、控制方程式

對於非恆定之漸變流，當基本假設為：

(一) 河道足夠順直和均勻，可依一維水流考慮。

(二) 水面曲度很小，斷面中各點可依靜水壓分布考慮。

(三) 阻力係數可利用恆定流之阻力公式計算。

則控制方程式可如下式：

$$\frac{\partial Q}{\partial x} + \frac{\partial A}{\partial t} = 0$$

$$\frac{\partial Q}{\partial t} + \frac{\partial}{\partial x}\left(\frac{Q^2}{A}\right) + gA\frac{\partial h}{\partial x} = gA(S - S_f)$$

$$\frac{\partial Q_s}{\partial x} + (1 - n)\frac{\partial A_d}{\partial t} = 0$$

其中，Q為流量；Q_s為泥砂輸砂量；A為通水斷面積；A_d為沖淤面積；h為水深；n為底床孔隙率；S為河床坡降；S_f為摩阻坡降；x為沿程水平距離；t為時間。

　　其中，河床載控制方程式

　　質量守恆方程式

$$\frac{\partial h}{\partial t} + \frac{\partial(hu)}{\partial x} + \frac{\partial(hv)}{\partial y} = 0$$

動量守恆方程式（x方向）

$$\frac{\partial(hu)}{\partial t} + \frac{\partial\left[hu^2 + \frac{1}{2}gh^2\right]}{\partial x} + \frac{\partial(huv)}{\partial y} = \frac{p_{bx}}{\rho_w} - \frac{\tau_{bx}}{\rho_w}$$

動量守恆方程式（y方向）

$$\frac{\partial(hu)}{\partial t} + \frac{\partial(huv)}{\partial x} + \frac{\partial\left[hv^2 + \frac{1}{2}gh^2\right]}{\partial y} = \frac{p_{by}}{\rho_w} - \frac{\tau_{by}}{\rho_w}$$

泥砂質量守恆方程式

$$\frac{\partial \sum_{p=1}^{N_p}[z_p(1-p_p)]}{\partial t} + \frac{\partial q_{sx}}{\partial x} + \frac{\partial q_{sy}}{\partial y} = 0$$

一般河床變動量計算乃根據入流歷線求得該河段之出流歷線後，再根據設定之水流和來砂量條件，計算離開該河段之輸砂量和該河段之河床沖淤量或沖淤高度。由於控制方程式是偏微分方程式，水利或水保工程規劃設計經常使用有限差分法來求解。

二、輸砂量公式

如果以沉滓之運動行為區分，山坡地或河床上可移動之泥砂，可分為推移質和懸浮質兩大類。其中，推移質之沖淤是足以影響河床高低，對於水利或水保工程之建造或安全檢定而言，是較為重要之參數；而懸浮質經常以濃度表示，代表水質之混濁度。臺灣自行發展之輸砂量公式，且被水土保持技術規範曾經採用者，只有1992年發表之何黃氏公式，為以體積計量之推移質公式。該公式係以多組均勻粒徑之室內試驗分析而得。

(一) 何黃氏公式（1992）

$$q_b = 0.4383 \cdot S^{1.41}(q - q_c)$$
$$q_c = 1.259 \times 10^{-7} D_g^{1.56} S^{-1}$$
$$D_g = D/\{v^2/[(\sigma/\rho - 1)g]\}^{1/3}$$

式中，q_b為單位寬度推移質輸砂量（cms/m）；S為能量坡降；q為單位寬度河道流量（cms/m）；q_c為單位寬度推移質起動流量（cms/m）；D_s為無因次粒徑參

數；D 為推移質代表粒徑（m）；σ 為推移質沉滓之質量密度（= 2,650 kg/m³）；ρ 為水體之質量密度（= 1,000 kg/m³）；ν 為水體之運動黏滯係數（= 1.0×10^{-6} m²/s）；g 為重力加速度（= 9.8 m/s²）

國外發展之推移質輸砂公式很多，但其試驗條件大多為適合各該地區之細顆粒、緩坡條件推導而得。比較適合臺灣粗顆粒、陡坡條件，尤其是山坡地地區推移質輸砂情況者，有1950年發表之蕭氏（Schoklitsch）公式，為以重量計量之推移質公式。

(二) Schoklitsch（1950）

$$q_s = \frac{2500}{\gamma_s} S^{1.5}(q - q_c)$$

$$q_c = 0.26(\gamma_s/r - 1)^{5/3} D^{1.5}/S^{7/6}$$

式中，q_s 為單位寬度推移質輸砂量（kg/s/m）；S 為能量坡降；q 為單位寬度河道流量（cms/m）；q_c 為單位寬度推移質起動流量（cms/m）；D 為推移質代表粒徑（mm）；γ_s 為推移質沉滓之重量密度（N/m³）；γ 為水體之重量密度（N/m³）。

特別需要注意的是，除了何黃氏公式以體積計量，蕭氏公式以重量計量外，何黃氏公式之粒徑單位為公尺，蕭氏公式則以公釐為單位。

另外，還有Meyer-Peter & Muller（1948）與Smart（1984）公式。

(三) Meyer-Peter & Muller（1948）

$$\phi = 8\left[\left(\frac{K_s}{K_r}\right)^{1.5}\theta - 0.047\right]^{1.5}$$

(四) Smart（1984）

$$\phi = 4\left[\left(\frac{d_{90}}{d_{30}}\right)^{0.2} S^{0.6} C\theta^{0.5}(\theta - \theta_{cr})\right]$$

5.1.3 山崩、地滑、坍岸或土石流等產生之土砂量

由於山崩、地滑、坍岸或土石流所產生之土砂量，經常遠大於坡面或山坡地之土壤流失量，且其量體也受當地水文、地形、地質和土地利用型態影響，因

此，除了這方面之研究成果非常豐碩外，也是以符合當地水文、地形、地質和土地利用條件之經驗公式居多。

一、通用土壤流失公式（Universal Soil Loss Equation, USLE）

當地表土壤抗蝕力小於如降雨、逕流等沖蝕力時，就會發生土壤流失現象。降雨沖蝕力大小決定於降雨型態及降雨特性；土壤抗蝕力則受土壤物理、化學特性，以及外在坡長、坡度、覆蓋與管理及水土保持處理等因子影響。自1940年開始發展田間土壤流失量估算公式以來，經過Zingg（1940）、Browning（1947）、Musgrave（1947）的努力，Wischmeier, W. H.和Smith, D. D.蒐集美國21州、36個地區，超過7,500個標準試區年和500個集水區年的資料，發展出通用土壤流失公式。1965年版USLE劃分5個農作期，其中，C因子主要是定性考慮作物覆蓋、耕作歷史、生產力水準、作物殘體、輪作和冬季覆蓋物等次因子。同時，USLE手冊提供主要農作物和耕作制度下之土壤流失比率表。1978年版USLE手冊則劃分6個農作期，增加了適用於水土保持耕作法之土壤流失比率表。

早期USLE公式是用來預估不同作物系統之片蝕和細溝沖蝕，1970年代早期美國農業部則開始討論將其應用到牧草地等非擾動地區，但是由於缺少這些地區之逕流資料，Wischmeier在1975年提出一個次因子方法來確定牧草地和林地之C因子，接著，1978年Wischmeier和Smith提出冠層覆蓋、地表覆蓋、地下殘體作用（如根系）、耕作方式等次因子來確定C因子，而擴大USLE之應用範圍。為了適用於林地，Dissmeyer和Foster則進行修正，並增加土壤表面覆蓋（枯枝凋落物、礫石）、裸土百分比、冠層蓋度、土壤緊實度、有機質含量、細根生物量、殘渣固結作用和土壤儲水量等次因子。USLE可表示如下：

$$A_m = R_m \cdot K_m \cdot L \cdot S \cdot C \cdot P$$

式中，A_m：每公頃之年平均土壤流失量（t/ha-yr）；R_m：年平均降雨沖蝕指數（10^6 J-mm/ha-hr-yr）；K_m：土壤沖蝕性指數（t-ha-hr-yr/10^6 J-mm-ha-yr）；L：坡長因子；S：坡度因子；C：覆蓋與管理因子；P：水土保持處理因子。

　　求出上述各個參數值後相乘，即可得到每年每公頃之土壤流失量Am(t)，即 $A_m = R_m \cdot K_m \cdot L \cdot S \cdot C \cdot P$。以1.4t/m³可換算成體積單位之土壤流失量。

　　由於通用土壤流失公式係由標準單位試區（坡長22.13m；坡度9%之均勻坡面）發展而來，該公式中之L、S、C、P等因子均為無因次，係各參數（如坡長）之土壤流量和標準試區土壤流失量之比值。

　　因為土壤流失量大小受到降雨強度、降雨總量等水文因子，土壤結構、性質等土壤物理化學性質，坡長、坡度等地形因子以及覆蓋、管理和水土保持等外在因子影響，量體估算非常不容易。目前最常採用定值（如30m³/ha）或通用土壤流失公式計算永久沉砂池容量。

二、修飾通用土壤流失公式（Modified Universal Soil Loss Equation, MUSLE）

　　USLE適用於估算農地尺寸大小面積之年平均土壤流失量，無法直接估算集水區之泥砂生產量，因此對於蓄水構造物之設計幫助不大。為了解決此一問題，Williams於1975年以Riesel、Texas 和Hastings、Nebraska之18個小集水區資料分析，使用逕流因子（runoff factor），修正降雨沖蝕指數（rainfall energy factor, R）。MUSLE除了可以估算每月、每季或每年之土壤流失量外，也可以估算均勻降雨之大集水區土壤流失量，比USLE更適合估算如臨時或永久沉砂池之設計容量。MUSLE可表示如下：

$$A_m = 95(V_r \cdot Q_p)^{0.56} \cdot K_m \cdot L \cdot S \cdot C \cdot P$$

式中，A_m：每場降雨之土壤流失量（t）；V_r：逕流體積（acre-feet）；Q_p：洪峰流量（cfs）；$K_m \cdot L \cdot S \cdot C \cdot P$：同通用土壤流失公式。

　　改成公制，有

$$A_m = 12.988(V_r \cdot Q_p)^{0.56} \cdot K_m \cdot L \cdot S \cdot C \cdot P$$

式中，A_m：每場降雨之土壤流失量（t）；V_r：逕流體積（m³）；Q_p：洪峰流量（cms）；$K_m \cdot L \cdot S \cdot C \cdot P$：同通用土壤流失公式。

三、土壤流失量計算步驟

(一) 決定年降雨沖蝕指數Rm值。

(二) 決定土壤沖蝕指數Km參數。

(三) 決定坡長因子L值。

(四) 決定坡度因子S值。

(五) 決定覆蓋與管理因子C值。

(六) 決定水土保持處理因子P值。

(七) 求出上述各個參數值後，相乘即可得到每年每公頃之土壤流失量 Am(t)，亦可以1.4t/m^{3}換算成體積單位之土壤流失量。

四、每場降雨土壤流失量

計算步驟如下：

(一) 決定該場降雨逕流體積。

(二) 決定該場降雨洪峰流量。

(三) 決定土壤沖蝕指數Km參數。

(四) 決定坡長因子L值。

(五) 決定坡度因子S值。

(六) 決定覆蓋與管理因子C值。

(七) 決定水土保持處理因子P值。

(八) 求出上述各個參數值後相乘，即可得到每場降雨之土壤流失量Am(t)，亦可以1.4t/m^{3}換算成體積單位之土壤流失量。

五、坡地土砂生產量之主要影響因子為地表覆蓋情形、坡度與降雨量

(一) Musgrave公式（1947）

$$E = 0.00527 \cdot IRS^{1.35}L^{0.35}P_{30}^{1.75}$$

E：沖蝕量（mm/yr）；I：土壤沖蝕特性；R：植生覆蓋因子；S：坡度（%）； L：坡長（m）；P_{30}：最大30分雨量（mm）。

(二) 美國洛杉磯公式

$$D = \frac{19.74 \times 10^6 Q^{1.67} R_r^{0.72}}{(5 + VI)^{2.67}}$$

其中，

$$Q = \frac{0.018(P - 35.5)}{A^{0.1}}$$

D：土砂生產量（m^3/km^2）；Q：最大比流量（$m^3/sec \cdot km^2$）；Rr：起伏量比；W：植生指標；P：日雨量（mm）；A：集水面積（km^2）。

起伏量：某一面積內之最高點與最低點之高差。

起伏量比：集水區之最高點與最低點高差除以水系長之值。

植生指標：

覆蓋率（%）	0	20	40	60	80	100
VI	0	3	9	15	18	20

植生種類	裸露地	草地	雜木	林木
VI	0	1	3～5	8

範例：最大日雨量：203.2 mm；集水面積：5.2 km^2；
　　　植生指標：7.4；起伏量比：0.1；
　　　則流出土砂為21,000 m^3/km^2；
　　　若VI提高為18.1時，流出土砂則降為4,000 m^3/km^2。

(三) 修訂通用土壤流失公式（Revised Universal Soil Loss Equation, RUSLE）

1997年美國農業部公布農業手冊703號，也就是修訂土壤流失公式（RUSLE）。RUSLE除是農業手冊537號USLE之更新版外，還提供一個電腦程式。該電腦程式之資料庫，包括作物、管理措施和氣候等，使用者還可以自行擴充資料庫，擴大其應用範圍。雖然RUSLE保留了USLE之估算方式，但是卻改變其因子評估技術，並且引入新數據評估特定條件下之項目。

其中，RUSLE不再劃分農作期，而是以15天為一期距計算半月土壤流失

率。RUSLE提供之電腦程式RUSLE資料庫中，降雨逕流侵蝕力因子R數據庫已經納入美國西部資料，並且修正降雨在池塘水體部分數據。土壤易蝕性因子K可以隨時間變化，以反映凍融條件和作物生長吸收水分所引起之土壤固結，同時開發火山熱帶土壤之替代回歸方程式，以及修正土壤剖面內岩屑部分數據。地形因子的坡長和坡度因子L、S值已進行修正，並開發運算法則，以反映紋溝與紋溝間侵蝕比率。覆蓋管理因子C已經從季節性土壤流失率修正為連續函數，由於RUSLE不再使用基於觀測資料之土壤流失率表，土壤流失率SLR主要考慮下列5個次因子：前期土地利用次因子PLU、冠層覆蓋次因子CC、地面覆蓋次因子SC、表面糙度次因子SR、土壤水分次因子SM。對於美國西北部小麥和山脈地區

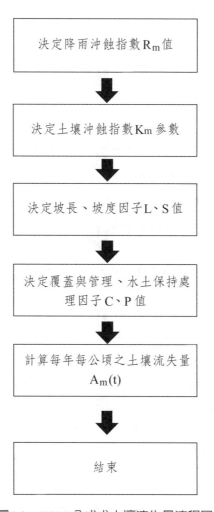

圖5-3　USLE公式求土壤流失量流程圖

之農田而言，SLR之計算式如下：

$$SLR = PLU \cdot CC \cdot SC \cdot SR \cdot SM$$

其餘地區則不考慮SM次因子。這些次因子包括考慮土壤剖面表土以下4英寸內之根系質量，以及農作物覆蓋和根系質量隨時間、耕作、殘株分解之變化。包括月降水量和溫度、無霜期、降雨逕流侵蝕力和每月兩次分布之EI（動能與最大30分鐘降水強度之乘積）等氣候數據，用來考慮K、C和實施因子P之季節性變化。P已經擴充考慮範圍至牧場、等高耕作、條栽和梯田。另外，實施因子P為臺灣之水土保持處理因子。

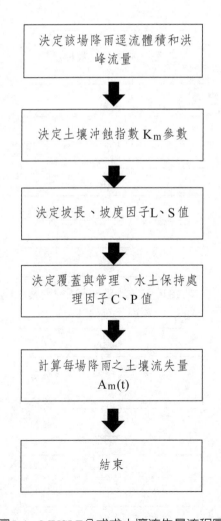

圖5-4　MUSLE公式求土壤流失量流程圖

參考文獻

1. 行政院農業委員會，水土保持技術規範，2020.3

2. 行政院農業委員會水土保持局，水土保持手冊，2017.12

3. 陳文福，黃宏斌，德基水庫集水區第五期治理計畫之規劃，經濟部德基水庫集水區管理委員會，11-45頁，2003.05

4. 游繁結，李三畏，陳明健，陳慶雄，黃宏斌，許銘熙，農業施政計畫專案查證報告，加強山坡地水土保持 —— 治山防災計畫，中華農學會農業資訊服務中心，174頁，2004.12

5. 黃宏斌，河床質粒徑物理性質對河川輸砂之影響研究，行政院國家科學委員會，NSC94-2313-B-002-065，2006.07

6. 黃宏斌，湍流渠槽之輸砂量模式研究（3/3），行政院國家科學委員會，NSC90-2313-B-002-348，2002.07

7. 黃宏斌，山地河川之輸砂特性，水土保持專業訓練 —— 土石流防治規劃班講義，127-138頁，2002.04

8. 黃宏斌，湍流渠槽之輸砂量模式研究（2/3），行政院國家科學委員會，NSC89-2313-B-002-203，2001.07

9. 黃宏斌，水土資源保育，2000年民間環保政策白皮書，歐陽嶠暉編，277-290頁，2000.08

10. 黃宏斌，山坡地水土保持治理及資源保育工作，桃園縣山坡地非農業使用之水土保持設施安全規定講習，31-60頁，2002.05

11. 黃宏斌，臺北縣雙溪鄉雙溪集水區整體治理調查規劃，農委會水土保持局第一工程所技術成果報告，2001.12

12. 黃宏斌，大興社區土石防治整體治理規劃工程，農委會水土保持局第六工程所技術成果報告，2001.12

13. 黃宏斌，德基水庫集水區第六期治理計畫調查規劃，經濟部德基水庫集水區管理委員會，2009.06

14. 黃宏斌，鐵塔基礎之水土保持，臺灣電力公司地工技術實務研討班講義，1-8頁，1999.12

15. 黃宏斌，上游坡面之土地利用對輸砂特性之影響，行政院農業委員會研究計畫成果報告，1993.06

16. 黃宏斌，不同粗糙係數估算對洪流與輸砂量模擬之關係探討，行政院國家科學委員會專題研究計畫成果報告，1991.02

17. 黃宏斌，圓山溪之底床阻抗與輸砂量估測模式之探討，國立中興大學水土保持學研究所碩士論文，1983.06

18. 黃宏斌，林昭遠，魏迺雄，加強坡面綠覆保水與區域性水土資源保育中長程方針規劃（臺北分局），行政院農業委員會水保局臺北分局研究報告，2008.12

19. 黃宏斌，陳信雄，邱祈榮，魏迺雄，黃國文，白石溪集水區整體治理調查分析與規劃，行政院農業委員會林務局，2006.05

20. 黃宏斌，賴進松，石門水庫集水區泥砂調查分析及監測技術之研究（Ⅱ），行政院農業委員會水保局研究報告，2008.12

21. 黃宏斌，賴進松，石門水庫集水區泥砂調查分析及監測技術之研究，行政院農業委員會水保局研究報告，2007.12

22. 黃宏斌，魏迺雄，蘭陽溪等上游集水區整體調查規劃，行政院農業委員會水保局第一工程所研究報告，2007.11

23. 謝正義，黃宏斌，水土保持工程永續指標評估項目研究，行政院農委會水土保持局研究報告，2011.12

24. United States Department of Agriculture, USDA, Predicting Soil Erosion by Water: A Guide to Conservation Planning With the Revised Universal Soil Loss Equation (RUSLE), AH_703, 1977.

習題

1. 何謂土壤沖蝕？試述泥砂來源。
2. 試述流體和水力沖蝕程序。
3. 新北市淡水區一塊完整集水區之山坡地，其面積為1.2公頃，山坡坡面平均坡度為10%之黏壤土山坡地，以等高耕作方式種植桂竹，每段坡長都在30公尺左右，試問該山坡地以通用土壤流失公式（USLE）計算之年土壤流失量為多少

立方公尺？

4. 試闡述水力沖蝕之程序。

5. 試述USLE和RUSLE之差異。

6. 通用土壤流失公式中，顆粒越細之土壤，其土壤結構參數值會呈現如何之變化？為什麼？

7. 通用土壤流失公式中，當敷蓋和覆蓋百分比越來越大時，土壤流失比之下降速率則會呈現如何之變化？為什麼？

8. 試述計算任一開發計畫區（屬於一個集水區內之部分土地和涵蓋不同集水區兩類）泥砂生產量之步驟和需要注意之事項。

9. 山坡地土壤流失量之估算，可以用(1)通用土壤流失公式　(2)何黃氏公式　(3)蕭氏公式計算　(4)以上三者皆可。

10. 河床載運移量之估算，可以用(1)通用土壤流失公式　(2)何黃氏公式　(3)陳氏公式計算　(4)以上三者皆可。

11. 泥砂運移量調查，是以(1)坡地上　(2)河道內　(3)包含坡地上和河道內之泥砂運移。

12. 集水區之整體規劃治理(1)需要　(2)不需要　(3)可做可不做泥砂生產量調查。

13. 泥砂運移量調查之範圍包括(1)河床載、懸浮載和流洗載　(2)河床載和懸浮載　(3)河床載、懸浮載和土石流。

14. 通用土壤流失公式中，滲透速度越快，土壤滲透性參數值(1)越大　(2)越小　(3)無關。

15. 通用土壤流失公式中，顆粒越細之土壤，其土壤結構參數值(1)越大　(2)越小　(3)無關。

16. 當敷蓋和覆蓋百分比越來越大時，土壤流失比之下降速率則呈現(1)越來越快　(2)越來越慢　(3)不變之趨勢。

17. 農地泥砂生產量之估算，依水土保持技術規範之規定，施工中不得小於每公頃(1)200立方公尺　(2)250立方公尺　(3)500立方公尺　(4)無此項規定。

18. 農地泥砂生產量之估算，依水土保持技術規範之規定，完成水土保持處理之土地，以每年每公頃(1)20立方公尺　(2)30立方公尺　(3)50立方公尺　(4)無此項規定　估算。

chapter 6

野溪治理／坑溝整治

Torrent management and Gully Control

6.1 野溪治理

野溪係平時流量小，豪雨時則流速、流量會快速暴增之溪流。由於豐枯時期之水位變化劇烈，導致暴雨發生時，野溪容易發生侵蝕、淘刷、坍岸、淤積、改道和溢淹等現象。野溪之主要特徵為集水面積小、長度短、溪床坡度陡峻、溪床變動劇烈、溪床粒徑分布範圍廣泛，有大小不一之岩塊、巨礫或砂礫，粒徑降雨發生與退水期之溪流流量、水位變化大等。表6-1為野溪與河流之主要區別。

表6-1　野溪與河流之主要區別

項目	野溪	河流
河川級序	最初級	二、三級以上
長度	短	長
河床坡降	陡峻	平緩
溪床變動	大	小
床面型態	粒徑分布廣泛	粒徑分布均勻
水位、流量變化	大	小

野溪治理係指防止或減輕野溪侵蝕、淘刷、坍岸、淤積、改道和溢淹現象，同時有效控制土砂生產與移動，達成穩定流心、減少洪水、泥砂與土石流等災害所實施之治理工程。

目的在藉有效控制土砂生產與移動，達成穩定流心，減少洪水與泥砂災害。

治理之基本對象是針對泥砂來源及沿溪容易發生災害之地區為主，以經濟有效之處理對策，降低災害規模與損失程度。

6.1.1 野溪災害

野溪災害大致可分為洪水災害和土砂災害兩大類。

一、洪水災害

野溪多位於陡峻之山坡地地區，豪雨時流速、流量快速暴增，接近河床處之

剪應力，亦隨之增加，造成河床之縱、橫向侵蝕，另外，若具有陡坡之河床轉換至平緩河床之河段時，因為流速之降低會產生淤積現象，導致野溪通水斷面不足而有溢淹、氾濫成災之情形出現。如果淤積繼續發生，後續接踵而來之流量不足以沖破這些淤積砂堆時，就會破壞兩側較脆弱之河岸處，發展出一條新流路，也就是改道。

依據水流作用與位置不同，野溪大致有下列三種沖刷形式：由於野溪溪床坡度陡峻，向下之重力加速度分量較大，河道流速隨之增大，由於急遽增加之水量、質量大增，在水流動量大增之情況下，不僅野溪之水流具有直進性，下切之剪應力也增加，除非河床為堅硬岩盤，否則，縱向沖刷之可能性很大。另外，當野溪溪水上漲時，由於河道水位高於兩側溪岸之土壤水位，部分水流會因為壓力差而入滲至兩側溪岸土壤；退水時，河道水位則低於兩側溪岸之土壤水位，則會有水流自兩側溪岸土壤排入野溪，由於滲透壓差的關係，容易引發溪岸坍塌，又稱橫向沖刷。另外，彎道凹、凸岸因為水位高低不同所產生之壓力差導致橫向漩流，此一漩流經常造成凹岸沖刷、凸岸淤積現象，稱漩流沖刷。

二、土砂災害

降雨事件發生，尤其是颱風豪雨發生時，野溪流量大增、流速加快，造成溪床縱向淘刷、橫向坍岸發生。由於流速、流量增加，導致野溪挾砂力大增，野溪含砂量、輸砂量隨之增加，水質混濁，泥砂淤積在水庫蓄水區內，降低庫容，都是野溪常見之土砂災害。此外，野溪之縱向沖刷掏空坡腳，容易引發上方之坡面崩塌，崩塌下來之鬆動土石隨野溪帶到下游，堆積在溪床較平緩處，成為接續而來之降雨事件中，野溪輸砂量或土石流之料源，嚴重影響下游溪岸旁之作物生長及民眾生命財產安全。

三、水利名詞

(一) 槽線（channel line）：將各橫斷面之最大流速點連成一縱曲線，稱為急流線或槽線。

(二) 谿線（thalweg line）：將各橫斷面之最深點連成一縱曲線，稱為深水線或谿線。

(三) 流量（discharge）：流水於單位時間內，通過任一水道斷面之體積稱為流量。

(四) 溪流之比降可分為三種：

　1. 溪床比降（gradient of channel bed）：溪床之縱向坡降。

　2. 水面比降（gradient of water surface）：水面之縱向坡降，受流量與流速的影響而產生變化。

　3. 能量比降（gradient of energy）：位能和動能總和之坡降。

四、野溪沖蝕之種類

依水流作用與位置之不同，可分三種沖蝕形式。

(一) 縱向沖蝕

1. 當降水匯集於野溪區域，其流速不但因時因地發生變化，即使同一橫斷面，流速亦不相同。

2. 當低水位時，槽線與谿線相符，洪水期時，槽線較低水位時期為短，大致位於溪床斷面中央，谿線仍會隨河身彎曲，忽左忽右。

3. 在彎曲處，因流線向下，溪床受位能、動能與壓能之作用，故沖蝕逐漸加深。在兩個反向彎曲相接處，因流線向上，水流動能減少，故產生淤積，使溪床變淺，此種沿溪流縱斷面之沖刷變遷現象，稱為縱向沖蝕。

(二) 橫向沖蝕

1. 溪水上漲時，河心之流水面高於兩側，形成橫流，呈迴轉式前進，此時橫流沖擊兩岸，部分水流滲入溪岸之土壤，引起土壤結構破壞，惟因橫流產生之壓力作用，暫無崩坍發生，但仍有溪岸土砂遭水流沖刷。

2. 退水時，河心之水面低於兩側之水面，發生反向橫流，因作用於土壤之壓力解除，滲入溪岸之水分源自土中排出，故溪岸崩潰發生，河床增寬，此種溪岸土壤沖刷之現象，稱為橫向沖蝕。

(三) 漩流沖蝕

1. 當流水發生橫流時，水中形成壓力分配不均的現象，因而產生漩流，漩流強度越強，所產生的速度越快，連帶破壞力越強，對岸腳及溪床之沖蝕力也越大，終使溪床或岸壁土壤流失，形成深淵，此種現象稱為漩流沖蝕。

2.河道彎曲處，如有突出石塊，則凹岸處常產生壓力漩溜，凸岸處常產生吸力漩溜。

五、影響野溪之環境因子

影響野溪之五個主要環境因子：

(一) 溪床比降

1.洪水期因河水上漲，槽線變直、距離縮短，此時水面比降較溪床比降大，流速急，兩相反彎曲中間之淺灘變為洪水槽線，該處容易發生沖蝕。

2.原有彎曲處之深槽，則變為迴流集中地，洪水前期彎曲處為深槽，而反向曲線相交處為淺灘。洪水後期水面比降下降，流速減低，原有淺灘處之流速，較深槽處之流速先行減低，因此先形成淤積，緊接著深槽處亦因水面比降下降，流速減低，拖引力減少，開始淤積，此時河床開始發生輕微之變化。

3.低水位時，水面比降與河床比降大致相同，此時淺灘淤積之泥砂發生分離作用，小顆粒者下移，大顆粒者留於原處，不再受沖蝕，因而形成河床之深槽與淺灘相間之現象。

(二) 流速

　　河道中之流水，於單位時間內運行之距離稱為流速。因為流速之大小及水分子運行狀態不同，可分為層流與亂流。

　　凡水分子運行路線不變，流線規則時稱為層流（laminar flow），其流速小，根據Reynolds氏研究，層流之流速僅2～3cm/sec，河道中甚少有此種流速，對沖蝕影響亦小。

　　當水分子運行紊亂，流線不規則時稱為亂流（turbulent flow），其流速大，常會引起沖蝕現象。

　　當流速由一種流況轉變為另一種流況，此轉捩點之流速，稱為臨界流速（critical velocity），據R. G. Kennedy氏試驗於臨界流速時，無淤積亦無沖蝕現象發生。

(三) 流量

　　流量係指水流於單位時間內通過某一固定斷面之體積。於等速均勻流流況

下，流量為流速和斷面積之乘積。由於流量為水流沖擊力之主要因子，因此，流量越大，沖擊力越大，對野溪之沖刷作用也越大。

(四) 載荷

1. 載荷（load）俗稱含砂量，乃是水流攜帶泥砂量之總稱，而此等泥砂量係集水區坡面或溪岸與溪床遭受沖蝕而產生。

2. 依載荷於流水中運動型態之不同，可分為溶解質（dissolved load）、懸浮質（suspended load）及河床質（bed load）三種。

3. 溶解質為可溶性之物質，溶於水後，常增加水之比重，使流水之能量增加，助長河道改變作用。懸浮質為懸浮水中移動之物質，河床質為沿河床移動之物質，其運動之型式有滑動、滾動及跳躍等現象。

(五) 地質與土壤

溪流兩岸之土壤或岩層，若因組織鬆散、岩性軟弱、岩層破碎等因素，在基腳遭受沖蝕後，岸坡易發生崩塌。

如崩塌量大時，泥砂不能及時變為懸浮質或河床質隨水流去，乃堆積於河道中，影響水流排出，甚至形成所謂之堰塞湖。一旦土體潰決，將引起大洪水，或是土石流等災害，危及下游。

六、野溪治理規劃設計原則

(一) 治理區域之確定

(二) 治理計畫應具整體性

1. 治理計畫應按其重要性排定優先順序。

2. 治理計畫與鄰近集水區之關聯性應予以考量。

表6-2 野溪治理對象與相關治理工程

治理對象	相關治理工程
1. 坡面沖蝕，沖蝕溝發達地區	造林、植生、蝕溝治理、縱橫向排水、山腹工、節制壩
2. 岸坡崩塌河段	防砂壩、固床工、潛壩、護岸、丁壩、植生、排水
3. 槽線變動劇烈河段	潛壩、整流工程、防砂壩、堤防、丁壩
4. 淤砂嚴重河段	防砂壩、潛壩、溜淤工程、土壩

續表6-2

治理對象	相關治理工程
5. 縱向沖刷嚴重河段	防砂壩、固床工、潛壩
6. 土石流潛勢溪流	防砂壩、固床工、連續壩、溜淤工程、梳子壩
7. 易洪氾地區	滯洪壩、堤坊、護岸、疏濬

6.1.2 規劃設計原則

　　野溪之特性為溪床坡度陡峻、流速快、輸砂量大，因此，野溪治理以減緩坡度、降低流速，以及減少輸砂量或泥砂料源為原則。首先，確定野溪之集水區範圍和野溪治理區域，以評估計算野溪尖峰流量和可能泥砂來源，依據調查資料圈繪崩塌區、泥砂沖刷、堆積區、潛在危險地區及保全對象區後，再依據野溪對下游民眾生命財產影響程度，選定治理區域及其工程項目與效益。

　　野溪治理工程為系統性之治理計畫，包含防砂壩、潛壩、固床工、護岸和植生護坡等項目，甚至配合蝕溝控制，因地制宜、綜合運用。野溪治理係針對野溪災害型式規劃設計，治理對象包含坡面沖蝕和蝕溝發達地區、坍岸區、洪氾區、河道變動頻繁區、土石流潛勢溪流等。

6.2　整流工程

　　臺灣地形大多數為陡峭山區，河道蜿蜒短小，且氣候降雨集中，河道容易造成縱橫向侵蝕與淘刷，在河道適當的位置建造構造物，可避免洪水氾濫或淹沒聚落、農田等情事發生，整流工程以導流及防止侵蝕為主，為臺灣河道治理重要的一環。

圖6-1　野溪整治

圖6-2　整流工程（一）

圖6-3　整流工程（二）

圖6-4　箱籠護岸（一）

圖6-5　箱籠護岸（二）

圖6-6　疊石護岸

圖6-7 造型模板護岸

圖6-8 土袋搭配造型模板護岸

圖6-9　複式構造護岸

　　整流工程（Regulation works on torrent）係指以導流及防止縱、橫向侵蝕為目的之一種溪流保護工程。一般在溪流沖（淘）刷嚴重區段，採取縱向（如堤防或護岸）和橫向（如固床工、潛壩、丁壩或溪床保護工等）構造物，截長補短共同發揮抵禦水流對溪流斷面之變形作用。通常整流工程係由單一或多種工法組合而成，兼具縱向構造物保護溪岸免於被水流淘刷之功能，以及橫向構造物防止溪床沖刷下切之優點。

　　整流工程依其目的而採用不同型式之縱、橫向構造物進行組合，其功能包括：

一、控制溪流縱、橫向侵蝕，防止兩岸崩塌及穩定溪床。

二、調整水流，降低溪床堆積物流出。

三、保護構造物基礎，免於沖刷而破壞。

四、降低水流流速，抑制溪流斷面變形。

　　野溪坡陡水急，溪床縱、橫向變形相當激烈，其變形結果往往表現為大規模土砂災害，對山坡地周遭環境帶來極大之衝擊。為此採用護岸（或堤防）、固床工、丁壩等相關工程設施，控制減輕縱、橫向變形程度，已成為野溪治理的主要工法之一。

　　一般位於野溪上游陡坡溪段（接近溪流源頭區位），因溪床下切嚴重，溪岸崩塌相當發達，屬於野溪土砂流失之主要料源區，故常施以系列防砂設施，抑制土砂流失，降低土砂的生產和流出；這樣一來，當上游溪段經過系統性的治理之後，土砂流失和生產獲得了控制，流至下游的挾砂水流也逐漸從過飽和變為未飽和流況。此時，為了滿足水流挾砂需求，水流必須通過沖刷溪床或淘刷溪岸邊界獲得泥砂的補充，以調整水流挾砂量。不過，由於溪岸淘刷往往衍生邊坡土體域崩塌，使得部分溪段時而沖刷，時而淤積，水流流路變得擺盪多變，相當不穩定，於是在溪岸崩塌嚴重區段施以護岸設施，溪床沖刷下切嚴重區域河段施以固床工，水流主流流路擺盪不定河段施以丁壩，控制水流流向等，力求迅速恢復野溪的穩定狀態；然而，野溪自然條件千差萬別，任何一種工程防護措施都不是萬能的，也不可能一勞永逸；護岸雖然防護溪岸免於淘刷崩塌，卻增加水流對溪床的沖刷強度；固床工能夠控制溪床下切，但卻也提高水流對溪岸淘刷破壞之機率。由此可見，為了減緩上游防砂工程對下游溪床穩定之衝擊，綜合各種工程設施治理優勢的組合工法，整流工程就變得相當重要了。

　　整流工程依照組合配置可分為如表6-3所示。

表6-3　整流工程組合配置分類表

類型	護床型整流工程	消能型整流工程	挑流護岸型整流工程
說明	護床型整流工程係以護岸（或堤防）及系列固床工組合而成。	消能型整流工程係以護岸及系列潛壩組合而成。	挑流護岸型整流工程係以護岸及系列丁壩組合而成。
適用範圍	本組合工法常用於坡度陡或水流量較大之順直河段，或各類防砂設施下游，用以增加溪床阻力，抵抗水流沖刷。	本組合工法適用於坡度極陡、水流量大且泥砂含量少的河段，利用跌水消能方式，削減水流強烈之沖刷能力。	本組合工法特別針對流路經常發生偏流（橫流）而攻擊溪岸的區段，利用丁壩挑流改變水流方向，以達到保護溪岸之目的；不過，野溪因溪幅狹窄，不利於設置丁壩，一般溪幅寬度小於30公尺者，不宜使用丁壩進行挑流護岸。
圖片說明			

表6-4 整流工程固床工分類表

分類	探討項目	直線型	上拱型	下拱型
水理特性	過流特性	均勻分布	水流趨中	水流分散
	水流沖擊力	中心≈兩岸	中心>兩岸	兩岸>中心
	圖示	(圖示，標示 B)	(圖示，標示 B")	(圖示)
沖淤情形	位移	掏空時集中於中心	掏空時集中於中心	掏空時集中於兩側
結構分析	安定分析	簡單	複雜	複雜
功能	應用	穩定河床坡度	調整主流方向，營造深潭	減緩兩岸淤積
美學	美學	傳統，較呆板	創新，有變化	創新，有變化
備註	注意事項	表面磨損，基礎掏空	加強固床工基礎深度或減小沖擊力，避免滑動、傾倒等問題	加強護岸基礎，保護拱角與護岸之界面處，或減小沖擊力，避免基礎掏空
	改善方案	提高混凝土強度，減少碎石磨損固床工表面的情況；固床工下游護岸深度應與固床工深度一致	將上拱部分設計成梯形，使水流較平均地流下，並採舖塊石，減小沖擊力	設計復式斷面使水流集中，減小中心的沖擊力；可打樁維持河道穩定

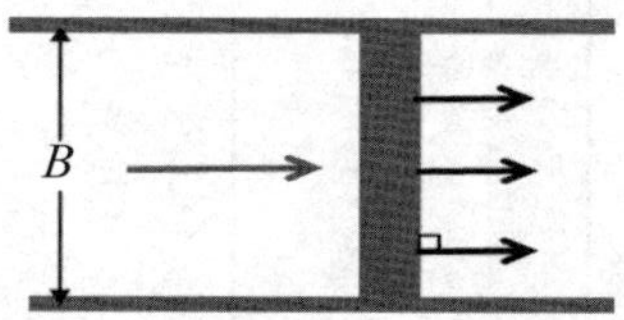

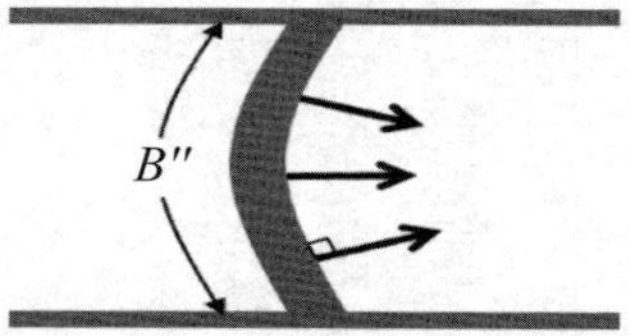

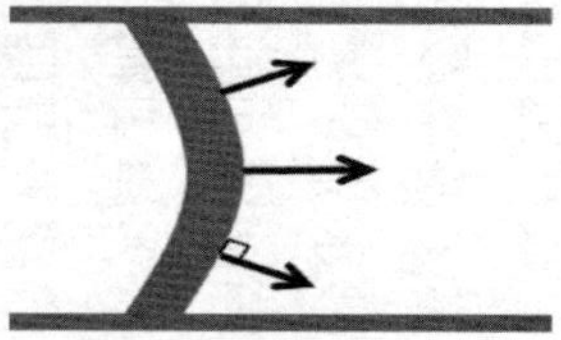

6.2.1 固床工

固床工（Ground sill）係以保護溪床免於被洪水沖刷下切為目的，所構築有效高度在1.0m以下之橫向阻水構造物。依據其實施目的，固床工有效高度可以略低於溪床、或與溪床齊平、或略高於溪床面。通常固床工皆與堤防或護岸共構，且多採用連續施設方式構成一系列固床工，以擴大其溪床保護範圍，如圖6-1即為系列固床工。

一、位置選定

由於固床工旨在穩定溪床，免於被水流沖刷而引發溪流的重大變形，故施作位置宜選定沖刷嚴重溪段為原則。

(一) 溪床沖刷之溪段，或有可能被沖刷地點之下游。

(二) 泥砂侵蝕地區如屬主、支流合流處，宜選定在合流點之下游處。

(三) 以保護構造物基礎為目的者，宜選定在構造物之下游處。

(四) 溪岸崩塌或地滑處，宜選定在其下游處。

(五) 固床工盡量採複式斷面施作，以導引水流。

二、系列固床工間距

系列固床工係為保護溪床免於被沖刷下切之多座橫向阻水構造物所組成，其對溪床之穩定效能，與系列防砂壩類似，皆屬仿照階梯狀溪床結構而施設。

由於固床工突出溪床的高度僅約1.0m，對上游溪床防護範圍相當有限，但在這個防護範圍內的溪床泥砂皆受其保護，而不被水流沖刷外移，故系列固床工間距應小於固床工影響範圍，使後一座固床工一定要在前一座固床工的防護範圍內，這樣才能起到系列固床工的聯合作用。因此，系列固床工間距設計與其穩坡固床之效能密切相關，而效能之良窳端視其間距之設計是否得宜。系列固床工之理論設計間距，可以下列公式推估，即

$$L_g \le \frac{H_g}{(1 - S_r)S_o}$$

式中，L_g = 固床工間距（m）；H_g = 固床工高度；S_o = 原溪床坡度；S_r = 淤砂坡度比（= Sd/S_o；Sd = 計畫溪床坡度）。一般令S_r = 0.5，故上式可寫為

$$L_g \leq \frac{2H_g}{S_o}$$

由上式得知，系列固床工間距與溪床坡度成反比關係，即當坡度越陡，固床工間距越小；反之，坡度越緩，其間距越大。不過，據實務經驗得知，當系列固床工間距大於25.0m時，因間距過大，恐無法發揮系列固床工之間的相互保護效果，而間距小於7.0m時，也有過度設計之虞。因此，系列固床工適當間距約介於7.0m至25m之間為佳。

雖然如此，系列固床工間距公式僅為幾何參數關係，沒有考慮運動和動力參數條件，亦即沒有考慮泥砂粒徑、流速、流量、沖擊力和輸砂量等參數。例如，固床工間之設計坡度大於平衡坡度時，深槽線會呈現蜿蜒現象；反之會出現直線型深槽。而平衡坡度與泥砂粒徑、流量和輸砂量有關，需要經過縝密計算和現場觀察、分析才能獲得。

三、固床工有效高度

固床工旨在抑制發生洪水時對溪床的沖刷作用，力求溪床的最小變形。因此，根據溪床預定高程配置適當之固床工有效高度，或與既有溪床齊平，或略高於、略低於既有溪床，以因應不同溪床條件及流況。其中，固床工有效高程低於既有溪床之設計者，須配合堤防護岸基礎深度，其與既有溪床間之高差以不超過1.0m為宜，此種設計方式在水域生態豐富的溪流尤為適用。

6.2.2 丁壩

丁壩（Spur dike）為由溪岸伸向溪流中心方向，在平面上與溪岸構成T字型的橫向阻水構造物，如表6-3最右圖所示。丁壩是由三部分組成，與溪岸相接的部分稱為壩根，伸向溪流中心的頭部稱為壩頭，壩頭與壩根之間的部分稱為壩身，其主要目的如下：

一、改變水流方向，降低近岸水流流速，促進泥砂的掛淤及造灘，保護溪岸和溪床免受沖刷。

二、挑改水流流向，導引水流歸槽，維護岸線，建立正常溪寬，達到治導之目的。

三、保持正常的溪寬和水深，維持溪流穩定。

四、導流集水，以利取水。

五、增強水流及地形的多樣性，改善野溪的局部生態棲地條件。

6.2.3 護岸

護岸（Revetment）為保護溪岸而直接構築於岸坡之縱向順水構造物，具有保護溪岸及穩定坡腳之功能。

一、適用於側向淘刷嚴重而致生溪岸崩塌之溪段，如彎曲段、水衝處、溪岸凹陷處等。

二、溪流下游土砂堆積溪段，因流路高度不穩定，導致溪岸淘刷可能危及附近耕地或住戶區域。

三、保護溪岸基腳，免於邊坡崩塌致生災害之溪段。

6.3　防災設施設計

野溪因為有上游土石下移，夾帶土石之溪水具有較大剪應力，容易對河床和河岸造成沖刷或坍岸之可能，同時，在山谷出口處之野溪，或是野溪由狹窄山谷轉變成寬廣河床時，野溪所夾帶的泥砂、土石因為挾砂力減弱而落淤下來，導致伏流、斷流發生，嚴重影響生態環境。同樣地，當野溪出現土石流，野溪同樣會有沖刷、淤積問題，只是破壞力更大、規模更廣。

表6-5為自水土保持手冊摘錄所得各項處理單元之定義及目的，自表中內容可以得知，利用這些處理單元之相互配合，可以成為不同整治目的之整流工程。

表6-5　各項處理單元之定義及目的（摘錄自水土保持手冊）

處理單元	定義	目的
防砂壩	為攔蓄河道泥砂、調節泥砂輸送、穩定河床及兩岸崩塌、防止侵蝕、沖蝕、抑止土石流所構築之5m以上橫向構造物。	1. 攔阻或調節河床砂石。 2. 減緩河床坡度，防止縱橫向沖蝕。 3. 控制流心，抑止亂流，防止橫向沖蝕。 4. 固定兩岸山腳，防止崩塌。 5. 抑止土石流，減少災害。

續表6-5

處理單元	定義	目的
潛壩	為維持河床安定所構築之高度在5m以下之橫向構造物。	1. 安定河道防止縱、橫向侵蝕。 2. 保護護岸等構造物之基礎。
丁壩	由河岸向河心方向構築，藉以達到掛淤、造灘、挑流或護岸之構造物。	1. 改變水流流向，保護河岸。 2. 建立正常河寬，疏導河道。 3. 誘聚河灘堆積物，建立新河岸。
堤防	順溪流方向構築，高於地面用以防禦及約束水流不使氾濫之構造物。	保護岸邊及鄰近土地、村落、公共設施等，避免被沖刷及淹水。
護岸	為保護河岸而直接構築於岸坡之構造物。	保護河岸及穩定坡腳。
固床工	以保護溪床免於被洪水沖刷下切為目的所構築之有效高度在1.0 m以下之橫向阻水構造物。	1. 抑制溪床面泥砂的輪移，有效維持溪床最小的變形。 2. 緩和床面及兩岸的流速，具有整流、導流、減緩沖刷、調整溪床坡度等。

6.3.1 坦岸崩塌

　　水流對於坦岸破壞有直接撞擊沖刷或剪力沖刷兩大類，鄰近洪水平原或沖積扇區域有可能只有坦岸破壞；如果是野溪緊鄰山坡地坡腳，則有可能產生下拉式坦岸，導致較大規模崩塌。早期曾經規劃防砂壩、潛壩淤積河床砂石，以保護壩體上游山坡地坡腳，防止坦岸崩塌發生，然而，也因為野溪水位抬升，導致坡腳上方之崩積土石或土壤更容易被沖刷下來，形成更大規模之崩塌地。建議了解當地地質構造後，再採取適當工法。

一、坦岸崩塌發生原因

(一) 水位漲跌變化大。

(二) 彎道凹岸沖刷。

(三) 大岩塊或構造物（丁壩、橋墩、突出物等）改變水流方向，沖擊下游河岸。

(四) 大流量或高含砂量水流產生較大沖刷剪應力。

二、規劃原則

(一) 水位漲跌變化大之區域：構築護岸保護邊岸，使其不受水流拖曳力破壞。

(二) 彎道凹岸沖刷：改變水流流向，引導至安全區域；或是構築護岸保護彎道凹岸邊坡，使其不致因為水流直接沖擊而坍垮。

(三) 大岩塊或構造物（丁壩、橋墩、突出物等）改變水流方向沖擊下游河岸：去除這類會改變水流方向之岩塊或構造物。

(四) 大流量或高含砂量水流產生較大沖刷剪應力：構築護岸保護邊岸，使其不受水流剪應力破壞。

三、設計原則

(一) 防止水流拖曳力破壞之護岸，必須提供足以破壞拖曳力或抵抗磨蝕力之材料。因此，建議使用高粗糙表面、抗磨蝕之護岸材料，如鋼筋混凝土、抗磨蝕之造型模板或箱籠護岸等；不建議使用分層植生槽類型之護岸。

(二) 防止水流剪應力破壞之護岸或堤防，必須提供足以破壞或抵抗剪應力之材料。因此，建議使用高粗糙表面、抗剪力之護岸、堤防材料，如鋼筋混凝土、抗剪力之造型模板、拋塊石護岸或堤防等；不建議在設計水深以下使用分層植生槽類型之護岸。

(三) 防止水流沖擊力之護岸，必須提供足以抵抗水流或岩塊沖擊力之材料，如鋼筋混凝土護岸；不建議在含石量大之野溪使用箱籠護岸。建議政府應該盡速建立護岸材料之耐沖擊力和耐磨蝕力之規格標準，以供業界選擇採用。

(三) 改變水流方向可以採用丁壩，導引水流方向至安全區域。

6.3.2 河道變遷

由於河流有自動調節作用，將水流能量盡量降低至最小值，因此，經常呈現在固定河段內拉長河道，以降低能量坡降之自然現象，亦即因為流量大小變化幅度大，而有河道頻繁變遷現象。目前對於河道變遷現象經常是以防災、減災為主。

因為人類尚無法改變降雨量、降雨強度大小，以及當場降雨事件所產生之流

量，同時，由於氣候變遷影響之緣故，未來高強度降雨事件發生次數會有增多趨勢。因此，未來流量大小變化幅度會更大，且河道頻繁變遷現象會加劇。

一、規劃原則

調查該河段之輸砂量和泥砂粒徑大小，配合設計流量規劃平衡河段之河床坡度。

二、設計原則

(一) 利用壩工頂高營造平衡河段河床坡度，高差大者採用防砂壩，高差小者採用固床工，介於兩者之間採用潛壩。
(二) 利用梳子壩篩選粒徑大小，以減小粒徑大小。
(三) 利用分流構造物（如側流堰等）分流，以降低流量。

6.3.3 淤砂河段

當河道寬度突擴或流速減小河段，因為野溪挾砂力降低，會落淤上游所攜帶而來之泥砂，產生淤砂河段。淤砂河段對於生態棲地影響很大，由於沒有生態水深或是水深不足，產生伏流水或斷流狀態，嚴重時會毀壞當地生態環境，並阻斷水域縱、橫向通道。部分河段有系列固床工被泥砂掩埋現象、過度規劃防治沖刷之虞；或是沒有了解固床工規劃之目的。

一、規劃原則

(一) 屬於河寬突擴變寬河段，可以採用束水攻砂方式。
(二) 底床粗糙係數因為不同地質條件變小河段，建議提高河床坡度，以增加流速。

二、設計原則

(一) 束水攻砂可以藉由構築如防砂壩、潛壩等開口式壩工構造物，以其溢流口大小增加流速，或以系列式丁壩提高流速。
(二) 構築系列式防砂壩或潛壩，以其頂高配合平衡河段坡度，以提高既有之河床坡度。

6.3.4 沖刷河段

當河道寬度突縮或流速增加河段,因為野溪剪應力和挾砂力增加,會沖刷河床,並捲起河床鬆動砂石帶往下游,產生沖刷河段。沖刷河段容易導致橫向構造物或護岸、堤防、橋墩基礎掏空,進而垮掉毀損。雖然如此,沖刷河段會造成深潭、急流、跌水等,有利於魚類棲息、覓食和避難;但不利於仔稚魚成長。目前部分防砂壩、潛壩或固床工由於頂高、基礎高程規劃不符平衡坡度規劃原則,經常造成基礎掏空現象發生。尤其是這類工程沒有自主、支流匯流點之高程起算規劃,導致鄰近主、支流匯流點之壩工掏空且難以處理之窘境。

一、規劃原則

(一) 河寬突縮變窄河段,可以採用河床保護措施,避免河床沖刷現象加劇。

(二) 底床粗糙係數因為不同地質條件變大之河段,建議減少該河段粗糙係數或減緩河床坡度,以降低流速。

(三) 壩工構造物所產生之跌水沖刷,必須因應跌水大小規劃消能設施。

(四) 各類壩工或固床工之基礎,必須自主、支流匯流點之高程起算規劃,避免壩工基礎掏空窘境。

二、設計原則

(一) 在不影響生態環境條件下,可以藉由拋塊石、鼎型塊、護坦、水墊等保護河床避免沖刷。

(二) 構築系列式防砂壩或潛壩、固床工等構造物,以其頂高配合平衡河段坡度,以降低既有之河床坡度。

(三) 因應壩工構造物所產生跌水沖刷之消能設施,有護坦、水墊或副壩等。

6.3.5 土石流

土石流係指泥、砂、礫及巨石等物質與水之混合物,以重力作用為主,水流作用為輔之流動體。因所含土、砂、礫、岩塊等材料性質之不同,及大小土石比率之差異與含水量之多少,而有不同之流態,因而有所謂土砂流、泥流、礫石型土石流、泥石流等不同之名詞。

一、不同發生原因之土石流類型

(一) 崩塌型土石流

山坡地土體因為豪雨吸收大量水分，形成不安定現象而發生崩塌。在崩塌同時，由於地表水大量供應，致使該崩塌土體呈流體狀，隨水流運動形成土石流。

(二) 潰壩（堰塞湖）型土石流

野溪兩側邊坡由於早期曾經發生大規模崩塌，導致崩塌土體堆置於溪床。若野溪流量足以將此堆置土砂石逐漸夾帶輸送至下游，當不致有土石流之發生。如果此一崩塌土體大量堆置於溪床，形成天然壩或堰塞湖時，當野溪流量結合大降雨所產生之滲流破壞天然壩，則有產生潰壩形成土石流之虞。

(三) 溪流沖蝕型土石流

由於洪水對野溪兩岸或溪床沖刷，或溪谷上堆積之不安定土砂，在大量水流混合下形成土石流。

(四) 地滑型土石流

黏土地滑地因大量雨水滲透或地下水作用，使滑動土體之含水量超過其液性限度，發生流動形成土石流。

(五) 火山爆發型土石流

火山爆發所噴出之火山灰或火山碎屑在降至地面時，混合豪雨水量流動形成土石流。

土石流屬於非牛頓流體，擬塑性流與膨脹流型態土石流之應力和應變關係完全不同，導致流速有先快後慢與先慢後快等兩種類型發生。再者，土石流發展過程分為發生、移動和淤積等三個階段。

二、規劃原則

(一) 去除可能導致土石流發生之因子。

(二) 減緩土石流流動勢能或流速，以防土石流流動所引發之破壞作用。

(三) 將高濃度之土石流脫水或攔阻，使之停止或轉變成低濃度之土砂流。

(四) 收容土石流全部土砂量，避免土砂危及村落、田園或重要公共設施。

(五) 分散土石流，避免土石集中破壞。

(六) 安全導引土石流至安全場域。

(七) 為防止潰壩型土石流發生，可以在枯水期以機械開挖，降低其天然壩體高度，且導引溪水安全沖開天然壩體，破壞堰塞湖。

(八) 為防止溪流沖蝕型土石流發生，需要加強坍岸崩塌之相關措施。

(九) 為防止地滑型土石流發生，需要在坡頂區域規劃截水、排水等地表水排水設施；地下水容易因為降雨上升區域，則需要規劃地下排水措施。

(十) 為防止火山爆發型土石流發生，可以構築梳子壩先篩分攔截較大粒徑塊石，再藉由系列防砂壩或潛壩、固床工等構造物，降低河床坡度，減緩流速。

三、設計原則

(一) 防止土石流發生

土石流發生之三要素為高降雨量、大量可移動之土石與陡峻河床。高降雨量只能預測，但卻無法控制。大量可移動之土石可以藉由機械挖除減少量體，或是規劃設計防砂壩、潛壩或固床工，以增加其穩定性，降低其移動性。陡峻河床可以藉由構築系列式防砂壩或潛壩、固床工等構造物，以其頂高降低河床坡度，減緩流速。

(二) 減緩土石流流速

藉由系列防砂壩或潛壩、固床工等構造物，降低河床坡度，減緩土石流流動勢能、流速和剪應力，以防土石流流動所引發之沖刷、破壞作用。

(三) 攔阻土石流

藉由系列式梳子壩分段篩分粒徑攔阻較大粒徑塊石，並藉由格柵式排水設施將高濃度之土石流脫水，使其停止或轉變成低濃度之含砂水流。

(四) 規劃安全流路

為避免土石流危及村落、田園或重要公共設施，規劃設計高強度護岸、系列式固床工，構成一道安全流路，讓土石流沒有沖刷、淤積，安全快速通過。

(五) 落淤土石流

選定一塊面積足夠、坡度平緩，且有適當寬度緩衝林帶之區域作為土石流落淤處，讓土石流安全落淤。

此區域不適合構築任何構造物，因為不僅無法發揮構造物效益，且會被土石掩埋，浪費工程經費。

整流工程因應治理對象之相關處理單元如表6-6所示。

表6-6　整流工程因應治理對象之相關處理單元

治理對象	整流工程相關處理單元
坍岸崩塌	護岸、固床工、丁壩、堤防
河道變遷	防砂壩、潛壩、固床工、梳子壩、側流堰
淤砂河段	開口式或系列防砂壩、潛壩，拋塊石、鼎型塊
沖刷河段	防砂壩、潛壩、固床工、拋塊石、鼎型塊、消能設施
土石流河段	防砂壩、潛壩、固床工、梳子壩、格柵式排水設施

6.4　蝕溝控制

蝕溝係地表逕流對於土壤之沖刷作用，在坡面上向下切割所形成之深槽，平時乾枯無水，雨時地表逕流集匯之所在，由於地形外觀特別顯著，且為坡面土壤加速沖蝕最具代表性之地形特徵，更是地形夷平過程之開始。地形凹陷、土壤疏鬆或岩性脆弱之地質條件，極易因地表逕流之匯集而產生蝕溝，甚至在短期內擴大蝕溝規模。坑溝形成後，即會因下切、橫向沖蝕與溯源沖蝕之同時擴張，而使坡面之穩定條件急劇破壞，終至形成惡地形。

由於蝕溝和野溪之特性非常相近，而且深槽之深度及寬度發展至何等規模方定義為坑溝，並無一定之分類標準，以致坑溝和野溪如何界定經常產生困擾，因涉及整治工程之規模、方法及目標，因此暫以溝寬20公尺以下、且其集水面積在20公頃以下之蝕溝定義為坑溝。其實，如果深入探討兩者之形成過程，即可明確分辨，亦即可以恢復坡面平整者為蝕溝；而需要規劃為永久排水系統者為野溪。例如，許多道路邊坡蝕溝常發現被縱向排水系統所取代；而不是恢復坡面平整，反而是增加許多條排水溝，集中水流增加沖蝕機會，這種做法並非是蝕溝控制。

蝕溝控制或坑溝整治係運用植生和工程方法，使坡面恢復平整或限制蝕溝發

展，使其不再繼續擴大之處理方式。亦即坑溝整治為坡面土壤沖蝕控制及坡面穩定之處理對策。因此，坑溝整治可以是應用植生方法、工程方法，或兩者配合運用，穩定蝕溝，防止擴大沖蝕，減少災害，恢復地力。

6.4.1 坑溝發展過程

坑溝發展過程可分為以下四期（洪楚寶，水土保持）：

一、雛形期（primary stage）

(一) 地面土體受外力作用後，發生分散、破碎並逐漸流失，開始有狹窄且淺之坑溝出現，此一階段稱為雛形期。

(二) 此一時期之土石流失量較少，較易控制，如處理適當，即可抑止坑溝之擴大。

二、擴展期（enlargement stage）

(一) 坑溝因外力削切作用而逐漸加深，淘刷作用而逐漸加寬，溯源作用而逐漸延長，經此三種綜合作用，土體流失由表土延伸到心土，由心土延伸到母質岩層，最後岩石暴露，成為巨大的坑溝，此一階段稱為擴展期。

(二) 此一時期之坑溝必須採取較大之工程方能達成。

三、復原期（healing stage）

(一) 坑溝經擴展期發展至極限時，即不再因外力作用繼續擴展，因此溝壁逐漸有植生發生，使坑溝日趨安定，雖然偶有土石流失情況，其量通常極微少，故此階段稱為復原期。

(二) 此一時期之坑溝若能配合適當處理，將可穩定坑溝。

四、安定期（stabilization stage）

坑溝經復原期後，溝底之比降與溝壁均達較安定之坡度，並受植生保護，此時不但無沖蝕發生，而且表土得以逐漸化育，此一階段稱為安定期。

蝕溝因為受到氣候、地質、土壤、地形、時間等因素之影響，不但大小有別，而且形狀亦不盡相同。依坑溝的深度及排水面積分類，可分為小溝、中溝和

大溝三大類；依坑溝之橫斷面形狀分類，同樣可以分為U型坑溝、V型坑溝和UV型複式溝三大類。

(一) 依坑溝的深度及排水面積分類，可區分如下：

1. 小溝（small gully）

坑溝深度小於1公尺，集水面積不超過2公頃，稱為小溝。通常此時期皆在坑溝發展的雛形期。

2. 中溝（medium gully）

坑溝深度介於1～5公尺，集水面積介於2～20公頃者，稱為中溝。

3. 大溝（large gully）

坑溝深度超過5公尺，集水面積超過20公頃者，稱為大溝。

(二) 依坑溝之橫斷面形狀分類，可區分如下：

1. U型坑溝

凡坑溝之溝壁呈現垂直陡立，溝底寬闊平坦，形狀類似U字型者，稱為U型溝（U-shaped gully）；此種坑溝易發生於土粒較粗之坡面，或石灰質含量多之地區，乾燥區及沖積谷地亦常發現。

2. V型坑溝

坑溝之溝壁傾斜，溝底窄狹，形狀類似V字型者，稱為V型溝（V-shaped gully）；此種坑溝多發生於土粒較細之紅土地區，含石灰質量少或不含石灰質之地區，溼潤地區亦常出現此種型態。

3. UV型複式溝

在坑溝之上部溝壁直立，下部溝壁傾斜，溝底則呈現窄狹狀，稱為UV型複式溝（U-V-shaped gully）。其形成原因可分為以下幾種：

(1) 土層上部含石灰量較下部多。

(2) 土層上部為黃土層，下部為石礫層。

(3) 軟質母岩於溝底暴露後，繼續遭受外來侵蝕力作用。

(4) 邊坡土石崩落堆積於溝底，再受外力侵蝕形成。

6.4.2 規劃設計原則

由於蝕溝乃是地表逕流匯集沖刷土壤所造成之結果，進入蝕溝之逕流量多寡，會直接影響到坑溝之發展，因此，蝕溝控制經常藉著分散、攔截逕流或是填平蝕溝，以減少逕流入的流量；配合強固蝕溝溝身，以提高蝕溝之抗沖力，來達成整治目標。蝕溝控制和野溪整治一樣，為系統性之治理計畫，所以需要運用工程方法、植生方法，或兩種方法相互配合，使坡面恢復平整或蝕溝不再繼續加深、擴大、惡化。

土壤性質和地形條件經常影響蝕溝控制工法和材料之選擇，如泥岩地區之蝕溝，宜採用軟性和快速排水材料，以免材料破裂、泥岩浸水、軟化流失之沖蝕行為發生；而礫石含量較多之蝕溝，可就近以現地之大礫石配合使用；土質脆弱之坡面蝕溝，需要採用抗沖力強之材料鋪底，以增加蝕溝之抗沖力；陡峻坡面且土質堅硬之蝕溝，建議採用坡頂截水、坡面恢復平整之方式處理。所以設計原則如下：

一、蝕溝治理方法需因地制宜，依其治理目的、蝕溝大小及位置、集水面積、溝床坡降、土壤性質、排水狀況、植生被覆情形、土地利用、野生動物棲息、景觀維護以及所需控制程度等因子，決定最適宜的方法。

二、依其需要性與經濟性，配合上、下游集水區之水土保持處理，做整體性之規劃設計。

三、蝕溝治理之規劃設計原則

(一) 小型蝕溝：因耕作、整坡不當或降雨引發之沖蝕溝，得以下列方法消除：

1. 在蝕溝上方坡面構築截洩溝。

2. 加強平臺階段或山邊溝及安全排水處理。

3. 用耕作方法犁平或利用區內可取用土石填平，進行等高耕作或加強植生。

4. 用土壤袋、植生袋填平蝕溝。小型蝕溝可以在蝕溝上方坡頂構築截水溝截水，防止水流下洩；坡面以截短坡長或安全排水，另外，犁平或以土石、土壤袋、植生袋填平蝕溝，坡面等高植生。

(二) 大型蝕溝：溝中有湧泉、溝頭，或兩岸有小型崩塌或危崖、溝床或兩側

有擴大沖蝕危害之虞等，無法以前項方法做有效治理之蝕溝，得以下列方法治理：

1. 溝頭治理：
   (1) 截水溝及排水溝
   (2) 階段工、打樁編柵、坡面植生。
   (3) 護坡、擋土牆或節制壩。
   (4) 裂縫填補或處理。
2. 溝面穩定及排水：
   (1) 排水溝、草溝或跌水。
   (2) 邊坡或危崖整修處理。
   (3) 坡面植生。
   (4) 構築節制壩。
(三) 坑溝整治方法及措施：
1. 分散逕流。
2. 坑溝整理。
   (1) 溝頭處理。
   (2) 溝面處理。
   (3) 溝壁處理。
3. 構建護岸。
4. 控制流心。
5. 構築相關工程。

以穩定溝床、調整溝床坡降、固定流路、攔阻泥砂、穩定坑溝。

圖6-10　蝕溝（一）

圖6-11　蝕溝（二）

參考文獻

1. 臺北市政府建設局、中華水土保持學會，臺北市水土保持手冊，1995.06
2. 行政院農業委員會，水土保持技術規範，2020.3
3. 行政院農業委員會水土保持局，水土保持手冊，2017.12
4. 河村三郎，土砂水理學1，森北出版株式會社，1982.11
5. 洪楚寶，中國土木水利工程學會，水土保持，1987.11
6. 錢寧、張仁、周志德，河床演變學，科學出版社，1987.4
7. 錢寧、萬兆惠，泥砂運動力學，科學出版社，1981.11
8. 黃宏斌，整流工程設計參考叢書研擬，行政院農委會水土保持局研究報告，2020.12
9. 黃宏斌，拱型固床工之沖淤探討，行政院農委會水土保持局研究報告，2020.12
10. 黃宏斌，拱型固床工之力學性質探討，行政院農委會水土保持局研究報告，2019.11
11. 黃宏斌，衛強，邱昱嘉，107年流域綜合治理之成效評析，行政院農委會水土保持局研究報告，2018.12
12. 黃宏斌，野溪固床工水理機制試驗分析計畫，行政院農委會水土保持局研究報告，2018.12
13. 黃宏斌，105年水土保持防砂構造物沖刷坑形成機制與防治方法之探討，行政院農委會水土保持局研究報告，2016.12
14. 黃宏斌，水土保持防砂構造物沖刷坑形成機制與防治方法之探討（1/2），行政院農委會水土保持局研究報告，2015.12
15. 黃宏斌，水土保持工程，五南出版社，2014.04
16. 張倉榮，黃宏斌，極端氣候下之水理演算探討，行政院農委會水土保持局研究報告，2012.12
17. 謝正義，黃宏斌，水土保持工程永續指標評估項目研究，行政院農委會水土保持局研究報告，2011.12
18. 黃宏斌，最適自然環境之野溪治理工法研究（3/3），行政院農業委員會水保

局研究報告，2010.12

19. 黃宏斌，最適自然環境之野溪治理工法研究（2/3），行政院農業委員會水保局研究報告，2009.12

20. 黃宏斌，最適自然環境之野溪治理工法研究，行政院農業委員會水保局研究報告，2008.12

21. 黃宏斌，河床質粒徑物理性質對河川輸砂之影響研究，行政院國家科學委員會，NSC94-2313-B-002-065，2006.07

22. 陳增壽，黃宏斌，梳子壩及其溢洪道之流量計算研究（2），93年度加強集水區治理及治山防災技術之研究，行政院農業委員會水土保持局，SWCB-94-003，35頁，2004.12

23. 陳增壽，黃宏斌，梳子壩及其溢洪道之流量計算研究（1），92年度加強集水區治理及治山防災技術之研究，農委會林業特刊第七十號，行政院農業委員會，15頁，2003.12

24. 黃宏斌，固床工之水理特性研究（3），91年度水土保持及集水區經營研究計畫成果彙編，農委會林業特刊第六十九號，行政院農業委員會，18-25頁，2002.12

25. 黃宏斌，湍流渠槽之輸砂量模式研究（3/3），行政院國家科學委員會，NSC90-2313-B-002-348，2002.07

26. 黃宏斌，山地河川之輸砂特性，水土保持專業訓練——土石流防治規劃班講義，127-138頁，2002.04

27. 黃宏斌，固床工之水理特性研究（2），90年度水土保持及集水區經營研究計畫成果彙編，農委會林業特刊第六十七號，行政院農業委員會，15-21頁，2001.12

28. 黃宏斌，湍流渠槽之輸砂量模式研究（2/3），行政院國家科學委員會，NSC89-2313-B-002-203，2001.07

29. 黃宏斌，固床工之水理特性研究（1），89年度水土保持及集水區經營研究計畫成果彙編，農委會林業特刊第六十六號，行政院農業委員會，321-329頁，2000.12

30. 黃宏斌，上游集水區水土保持工程水工模型試驗（蘭陽溪上游，繼光橋以上）計畫，農委會水土保持局研究計畫成果報告，1999.09

31. 黃宏斌，蘭陽溪上游（繼光橋以上）集水區水土保持工程試驗研究(二)，農林廳水土保持局研究計畫成果報告，1998.06

32. 黃宏斌，須美基溪中、上游整體治理規劃研究，農林廳水土保持局第六工程所研究計畫成果報告，1997.09

33. 黃宏斌，東部及蘭陽地區治山防洪計畫（81至86年度）成果評估計畫先期作業，農林廳水土保持局研究計畫成果報告，1997.09

34. 黃宏斌，蘭陽溪上游（繼光橋以上）集水區水土保持工程試驗研究，農林廳水土保持局研究計畫成果報告，1997.09

35. 黃宏斌，連續防砂壩群之水理特性研究(三)，國立臺灣大學水工試驗所研究報告第229號，1996.06

36. 黃宏斌，李三畏，嘉蘭彎地區治山防洪工程第三期水工模型試驗研究，國立臺灣大學水工試驗所研究報告第234號，1996.06

37. 黃宏斌，陳信雄，集水區水工模擬試驗研究(三)——加富谷溪，國立臺灣大學水工試驗所研究報告第229號，1995.01

38. 黃宏斌，連續防砂壩群之水理特性研究(二)，國立臺灣大學水工試驗所研究報告第200號，1995.06

39. 黃宏斌，陳信雄，集水區水工模擬試驗研究(二)——加富谷溪，國立臺灣大學水工試驗所研究報告第191號，1994.12

40. 黃宏斌，上游河道之沖淤模擬研究，行政院國家科學委員會研究計畫成果報告，1994.07

41. 黃宏斌，連續防砂壩群之水理特性研究，國立臺灣大學水工試驗所研究報告第183號，1994.06

42. 黃宏斌，陳信雄，集水區水工模擬試驗研究(一)——加富谷溪，臺灣省水土保持局研究計畫成果報告，1993.01

43. 黃宏斌，花蓮溪集水區之泥砂產出量研究——上游集水區，經濟部中央地質調查所委託研究計畫成果報告，1993.06

44. 黃宏斌，上游坡面之土地利用對輸砂特性之影響，行政院農業委員會研究計畫成果報告，1993.06

45. 黃宏斌，范正成，張斐章，花蓮縣重要河流集水區之崩坍地、攔砂壩與礦場對河口附近河床沖淤影響之初步研究，經濟部中央地質調查所委託研究計畫成果

報告，1992.06

46. 黃宏斌，何智武，臺灣東北部上游集水區泥砂來源與河道沖淤之研究(三)，行政院農業委員會研究計畫報告，1992.06

47. 黃宏斌，劉正川，泥岩地區蝕溝控制及排水工程示範(三)，行政院農業委員會研究計畫報告，1992.06

48. 黃宏斌，劉正川，泥岩地區蝕溝控制及排水工程示範(二)，行政院農業委員會研究報告，1991.06

49. 黃宏斌，何智武，臺灣東北部上游集水區泥砂來源與河道沖淤之研究(二)，行政院農業委員會研究報告，1991.06

50. 黃宏斌，不同粗糙係數估算對洪流與輸砂量模擬之關係探討，行政院國家科學委員會專題研究計畫成果報告，1991.02

51. 黃宏斌，何智武，臺灣東北部上游集水區泥砂來源與河道沖淤之研究(一)，行政院農業委員會研究報告，1990.06

52. 劉正川，黃宏斌，泥岩地區蝕溝控制及排水工程示範(一)，行政院農業委員會研究報告，1990.06

53. 黃宏斌，圓山溪之底床阻抗與輸砂量估測模式之探討，國立中興大學水土保持學研究所碩士論文，1983.06

習題

1. 何謂野溪治理？其目的為何？野溪治理常用之構造物有哪些？
2. 試述野溪之特徵？何謂野溪整治？其目的為何？
3. 試述野溪治理工法之選定原則。
4. 試述河床質採樣和河床質粒徑分析成果如何應用在野溪整治工程？
5. 試闡述平地河川和野溪治理之異同點。
6. 試述野溪整治和蝕溝治理之異同點。
7. 試述蝕溝之發展過程。
8. 試述蝕溝治理之規劃設計原則。
9. 試述中上游河川或野溪遭砂石大量淤積後之治理原則為何？

10. 堤防與護岸之差異。

11. 試述整流工程縱、橫斷面之設計原則。

12. 整流工程之種類及範圍有哪些？

13. 試舉三例合乎生態工法之固床工型式，並分別列出其特點。

14. 試述泥岩地區和礫石臺地堆積層蝕溝治理之異同點。

chapter 7

邊坡穩定與崩塌地處理

Slope Stabilization & Landslide Treatment

7.1 邊坡穩定

　　自然或人工挖填之邊坡，在自然風化、降雨、風力、重力、植物根系拉力或人為破壞之影響下，失去平衡導致邊坡土石破壞之現象，稱邊坡破壞，如山崩、坍塌、地滑、落石、陷沒等。造成邊坡破壞之原因，可以藉著邊坡坡度方向之力平衡說明，也就是邊坡坡度方向驅動力增加或是邊坡土體抵抗力降低，都會產生邊坡破壞現象。其中，驅動力包括地表逕流沖刷表土；降雨入滲，滲透壓增加，土體含水量增加、車輛、建築或工程構造物、樹木成長等負載增加土體重量；植物受到強風吹拂增加根系對土壤之拉力，和地震力作用等；而土體抵抗力降低則包含自然風化和支撐結構移除，岩塊裂解、地下水位上升、滑動面摩擦力降低、坡腳掏空，以及土壤物理性質弱化等。所以，需要針對各個邊坡破壞類型和原因，擬定邊坡穩定對策。

表7-1　邊坡破壞類型、原因及穩定對策

邊坡類型	破壞可能原因	破壞形式及其現象
開發區上游之自然岩石邊坡	地震、降雨、風化、坡趾切除、採礦等	型式：山崩、平面形式或楔形滑動、崩落等 後果：埋落道路、阻塞河流
開發區上游之自然土壤邊坡	地震、降雨、坡趾切除、採礦等	型式：泥流、土石流、地滑等破壞 後果：埋沒村莊、阻塞河流
開發後內之自然岩石邊坡	地震、降雨、坡趾切除、長期風化、爆破等	型式：山崩、順向坡破壞、落石等 後果：埋沒道路、社區、阻礙排水
開發後內之自然土壤邊坡	坡趾切除、不穩定邊坡之填方、供水或排水線之泥水、草地之噴灑水等	型式：通常為緩慢、蠕動式破壞 後果：造成水管、排水系統破壞及道路之損毀
水庫、蓄水池之邊坡	增加土壤及岩石之含水飽和度、提高地下位、增加浮力（上揚力）急速下降水位	型式：快或慢的邊坡破壞 後果：損毀鐵、公路，阻塞溢流口，引致壩體之傾倒，造成洪水、生命之損失
公路及鐵路之挖填邊坡	過量之雨水，不穩定邊坡之填方，坡趾切除，地下水排水受阻等	型式：挖方破壞阻擋道路，基礎移動 後果：引致路面、產物之破壞及生命之損失

續表7-1

邊坡類型	破壞可能原因	破壞形式及其現象
土石壩、堤防、水庫壩體之邊坡	滲流壓力過大，地震波動等	型式：突然之下陷滑動造成整體之破壞 後果：淹沒下游地區，造成人員財產之損失
填方整地	填方分層夯實不良，地表及地下地震，降雨作用下，排水系統不確實等	型式：陷落、地滑及土石流造成整體之破壞 後果：土石移動淹沒下游地區
開挖坡面及填方坡面	坡面設計不穩定，過高地下水位，不良地下水位控制，抽排水系統之中斷等	型式：邊坡破壞或開挖面底部的隆起 後果：嚴重的影響工程進度，機具的損壞，財物的損失等

7.1.1 規劃設計原則

　　邊坡穩定係以工程或非工程措施使邊坡不致發生崩塌、地滑、土石流等災害為目的。邊坡穩定乃針對破壞原因，採取必要之穩定措施，其方式可分為抑制工法與抑止工法兩種。

一、抑制工法係指將破壞因子去除所採用之工程方法。

二、抑止工法係以人為增加土體抵抗力所採用之工程方法。邊坡穩定係降低邊坡破壞之風險，亦即降低邊坡坡度方向驅動力或是增加邊坡土體抵抗力。因此，除了邊坡本身之地形坡度，以及風化、颱風豪雨和地震力等自然環境外力外，其餘如邊坡坡頂截水、坡面安全排水、降低入滲量、滲透壓、車輛、建築或工程構造物荷重、避免種植高大且樹冠濃密之喬木，改種灌木或草本植物，以降低驅動力；而增加土體抵抗力方面，除了邊坡之地質、土壤物理條件無法改變外，防止地下水上升、坡腳穩定，甚至土體物理改良等。

7.1.2 邊坡穩定分析

　　人工整坡之坡面安定，建議依邊坡之力學條件，進行邊坡穩定分析。分析所採用之內摩擦角和凝聚力，應取三軸試驗或直剪試驗之最小值；若屬岩坡或土壤比例較少之崩積土體，則建議以等值內摩擦角和凝聚力值予以分析。

　　另外，地質層次分明之邊坡，如砂頁岩互層地質，需採用直線型破壞分析；均勻土體則採用圓弧形破壞分析。

圖7-1　植生護坡（一）

圖7-2　植生護坡（二）

圖7-3　自由梁框護坡

圖7-4　錨錠護坡

圖7-5　打樁編柵

圖7-6　噴播植生護坡

圖7-7　掛網植生護坡

圖7-8　稻草蓆覆蓋植生護坡

圖7-9　苗木栽植護坡

表7-2　填方邊坡參考坡度

填方材料	填方高度（m）	邊坡坡度（豎橫比）	土壤分類
良好級配之砂礫或礫石、砂之混合料	0～6 6～15	1：1.25～1：1.5 1：1.5～1：2	GW、SW、GM、GC
不良級配之礫石	0～10	1：1.5～1：2	GP
岩石破碎堆積料	0～10 10～20	1：1.25～1：1.5 1：1.5～1：2	GW、GP、GM
砂質土、硬性黏質土、沉泥質砂	0～6 6～10	1：1.25～1：1.5 1：1.5～1：2	SM、SC、CL、OL
軟性黏質土	0～6	1：1.5～1：2	CH、MH

表7-3　挖方邊坡參考坡度

地質性質	挖方高度（m）	邊坡坡度（豎橫比）	土壤分類
硬岩	—	1：0～1：0.5	—
軟岩	—	1：0.25～1：0.8	—
砂	—	1：1.5或更平緩	SW、SP

續表7-3

地質性質	挖方高度（m）	邊坡坡度（豎橫比）	土壤分類
	—	1：0.8 1：0.8～1：1.0 1：1.0～1：1.2 1：1.2～1：1.5	SM、SC
礫石或含細料之礫質土	—	1：0.5～1：0.8 1：0.8～1：1.0 1：0.8～1：1.0 1：1.0～1：1.5	GW、GM、GC、GP
黏土及黏性土	0～10	1：0.8～1：1.2	ML、MH、CL、CH、OL、OH
夾岩塊或礫石之黏性土	0～5 5～10	1：1.0～1：1.2 1：1.2～1：1.5	—

7.1.3 邊坡穩定工法

　　邊坡穩定工法可以依據區位不同，如坡頂、坡面和坡腳三個區位，分別做適當處理：

一、坡頂：規劃設計截排水工程，將地表逕流攔截、阻截，避免逕流進入邊坡範圍外，且導引逕流至安全區域排放。坡頂之危石掉落或危木倒塌都會引發大量土石崩塌，因此，必須在安全無虞之情況下進行摘除或去除。

二、坡面：在適度修坡後，分段截短坡長，再予以規劃設計縱、橫向安全排水系統，將坡面逕流安全宣洩至坡腳排水系統。接著，依據坡面地質結構之強弱情況，規劃設計如自由梁框、錨錠或鋪網植生等坡面保護工程。最後，坡面全面植生，保育水土資源。

三、坡腳：為穩固坡腳，規劃設計適當之擋土工程，如鋼筋混凝土、混凝土、格框、箱籠等不同材料擋土牆。擋土牆牆頂及牆腳設置排水溝導引水流。若坡腳處有道路通過，則須規劃設計擋水設施，避免縱向排水直接沖擊路面，影響交通安全。此外，若有落石影響交通之虞，則必須規劃設計防落石設施，以維護交通安全。

7.2 崩塌

　　早期邊坡穩定問題有崩、坍、滑、落、陷等五類。崩為山壞也，又自上墜下曰崩，或是倒塌、毀壞之意。坍為土崩也；滑為利也，為不凝滯也；落為下墜也；陷為沒也，或是掉進去、沉下去之意。基本上，山崩、落石、崩坍、地滑等現象，就自然現象而言，均屬邊坡斜面上土體移動之現象，本質上並無差異。換言之，其發生之機制係因斜面上土體受重力或額外增加之剪斷應力作用，使土體抗剪強度相對降低而失去平衡，導致土體移動之結果。最大差異乃在於運動方式與規模上有所差別。

　　一般邊坡土石因為受到外力影響，導致重力作用發生向下滑動或掉落之塊體運動現象稱為崩塌，可分為淺層崩塌和深層崩塌兩大類。

　　淺層崩塌是風化層或運積層於降雨入滲所形成之孔隙水壓導致破壞。由於崩塌深度經常位於一般樹林根系長度範圍內，因此，種植森林可發揮很好的效果。深層崩塌係斷層內或黏土帶上方之地下水位上升所造成之土體破壞。

　　臺灣本島地震頻繁、地形陡峭、岩質破碎和颱風豪雨多，是造成崩塌之主要潛因之一。崩塌又稱山崩，常見之邊坡破壞型態有圓弧形破壞、平面型破壞、楔型破壞和傾倒破壞等四大類。山崩災害發生之主要原因，是在規劃階段忽視計畫區及其周邊之山崩潛勢調查。

一、造成山崩潛勢之5項因素

(一) 坡度：坡度越陡，重力在坡向上之分力越大，山崩潛勢越高。另外，開發計畫因為規劃挖方設計，經常造成挖方邊坡坡度比原先之坡度更為陡峻，也是增加山崩潛勢原因之一。

(二) 地震：地震活動頻繁地區，容易造成土體結構鬆動，增加山崩潛勢。

(三) 地質及構造：順向坡，或是節理、劈理發達，或是遇水容易軟化之岩石，都是山崩潛勢高之地質及構造。

(四) 地下水：地下水位上升造成土體容重增加，提高山崩潛勢。如果開發計畫之地下水引流或是截流不當，也會提高山崩潛勢或是水源枯竭。

(五) 植生現象：如果全區植生種類都是偏酸性土壤之茅草類時，即表示該區

可能為舊崩塌地，為高山崩潛勢區。

山崩潛勢可查詢「臺灣省重要都會區環境地質資料庫」中各區之環境地質圖、山崩潛感圖和土地利用潛力圖。

二、小出博認為山崩如果以發生原因分類，則有

(一) 豪雨型山崩

(二) 地下水型山崩

(三) 雪崩型山崩

(四) 地震型山崩

(五) 溪流沖蝕型山崩

三、山崩與地滑之區別

(一) 山崩、崩坍或落石係屬較小規模之土體或岩體運動，但亦不排除有大規模發生之情形，惟其發生位置多以陡急坡面為主，可在瞬間發生，且運動速度較快，其發生均因土體或岩體崩解所致，故一旦發生，其承載之地物可能完全被破壞。

(二) 地滑係指移動土體或岩體之規模較大，通常在較緩坡度之斜面發生，其運動之典型特徵在於移動速度緩慢，而移動時可能呈現斷斷續續或持續緩慢運動，往往移動土體上方之構造物尚可保持原狀。

表7-4　山崩潛勢判別

判別項目	山崩	地滑
地形	陡峻較多	1. 緩坡或陡坡 2. 上部有臺地狀者較常發生
地質	與地質條件關係較少	具有黏土滑動面之地質條件
規模	小	1. 大 2. 面積：1～100公頃 3. 體積：1億立方公尺以上
移動速度	快速 10公釐／天以上	緩慢 0.01～10公釐／天

續表7-4

判別項目	山崩	地滑
土塊完整性	較多破碎	較少破碎，大都維持原狀
誘發原因	降雨量	地下水
預兆	無	上游端龜裂、陷沒；下游端隆起
活動狀況	突發性	繼續性、再發性
週期	無	有

圖7-10　竹林崩塌地

圖7-11　石門水庫上游崩塌地

圖7-12　土場部落崩塌地

7.2.1 崩塌地調查（水土保持手冊）

一、崩塌地調查之目的，係為了解崩塌地之範圍、環境特性、發生條件，及保全對象等相關資料，從而提供最有效且經濟之防治規劃依據。

二、崩塌地調查一般可分為現況調查與機制調查。

    (一) 現況調查係就地質與地形條件所推測之崩塌區，進行各種地表現象或特徵等調查，以推測崩塌機制，並藉此可作為緊急防治對策擬定之依據。

    (二) 機制調查係根據現況調查結果及所推測崩塌機制，進行更深入詳細之各種地表與地下調查，以進行詳細之崩塌機制分析與探討，並提供整體防治規劃之依據。

三、現況調查包含：

    (一) 地形、地質調查：依據現場地形以及相關地質資料，判釋崩塌可能發生原因。

    (二) 植生調查：依據現場植生種類和生長情況，判斷崩塌發生次數和可能年分。例如，崩塌地因為表土流失，裡土和空氣中氧氣結合容易呈現酸性，由於茅草比其他植物更容易生長在酸性土質區域，因此，茅草生長茂密區域極有可能是崩積土範圍。另外，由於植物莖幹有向光性，當植物之莖幹曲折成長或呈 J 型生長，代表植物著生處有邊坡穩定問題。

    (三) 水文調查：若地表滲水或發現裂縫，必須配合地質資料判釋崩塌誘因。

    (四) 地表移動量調查：現況調查之同時，應視地表移動量大小制定警戒值和行動值，並採取必要之緊急處理措施。緊急處理措施包括警告標誌、臨時性排水設施、防止地表水滲入（如鋪塑膠布、裂縫以黏土填塞等）、坡趾加固（如堆土、箱籠等），並嚴密監測邊坡之動態。

四、機制調查是針對崩塌區內之水文、地質、崩塌深度、範圍與破壞型態等進行調查。

    (一) 地質特性調查：依據地質岩層分布、地質年代及特性，判釋崩塌可能發生深度與範圍。

    (二) 調查測線之配置：依據判釋所得之崩塌範圍、露頭，規劃調查測線。

    (三) 鑽探：配合地質特性資料，沿調查測線選擇鑽探地點及其鑽探深度。

    (四) 地球物理探測：配合地質特性與鑽探資料，規劃地球物理探測調查測

線，以製作二維地質剖面圖。彙整正交地球物理探測調查測線，則可得到三維地質剖面資料。其中，地球物理探測是根據地層之傳波特性、電性、溫度或是地下放射性等物理現象來探測地下地質構造與地下水之分布。常用之探測方法，包括震測法、電探法、井測法、地溫深測、放射性探測、磁力法和重力法。

(五) 地下水調查：地下水調查係調查崩塌區域與其周圍地下水之貯存狀態、流向、流路及其物理、化學性質，以了解地下水與崩塌滑動之相關性，作為崩塌防治工程規劃之基本資料。地下水調查或試驗，包括地下水位調查、孔隙水壓調查、地下水追蹤試驗、抽水試驗、水質分析、地下水檢層、水平衡調查等，可依現場狀況加以選擇。

(六) 滑動面與滑動量調查：地滑或潛移之滑動面與滑動量調查，係利用鑽孔以儀器量測滑動面位置與地下滑動量。調查方法有滑動面測管法、管式應變計、孔內傾斜儀、孔內伸縮儀等，或是分別在移動土塊和固定端設置伸縮計，以量測滑動量。

7.2.2 崩塌地處理

崩塌地處理應研判崩塌發生原因、機制與規模後，實施崩塌地處理。崩塌地處理係以防止和控制崩塌之發生，減輕或消除其造成之災害為目的。崩塌地處理包括崩塌地之調查、規劃、治理等，必要時得進行監測。

崩塌地處理方法有：

一、消除誘因之方法：包括源頭之裂縫填補、截排水、危石、危木清理、修坡整坡、地表水與地下水排除等。

(一) 去除法：移去崩塌地頭部上方潛在滑動之土塊、危石或危木。

(二) 截排水設施：於崩塌地頭部規劃設計截排水設施，以阻截降雨產生之地表逕流進入崩塌區域，減少崩塌區之地表沖刷量。

(三) 坡面排水：將崩塌區域坡面之地表逕流迅速排出崩塌區，避免崩積土因為逕流入滲發生二次崩塌。

二、增加抵抗力之方法：包括土壤改良、排樁、擋土等。

如果是野溪沖擊坡腳引發崩塌，則須規劃設計護岸或排樁等設施，以保護坡腳避免沖刷。

三、植生方法：包括打樁編柵、植草、木苗法、噴植法、鋪植生帶、穴植法及土壤袋植生等。交通不便處，可以空中撒播方式處理。

7.3 地滑

　　地滑乃地塊內之黏土帶上方地下水位上升所造成之土體破壞，地滑之分類敘述如下。

一、以地質分類（小出博）

(一) 第三紀層地滑
(二) 破碎帶型地滑
(三) 溫泉型地滑

二、以運動形式分類（谷口敏雄）

(一) 圓弧形地滑
(二) 平面型地滑
(三) 匍匐型地滑

三、渡正亮分類

類別	岩盤地滑	風化岩地滑	崩積土地滑	黏土地滑
舊名稱	幼年期	青年期	壯年期	老年期
頭部	岩盤或弱風化岩	多龜裂之風化岩	大礫石和土砂混合	大礫石或礫石和土砂混合
末端	風化岩	大礫石和土砂混合	礫石和土砂混合，部分黏土化	黏土或礫石和黏土混合
平面形狀	馬蹄形、角型	馬蹄形、角型	馬蹄形、角型、谷型、瓶頸型	谷型、瓶頸型
預測	困難，需要極精密調查	1/5,000地形圖可預測	1/5,000～1/10,000地形圖可預測。有滑動聲	由滑動聲預測

類別	岩盤地滑	風化岩地滑	崩積土地滑	黏土地滑
移動速度	2cm/day以上	1～2cm/day	0.5～1cm/day	0.5cm/day以下
運動狀態	短時間突發	斷續，數十年～數百年一次	斷續，5～20年一次	斷續，1～5年一次
剖面型態	多屬凸型坡面，有不明顯之臺地	屬凸型坡面，有明顯之落差、帶狀陷落和凹狀臺地	屬凹型坡面，有明顯之滑落崖、頭部有殘丘；底部有水池溼地	屬均勻緩坡，不明顯之臺地
主要原因	大規模施工；地震、豪雨或局部淹水	中規模施工；地震、大豪雨或異常融雪	超大豪雨或異常融雪	小規模施工；超大豪雨或異常融雪
治理對策	去除法；排除深層地下水；抑止工	去除法；排除地表水、深層地下水；抑止工	排除地表水、深層地下水；野溪治理	集水井排水；排除地表水、淺層地下水；野溪治理
積水厚度	多	←	→	少
排水工程效果	大	←	→	小

圖7-13　嘉義中埔地滑

四、地滑地之判斷

(一) 由地形特性判斷

1. 等高線之排列不整或如同貝殼狀。

2. 具有馬蹄形陡崖或緩坡面底部有陡崖。

3. 底部有水池或溼地呈帶狀排列。

4. 頭部有殘丘存在。

(二) 由現場地物特徵判斷

1. 頭部龜裂陷沒、底部隆起。

2. 道路、石牆、水路、立木龜裂或傾斜。

3. 水田漏水。

4. 頭部有許多張力裂縫；底部有許多壓縮裂縫。

一般而言，地滑之滑動體整體結構大致沒變，主要為滑動體順著深層滑動面移動。與山崩不同之九項性質如下：

類別	地滑	山崩
地質	一定地質條件：具黏土滑動面	與地質關係較少
地形	緩坡或陡坡	陡坡較多
移動速度	緩慢	快速
運動狀態	斷續，再發性	突發性
完整性	較少破碎，大部分維持完整	較多破碎
規模	大。面積可達100公頃，體積可達一億立方公尺	小
主要原因	地下水	降雨量
徵兆	頭部龜裂、陷沒，底部隆起	無
週期	有	無

7.4 防治工程

防治工程大致可分為抑制工程與抑止工程兩類。防治工程應依崩塌地發生機制與規模，組合最有效且經濟之抑制工程及抑止工程。

一、抑制工程係改善邊坡地形或地下水水位，以加強穩定邊坡之工程設施，如地表排水（入滲防止、地表排水）、地下水排除、淺層地下水排除（暗渠、橫向排水、地下水阻斷）、深層地下水排除（橫向排水、集水井、排水廊道、截水牆）與挖方工程。

二、抑止工程係指以工程結構物來防止邊坡滑動之工程設施，如排樁、深基礎樁、擋土牆、岩錨、護岸（彎道沖刷）等。

7.5 大規模崩塌

一、大規模崩塌：崩塌面積大於10公頃、崩塌體積超過10萬立方公尺、崩塌深度在10公尺以上者。

二、潛在大規模崩塌表現的微地形（崩塌地冠部、崩崖、側邊裂隙等），可透過光達（LiDAR）數值地形、衛星影像和航空照片（日照陰影、坡度）等資料，配合歷史災害和地質條件判釋。

三、光達（Light Detecting And Ranging, LiDAR）高精度數值地形資料，因為可以量測精確的地表高程，對於微地形應用有相當高的準確性，因此，廣泛應用於崩塌判釋。

表7-5 大規模崩塌特徵表

類型	滑動情形	地形特徵
類型A（利用遙測或航照影像判釋）：近期發生之疑似大規模崩塌	已滑動	1. 具崩塌滑動之地形特徵 2. 有明顯裸露
類型B（利用遙測或航照影像判釋）：早期發生之疑似大規模崩塌	已滑動	1. 具崩塌滑動之地形特徵 2. 大部分已植生復育

續表7-5

類型	滑動情形	地形特徵
類型C（最適以光達高解析度地形判釋）：具滑動地形特徵之潛在大規模崩塌	具滑動徵兆	1. 具崩崖、側邊裂縫、蝕溝、坡趾隆起等圓弧形破壞地形特徵 2. 具崩崖、側邊裂縫、坡趾隆起等平面型或楔型破壞地形特徵
類型D（利用地形地質及遙測資料判釋）：不具滑動地形特徵之潛在大規模崩塌	具不利之地質與地形條件	1. 具地質與地形不利因素者 2. 具坡趾破壞因素者 3. 邊坡屬山崩高潛勢區域 4. 同時具備上述條件之邊坡

7.5.1 潛在大規模崩塌區

一、潛在大規模崩塌區可分為冠部、陷落區和隆起區，主要特徵為主崩崖、次崩崖、冠部崩崖、冠部裂縫、反向坡與陷溝等。

二、冠部：大規模崩塌發育的頭部為張裂區，坡面因拉扯裂開而發展成大落差者稱為冠部崩崖，較小者為冠部裂縫。

三、陷落區：大規模崩塌主要材料來源，一般會發展成為似碗狀的凹谷地形。內部主要崩塌構造是主崩崖、次崩崖。

四、主崩崖：大規模崩塌主要判釋特徵，為崩塌最主要的滑動面。

五、次崩崖：大規模崩塌滑動體內部之崩崖，主要為舊崩崖。若崩塌區內存在許多次崩崖，坡面會呈階梯狀。

六、多重山脊地形：滑動體如果因為圓弧滑動的影響導致坡面反轉，使坡面朝上，而與正常（朝下）坡面之間形成一凹谷，此朝上之坡面稱為反向坡，凹谷稱之為陷溝。

七、隆起區：大規模崩塌趾部變形帶或崩塌堆積區。

八、趾部變形帶：為壓力區，呈現隆起狀。崩塌體內可見岩盤破碎變形。

表7-6　潛在大規模崩塌調查數量

	地調所	林務局	水保局	總計
潛在大規模崩塌數量（處）	657	1,003	236	1,896
潛在大規模崩塌面積（km²）	234.45	342.09	85.11	661.65
判釋範圍（km²）	2,132.32	2,475.37	862.47	5,470.16

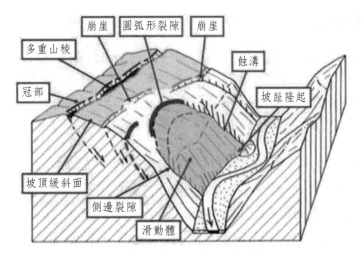

圖7-14 大規模崩塌地形特徵（取自經濟部中央地質調查所、國家災害防救科技中心）

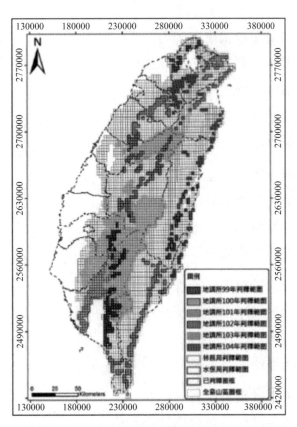

圖7-15 已判釋潛在大規模崩塌範圍（取自水土保持局，2010-2015）

7.5.2 危險等級評估

一、大規模崩塌潛勢區危險等級評估〔參考國際減災策略組織（ISDR）公式〕

$$危險度 = 災害發生度 \times 重要保全對象$$
$$（Risk = Hazard \times Vulnerability）$$

災害發生度：坡度、水系距離、岩性、順向坡、構造。

重要保全對象：住戶、交通、重要設施、水源設施。

二、2017年水土保持局推動氣候變遷下大規模崩塌防減災計畫，以現有水土保持技術及土石流防減災工作經驗為基礎，綜合氣候變遷下對大規模崩塌潛勢區及其衍生土砂災害區內水土保持工作之衝擊，擬訂6項調適策略，規劃19項調適措施：

(一) 強化大規模崩塌危機應變能力

1. 大規模崩塌潛勢區劃設及防護能力盤查。

2. 大規模崩塌風險管理之落實。

3. 大規模崩塌應變能力之強化。

4. 大規模崩塌區處理改善工程。

(二) 建立大規模土砂災害區智慧防災體系

1. 極端氣候坡地災害衝擊評估。

2. 健全坡地災害智慧迴避技術及風險管理機制。

3. 坡地智慧防災調適策略及措施推動。

(三) 增進大規模土砂災害區治理成效

1. 大規模土砂治理策略及效能提升。

2. 大規模土砂災害區環境調查及評估。

3. 防砂構造物防護能力評估與技術精進。

(四) 精進大規模土砂災害區資源保育

1. 大規模土砂災害區水土資源環境總體檢。

2. 大規模土砂災害區水土資源應用之影響探討。

3. 水土資源復育技術改善及永續經營。

(五) 推動大規模土砂災害區水土保持管理

1. 大規模崩塌土砂災害區可利用限度衝擊評估。
2. 大規模土砂災害區水土保持管理及技術之研發與檢討。
3. 大規模土砂災害區多元管制措施研析與法規整合。

(六) 統合大規模土砂災害區防減災資訊及推廣交流

1. 巨量資料分析與統合運用。
2. 大規模崩塌防災意識之普及。
3. 推廣教育及公民參與。

三、利用現代化科技，如遙測、航測、光達高解析度地形判釋、合成孔徑雷達干涉技術InSAR等作為大面積調查工具，透過巨量資料分析技術與運用分析大面積地形特徵，都是水土保持調查技術嶄新創舉，相信第一期計畫（2017年1月1日至2020年12月31日）執行完成後之成果必定相當豐碩。

參考文獻

1. 臺北市政府建設局、中華水土保持學會，臺北市水土保持手冊，1995.06
2. 行政院農業委員會，水土保持技術規範，2020.3
3. 行政院農業委員會水土保持局，水土保持手冊，2017.12
4. 行政院農業委員會水土保持局，氣候變遷下大規模崩塌防減災計畫，2017.1
5. 李鎮洋，尹孝元，大規模崩塌災害之調查、防災監測應用與需求，地球物理探勘技術在坡地防災方面應用講習會，2014.2
6. 洪如江，姜善鑫，黃宏斌，游保杉，陳文恭，歐菲莉颱風災害勘查報告，行政院國家科學委員會防災科技研究報告78-65號，1990.08
7. 陳信雄，崩塌地調查與分析，國立編譯館，渤海堂文化公司，1995
8. 黃宏斌，陳信雄，鄭麗瓊，魏逎雄，國有林地崩塌地處理工程技術研擬（Ⅱ），行政院農業委員會林務局研究報告，2008.12
9. 黃宏斌，溪頭水土保持設施與土石災害，臺大實驗林管理處九十年度解說服務志工訓練手冊，3-1～3-9頁，2001.11

10. 黃宏斌，陽金公路大屯橋段上邊坡崩塌區第二階段防災整治處理規劃設計，行政院內政部營建署陽明山國家公園管理處，2000.03

11. 黃宏斌，賴進松，花蓮縣重大災害防治工程規劃設計檢討，臺灣大學生物環境系統工程學系研究報告，2005.11

習題

1. 試述坡頂地區和坡腹地區崩塌地處理之異同點。

2. 有一坡度陡峻之石灰岩山坡地，經過幾次颱風豪雨後，裝置在坡頂之應變計顯示此一底部已構築加勁擋土牆之坡面有坡腳沿著坡頂變形越來越大之跡象，現有一工程顧問公司規劃如下：坡頂和坡面規劃截、排水系統；坡面中段設置一至三排排樁；靠坡腳處每隔適當距離打3公尺長之地錨。試評論其工程規劃之適當性。

3. 臺灣南部泥岩地區常築土堤圍置農塘，其溢洪道型式常採用垂流涵洞式而非明渠式溢洪道，試述其理由。

4. 景觀河岸經常以植草之方式為之，試問傳統方式所計算之河流通水斷面有無必要修正？如需修正時，應如何修正？

5. 試述植生對水文與土壤沖蝕防治之影響。

6. 試述木本植物與草本植物根系之功能差異。

7. 試述植生保護帶對水庫或河岸之保護功能。

8. 噴植的方式有哪幾種？其個別適用範圍為何？

9. 請說明如何選定崩塌地植生材料種類？

10. 請說明水庫保護帶之植生方法。

11. 試述沿海地區植生逆境之因應措施。

12. 試述泥岩地區之植生工法應注意事項，以及植生材料之選用原則。

13. 試述崩積土、礫石地和岩壁之綠化植生方法。

14. 試述泥岩地區和強風地區綠化之規劃設計原則。

15. 試述植生綠化之規劃設計原則。

16. 試述邊坡穩定工法。

17.試述邊坡破壞原因。

18.坡趾切除後，最常見之邊坡破壞情形有哪些？其破壞型式和後果為何？

19.試述崩塌地之處理方式。

20.試述崩塌地之調查項目，及其處理方法與對策。

21.試述坡頂地區和坡腹地區崩塌地處理之異同點。

22.試闡釋崩塌與地滑之判別。

23.試述崩塌地處理規劃原則。

24.試述崩塌地調查之項目。

25.試述崩塌地之調查技術。

chapter *8*

土石流防治

Prevention and Control of Debris Flow

8.1 土石流

當水流含砂量大到某一程度後，泥砂濃度已經足夠影響水流流動性質，在泥砂運動和輸砂特性上，都會和一般含砂水流不同。亦即水流流動特性已經不能視為牛頓流體之清水流，而是屬於非牛頓流體之範疇。

當含砂量增大至某一程度時，水流中所夾帶之粗顆粒泥砂比例增大，其容重和黏性比一般水流大，流變性質也跟著改變，許多流體特性已經和清水流不同，稱為高含砂水流。

高含砂水流在含有坋土和黏土之情況下，一般已經屬於非牛頓流體的賓漢體，賓漢體的流變方程式為

$$\tau = \tau_B + \eta \frac{du}{dy}$$

光滑河床之高含砂水流阻力損失大於清水流，粗糙河床之高含砂水流因為泥漿填滿河床和邊坡孔隙，反而降低粗糙度，阻力損失小於清水流。高含砂水流隨著含砂量增大，黏性急遽增加，顆粒在沉降過程中不會發生粒徑分選，而是以清渾水交界面型式緩慢下降。

含有粗顆粒泥砂（比細砂大）之高含砂水流，含砂量不足以影響水流特性時為牛頓流體；含砂量高到足以影響水流特性時，會出現賓漢極限剪應力，但其值比較小。泥砂沉速雖然因為含砂量增大而降低，但減少程度比細顆粒高含砂水流小，而且在沉降過程中存在分選現象。

土石流和高含砂水流屬於同一範疇問題。雖然土石流之泥砂顆粒粗、粒徑分布廣、容重大，但其運動機制在多方面是一致的。

土石流係指泥、砂、礫及巨石等物質與水之混合物，以重力作用為主，水流作用為輔之流動體。土石流發生之三大條件：

一、蓄存大量鬆散之泥、砂、礫及塊石。

二、陡峻地形，一般在15度到30度之間。

三、一定強度或量體之降雨發生。

土石流所攜帶之物質有前期山崩、地滑或地震引發山崩所堆積之泥砂、塊石，山區野溪溪床表面有一層經過長期水流作用所形成之護甲層，護甲層以下之

泥砂粒徑比表層小很多，如果遇到極端降雨事件，其強度足以破壞揭去位於床面之護甲層，則這些護甲層下之細砂在沒有保護下，會被水流夾帶往下游移動，形成土石流。

由於水體所含土、砂、礫、岩塊等材料性質不同，及大小土石比率與含水量多寡，而有不同流態，如土砂流、泥流、礫石型土石流、泥石流等不同名詞。

一、依據組成物質分類

(一) 泥流：由粗砂以下之細粒泥砂組成，含砂量較高之高含砂水流即為泥流。

(二) 土砂流、泥流：由大量細顆粒坋土、黏土和巨礫組成。

(三) 礫石型土石流、水石流：由大石塊和水或稀泥漿組成，缺少細顆粒泥砂之土石流即為水石流。

二、依據動力條件分類

(一) 水力類：由於地表逕流之強烈侵蝕或構造物潰決，導致大量泥砂進入河谷或溪溝所形成之土石流，屬於泥砂運動力學研究之範疇。

(二) 重力類：由於土體內含水量超過飽和，引起滑動所產生之土石流，屬於土壤力學研究之範疇。

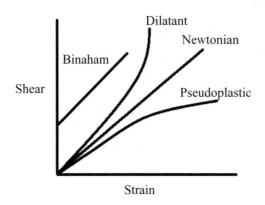

圖8-1　不同流體之應力應變圖

經過降雨激發而形成之土石流，在流動初期具有極大之沖刷力，河床強烈下切，河床下切和邊岸沖刷之土砂、石塊使得土石流之流量沿程不斷增加，土石流

流量比清水流流量大很多，最大可以達到10倍左右。

三、土石流發生類型

(一) 崩塌型土石流

山坡面上土體因豪雨吸收大量水分，致使土體形成不安定現象而發生崩塌。由於崩塌時之土體含水量非常多，或地表水（如降雨）不斷供應，使得該崩塌土體隨水流搬移作用，除了混合土體呈流體狀外，也隨水流運動形成土石流。

(二) 潰壩（天然壩）型土石流

當溪流單側或兩側邊坡發生大規模崩塌，且崩塌土體大量堆置於溪床。若溪流流量足以將此等堆置土砂逐漸搬移運送至下游，當不致有土石流之發生。但若崩塌之土砂量相當龐大時，水量不足以沖掉這些崩落土石，而使崩落土石在溪谷上堆積，並將溪谷或河道予以阻攔而形成臨時壩或天然壩，此等臨時或天然壩之土石，在後續之降雨或流水不斷供應下，造成滲流破壞導致潰壩，以土石流型態流到下游。

(三) 溪流沖蝕型土石流

由於洪水對溪流兩岸或溪床沖刷，或溪谷上堆積之不安定土砂，在水流之作用下，混合成漿狀體而轉變成土石流型態流到下游。

(四) 地滑型土石流

具有黏土滑動帶之地滑地因大量雨水滲透及地下水作用，使滑動土體之含水量超過其液性限度，以土石流型態流到下游。

(五) 火山爆發型土石流

火山爆發所噴出之火山灰或火山碎屑在降落至地面時，同時遇到豪雨發生，以土石流型態流到下游。

四、流動特性

(一) 土石流砂礫組成之粒徑，分布在數公尺至0.01公釐以下，分布範圍十分廣泛。

(二) 流動中之土石流單位體積重量約在1,400kg/m^3～2,300kg/m^{3}間。

(三) 土石流前端部分呈波浪狀，並常有巨礫集中之現象，後段部分礫石大小

及濃度等都較小。

(四) 土石流表面流速明顯地高於其平均流速,土石流具有表面快而底部慢之流速分布特性。

(五) 土石流流動速度受土石粒徑、濃度與溪谷坡度影響,一般而言,礫石型土石流流速約在3～10m/s;而泥流型土石流流速則為2～20m/s。

(六) 土石流在其發展過程中包含三個主要階段,即發生階段、流動階段與淤積階段。其中,發生階段之坡度約在15°～30°間,流動階段坡度則在5～15°間,而堆積階段坡度在3°～6°間。

(七) 移動中之土石流因為具有大動量,故直進性特強,常於彎曲溪谷之凹岸側壅高,或越過凸岸之堤防、護岸。同時具有高破壞力,可沖毀橋梁、水工構造物,並造成床面和構造物基礎掏空。

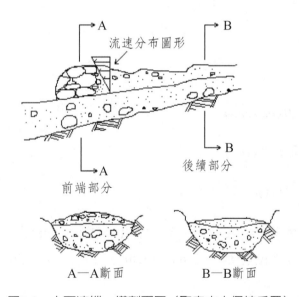

圖8-2 土石流縱、橫剖面圖(取自水土保持手冊)

8.2 土石流發生臨界公式

近年來,土石流在臺灣各地造成嚴重災害,為了解土石流發生之機制,國內外學者紛紛投入土石流發生模式之研究,其中,又以土石流發生之臨界角模式最

多。由於假設條件之不同,各家模式推導結果亦有相當之差異。為了解各公式之異同點,本研究整理所蒐集到之土石流發生機制公式,除列出其假設條件和實驗條件外,並將模式轉換成相同參數,以進行敏感度分析。在不同之適用條件下,將各發生機制模式依飽和水層與堆積面之相對位置等三種情況,分別進行敏感度分析與比較,得到不同狀況下各模式間之差異。

一、齊藤(1965)、陳世芳(1976)、Harris(1977)、Cernica(1982)

齊藤為首先推出此模式之學者,後人皆根據其物理模型加以修正,但其模式之假設及限制條件最多。齊藤假設在任一無限邊坡,以滲流理論為基礎,忽略土體凝聚力之影響,適用在地下水位與堆積土體表面齊平,且滲流方向與堆積土表面平行之情況下,有

土體下移之推移力

$$T = \gamma_{sat} H \sin \theta$$

土體之阻抗力

$$R = (\gamma_{sat} - \gamma_w) H \cos \theta \tan \phi$$

土石流發生之臨界模式

$$\tan \theta \geq \frac{\gamma_{sat} - \gamma_w}{\gamma_{sat}} \tan \phi$$

式中,H:堆積土體厚度(cm);θ:堆積土體斜面坡度(度);ϕ:摩擦角(度);γ_{sat}:飽和單位體積重(dyne/cm^3);γ_w:水之單位體積重(dyne/cm^3)。

二、高橋(1978)

高橋修正齊藤模式,增加土壤在飽和狀態及有地表逕流等兩種假設條件:
土體下移之推移力

$$T = [(1 - n)(\gamma_s - \gamma_w)A + \gamma_w(A + h_0)] \sin \theta$$

土體之阻抗力

$$R = (1-n)(\gamma_s - \gamma_w)A\cos\theta\tan\phi$$

土石流發生之臨界模式

$$\tan\theta \geq \frac{(1-n)(\gamma_s - \gamma_w)}{(1-n)(\gamma_s - \gamma_w) + \gamma_w\left(1 + \dfrac{h_0}{A}\right)}\tan\phi$$

式中，n：孔隙率；γ_s：土砂單位體積重（dyne/cm^3）；h_0：逕流水深（cm）；A：遭受剪力破壞面和堆積土表面厚度（cm）。

三、Sidle（1985）

考慮無限邊坡存在未飽和區，並忽略凝聚力影響：
土體下移之推移力

$$T = [\gamma_m a + \gamma_{sat}(H-a)]\sin\theta$$

土體之阻抗力

$$R = [\gamma_m a + (\gamma_{sat} - \gamma_w)(H-a)]\cos\theta\tan\phi$$

土石流發生之臨界模式

$$\tan\theta \geq \frac{\gamma_m a + (\gamma_{sat} - \gamma_w)(H-a)}{\gamma_m a + \gamma_{sat}(H-a)}\tan\phi$$

式中，γ_m：土壤單位體積重（dyne/cm^3）；a：堆積土表面至地下水位高度（cm）。

四、鄭瑞昌、江永哲（1986）

考慮凝聚力對無限邊坡之影響。若水位位於堆積土體表層以下時，假設水位以上土體為乾土單位體積重；水位以下為飽和單位體積重。

(一) 水位位於堆積土體以下時
土體下移之推移力

$$T = [C_b\rho_s ga + C_b\rho_s g(H-a) + (1-C_b)\rho g(H-a)]\sin\theta$$

土體之阻抗力

$$R = [C_b\rho_s ga + C_b(\rho_s - \rho)g(H - a)]\cos\theta\tan\phi + C$$

土石流發生之臨界模式

$$\tan\theta \geq \frac{\dfrac{C}{gh\cos\theta} + C_b\left[\rho_s - \rho\left(1 - \dfrac{a}{H}\right)\right]}{C_b\left[\rho_s - \rho\left(1 - \dfrac{a}{H}\right)\right] + \rho\left(1 - \dfrac{a}{H}\right)}\tan\phi$$

(二) 有地表逕流時

土體下移之推移力

$$T = [C_b(\rho_s - \rho)H + \rho(H + h_0)]g\sin\theta$$

土體之阻抗力

$$R = C_b(\rho_s - \rho)Hg\cos\theta\tan\phi + C$$

土石流發生之臨界模式

$$\tan\theta \geq \frac{\dfrac{C}{gh\cos\theta} + C_b(\rho_s - \rho)}{C_b(\rho_s - \rho) + \rho\left(1 + \dfrac{h_0}{H}\right)}\tan\phi$$

式中，$C_b = V_s/V = 1 - n$，為土壤體積濃度；ρ_s：堆積土體單位體積質量（g/cm^3）；ρ：水之單位體積質量（g/cm^3）；g：重力加速度（cm/sec^2）；C：堆積土體凝聚力（dyne/cm^3）。

五、游繁結（1987）

以高橋理論為基礎，並修正陳世芳（1976）、Harris（1977）之滲流理論，在水位與堆積土體齊平時，增加高橋未考慮之滲流力和水壓力，但忽略凝聚力。

土體下移之推移力

$$T = F + T^1 = \gamma_w h\sin\theta + (\gamma_{sat}H - n\gamma_w h)\sin\theta = [\gamma_{sat}H + (1 - n)\gamma_w(H - a)]\sin\theta$$

土體之阻抗力

$$R = \left[\gamma_{sat}H - n\gamma_w(H - a)\right] \cos\theta \tan\phi$$

土石流發生之臨界模式

$$\tan\theta \geq \cfrac{1}{1 + \left[\cfrac{\gamma_w(H - a)}{\gamma_{sat}H - n\gamma_w(H - a)}\right]} \tan\phi$$

六、林炳森、馮賜陽、李俊明（1989）

考慮滲流力、忽略凝聚力和水流流速之無限邊坡。
土體下移之推移力

$$T = (\gamma_{sat}H + \gamma_w h_0) \sin\theta$$

土體之阻抗力

$$R = (\gamma_{sat} - \gamma_w)H \cos\theta \tan\phi$$

土石流發生之臨界模式

$$\tan\theta \geq \frac{(\gamma_{sat} - \gamma_w)H}{\gamma_{sat}H + \gamma_w h_0} \tan\phi$$

七、黃宏斌（1991）

考慮無限邊坡存在未飽和區，且有地表逕流，忽略凝聚力影響。

(一) 水位與堆積面齊平
土體下移之推移力

$$T = \gamma_{sat}H \sin\theta$$

土體之阻抗力

$$R = (\gamma_{sat} - \gamma_w)H \cos\theta \tan\phi$$

土石流發生之臨界模式

$$\tan\theta \geq \frac{(\gamma_{sat} - \gamma_w)}{\gamma_{sat}} \tan\phi$$

(二) 水位位於堆積層面下

土體下移之推移力

$$T = [\gamma_m a + (\gamma_{sat} - \gamma_w)(H - a)] \sin\theta + \gamma_w(H - a)\sin\theta$$

土體之阻抗力

$$R = [\gamma_m a + (\gamma_{sat} - \gamma_w)(H - a)] \cos\theta \tan\phi$$

土石流發生之臨界模式

$$\tan\theta \geq \frac{\gamma_m a + (\gamma_{sat} - \gamma_w)(H - a)}{\gamma_m a + (\gamma_{sat} - \gamma_w)(H - a) + \gamma_w(H - a)} \tan\phi$$

八、連惠邦、趙世照（1996）

考慮無限邊坡存在未飽和區，且有地表逕流情況。以孔隙水流深度比m_1與地表逕流深度比m_2表示，

當有地表逕流時，$m_1 = 1$，$m_2 \neq 0$

當水位與堆積面齊平時，$m_1 = 1$，$m_2 = 0$

當水位位於堆積面以下時，$0 < m_1 < 1$，$m_2 = 0$

土體下移之推移力

$$T = [(\gamma_s - m_1\gamma_w)C_b + \gamma_w(m_1 + m_2)]Hb\sin\theta$$

土體之阻抗力

$$R = C + [((\gamma_s - m_1\gamma_w)C_b)Hb\cos\theta + \gamma_w bm_1 H\sin\theta\tan\alpha]\tan\phi$$

土石流發生之臨界模式

$$\tan\theta \geq \frac{\dfrac{C}{bH\sin\theta} + (\gamma_s - m_1\gamma_w)C_b}{(\gamma_s - m_1\gamma_w)C_b + \gamma_w(m_1 + m_2) - \gamma_w m_1\tan\alpha\tan\phi}\tan\phi$$

式中，b：單位土體寬度；$m_1 = h_d/\mathrm{H}$，h_d：地下水深；$m_2 = h_0/\mathrm{H}$，h_0：逕流水深；α：滲流方向。

九、陳晉琪（2000）

忽略凝聚力，堆積土體未飽和區之飽和度為S（%）。

有地下水時，$0 < m_1 < 1$，$d = m_1$

當水位與堆積面齊平時，$m_1 \geq 1$，$d = 1$

土體下移之推移力

$$T = [(1 - n)(G_s - d) + Sn(1 - d) + m_1]\gamma_w H \sin\theta$$

土體之阻抗力

$$R = C + [(1 - n)(G_s - d) + Sn(1 - d)]\gamma_w H \cos\theta \tan\phi$$

土石流發生之臨界模式

$$\tan\theta \geq \frac{(G_s - 1)}{(G_s - 1) + \dfrac{1}{C_b}}\tan\phi$$

式中，G_s：土壤真比重；d：參數。

水位與堆積面齊平。

十、黃宏斌（1991）

$$\tan\theta \geq \frac{(\gamma_{sat} - \gamma_w)}{\gamma_{sat}}\tan\phi \rightarrow \tan\theta \geq \frac{(G_s - 1)}{(G_s + e)}\tan\phi$$

十一、連惠邦、趙世照（1996）

假設 $m_1 = 1$，$m_2 = 0$，$b = 1$，$\alpha = 0$

$$\tan\theta \geq \frac{\dfrac{C}{H\sin\theta} + (\gamma_s - \gamma_w)C_b}{(\gamma_s - \gamma_w)C_b + \gamma_w}\tan\phi \rightarrow \tan\theta \geq \frac{\dfrac{C(1 + e)}{\gamma_w H \sin\theta} + (G_s - 1)}{G_s + e}\tan\phi$$

十二、陳晉琪（2000）

$$\tan\theta \geq \frac{(G_s - 1)}{G_s + \dfrac{n}{1 - n}}\tan\phi$$

水位位於堆積面下。

十三、黃宏斌（1991）

$$\tan \theta \geq \frac{(G_s - 1) + (1 + \omega G_s)\dfrac{a}{H}}{(G_s + e) + (\omega G_s - e)\dfrac{a}{H}} \tan \phi$$

十四、連惠邦、趙世照（1996）

假設 $0 < m_1 < 1$，$m_2 = 0$，$b = 1$，$\alpha = 0$

$$\tan \theta \geq \frac{\dfrac{C(1 + e)}{\gamma_w H \sin \theta} + (G_s - 1) + \dfrac{a}{H}}{(G_s + e) - \dfrac{ea}{H}} \tan \phi$$

有地表逕流。

十五、黃宏斌（1991）

$$\tan \theta \geq \frac{(G_s - 1)}{(G_s + e)} \tan \phi$$

十六、連惠邦、趙世照（1996）

假設 $0 < m_1 < 1$，$m_2 = 0$，$b = 1$，$\alpha = 0$

$$\tan \theta \geq \frac{\dfrac{C(1 + e)}{\gamma_w H \sin \theta} + (G_s - 1)}{(G_s + e) + \dfrac{(1 + e)h_0}{H}} \tan \phi$$

十七、陳晉琪（2000）

$$\tan \theta \geq \frac{(G_s - 1)}{(G_s + e)} \tan \phi$$

經過整理分析後，得到下列初步結論：

(一) 鄭瑞昌與連惠邦所考慮之條件幾乎相同，也都考慮凝聚力，經過敏感度
分析，顯示兩者間無顯著差異。

(二) 凝聚力對土石流發生之影響甚小，可以忽略不計。

(三) 孔隙較大容易發生土石流，亦即發生土石流之臨界坡度較小；孔隙較小者不易發生土石流。

8.3 土石流流速公式

一、假設條件

(一) 非黏性土壤。

(二) 地表逕流形成時，地表下土體為飽和狀態。

(三) 土體孔隙水沿著斜坡滲流，不存在孔隙水壓。

二、自床面以下距離 z 處的剪力

$$\tau = [(1-n)(\gamma_s - \gamma)h_d + \gamma(h_d + h_0)]\sin\theta$$

當土壤顆粒發生大量剪力運動，且忽略顆粒間因為變形而產生之應力時，

$$\tau_L = \cos\theta[(1-n)(\gamma_s - \gamma)h_d]\tan\phi$$

(一) 假設土體厚度為無限大，因地表逕流作用發生土體運動之條件為

$$\frac{d\tau}{dz} \geq \frac{d\tau_L}{dz}$$

$$\tan\theta \geq \left[\frac{(1-n)(\gamma_s - \gamma)}{(1-n)(\gamma_s - \gamma) + \gamma}\right]\tan\phi$$

與高橋臨界公式相類似。

(二) 假設在範圍內運動，起動條件為

$$\frac{d\tau}{dz} < \frac{d\tau_L}{dz}$$

and $\tau = \tau_L$ when $z = z_0$

$$\frac{(1-n)(\gamma_s - \gamma)\tan\phi}{(1-n)(\gamma_s - \gamma) + \gamma\left(1 + \dfrac{h_0}{D}\right)} \leq \tan\theta < \left[\frac{(1-n)(\gamma_s - \gamma)}{(1-n)(\gamma_s - \gamma) + \gamma}\right]\tan\phi$$

(三) 因此，土體發生運動之臨界坡度，與高橋臨界公式類似，為

$$\tan \theta = \frac{(1-n)(\gamma_s - \gamma)\tan\phi}{(1-n)(\gamma_s - \gamma) + \gamma\left(1 + \dfrac{h_0}{D}\right)}$$

(四) 因為床面以上 y 點之粒間離散力等於自高程 y 點起到水面為止水體內泥砂
顆粒之有效重量，因此，離散力為

$$T = c\rho_s(\lambda D)^2 \left(\frac{du}{dy}\right)^2$$

$$P = \frac{T}{\tan \alpha}$$

式中，c 為常數，Bagnold 取 0.013，$\tan \alpha$ 為動摩擦係數。

三、流速

由於離散力和粒徑平方成正比，可以得知土石流流體中之顆粒越大，所承
受之離散力越大。這種垂直方向之篩選作用，使得粗顆粒逐漸上升到水面。尤其
是垂直加速度接近於重力加速度時，離散效果更為顯著。當粗顆粒接近水流表面
時，因為水流表面流速最大，帶動粗顆粒不斷往前，就產生粗顆粒土石聚集在土
石流前緣之現象。

流速分布

$$c\rho_s(\lambda D)^2 \left(\frac{du}{dy}\right)^2 \cot \alpha = (1-n)(\gamma_s - \gamma)(h-y)\cos\theta$$

假設顆粒間因為變形而產生之應力可以忽略不計，並取邊界條件 $y = 0$ 時；$u = 0$；$y = h$ 時，$u = u_{max}$，且 $\sin\theta \doteq \tan\theta$，則有

$$u = \frac{2}{5D} \left\{ \frac{g}{c}\left[(1-n) + \frac{\gamma}{\gamma_s}n\right] \right\}^{1/2} \left[\left(\frac{C_b}{1-n}\right)^{1/3} - 1\right] h^{3/2} S^{1/2}$$

$$\frac{u_{max} - u}{u_{max}} = \left(1 - \frac{y}{h}\right)^{2/3}$$

因此，土石流流速隨泥砂顆粒含量和粒徑增大而減小，隨液相容重增大而增
大，以及和水深之高次方成正比。一般而言，土石流水深越大，粗顆粒含量也越
多，因為推移運動而增加的水流勢能損失越大，反映在曼寧粗糙係數越大。曼寧

公式適用在紊流粗糙區，不適用在層流或接近層流區。

8.4 土石流防治之規劃目標

　　土石流防治可採用抑制、攔阻、疏導、淤積、緩衝等方式，必要時得視現況進行監測。

　　一、硬體設施方面

(一) 去除可能導致土石流發生之因子。

(二) 降低土石流流動勢能或流速，減少土石流之破壞力。

(三) 減少土石流之水分含量，使之停止或轉成含砂水流。

(四) 收容大部分或全部土石流土砂量，避免土砂埋沒村落、道路或重要公共設施。

(五) 分散土石流以降低土石流破壞力。

(六) 導引土石流流向安全處所。

　　二、軟體設施方面

(一) 計畫性限制土地利用項目或範圍，避免不當開發提供土砂料源。

(二) 限制在土石流潛在影響範圍從事重大開發建設。

(三) 遷移土石流影響區內聚落，避免土石流災害威脅。

(四) 建立警戒避難體制，事先掌握土石流可能發生狀況，擬訂安全避難路線與安置場所。

(五) 宣導土石流預防措施，使民眾了解土石流特性與必要之預防作為。

　　三、土石流調查包含地形、崩塌地、土砂量、土砂組成、保全對象，和安全避難路線與場所等調查項目。

(一) **地形**

土石流之發生條件為大量鬆動土石方、陡峻河床坡度和大降雨量。水文參數可以依據歷年降雨紀錄分析而得，其他需要調查之地形因子有集水區面積；坡

面平均坡度；河床坡度、彎度和寬度；沖積扇面積、坡度與溪流變動幅度和頻度等。

(二) 崩塌地

崩塌地之可移動崩塌土石方，經常成為土石流之料源。調查項目包含集水區內崩塌地之位置、面積、坡度及可移動崩塌土砂量等。

(三) 土砂量

除了崩塌地可移動土石方外，溪床堆積土砂量、可移動溪床土砂量和沖積扇可移動土砂量等，都是土石流主要土砂料源。

1. 溪床土砂量之調查：溪床堆積土砂量或可移動溪床土砂量，都是土石流流動時可能夾帶之土砂料源。調查項目包含溪床堆積土砂高度與範圍，並推估可能產生之土砂量。

2. 沖積扇土砂量調查：沖積扇堆積土砂量代表土石流發生且流到谷口之土砂量；具有明顯層次之沖積扇，表示曾經發生多次土石流。由沖積扇堆積土砂量，以及崩塌地與溪床之可移動土砂量，可以研判集水區可移動土砂量之多寡，以及土石流流下堆積機制。調查項目包含沖積扇堆積土砂量及其分布範圍。

(四) 土砂組成

土石流之土砂組成，可顯示土石流流動特性，全河段溪谷之土砂組成特性調查，除了藉由現地踏勘可以推估溪床可移動土石之最大粒徑，以及最大粒徑岩塊之衝擊力。同時，粒徑採樣分析成果研判可移動溪床深度、移動土砂量與堆積狀態之土砂體積濃度；表面粒徑調查成果可以推估溪床粗糙係數。

(五) 保全對象

土石流防治主要在防止土石流對聚落、道路與公共設施之破壞。調查對象為土石流於發生、流動與堆積各個階段，所有可能波及之聚落、道路與公共設施，作為防治工程配置規劃之依據。

(六) 安全避難路線與場所

由於土石流防治工程設計有其保護標準，為了避免影響居民之生命財產遭受威脅，可以依據聚落之分布，規劃安全之避難路線和安置場所。當預測或實際降

雨量超過設計標準時，即可勸導或強制疏散至避難處所。

四、土石流發生前常有之徵兆

(一) 來自山上的水渾濁不清。
(二) 懸崖會出現一些裂痕。
(三) 小石子分散的掉落下來。

五、地表裂開之前兆

(一) 地面出現裂痕。
(二) 池子或水井的水變渾濁。
(三) 斜坡會出現水流。

六、土石流之前兆

(一) 發出山谷鳴聲。
(二) 連續下雨。
(三) 河川的水位下降。
(四) 河水變渾濁並夾雜枯木。

8.5 土石流影響範圍

以池谷浩公式所推估之105度扇狀地影響範圍為底圖，依現地勘查推估可能之溢流點位置（如谷口處、障礙物處或地形突然變緩處）重新定位，接著根據現地地形修正，去除土石流不可能經過之區域。如果池谷浩公式所計算之扇狀地長度不足以涵蓋全部保全對象時，則依據現地地形延伸扇狀地之半徑長度。另外，如果現勘發現除了底圖之溢流點外，還有其餘鄰近保全對象之溢流點存在時，則依據上述影響範圍之劃設原則，增加該溪流之影響範圍。如果該溪流於現地勘查評估溢流點附近沒有保全對象存在時，則不劃設土石流影響範圍。

一、池谷浩在1982年針對日本小豆島所發生之土石流調查之歷史資料，迴歸出該地區土石流堆積長度之經驗式如下：

$$\log L = 0.42 \log(V \tan \theta) + 0.935$$

$$V = 70{,}992\, A^{0.61}$$

式中，L：淤積長度；V：土砂流出量（m^3）；A：溢流點以上集水區面積（km^2）。

二、黃宏斌、蘇峰正（2007）以試驗渠道模擬土石流淤積長度，得到

$$L = 73.085\, \theta^{0.217} C_d^{-0.665}$$

$$C_d = 0.2247 \left(\frac{V}{V_{total}} \right)^{-0.3171}$$

式中，V_{total}：總土砂量，（m^3）；C_d：土石流體積濃度。

三、對照溪頭三號坑、松鶴一溪和松鶴二溪之土石流淤積長度實測值發現，黃蘇氏公式所估算之淤積長度都較池谷浩公式誤差小。

表8-1　池谷浩與黃蘇氏公式對照實際土石流淤積長度比較表

	溪頭三號坑		松鶴一溪		松鶴二溪	
	長度（m）	倍數	長度（m）	倍數	長度（m）	倍數
實測值	270	1	296	1	287	1
池谷浩（1982）	620	2.3	856	2.9	561	2.0
黃蘇氏（2007）	374	1.4	376	1.3	390	1.4

8.6　土石流潛勢溪流

　　行政院農業委員會於1996年委託成功大學完成第一次土石流潛勢溪流調查，全臺共計 485 條土石流潛勢溪流。劃定方式主要參考高橋保（1991）之評分方式加以修改，主要依據溪谷坡度、溪床坡度及有效集水區面積3項指標，劃定條件主要為溪谷坡度大於15°、溪床坡度大於15°以及集水區面積大於5公頃。後來，由於921地震，以及桃芝、納莉颱風大量改變地形條件，水土保持局將全臺分為北、南、東重新辦理調查，並於2002年完成第2次調查，考慮到地震和颱風造成山區堆積大量土石材料，將原本判定條件中之5公頃以上集水面積下修為3

公頃以上，其他條件仍維持不變。

　　水土保持局之土石流潛勢溪流評估因子，分為自然環境潛在因子和保全危害因子兩大項。其中，自然環境潛在因子包括岩性因子、坡度因子、崩塌規模、材料破碎情形和植生因子等；保全危害因子則有保全對象和現地整治設施成效評估。於土石流潛勢地點調查時，當溪床坡度大於10°以上，且該點以上之集水面積大於3公頃者，則視為土石流潛在發生地點。另外，如溪流下游出口或溢流點處有住戶3戶以上，或有重要橋梁、道路需保護者，也列為調查範圍。調查時，應依現地各項特徵，予以評估區分為「高」、「中」、「低」、「持續觀察」等4個等級。

表8-2　土石流潛勢溪流數量（1996～2020）

年分	數量	備註
1996	485	
1999	722	921地震
2001	1,420	納莉颱風
2009	1,503	
2010	1,552	莫拉克颱風
2011	1,578	
2012	1,660	
2013	1,664	
2014	1,671	
2015	1,673	
2016	1,678	
2017	1,705	
2018	1,719	
2019	1,725	
2020	1,726	

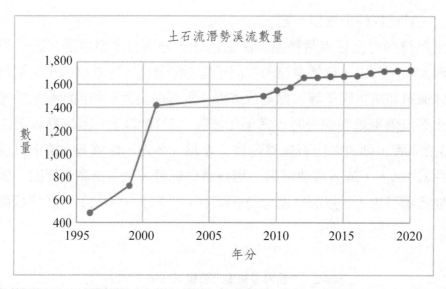

圖8-3 土石流潛勢溪流數量（1996～2020）

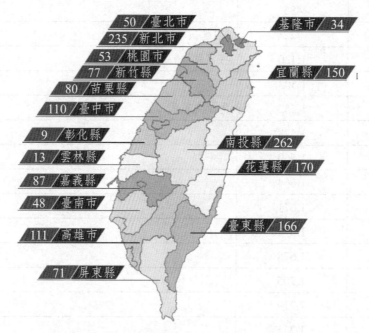

圖8-4 土石流潛勢溪流共計1,726條（水土保持局，2020）

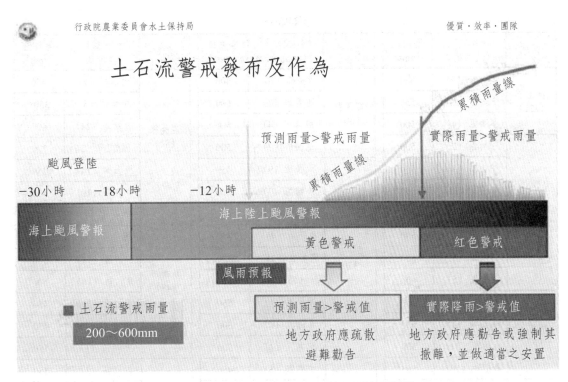

圖8-5　土石流警戒發布及作為（取自水土保持局網頁，2020）

表8-3　土石流警戒基準值簡表（取自水土保持局網頁，2021）

縣市	鄉鎮（溪流數）	警戒值（mm）	縣市	鄉鎮（溪流數）	警戒值（mm）	縣市	鄉鎮（溪流數）	警戒值（mm）
宜蘭縣（150）	三星鄉（5）	600	基隆市（34）	安樂區（6）	600	新北市（235）	汐止區（9）	500
	大同鄉（43）	550		信義區（5）	600		坪林區（10）	550*
	冬山鄉（13）	600		暖暖區（6）	550		金山區（9）	500
	南澳鄉（13）	400	新北市（235）	八里區（10）	550		泰山區（13）	500
	員山鄉（15）	600		三芝區（4）	550		烏來區（6）	450*
	頭城鎮（23）	550		三峽區（25）	450		貢寮區（7）	600
	礁溪鄉（17）	550		土城區（4）	550		淡水區（4）	550
	蘇澳鎮（21）	500		中和區（1）	550		深坑區（6）	500
基隆市（34）	七堵區（9）	550		五股區（9）	500		新店區（27）	450*
	中山區（3）	550		平溪區（7）	550		新莊區（9）	550
	中正區（3）	550		石門區（2）	500		瑞芳區（25）	500
	仁愛區（2）	600		石碇區（9）	500		萬里區（12）	550

續表8-3

縣市	鄉鎮(溪流數)	警戒值(mm)	縣市	鄉鎮(溪流數)	警戒值(mm)	縣市	鄉鎮(溪流數)	警戒值(mm)
新北市(235)	樹林區(5)	600	苗栗縣(80)	泰安鄉(20)	400	嘉義縣(87)	大埔鄉(7)	450
	雙溪區(21)	550		通霄鎮(3)	600		中埔鄉(8)	350*
	鶯歌區(1)	500		獅潭鄉(4)	500		竹崎鄉(24)	400
臺北市(50)	士林區(7)	500		銅鑼鄉(7)	500		阿里山鄉(24)	300
	中山區(1)	550	臺中市(110)	太平區(9)	450		梅山鄉(14)	350
	內湖區(12)	500		外埔區(2)	550		番路鄉(10)	450
	文山區(3)	500		清水區(1)	600	臺南市(48)	六甲區(1)	600
	北投區(17)	500		和平區(43)	350		玉井區(1)	550
	信義區(5)	600		東勢區(21)	500		白河區(11)	500
	南港區(5)	600		新社區(22)	500		東山區(16)	500
桃園市(53)	大溪區(10)	550		潭子區(1)	550		南化區(11)	450
	桃園區(2)	550		霧峰區(8)	500		楠西區(7)	450
	復興區(31)	300		北屯區(3)	500		龍崎區(1)	550
	龜山區(10)	550	南投縣(262)	中寮鄉(8)	450	高雄市(111)	內門區(3)	550
新竹縣(77)	五峰鄉(16)	350		仁愛鄉(34)	300		六龜區(31)	350
	北埔鄉(2)	550		水里鄉(35)	350		田寮區(1)	600
	尖石鄉(26)	350		名間鄉(2)	500*		甲仙區(17)	450
	竹東鎮(2)	500		竹山鎮(9)	450		杉林區(4)	450
	芎林鄉(4)	550		信義鄉(49)	300		那瑪夏區(14)	300
	峨眉鄉(3)	600		埔里鎮(49)	350		岡山區(1)	600
	新埔鎮(1)	500		草屯鎮(7)	500		阿蓮區(1)	650
	橫山鄉(8)	500		國姓鄉(39)	300		美濃區(9)	500
	關西鎮(15)	500		魚池鄉(7)	400		茂林區(3)	450
苗栗縣(80)	三灣鄉(1)	500		鹿谷鄉(22)	350		桃源區(16)	300
	大湖鄉(16)	500		集集鎮(1)	500		旗山區(8)	500
	公館鄉(4)	500	彰化縣(9)	二水鄉(6)	550		鼓山區(3)	550
	竹南鎮(1)	550		田中鎮(2)	550	屏東縣(71)	三地門鄉(7)	450
	卓蘭鎮(7)	450		社頭鄉(1)	600		牡丹鄉(9)	600
	南莊鄉(16)	500	雲林縣(13)	古坑鄉(13)	350		來義鄉(11)	450
	苑裡鎮(1)	600					枋山鄉(1)	550

續表8-3

縣市	鄉鎮（溪流數）	警戒值（mm）	縣市	鄉鎮（溪流數）	警戒值（mm）	縣市	鄉鎮（溪流數）	警戒值（mm）
屏東縣（71）	春日鄉（4）	550	臺東縣（166）	池上鄉（2）	550	花蓮縣（170）	吉安鄉（7）	450
	泰武鄉（5）	550		卑南鄉（39）	500		秀林鄉（28）	350
	高樹鄉（4）	550		延平鄉（11）	500*		卓溪鄉（15）	600
	獅子鄉（18）	500*		東河鄉（20）	550		花蓮市（3）	500
	萬巒鄉（1）	650		金峰鄉（7）	500		富里鄉（9）	600
	滿州鄉（2）	500		長濱鄉（4）	450		瑞穗鄉（9）	550
	瑪家鄉（7）	500		海端鄉（18）	600		萬榮鄉（12）	500
	霧臺鄉（2）	400		鹿野鄉（3）	600		壽豐鄉（20）	450
臺東縣（166）	大武鄉（21）	450*		達仁鄉（8）	500		鳳林鎮（9）	500
	太麻里鄉（16）	450		關山鎮（4）	650		豐濱鄉（16）	450
	臺東市（4）	600	花蓮縣（170）	玉里鎮（24）	600		合計1,726條	
	成功鎮（9）	550		光復鄉（18）	450			

*註： 1. 新北市坪林區坪林里（新北DF121）警戒值為400；大林里（新北DF124、125、232）警戒值為400；水德里（新北DF127、128、129）警戒值為400。

2. 新北市烏來區信賢里（新北DF103、231）警戒值為400；忠治里（新北DF229、230）警戒值為400。

3. 新北市新店區雙坑里（新北DF233）警戒值為350。

4. 南投縣名間鄉仁和村（投縣DF126）警戒值為350。

5. 嘉義縣中埔鄉東興村（嘉縣DF049、070）警戒值為300；中崙村（嘉縣DF050、051）警戒值為300。

6. 屏東縣獅子鄉竹坑村（屏縣DF048、049、050、071）警戒值為450。

7. 臺東縣大武鄉大竹村（東縣DF164）警戒值為400。

8. 臺東縣延平鄉紅葉村（東縣DF032、166）警戒值為450。

圖8-6　清泉土石流

圖8-7　尖石土石流

參考文獻

1. 行政院農業委員會，水土保持技術規範，2020.3

2. 行政院農業委員會水土保持局，水土保持手冊，2017.12

3. 行政院農業委員會水土保持局，豐丘潛勢溪流105度扇形影響範圍，土石流調查與劃定方式，防災資訊網，2021.02

4. 河村三郎，土砂水理學1，森北出版株式會社，1982.11

5. 洪楚寶，中國土木水利工程學會，水土保持，1987.11

6. 錢寧、張仁、周志德，河床演變學，科學出版社，1987.4

7. 錢寧、萬兆惠，泥砂運動力學，科學出版社，1981.11

8. 黃宏斌，智慧化土石流預警系統建置（2），行政院農委會水土保持局研究報告，2017.12

9. 黃宏斌，智慧化土石流預警系統建置，行政院農委會水土保持局研究報告，2016.12

10. 黃宏斌，蘇峰正，土石流堆積長度研究，中華水土保持學報38(2): 195-204(2007)

11. 蘇峰正，黃宏斌，土石流堆積段之土石堆積機制研究，行政院國家科學委員會，NSC94-2815-C-002-141-B，2006.07

12. 黃宏斌，重建工程設計效益與影響之評估——抑制土石流災害效益評估（Ⅱ），行政院國家科學委員會，NSC94-2625-Z-002-020，2006.07

13. 黃宏斌，黃名村，推動臺北縣政府94年度防救災工作計畫土石流危險溪流調查與疏散治理規劃，臺北縣政府消防局，2006.03

14. 黃宏斌，臺北市土石流整治及自然生態工法之應用問題探討，94年度土石流潛勢溪流防災業務管理研習會講義，66-90頁，2005.11

15. 黃宏斌，重建工程設計效益與影響之評估——抑制土石流災害效益評估（Ⅰ），行政院國家科學委員會，NSC93-2625-Z-002-019，2005.07

16. 黃宏斌，坡地土石流發生機制研究（2/2），臺灣大學水工試驗所研究報告554號，2004.12

17. 黃宏斌，坡地災害之發生機制：以溪頭集水區為例——總計畫暨子計畫：坡地

土石流發生機制研究（2/2），國立臺灣大學水工試驗所研究報告第554號，行政院國家科學委員會，NSC92-2625-Z-002-004，2004.07

18. 黃宏斌，坡地災害之發生機制：以溪頭集水區為例——總計畫暨子計畫：坡地土石流發生機制研究（1/2），國立臺灣大學水工試驗所研究報告第507號，行政院國家科學委員會，NSC91-2625-Z-002-016，21頁，2003.07

19. 黃宏斌，許銘熙，張倉榮，土石流災害境況模擬、災害規模及災損之推估範例，行政院農業委員會水土保持局，SWCB-91-024，148頁，2002.12

20. 黃宏斌，坡地災害之發生機制：以溪頭集水區為例——總計畫暨子計畫：坡地土石流發生機制研究，國立臺灣大學水工試驗所研究報告第443號，行政院國家科學委員會，NSC90-2625-Z-002-017，2002.07

21. 林美聆，黃宏斌，土石流危險區睦鄰疏散路線及避難示範規劃（北區——臺北縣、宜蘭縣），國立臺灣大學水工試驗所研究報告第439號，行政院農業委員會水土保持局，157頁，2002.04

22. 湯曉虞，黃宏斌，災害管理政策與施政策略研擬——臺灣地區土石流災害管理政策與施政策略之建議，國立臺灣大學水工試驗所研究報告第437號，行政院國家科學委員會，27頁，2002.03

23. 黃宏斌，土石流防治工法與生態工程，土石流災害之學術研究，7-12頁，2001.12

24. 鄭富書，林銘郎，劉格非，黃宏斌，劉啟川，溪頭土石流災害調查，臺大實驗林管理處九十年度解說服務志工訓練手冊，4-1～4-23頁，2001.11

25. 黃宏斌，何智武，楊德良，土石流之基本研究（二）——流速模式探討，行政院國家科學委員會防災科技研究報告81-04號，1992.08

26. 黃宏斌，何智武，楊德良，土石流之基本研究，行政院國家科學委員會防災科技研究報告80-12號，1991.11

27. 黃宏斌，何智武，楊德良，土石流之基本研究，國立臺灣大學水工試驗所研究報告125號，1991.08

習題

1. 試述崩塌地之調查技術。
2. 何謂土石流？請試述其主要之三種成因。
3. 試述含砂水流和土石流流動特性之異同點。
4. 試述土石流之防治對策。
5. 土石流有哪幾種發生類型。
6. 試述土石流之軟體防治對策。
7. 當流動中土石流之土砂體積濃度為溪床上土石堆積物之體積濃度的0.9倍時，則土石流之流量約為清水流量之幾倍？
8. 當流動中土石流之土砂體積濃度為溪床上土石堆積物之體積濃度的0.9倍時，則土石流之流量約為清水流量之(1)9倍　(2)9.83倍　(3)10倍。
9. 何謂土石流？土石流之防治對策有那些？
10. 在土石流潛勢溪流中，試述發生、流動和淤積等河段之土石流整治原則。
11. 在一土石流潛勢溪流之中、下游區域，其河寬大約80公尺，平常水流寬度僅約5公尺，只有在颱風豪雨時，才會擴大至全河寬，在顧及生態保育之精神下，試列出其野溪治理之規劃設計原則，並說明其理由。
12. 試述土石流潛勢溪流和一般野溪治理規劃原則之異同點。

chapter 9

排水系統規劃設計

Design and planning of drainage system

9.1　地表逕流

地表逕流係降雨經過植生冠層截流、植生蒸發散作用、入滲（土壤水、中間逕流、地下水）與蒸發作用後，留存於地表面匯集成地表逕流。

地表逕流沖蝕之程序：

(一) 浮土壤有機質。

(二) 懸浮土壤表層顆粒。

(三) 下切土壤凹洞。

(四) 帶走懸浮顆粒。

(五) 形成蝕溝。

(六) 擴大蝕溝規模。

與地表逕流不同，地下水上升容易引起管湧（piping or boiling）與深層崩塌。此外，地表逕流劇烈變化容易引起土壤沖蝕；地下水位劇烈變化則會有地層塌陷之可能。

9.2　排水系統

地表逕流係降雨經過植生冠層截流、植生蒸發散作用、入滲（土壤水、中間逕流、地下水）與蒸發作用後，留存於地表面匯集成地表逕流。

如同集水區之集水點蒐集整個集水區範圍內之地表逕流，排水系統就是一條二維集水線，蒐集排水系統集水區內之地表逕流；同樣地，森林、草原、綠花園等之雨水滲漏、儲存、輸送等則是三維之集水機制。因此，排水系統規劃首先要圈繪該排水系統之集水範圍，野溪河流之集水區可以野溪下游控制點為集水點，圈繪所有匯流至集水點之地表逕流為集水區。如果不是整條野溪溪流；而是聚落或社區某一段排水系統時，這時候就要圈繪該段排水系統之集水範圍，為該排水系統之集水區，再據以估算設計逕流量。

排水系統斷面規劃設計之目標為安全排水。由於不同水理特性之水流具有不同之流體力學性質，因此，規劃設計排水系統首先要了解其水理特性。例如：天

然野溪要了解其河性,並確認其屬於陡峻型、彎曲型、蜿蜒型、平緩型或深潭—陡槽型,不同河性之野溪有不同之整治方式,錯誤之整治規劃設計工程不僅無法達到整治目的,反而會加重災害嚴重性或擴大延伸災害範圍。人工排水系統則是評估該系統要輸運之流況為紊流、層流或邊界流等,防災目的之排水,著重在颱洪發生時之安全排水;層流或邊界流則是小流量經常採用之規劃設計流況,如庭園景觀設計等。

依據明渠水流理論,陡峻河槽比較容易產生動量大之流況,具有直進性之慣性運動型態,直線型排水系統會比彎曲型合適,而且不會發生彎道處被水流沖壞之可能;但是設計坡度過於陡峻時,不僅大流量時縱向沖刷力增大,小流量時則會產生蜿蜒河槽。基於生態棲地之需求考量,排水系統經常是不封底,沒有內鋪面設計,所以,排水系統之設計排洪量不僅要滿足設計逕流量,其設計流速也要同時低於該排水系統內鋪面材料最大安全流速之要求。同時,該設計流速也必須大於設定泥砂顆粒大小之沉積流速,以達成該系統不沖不淤之要求。再者,由於彎道凹岸區之沖刷深度遠大於凸岸區,因此,凹岸護岸之基礎深度必須依據水流深度配合增加。另外,排水系統用地面積最小化,也是工程設計之成本考量之一,可以使用最佳水力斷面設計來達成此一最小化目的,亦即將設計流量對面積微分得到零時之斷面尺寸。

安全流速和排水設施材質之耐沖刷性質有關,天然之黏土、細砂或人工製作之混凝土等,都有其對應之安全流速值。如果坡度過於陡峭、受限於當地地形或可使用面積範圍時,則必須於適當地點規劃設計消能設施,以降低流速或水流之沖刷力。另外,排水系統盡量以平滑線型規劃設計,因應地形限制需要轉折處,則應設置集水井和小型沉砂池,以緩衝水流沖擊力與沉澱泥砂。排水系統長度不宜過長,每隔適當距離,宜設置集水井消能和小型沉砂池沉砂,避免縱向沖刷和泥砂淤積。

由於傳統排水斷面設計非常繁複費時,因此,可以撰寫程式以數值演算決定斷面大小,同時,再配合最佳水力斷面之選擇,讓排水斷面之設計更簡便、精準。

由於曼寧公式係適用於穩態定量流流況,因此,如陡坡轉為緩坡或緩坡轉為陡坡等變化坡面,寬廣轉狹窄、狹窄轉寬廣、突寬、突窄等變化斷面,以及如堰、壩或跌水等具有橫向構造物之急變量流之流況河段,曼寧公式就不能適用;

必須依據能量或動量之削減，採用合適之計算公式或模擬軟體。尤其是檢討排水系統上方橋梁梁底高或箱涵頂高時，如果該處河床並非屬於均一坡度時，更不能忽視跌水或水躍現象，直接採用曼寧公式檢算橋梁或箱涵通水斷面是否足夠之做法並不合宜。

一、排水系統規劃設計

坡地排水系統為利用工程或其他方法，將上游之地表水或地下水引導、分流或排除，使其破壞力減低，以減輕或避免災害之發生。坡地排水與平地排水不同，平地排水流況大部分為亞臨界流，跌水與水躍較少出現；坡地排水包含亞臨界流、超臨界流、跌水與水躍等。

(一) 可能影響坡地排水設施之因子有：地形、地質、土壤、植生覆蓋度、降雨量及降雨強度、集水區面積大小與形狀等。

(二) 排水系統規劃時，應先蒐集上項基本資料，經分析與比較後，慎重選擇具代表性及適當精度之資料，估計其洪峰逕流量、決定排水斷面，並控制其流速，使排水設施不會產生沖刷與淤積，才能達到安全排水目標。

表9-1　不同現地排水流況比較表

	平地排水	坡地排水
流況	大部分為亞臨界流	亞臨界流、超臨界流
河寬	不易拓寬	寬、窄不一
坡度	平緩	陡峻
水位、流量	穩定	不穩定
跌水、水躍	無	有
泥砂	河道沖淤	河道沖淤、山崩、土石流
潮位影響	有	無
輔助設施	抽水機、防洪閘門	無

二、排水溝

排水溝係為攔截地表逕流，匯集地表水，以順利宣洩逕流而構築之構造物。

(一) 以作用分類

1. 橫向溝：沿地面近似等高方向，以安全宣洩地表逕流之排水溝。
2. 縱向溝：配合地面縱向坡度，以安全宣洩地表逕流之排水溝。
3. 截水溝：沿地面近似等高方向，橫跨於保護區域上方，攔截逕流並導引至安全區域排放。適用於需要攔截上方逕流，以免發生沖蝕之處。截水溝溝身兩側頂高不同，亦即流入側頂高較阻截側低，而阻截側頂高需要依據截流量、截流流速、截流水位規劃設計；其餘則與排水溝之規劃設計一樣。

(二) 以襯砌溝面材料分類

1. 土溝：地面直接開挖成拋物線形溝，適用於緩坡、耐沖蝕性土壤地區。
2. 草溝：為防止沖蝕，於土溝溝面種植草類。適用於坡度小於30%，流速小於1.5m/sec，溝長30m以內者。
3. 砌石溝、砌磚溝：用塊石或磚塊襯砌溝面，以保護溝身安全者。適用於流速較大、土壤易沖蝕地區。
4. 混凝土溝、鋼筋混凝土溝：用混凝土或鋼筋混凝土材料構築排水溝。適用於流速大、土壤易沖蝕地區。
5. 預鑄溝：以工廠預鑄之混凝土或鋼筋混凝土製品，搬運至現場布置成排水溝。適用於施工缺水、工作困難地區。

9.3 流速公式

　　一般排水系統分為定量流和變量流兩種流態規劃設計，對於寬度或坡度變化河段，或是有堰壩等出現水躍或跌水流況之控制斷面，或是有能量或動量消長河段，需要採用變量流公式處理；其餘寬度或坡度不變之直線河段，都可以視為穩態定量流流況。

　　一般常用之穩態定量流（等速流）流速公式有蔡司公式（Chezy formula）、曼寧公式（Manning's formula）和達西－韋斯巴哈公式（Darcy-Welsbach equation）。其中，蔡司粗糙係數和曼寧粗糙係數是有因次；達西－韋斯巴哈粗糙係數是無因次。後來，曼寧粗糙係數也改為無因次。

一、蔡司公式（Chezy formula）

蔡司假設影響拖曳力之動力參數有阻力、黏滯力和速度等，公式如下：

$$V = C\sqrt{RS}$$

二、曼寧公式（Manning's formula）

$$V = \frac{1}{n} R^{2/3} S^{1/2}$$

三、達西—韋斯巴哈公式（Darcy-Welsbach equation）

經常用於計算管路之損失水頭。

$$h = f \frac{L}{D} \frac{V^2}{2g}$$

式中，V：平均流速（m/s）；C：蔡司係數；n：曼寧粗糙係數；R：水力半徑（m）（$R = A/P$）；A：通水斷面積（m^2）；P：潤周長，即與水接觸周邊之長度（m）；S：能量坡降，於穩態定量流流況時能量坡降可用河床坡度代替。h：損失水頭；f：達西—韋斯巴哈摩擦係數；L：管路長度（m）；D：管路直徑（m）；g：重力加速度（m/s^2）。

四、粗糙係數

糙率常被用來量測河床邊界對水流阻力大小，又稱粗糙係數。定床明渠水流之粗糙係數可視為常數。由於洪水平原（河漫灘）上生長之植物因為水位漲跌而有直立、倒伏變化導致粗糙係數改變外，沙、礫石河床之曼寧粗糙係數一般都視為常數，不會隨水位漲跌改變。

蔡司公式、曼寧公式和達西—韋斯巴哈公式之粗糙係數可以互換。蔡司粗糙係數和曼寧粗糙係數之關係如下：

$$V = C\sqrt{RS} = \frac{1}{n} R^{2/3} S^{1/2}$$

$$\rightarrow C = \frac{R^{1/6}}{n}$$

蔡司粗糙係數、曼寧粗糙係數和達西－韋斯巴哈粗糙係數之關係如下：

當能量坡降為高度差和長度之比值時，有：

$$S = \frac{\Delta h}{L}$$

$$\Delta h = f \frac{L}{D} \frac{V^2}{2g} \rightarrow V^2 = \frac{2gDS}{f}$$

又直徑為四倍之水力半徑，有

$$D = 4R$$

$$V = \sqrt{\frac{8gRS}{f}}$$

$$V = C\sqrt{RS} = \sqrt{\frac{8gRS}{f}}$$

$$\rightarrow C = \sqrt{\frac{8g}{f}}$$

$$\rightarrow C = \frac{R^{1/6}}{n} = \sqrt{\frac{8g}{f}}$$

曼寧粗糙係數值不僅受雷諾數影響，也是下列各項參數之函數：

(一) 雷諾數。

(二) 水深。

(三) 沉滓輸送〔包含推移載（bed load）、懸浮載（suspended load）和流洗載（wash load）〕。

(四) 漂浮碎屑。

(五) 河道橫斷面形狀。

(六) 河道沖淤型態。

(七) 河床質粒徑大小。

(八) 濱溪植物帶種類及其範圍。

(九) 水溫。

(十) 風力和風向。

統整不同材質溝渠曼寧係數表如下：

表9-2 不同材質溝渠曼寧係數表

類別	材質	n值範圍	平均值
土溝	平整黏土溝	0.016～0.022	0.02
	平整砂壤、黏壤土溝	—	0.02
	平整土溝	—	0.022
	土溝		0.025
草溝	草溝	—	0.03
	夾雜草土溝	—	0.03
	短草生土溝	0.027～0.033	0.03
	稀疏草生土溝	0.035～0.045	0.04
	全面密草生土溝	0.040～0.060	0.05
	草溝（類地毯草）	—	0.05
	草溝（假儉草）	—	0.055
	草溝（百喜草）		0.067
土石溝	雜有直徑1～3公分小石土溝		0.022
	雜有直徑2～6公分小石土溝	—	0.025
	夾有礫石土溝	—	0.025
	礫石溝	—	0.029
	卵石、大礫石溝	—	0.035
岩質溝	平整均勻岩質溝	0.030～0.035	0.033
	不平整岩質溝	0.035～0.045	0.04
河道	平整、順直河道	—	0.03
	主流河道	—	0.035
	具有深潭之緩流	—	0.04
鑲砌溝	平整木板溝	—	0.012
	不平整木板溝	—	0.013
	黏土磁磚溝	—	0.014
	漿砌磚溝	0.012～0.017	0.014
	砌磚溝	—	0.015
	漿砌石溝	0.017～0.030	0.02
	砌石溝		0.025

續表9-2

類別	材質	n值範圍	平均值
鑲砌溝	乾砌石溝	0.025～0.035	0.03
	平整土壤底床砌石側牆	—	0.025
	不平整土壤底床砌石側牆	0.023～0.035	0.03
	天然渠床混凝土砌卵石側牆	0.027～0.03	0.029
	平整水泥砂漿溝	0.010～0.014	0.012
	平整混凝土溝	0.012～0.013	0.013
	噴漿表面波狀溝	—	0.022
	噴漿溝	0.02～0.025	0.023
	混凝土側牆	—	0.014
	平整混凝土側牆	0.014～0.016	0.015
	未粉飾混凝土側牆	0.017～0.02	0.019
	礫石底床混凝土側牆	0.015～0.025	0.02
洪水平原	洪水平原（牧場、農地）	—	0.035
	洪水平原（稀疏灌叢）	—	0.05
	洪水平原（密集灌叢）	—	0.075
	洪水平原（喬木林）	—	0.15
涵管	內面光滑混凝土管	0.013～0.014	0.014

9.4 河床阻力

　　排水系統規劃設計主要分為動床和定床兩大類，動床流況為考慮含砂水流流況，河床有沖刷、淤積現象；定床流況則是考慮清水流流況，河床沒有沖刷、淤積現象。Einstein和Banks以試驗證明定床和動床下，在一定範圍內，總阻力等於表面阻力和形狀阻力的和。Einstein認為，沖積河流總阻力為河床阻力和河岸阻力之加總，其中，河床阻力包含砂波阻力和砂粒阻力。其中，砂粒阻力係河床組成之泥砂顆粒大小所形成之阻力；砂波阻力則是平整河床、砂丘、反砂丘等大尺度河床狀態所形成之阻力；總阻力可以粗糙係數值代表。

　　由於砂丘和反砂丘之泥砂顆粒粒徑較小，分布範圍較廣，粗糙係數可由試驗求得或是採用經驗值。而穩定、均勻流之河床，一般都視為平整河床，尤其是已經形成護甲層之河床，粗糙係數可由試驗或是採用經驗公式求得。這類經驗公式是以河床表面粒徑為參數，代表粒徑有D_m、D_{50}、D_{65}、D_{75}、D_{90}等。

　　表面粒徑粗糙係數公式有史崔克公式（Stricklers' formula）、梅伊－彼特和穆勒（Meyer-Peter and Muller）公式、辜利根（Keulegan）公式、愛因斯坦（Einstein）公式、蘭和卡爾森（Lane & Carlson）公式，以及何黃氏公式。

一、史崔克公式（Stricklers' formula, 1923）

$$n=\frac{D_m^{1/6}}{21.1}=0.0474D_s^{1/6}\ (D_m\ \text{in mm})=0.0696D_s^{1/6}\ (D_m\ \text{in cm})$$

$$n=\frac{D_{50}^{1/6}}{31.3}=0.0319D_{50}^{1/6}\ (D_{50}\ \text{in ft})=0.0181D_{50}^{1/6}\ (D_{50}\ \text{in cm})$$

$$n=\frac{D_{65}^{1/6}}{75.75}=0.0132D_{65}^{1/6}\ (D_{65}\ \text{in mm})=0.0194D_{65}^{1/6}\ (D_{65}\ \text{in cm})$$

二、梅伊－彼特和穆勒公式（Meyer-Peter and Muller, 1948）

$$n=\frac{D_{90}^{1/6}}{82.22}=0.0122D_{90}^{1/6}\ (D_{90}\ \text{in mm})=0.0179D_{90}^{1/6}\ (D_{90}\ \text{in cm})$$

$$n=\frac{D_{90}^{1/6}}{26}=0.0385D_{90}^{1/6}\ (D_{90}\ \text{in m})=0.0179D_{90}^{1/6}\ (D_{90}\ \text{in cm})$$

三、辜利根公式（Keulegan, 1949）

$$n=\frac{D_{90}^{1/6}}{49}=0.0204D_{90}^{1/6}\ (D_{90}\ \text{in ft})=0.0115D_{90}^{1/6}\ (D_{90}\ \text{in cm})$$

$$n=\frac{D_{65}^{1/6}}{29.3}=0.0341D_{65}^{1/6}\ (D_{65}\ \text{in ft})=0.0193D_{65}^{1/6}\ (D_{90}\ \text{in cm})$$

四、愛因斯坦公式（Einstein, 1950）

$$n=\frac{D_{65}^{1/6}}{75.75}=0.0132D_{65}^{1/6}\ (D_{65}\ \text{in cm})$$

五、蘭和卡爾森公式（Lane & Carlson, 1953）

$$n=\frac{D_{75}^{1/6}}{66.87}=0.015D_{75}^{1/6}\ (D_{75}\ \text{in mm})=0.022D_{75}^{1/6}\ (D_{75}\ \text{in cm})$$

$$n=\frac{D_{75}^{1/6}}{39}=0.0256D_{75}^{1/6}\ (D_{75}\ \text{in in})=0.022D_{75}^{1/6}\ (D_{75}\ \text{in cm})$$

六、何黃氏（1992）

$$n=\frac{D_m^{1/6}}{16}=0.0625D_m^{1/6}\ (D_m\ \text{in cm})$$

$$n=\frac{D_s^{1/6}}{A}=CD_s^{1/6}$$

$$n=C'D_s^{1/6}$$

表9-3　各家表面粒徑粗糙係數公式

	A	D_s	C, D_s	C', D_s (cm)
	21.1	D_m (mm)	0.0474	0.0696
Stricklers' formula (1923)	31.3	D_{50} (ft)	0.0319	0.0181
	75.75	D_{65} (mm)	0.0132	0.0194
Meyer-Peter and Muller (1948)	82.22	D_{90} (mm)	0.0122	0.0179
	26	D_{90} (m)	0.0385	0.0179
Keulegan (1949)	49	D_{90} (ft)	0.0204	0.0115
	29.3	D_{65} (ft)	0.0341	0.0193
Einstein (1950)	75.75	D_{65} (cm)	0.0132	0.0132
Lane & Carlson (1953)	66.87	D_{75} (mm)	0.015	0.022
	39	D_{75} (in)	0.0256	0.022
何黃氏（1992）	16	D_m (cm)	0.0625	0.0625

　　將上述6家、共9類表面粒徑粗糙係數公式，代入現場22筆表面粒徑採樣資料（附錄八）。將計算之粗糙係數值點繪如圖9-1。現場23筆表面粒徑採樣點位分別為：大粗坑之上游昇福坑、中游主支流匯流處、下游連續潛壩群；花蓮大興之錦豐橋下游500m、錦豐橋、錦豐橋上游500m、梳子壩施工區下游、南溪梳子壩上游；花蓮須美基溪之佳民橋、匯流口下游NO.9固床工下游、北溪防砂壩上

游、南溪No.4防砂壩上游、南溪上游；桃園霞雲溪之霞雲溪與大漢溪匯流處上游、山水澗溪畔、流霞谷、清龍谷、金暖谷、彩霞谷、庫志橋、優霞雲橋、霞雲溪上游。

自圖9-1中點位趨勢和附錄六數據所示，所計算之粗糙係數值可以分為兩大類，以D_m計算之粗糙係數值較高，有Strickler D_m公式和何黃氏D_m公式兩類。其中，Strickler D_m公式所計算之粗糙係數值最高。其餘以D_{50}、D_{65}、D_{75}、D_{90}等計算者較低，且較為一致，亦即粗糙係數值幾乎不會隨粒徑大小或位置不同而有所改變。如果探討較多數公式計算之較小粗糙係數值為例，並取其平均值發現，以Strickler D_{50}公式與Meyer-Peter and Muller D_{90}公式較接近平均值。Strickler D_{65}公式、Keulegan D_{65}公式及Lane & Carlson D_{75}公式所計算者偏高；Keulegan D_{90}公式和Einstein D_{65}公式所計算者偏低。雖然如此，因為沒有現場流量、流速觀測資料比對，目前尚無法得知何者較正確。

表面粒徑成果是用來計算粗糙係數，作為估算河槽或渠道流速；粒徑採樣坑之粒徑分析成果，則是用來估算河槽或渠道可移動之土砂分布。為了區分兩者

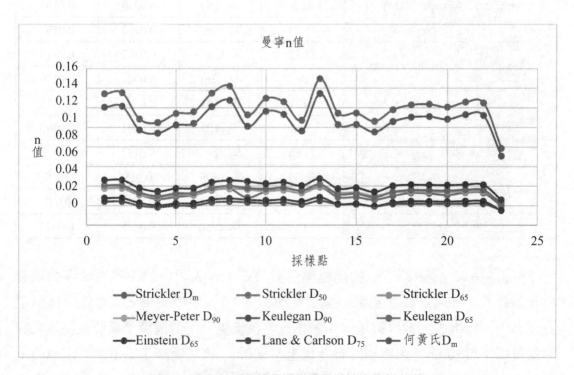

圖9-1　表面粒徑和粒徑採樣成果計算之粗糙係數

之差異，以霞雲溪之表面粒徑成果和粒徑採樣成果，其中，第1點位至第9點位分別為霞雲溪與大漢溪匯流處上游、山水澗溪畔、流霞谷、清龍谷、金暖谷、彩霞谷、庫志橋、優霞雲橋和霞雲溪上游。第10點位至第17點位為霞雲溪與大漢溪匯流處上游、山水澗溪畔、清龍谷、彩霞谷、霞雲溪與庫志溪匯流處（位於庫志溪）、霞雲溪與庫志溪匯流處（位於霞雲溪）、庫志溪和霞雲溪上游。代入各家表面粒徑粗糙係數公式估算粗糙係數值，且點繪如圖9-2。自圖9-2中知，除了粗糙係數分布和表面粒徑一樣分為兩大類外，可以發現粒徑採樣坑之粒徑分析成果（第10點位至第17點位）所計算之粗糙係數值，較表面粒徑所求得者低。而且，可以發現，以D_m計算之粗糙係數值對於表面粒徑及粒徑採樣成果有較大之差異，亦即Strickler D_m公式和何黃氏D_m公式兩類對於採用表面粒徑及粒徑採樣成果所計算之粗糙係數有明顯之大小差異，即Strickler D_m公式之標準偏差為0.021；何黃氏D_m公式則為0.19。

其餘以D_{50}、D_{65}、D_{75}、D_{90}等公式所計算之粗糙係數，並不會因為採用表面粒徑和粒徑採樣成果而有所差異。這樣的結果顯示以D_{50}、D_{65}、D_{75}、D_{90}等公

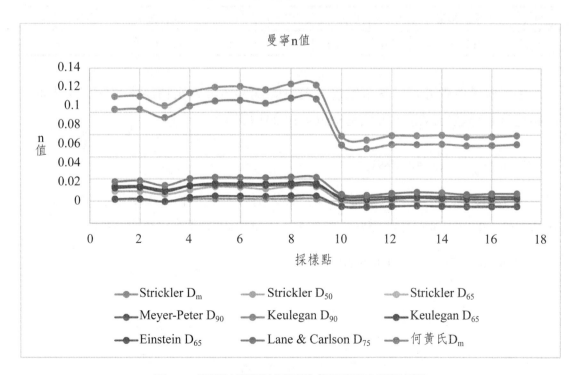

圖9-2　表面粒徑和粒徑採樣成果計算之粗糙係數

式必須採用表面粒徑計算粗糙係數，而且，不會因為採樣粒徑大小而有大幅度變化。Lane & Carlson D_{75}公式之標準偏差為0.07；Strickler D_{50}公式、Strickler D_{65}公式、Keulegan D_{90}公式為0.006；Meyer-Peter and Muller D_{90}公式為0.005；Einstein D_{65}公式為0.004；Keulegan D_{65}公式最低為0.003。

上游地區天然河槽底床和邊坡材質較為一致，中、下游地區河槽因為保全對象或防洪需要，施作河工或渠道。沖積河流的砂波發展消長對糙率影響很大，這時糙率如果還當成定值就不適當了。由於河床材料或型態不同，同一坡降和水深條件下，可以通過不同單寬流量；在一定坡降範圍內，同一坡降和水深可以得到不同流速；同一坡降和流量可以得到不同水深。砂波阻力所產的漩渦，對於推移運動而言，不如砂粒阻力所產生之漩渦直接；對於懸浮運動而言，砂波阻力所產生的紊動會有一定影響。錢寧、Einstein和Brooks都認為，砂波阻力對於泥砂運動影響不大，而砂粒阻力才是主要因素。

當$D_{50} < 0.3$mm時，砂波阻力所產生之曼寧粗糙係數n值如表9-4。

表9-4 各砂波類別之曼寧粗糙係數值

類別	平整床面	砂漣床面	砂丘床面	反砂丘床面	陡槽和深潭
n值	0.012～0.016	0.018～0.035	0.018～0.035	0.012～0.028	0.015～0.031

曼寧粗糙係數亦可由等效粗糙高度計算而得，等效粗糙高度包含底床表面粒徑和底床型態阻力效應。可以由Strickler公式轉換：

$$n = \frac{k_s^{1/6}}{A} = \frac{k_s^{1/6}}{26} = 0.0389 k_s^{1/6}$$

其中，A之值約26左右，視泥砂粒徑、底床型式、植生和渠道地形而定。對平坦底床，k_s（單位：m）可根據底床物質直徑取$2D_{90}$，較高值則可取$3D_{90}$。

$$n = 0.0437 D_{90}^{1/6} \text{ or } n = 0.0467 D_{90}^{1/6}$$

9.5 綜合粗糙係數

　　沒有經過整治之野溪因為陸地抬升或溪流下切緣故，使得原本土壤性質應該一致之河床和河岸，因為溪流持續沖刷，導致溪床表面形成護甲，而有溪床粗糙係數較河岸大之結果。整治過之野溪則更為複雜，會有左、右側護岸粗糙係數和溪床粗糙係數不一樣之現象；如果溪床規劃設置複式斷面之橫向構造物，則其粗糙係數有可能又和護岸或溪床都不一樣之規劃出現。此時，如果選取較大之粗糙係數，在同樣設計洪峰流量條件下，會高估設計水深，而有構造物設計過大或過於保守之設計；低水流量時，會高估生態水深，影響水域生物廊道之暢通。相反地，如果選取較小之粗糙係數，則會低估設計水深，而有洪水溢淹之可能。因此，綜合粗糙係數之推估就益顯重要。

　　於矩形河槽中，沿水流方向分力為$A\gamma S$；水流承受之阻力則為$p\tau_0$因此

$$A\gamma S = p\tau_0$$

$$\tau_0 = \gamma \frac{A}{P} S = \gamma R S$$

　　如果將水力半徑視為整個通水斷面幾何型態特徵值，不會因為不同阻力單元而不同時，則有

$$\tau_w = \gamma R_w S_w$$

$$\tau_b = \gamma R_b S_b$$

　　另外，假設通過不同阻力單元之能量坡降都相同，且將水力半徑依不同阻力單元分開，則有

$$\tau_w = \gamma R_w S$$

$$\tau_b = \gamma R_b S$$

當z為邊坡斜率（$1：z$）時，有

$$R_w = \frac{A_w}{2h\sqrt{1+z^2}}$$

$$R_b = \frac{A_b}{B}$$

對於矩形河槽，則有

$$R_w = \frac{A_w}{2h}$$

$$R_b = \frac{A_b}{B}$$

在矩形河槽中，有8個未知數：

$$A_w \cdot A_b \cdot u_w \cdot u_b \cdot R_w \cdot R_b \cdot n_w \cdot n_b$$

需要8個方程式才能求解。

一、幾何型態連續性：$A = A_w + A_b$

二、水流連續性：$Au = A_w u_w = A_b u_b$

三、$R_w = A_w / (2h\sqrt{1+z^2})$

四、$R_b = A_b / B$

五、曼寧公式：$u_w = \frac{1}{n_w} R_w^{2/3} S^{1/2}$

六、$u_b = \frac{1}{n_b} R_b^{2/3} S^{1/2}$

七、經驗公式：$n_w = f_1(R_w, u_w, k_w, s_w, v)$

八、$n_b = f_2(R_b, u_b, k_b, s_b, v)$

其中，$\kappa_w \cdot \kappa_b$ 分別為河岸和河床之絕對粗糙度；$s_w \cdot s_b$ 分別為河岸和河床水體形狀係數；v 為水體之動力黏滯係數。

因此，綜整河槽底床和邊坡材質不同粗糙係數，成為綜合粗糙係數（Composite roughness）。綜合粗糙係數有三種做法：

一、剪應力疊加（姜國幹）

假設

$$S = S_b = S_w$$
$$\tau_0 p = \tau_0 (p_b + p_w) = \tau_b p_b + \tau_w p_w$$

其中

$$RS = \frac{n^2 u^2}{R^{1/3}}$$

將各阻力單元的曼寧公式代入，得

$$\frac{\gamma n^2 u^2}{R^{1/3}}p = \frac{\gamma n_b^2 u_b^2}{R_b^{1/3}}p_b + \frac{\gamma n_w^2 u_w^2}{R_w^{1/3}}p_w$$

假設

$$R = \frac{A}{(p_b + p_w)}$$

$$\frac{u^2}{R^{1/3}} = \frac{u_b^2}{R_b^{1/3}} = \frac{u_w^2}{R_w^{1/3}}$$

則有

$$n^2 p = n_b^2 p_b + n_w^2 p_w$$

$$n = \sqrt{\frac{n_b^2 p_b + n_w^2 p_w}{p}}$$

二、速度相等（Einstein）

假設

$$u = u_b = u_w$$

$$S = S_b = S_w$$

則可求得

$$R_w = \left(\frac{n_w u}{S^{1/2}}\right)^{3/2}$$

$$R_b = h\left(1 - 2\frac{R_w}{B}\right)$$

得到

$$S = S_b = S_w$$

$$A = A_b + A_w$$

$$\rightarrow RP = R_b P_b + R_w P_w$$

$$\rightarrow \left(\frac{nu}{S^{1/2}}\right)^{3/2}p = \left(\frac{n_b u_b}{S_b^{1/2}}\right)^{3/2}p_b + \left(\frac{n_w u_w}{S_w^{1/2}}\right)^{3/2}p_w$$

$$\rightarrow n^{1.5}p = n_b^{1.5}p_b + n_w^{1.5}p_w$$

$$n = \left(\frac{n_b^{1.5}p_b + n_w^{1.5}p_w}{p}\right)^{2/3}$$

三、Lotter

假設

$$S = S_b = S_w$$

$$R = R_b = R_w$$

$$Q = Q_w = Q_b$$

$$\rightarrow \frac{pR^{5/3}S^{1/2}}{n} = \frac{p_b R_b^{5/3} S_b^{1/2}}{n_b} + \frac{p_w R_w^{5/3} S_w^{1/2}}{n_w}$$

$$\rightarrow \frac{pR^{5/3}}{n} = \frac{p_b R_b^{5/3}}{n_b} + \frac{p_w R_w^{5/3}}{n_w}$$

$$n = \frac{pR^{5/3}}{\dfrac{p_b R_b^{5/3}}{n_b} + \dfrac{p_w R_w^{5/3}}{n_w}}$$

　　Yassin用光滑河岸和固定砂礫河床進行試驗，所得結果和Einstein處理方法基本相符。韓其為認為，Einstein假設符合能量最小功原理，亦即斷面糙率和河岸糙率已知條件下，河床的水力半徑可使河床糙率達到最小值。

　　雖然如此，Motayed和Krishnamurthy試驗證明，Lotter的方法誤差最小。

9.6　複式斷面

　　複式斷面（Compound cross-section）建議使用斷面法分別計算，假設橫剖面之能量坡降相同，不同斷面水深形成不同流速，再據以加總計算通過橫剖面之流量。

一、假設沿水流方向分力為$A\gamma S$；水流承受之阻力則為$p\tau_0$

　　因此，

$$A\gamma S = p\tau_0$$

$$\tau_0 = \gamma \frac{A}{P} S = \gamma R S$$

二、如果將水力半徑視為整個通水斷面幾何型態特徵值，不會因為不同阻力單元而有不同時，則有

$$\tau_w = \gamma R_w S_w$$
$$\tau_b = \gamma R_b S_b$$

其中，S_w 為邊坡能量坡降；S_b 為底床能量坡降

然而，若假設能量坡降不變時，同時將水力半徑依不同阻力單元分開，則有

$$\tau_w = \gamma R_w S$$
$$\tau_b = \gamma R_b S$$

同樣地，R_w 為邊坡水力半徑；R_b 為底床水力半徑。

三、當梯形斷面之邊坡斜率為 z（1：z）時，有

$$R_w = \frac{A_w}{2h\sqrt{1+z^2}}$$
$$R_b = \frac{A_b}{B}$$

四、矩形河槽則有

$$R_w = \frac{A_w}{2h}$$
$$R_b = \frac{A_b}{B}$$

因此，在梯形河槽中，存在下列方程式：

(一) 幾何型態連續性：$A = A_w + A_b$

(二) 水流連續性：$Q = \sum_{i=1}^n Q_i = A_i u_i = \sum_{i=1}^n \frac{1}{n_i} A_i R_i^{2/3} S^{1/2}$

$$= A_w u_w + A_b u_b$$

(三) $R_w = A_w / (2h\sqrt{1+z^2})$

(四) $R_b = A_b / B$

(五) 曼寧公式：$u_w = \frac{1}{n_w} R_w^{2/3} S^{1/2}$

(六) 曼寧公式：$u_b = \dfrac{1}{n_b}R_b^{2/3}S^{1/2}$

五、如果是複式梯形斷面，且 s 為溢流口深度時，則有

$$R_w = \frac{A_w}{2h\sqrt{1+z^2}}$$

$$R_b = \frac{A_b}{B}$$

$$R_{sw} = \frac{A_{sw}}{2h\sqrt{1+z_s^2}}$$

$$R_{sb} = \frac{A_{sb}}{B_s}$$

因此，在複式梯形河槽中，存在下列方程式：

(一) 幾何型態連續性：$A = A_w + A_b + A_{sw} + A_{sb}$

(二) 水流連續性：$Q = \sum_{i=1}^{n}Q_i = A_i u_i = \sum_{i=1}^{n}\dfrac{1}{n_i}A_i R_i^{2/3}S^{1/2}$

$$= A_w u_w + A_b u_b + A_{sw} u_{sw} + A_{sb} u_{sb}$$

(三) $R_w = A^w/(2h\sqrt{1+z^2})$

(四) $R_b = A_b/B$

(五) $R_{sw} = A_{sw}/(2h\sqrt{1+z_s^2})$

(六) $R_{sb} = A_{sb}/B_s$

(七) 曼寧公式：$u_w = \dfrac{1}{n_w}R_w^{2/3}S^{1/2}$

(八) 曼寧公式：$u_b = \dfrac{1}{n_b}R_b^{2/3}S^{1/2}$

(九) 曼寧公式：$u_{sw} = \dfrac{1}{n_{sw}}R_{sw}^{2/3}S^{1/2}$

(十) 曼寧公式：$u_{sb} = \dfrac{1}{n_{sb}}R_{sb}^{2/3}S^{1/2}$

9.7　現地流量量測

依據不同水深劃分不同斷面，則有

$$Q = Q_1 + Q_2 + \cdots + Q_n = \sum_{i=1}^{n}Q_i$$

$$Q_i = \frac{A_{i-1} + A_i}{2} \cdot \frac{u_{i-1} + u_i}{2}$$

$$Q = \sum_{i=1}^{n} Q_i = \frac{1}{4} \sum_{i=1}^{n} (A_{i-1} + A_i)(u_{i-1} + u_i)$$

$$= \frac{1}{4} \sum_{i=1}^{n} (A_{i-1} + A_i)\left(\frac{1}{n_{i-1}} R_{i-1}^{2/3} S^{1/2} + \frac{1}{n_i} R_i^{2/3} S^{1/2}\right)$$

因此

$$Q = \frac{1}{4}(A_1 u_1 + A_{n-1} u_{n-1}) + \frac{1}{4} \sum_{i=2}^{n-1} (A_{i-1} + A_i)\left(\frac{1}{n_{i-1}} R_{i-1}^{2/3} S^{1/2} + \frac{1}{n_i} R_i^{2/3} S^{1/2}\right)$$

9.8 最佳水力斷面

具有最大輸水能力之斷面,為最佳水力斷面;亦即擁有同樣輸水能力之最小斷面,即為最佳水力斷面。如果面積固定,則半圓形斷面為所有斷面中,擁有最小溼周之斷面,因此,亦稱最有水力效率之斷面。

一、對於矩形渠槽而言

$$R = \frac{A}{P} = \frac{A}{B + 2y} = \frac{Ay}{A + 2y^2}$$

因為

$$P = B + 2y$$

$$B = A/y$$

而最佳水力斷面之條件為

$$\frac{dR}{dy} = 0$$

$$\frac{d\left(\dfrac{Ay}{A + 2y^2}\right)}{dy} = \frac{A}{A + 2y^2} - \frac{4Ay^2}{(A + 2y^2)^2} = \frac{A(A - 2y^2)}{(A + 2y^2)^2} = 0$$

因此

$$A = 0 \text{ or } A = 2y^2$$

$$A = By = 2y^2$$

$$B = 2y$$

如果斷面為矩形，則最佳水力斷面為深度等於寬度一半者。

二、對於梯形斷面而言

$$A = (B + zy)y$$

$$B = \frac{A - zy^2}{y}$$

$$P = B + 2y\sqrt{1 + z^2} = B + 2\alpha y$$

$$R = \frac{A}{P} = \frac{\left(\dfrac{A - zy^2}{y} + zy\right) \cdot y}{\dfrac{A - zy^2}{y} + 2\alpha y} = \frac{Ay}{A - zy^2 + 2\alpha y^2}$$

$$\frac{dR}{dy} = \frac{A}{A - zy^2 + 2\alpha y^2} - Ay\frac{-2zy + 4\alpha y}{(A - zy^2 + 2\alpha y^2)^2} = \frac{A(A + zy^2 - 2\alpha y^2)}{(A - zy^2 + 2\alpha y^2)^2}$$

因此

$$A = 0 \text{ or } A + zy^2 - 2\alpha y^2 = 0$$

$$A = 2\alpha y^2 - zy^2$$

$$(B + zy)y = 2\alpha y^2 - zy^2$$

$$B = 2y(\alpha - z) = 2y(\sqrt{1 + z^2} - z)$$

或

$$P = B + 2y\sqrt{1 + z^2}$$

$$A = (B + zy)y$$

$$B = \frac{A - zy^2}{y}$$

$$P = \frac{A}{y} + y(2\sqrt{1 + z^2} - z)$$

若 A 與 y 為定值時，則有

$$\frac{dP}{dz} = y\left(\frac{2z}{\sqrt{1 + z^2}} - 1\right) = 0$$

$$\rightarrow z = \frac{1}{\sqrt{3}} \; (\theta = 60°)$$

蜂巢可以視為自然界最佳水力斷面代表，以最小面積提供最大空間。

表9-5　最大安全流速（水土保持手冊）

土質	最大安全流速 （m/s）	土質	最大安全流速 （m/s）
純細砂	0.23～0.30	平常礫土	1.23～1.52
不緻密之細砂	0.30～0.46	全面密草生	1.50～2.50
粗石及細砂土	0.46～0.61	粗礫、石礫及砂礫	1.52～1.83
平常砂土	0.61～0.76	礫岩、硬土層、軟質水成岩	1.83～2.44
砂質壤土	0.76～0.84	硬岩	3.05～4.57
堅硬壤土	0.91～1.14	混凝土	4.57～6.10
黏質壤土	0.91～1.14	鋼筋混凝土	12.0

9.9　堰壩水理

一、梯形銳緣堰

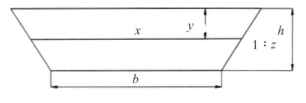

圖9-3　梯形銳緣堰正視圖

水流通過銳緣堰所產生之能量損失，因為量體極少而可忽略不計，所以直接以能量方程式推導：

$$H = y + \frac{V_a^2}{2g} = y_0 + \frac{V^2}{2g}$$

因為經過堰壩之水流型態為跌水，$y_0 = 0$

$$V = \sqrt{2g\left(y + \frac{V_a^2}{2g}\right)}$$

$$dQ = VdA = \sqrt{2gy}\,xdy$$

依據相似三角形定理

$$\frac{\frac{x-b}{2}}{zh} = \frac{h-y}{h} \to \frac{x-b}{2zh} = \frac{h-y}{h} \to x = 2zh\left(\frac{h-y}{h}\right) + b = 2z(h-y) + b$$

代入，得

$$Q = \int_0^h \sqrt{2gy}[2z(h-y)+b]dy = \sqrt{2g}\int_0^h[2z(h-y)y^{0.5}+by^{0.5}]dy$$

$$= \sqrt{2g}\left(\frac{4}{3}zhy^{1.5} - \frac{4}{5}zy^{2.5} + \frac{2}{3}by^{1.5}\right)_0^h = \sqrt{2g}\left(\frac{2}{3}bh^{1.5} + \frac{8}{15}zh^{2.5}\right)$$

$$= \frac{2}{15}[3b+2(b+2zh)]\sqrt{2g}h^{1.5} = \frac{2}{15}(5b+4zh)\sqrt{2g}h^{1.5}$$

$$= \frac{2}{15}[3b+2(b+2zh)]\sqrt{2g}h^{1.5} = \frac{2}{15}(3b+2b_u)\sqrt{2g}h^{1.5}$$

(一) 矩形銳緣堰（$z = 0$）

$g = 9.81$

$$Q = \frac{2}{15}(5b+4zh)\sqrt{2g}h^{1.5} = \frac{2}{3}b\sqrt{2g}h^{1.5} = \frac{2}{3}\sqrt{2g}bh^{1.5} = 2.95bh^{1.5}$$

流量係數 = 0.6

$$Q = 0.6 * 2.95bh^{1.5} = 1.77bh^{1.5}$$

(二) $z = 1$

$$Q = \frac{2}{15}(5b+4zh)\sqrt{2g}h^{1.5} = \frac{2}{15}(5b+4h)\sqrt{2g}h^{1.5} = (2.95b+2.36h)h^{1.5}$$

流量係數 = 0.6

$$Q = (2.95b+2.36h)h^{1.5} = (1.77b+1.42h)h^{1.5}$$

(三) $z = 0.5$

$$Q = \frac{2}{15}(5b + 4zh)\sqrt{2g}h^{1.5} = \frac{2}{15}(5b + 2h)\sqrt{2g}h^{1.5} = (2.95b + 1.18h)h^{1.5}$$

流量係數 $= 0.6$

$$Q = (2.95b + 2.36h)h^{1.5} = (1.77b + 0.71h)h^{1.5}$$

二、寬頂堰公式

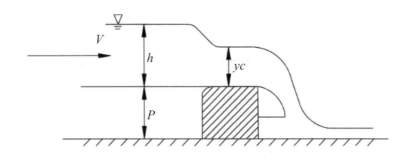

圖9-4　寬頂堰側面圖

$$\frac{V^2}{2g} + h = \frac{V_c^2}{2g} + y_c$$

因為福祿數：

$$F_r = \frac{V}{\sqrt{gD}}$$

對於梯形斷面而言，水力深度，$D = A/T$：

$$A = \frac{(B_u + B_o)y}{2} = \frac{(b + 2zy + b)y}{2} = (b + zy)y$$

$$D = \frac{A}{T} = \frac{(B_u + B_o)y}{2B_u} = \frac{(b + zy)y}{b + 2zy}$$

$$V_c = \sqrt{gD} = \left[\frac{(b + zy_c)gy_c}{b + 2zy_c}\right]^{0.5}$$

$$y_c = \frac{-(3 - 4mh) + \sqrt{(3 - 4mh)^2 + 40mh}}{10m} \text{ where } m = \frac{z}{b}$$

因此，寬頂堰公式

$$Q = \sqrt{gDA} = \sqrt{\frac{(B_u + B_o)gy}{2B_u}} \times \frac{(B_u + B_o)y}{2} = \sqrt{\frac{g(B_u + B_o)^3 y^3}{8B_u}}$$

$$= \left(0.5 + \frac{0.5}{1 + 2my_c}\right)^{0.5} (1 + my_c)\sqrt{gb}y_c^{1.5}$$

上式為梯形寬頂堰方程式。當 $z = 0$，則上式可為矩形寬頂堰方程式。

三、側流堰公式（空間變異流）

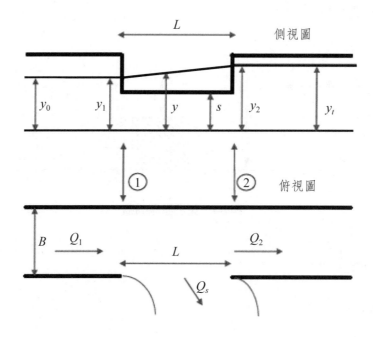

圖9-5　側流堰側視圖及俯視圖

(一) 狄馬奇方程式（De Marchi equation）

以比能觀點而言，亞臨界流渠道之縱向水面剖線會在下游端抬升，同樣地，超臨界流水面剖線會有洩降現象。

假設條件

1. 渠道形狀為矩形稜柱體（rectangular and prismatic）。

2. 堰壩長度夠短，而且其間之比能為常數，有

$S_0 - S_f = 0$ 或 $S_0 = 0$ 與 $S_f = 0$

3. 為具有完全通氣水舌、排放流量之銳緣堰。

4. 運動能量修正係數採用1.0。

當堰長和渠寬比小於或等於3.0，$L/B \le 3.0$時，有3種類型：

1. 第一類 —— 緩坡，$y_0 > y_{c1}$與$s > y_{c1}$：側流堰頭端為M_2水面剖線，$y_{c1} < y_1 < y_0$。控制斷面在尾端，$y_2 < y_t$，下游處則為y_t。

2. 第二類 —— 緩坡，$y_0 > y_{c1}$ and $s < y_{c1}$：側流堰頭端為M_2水面剖線，$y_1 = y_{c1}$；尾端有$y_2 < y_t$，且y_2以水躍達到y_t。如果尾水位過高，水躍可能提前發生在側流堰區內。

3. 第三類 —— 陡坡，$y_0 < y_{c1}$ and $s < y_{c1}$：側流堰頭端有$y_1 = y_0$，控制斷面在頭端。尾端為S_3水面剖線，$y_2 < y_t$，下游處為y_t。

(二) 空間變異流（Spatially Varied Flow, SVF）方程式

總能量可以能量方程式表示如下：

$$H = z + y + \frac{Q^2}{2gA^2}$$

將各項分別微分，得

$$\frac{dH}{dx} = \frac{dz}{dx} + \frac{dy}{dx} + \frac{1}{2g}\left(\frac{2Q}{A^2}\frac{dQ}{dx} - \frac{2Q^2}{A^3}\frac{dA}{dx}\right)$$

由於

$$S_f = -\frac{dH}{dx} \text{ and } S_0 = -\frac{dz}{dx}$$

$$\frac{dA}{dx} = \frac{dA}{dy}\frac{dy}{dx} = T\frac{dy}{dx} \text{ and } D = \frac{A}{T}$$

因此，有

$$-S_f = -S_0 + \frac{Q}{gA^2}\frac{dQ}{dx} + \frac{dy}{dx}\left(1 - \frac{Q^2}{gA^3}T\right)$$

$$\rightarrow \frac{dy}{dx} = \frac{S_0 - S_f - \dfrac{Q}{gA^2}\dfrac{dQ}{dx}}{1 - \dfrac{Q^2}{gA^2D}}$$

假設矩形渠道斷面1和2間之比能為固定不變，則有

$$\frac{dy}{dx} = \frac{-\dfrac{Q}{gB^2y^2}\dfrac{dQ}{dx}}{1 - \dfrac{Q^2}{gB^2y^3}}$$

得到空間變異流方程式為

$$\frac{dy}{dx} = \frac{Q\left(\dfrac{-dQ}{dx}\right)/gB^2y^2}{1 - \dfrac{Q^2}{gB^2y^3}}$$

$$\rightarrow \frac{dy}{dx} = \frac{Qy(-dQ/dx)}{gB^2y^3 - Q^2}$$

出流量為流經側流堰之單位長度流量

$$-\frac{dQ}{dx} = \frac{2}{3}C_M\sqrt{2g}(y-s)^{1.5}$$

C_M：De Marchi係數

又

$$Q = By\sqrt{2g(E-y)}$$

$$\frac{dy}{dx} = \frac{Qy(-dQ/dx)}{gB^2y^3 - Q^2} = \frac{By\sqrt{2g(E-y)}\,y\dfrac{2}{3}C_M\sqrt{2g}(y-s)^{1.5}}{gB^2y^3 - B^2y^2 2g(E-y)} = \frac{4}{3}\frac{C_M}{B}\frac{\sqrt{(E-y)(y-s)^2}}{3y-2E}$$

假設C_M與x不相關，積分得

$$x = \frac{3B}{2C_M}\cdot\phi_M(y,E,s) + const.$$

(三) 狄馬奇方程式〔De Marchi equation(De-Marchi, G.Essay on the perfor-
     mance of lateral weirs. L'Energia Elettrica, Milan1934:11(11); 849~860
     (in Italian).〕

其中，狄馬奇變量流方程式（De marchi varied flow function）為

$$\phi_M(y,E,s) = \frac{2E-3s}{E-s}\sqrt{\frac{E-y}{y-s}} - 3\sin^{-1}\sqrt{\frac{E-y}{E-s}}$$

因此，側流堰長度

$$L = x_2 - x_1 = \frac{3B}{2C_M} \cdot (\phi_{M2} - \phi_{M1})$$

$$Q_s = Q_1 - Q_2$$

$$C_M = 0.864 \sqrt{\frac{1 - F_1^2}{2 + F_1^2}}$$

亞臨界流流況時〔Borghei yet al. ASCE Journal of Hydraulics Engineering 1999;125(10):1051-6.〕：

$$C_M = 0.7 - 0.48F_1 - 0.3\frac{s}{y_1} + 0.06\frac{L}{B}$$

或

$$C_M = C_C \cdot C$$

$$C_C = 4.4055\left(1 + \frac{y_0 - s}{s}\right)^{-0.36}(y_0 - s)^{0.41}L^{0.24}$$

$$\frac{q_s}{\sqrt{gy_0^3}} = 0.8124\left(\frac{q}{\sqrt{gy_0^3}}\right)^{-1.34}\left(\frac{y_0 - s}{L}\right)^{1.14}$$

也可以這樣推導

$$H = z + y + \frac{V^2}{2g}$$

$$\frac{dH}{dx} = \frac{dz}{dx} + \frac{dy}{dx} + \frac{d}{dx}\left(\frac{Q^2}{2gA^2}\right)$$

福祿數

$$F_r = \frac{V}{\sqrt{gD}} = \frac{Q/A}{\sqrt{g(A/T)}} = \frac{QT^{0.5}}{\sqrt{gA^3}} \rightarrow F_r^2 = \frac{Q^2T}{gA^3}$$

又

$$\frac{dH}{dx} = -S_f \; ; \; \frac{dz}{dx} = -S_0$$

$$\frac{d}{dx}\left(\frac{Q^2}{2gA^2}\right) = -\frac{Q^2}{gA^3}\frac{dA}{dy}\frac{dy}{dx} = -\frac{Q^2T}{gA^3}\frac{dy}{dx} = -F_r^2\frac{dy}{dx}$$

$$-S_f = -S_0 + \frac{dy}{dx} - F_r^2\frac{dy}{dx}$$

$$\rightarrow \frac{dy}{dx} = \frac{S_0 - S_f}{1 - F_r^2}$$

1. 依據曼寧方程式

$$S_f = \frac{n^2 V^2}{R^{4/3}} = \frac{n^2 Q^2}{A^2 (A/P)^{4/3}} = \frac{n^2 Q^2 P^{4/3}}{A^{10/3}}$$

$$\frac{dy}{dx} = \frac{S_0 - S_f}{1 - F_r^2} = \frac{S_0 - n^2 Q^2 P^{4/3} / A^{10/3}}{1 - F_r^2}$$

2. 針對下列條件

$$\frac{dQ}{dx} \neq 0$$

$$\frac{d}{dx}\left(\frac{Q^2}{2gA^2}\right) = \frac{1}{2g}\left(\frac{2Q}{A^2}\frac{dQ}{dx} - \frac{2Q^2}{A^3}\frac{dA}{dy}\frac{dy}{dx}\right)$$

因此，

$$\frac{dH}{dx} = \frac{dz}{dx} + \frac{dy}{dx} + \frac{d}{dx}\left(\frac{Q^2}{2gA^2}\right)$$

$$\rightarrow -S_f = -S_0 + \frac{dy}{dx} + \frac{1}{2g}\left(\frac{2Q}{A^2}\frac{dQ}{dx} - \frac{2Q^2}{A^3}\frac{dA}{dy}\frac{dy}{dx}\right) \rightarrow \frac{dy}{dx}$$

$$= \frac{(S_0 - S_f) - \dfrac{Q}{gA^2}\dfrac{dQ}{dx}}{1 - \dfrac{Q^2}{gA^3}\dfrac{dA}{dy}}$$

對於矩形渠道，而且 $S_0 - S_f = 0$

$$A = By \; ; \; \frac{dA}{dy} = B$$

得到

$$\frac{dy}{dx} = \frac{-\dfrac{Q}{gA^2}\dfrac{dQ}{dx}}{1 - \dfrac{Q^2}{gA^3}B} = \frac{QA(-dQ/dx)}{gA^3 - Q^2 B} = \frac{Qy(-dQ/dx)}{gB^2 y^3 - Q^2}$$

亦即空間變異流方程式為

$$\frac{dy}{dx} = \frac{Qy(-dQ/dx)}{gB^2 y^3 - Q^2}$$

當側流堰為矩形銳緣堰，$h = y - s$時

$$Q = \frac{2}{3} C_M x \sqrt{2g} h^{1.5} = \frac{2}{3} C_M x \sqrt{2g} (y-s)^{1.5}$$

$$-\frac{dQ}{dx} = \frac{2}{3} C_M \sqrt{2g} (y-s)^{1.5}$$

而且

$$E = y + \frac{V^2}{2g} = y + \frac{Q^2}{2gA^2} = y + \frac{Q^2}{2gB^2y^2}$$

$$\rightarrow E - y = \frac{Q^2}{2gB^2y^2} \rightarrow Q^2 = 2gB^2y^2(E-y)$$

代入，則有

$$\frac{dy}{dx} = \frac{\sqrt{2g}By\sqrt{(E-y)}y}{gB^2y^3 - 2gB^2y^2(E-y)} \cdot \frac{2}{3} C_M \sqrt{2g}\sqrt{(y-s)^3}$$

$$\rightarrow \frac{dy}{dx} = \frac{4}{3} \frac{C_M}{B} \frac{\sqrt{(E-y)(y-s)^3}}{3y-2E}$$

積分得狄馬奇方程式

$$x = \frac{3B}{2C_M} \cdot \phi_M(y, E, s) + const.$$

其中，狄馬奇變量流方程式為

$$\phi_M(y, E, s) = \frac{2E-3s}{E-s} \sqrt{\frac{E-y}{y-s}} - 3\sin^{-1}\sqrt{\frac{E-y}{E-S}}$$

因此，側流堰長度

$$L = x_2 - x_1 = \frac{3B}{2C_M} \cdot (\phi_{M2} - \phi_{M1})$$

$$Q_s = Q_1 - Q_2$$

$$C_M = 0.864 \sqrt{\frac{1-F_1^2}{2+F_1^2}}$$

亞臨界流流況時，Borghei等人建議：

$$C_M = 0.7 - 0.48F_1 - 0.3\frac{s}{y_1} + 0.06\frac{L}{B}$$

3. 另外，DelKash與Bakhshayesh（2014）認為狄馬奇方程式忽略了側流堰區內之比能梯度會產生估算誤差，而探討不同C_M於狄馬奇方程式之適用性

$$2y[(E_2 - y)^{0.5} - (E_1 - y)^{0.5}] = \frac{4L}{3B} C_m(y-s)^{1.5}$$

總能量方程式

$$H = z + y + \frac{Q^2}{2gA^2}$$

矩形渠道之比能方程式

$$E = y + \frac{Q^2}{2gA^2} = y + \frac{Q^2}{2gB^2y^2}$$

$$\frac{dQ}{dx} = \frac{2}{3} C_m\sqrt{2g}(y-s)^{1.5}$$

$$Q = By\sqrt{2g(y-s)}$$

狄馬奇方程式：

$$(2E - 3y)\frac{dy}{dx} + y\frac{dE}{dx} = \frac{4}{3B} C_m\sqrt{(E-y)}(y-s)^{1.5}$$

4. 他們認為狄馬奇假設矩形渠道斷面1和2間之比能為固定不變，亦即

$$\frac{dE}{dx} = 0$$

則有

$$\phi_M(y,E,s) = \frac{2E - 3s}{E - s}\sqrt{\frac{E-y}{y-s}} - 3\sin^{-1}\sqrt{\frac{E-y}{E-s}}$$

$$L = x_2 - x_1 = \frac{3B}{2C_m} \cdot (\phi_{M2} - \phi_{M1})$$

$$\phi_{M2} - \phi_{M1} = \frac{2E - 3s}{E - s}\left(\sqrt{\frac{E-y_2}{y_2-s}} - \sqrt{\frac{E-y_1}{y_1-s}}\right) - 3\left(\sin^{-1}\sqrt{\frac{E-y_2}{y_2-s}} - \sin^{-1}\sqrt{\frac{E-y_1}{y_1-s}}\right)$$

$$\text{for } \varphi = \sqrt{\frac{E-y}{y-s}}$$

$$\phi_{M2} - \phi_{M1} = \frac{2E - 3s}{E - s}(\varphi_2 - \varphi_1) - 3(\sin^{-1}\varphi_2 - \sin^{-1}\varphi_1)$$

符號1、2各自代表上、下游斷面。

除了狄馬奇方程式外，他們也探討一般堰流方程式：

$$\frac{dQ}{dx} = \frac{2}{3} C_m \sqrt{2g}(y-s)^{1.5}$$

$$\theta = \sqrt{1 - \left(\frac{V_m}{V_s}\right)^2}$$

其中

$$\cos \theta = V_m / V_s$$

V_m、V_s分別為主河道和側流速度。

DelKash與Bakhshayesh建議一般堰流方程式和狄馬奇方程式在不同福祿數條件下採用之流量係數公式（表9-6）。

表9-6　福祿數條件下採用之流量係數公式

No.	研究者（年）	流量係數方程式	側流堰高
1	Yu-Tech (1972)	$0.622 - 0.222F_{r1}$	$0 \leq s \leq 0.6\text{m}$
2	Subramanya & Awasthy (1957)	$0.611\sqrt{1 - \dfrac{3F_r^2}{2+F_r^2}}$	$0 \leq s \leq 0.6\text{m}$
3	Nadesamoorthy & Thomson (1972)	$0.432\sqrt{\dfrac{2-F_r^2}{1+2F_r^2}}$	$0 \leq s \leq 0.6\text{m}$
4	Ranga-Raju (1979)	$0.81 - 0.6F_{r1}$	$0.2 \leq s \leq 0.5\text{m}$
5	Hager (1987)	$0.485\sqrt{\dfrac{2+F_{r1}^2}{2+3F_{r1}^2}}$	
6	Borghei et al. (1999)	$0.7 - 0.48F_{r1} - 0.3\dfrac{s}{y_1} + 0.06\dfrac{L}{B}$	
7	Emiroglu et al. (2011)	$\left[0.836 + \left(-0.035 + 0.39\left(\dfrac{s}{y}\right)^{12.69}\right.\right.$ $\left.+ 0.158\left(\dfrac{L}{B}\right)^{0.59}\right.$ $\left.+ 0.049\left(\dfrac{L}{y_1}\right)^{0.42}\right.$ $\left.\left.+ 0.244F_{r1}^{2.125}\right)^{3.018}\right]^{5.36}$	

表9-7　福祿數建議採用之流量係數公式

福祿數	L/B	方程式	建議採用編號	福祿數	L/B	方程式	建議採用編號
0.2～0.3		一般	6	0.5～0.6	<1	一般	1
		狄馬奇	2			狄馬奇	5
0.3～0.4	<1	一般	6		1～3	一般	3
		狄馬奇	6			狄馬奇	3,5
	1～3	一般	1,2	0.6～0.8	<1	一般	3,4
		狄馬奇	2			狄馬奇	
0.4～0.5	<1	一般	1		1～3	一般	7
		狄馬奇	5			狄馬奇	7
	1～3	一般	1,2				
		狄馬奇	5				

式中，S_0、S_f：渠床坡度、能量坡度；B：渠道寬度（m）；y、y_0、y_1、y_2、y_{C1}、y_t：渠道水深、正常水深、側流堰頭端水深、側流堰尾端水深、側流堰頭端臨界水深、尾水深（m）；s：側流堰高度（m）；Q、Q_1、Q_2、Q_s：流量、側流堰頭端流量、側流堰尾端流量、側流堰流量（cms）；L：側流堰長度（m）；x：離側流堰起點距離（m）；E：總能量頭（m）；C_M：狄馬奇係數（De Marchi coefficient）；g：重力加速度（m/s^2）；F_1：側流堰頭端福祿數。

9.10　排水溝設計步驟

一、選取合適之設計逕流量

　　一般而言，坡地農場內排水系統採用較低重現期距頻率年，如10年頻率之降雨強度計算逕流量，而非農業使用之坡地排水系統則採用較高重現期距頻率年，如25年頻率之降雨強度計算逕流量。依據水位流量站之不同重現期距降雨強度或逕流量，或是依據該地區無因次降雨強度公式計算降雨強度，配合該地區之逕流係數與集水面積大小，計算逕流量。

二、選取設計坡度

採用平衡坡度為設計坡度，同一河段因應不同土砂粒徑與輸砂量而有不同平衡坡度時，則須分段選取設計坡度。

三、選擇排水溝型式

常用排水系統斷面型式有矩形、梯形、U形預鑄溝、半圓形涵管、拋物線形草溝等，除考慮最佳水力斷面設計外，也建議同時依據施工材料和生態環境與通道需求選取合適型式之斷面。同時應注意下列事項：

(一) 大流量之排水溝斷面應增大。

(二) 陡坡之排水溝斷面可較小。

(三) 土質不良地區之排水溝，應選取較緩縱向與邊坡坡度。

四、決定粗糙係數，查表取得施工材料之粗糙係數

五、假設設計水深，計算水力半徑

$$R = A/P$$

式中，R：水力半徑（m）；A：通水斷面積（m^2）；P：潤周長（m）

六、梯形排水溝斷面積可以下式求之

$$A = Bh + zh^2$$

式中，B：溝底寬（m）；h：水深（m）；z：邊坡斜率（1：z＝豎比橫）

(一) 計算平均流速

採用曼寧公式計算

$$V = \frac{1}{n} R^{2/3} S^{1/2}$$

式中，V：平均流速（m/s）；n：曼寧粗糙係數；R：水力半徑；S：設計能量坡度。而且，平均流速不能大於排水溝之安全流速，以免沖刷發生；同時，亦不得小於淤積速度，避免淤積發生。

(二) 計算設計排洪量

將設計通水斷面積乘以平均流速，求得設計排洪量

$$Q = VA$$

式中，Q：設計排洪量（m^3/s）；A：設計通水斷面積（m^2）。

(三) 檢討與調整

比較設計逕流量和設計排洪量，除了設計排洪量必須大於設計逕流量外，兩者之差值不能超過一定比例，例如5%。如果無法滿足前述兩項條件時，則須重新假設水深，再依據上述步驟重新計算至滿足前述兩項條件為止。如排水溝流量過大，則為不經濟之設計，應減小斷面後重新計算流量至適當為止。

1. 檢討不同坡度變化產生之水躍、跌水，以及鄰近坡度變化段之涵管、箱涵、橋梁通水斷面水深。
2. 加入出水高：為防止水面波因為風力揚起，或泥砂、樹枝侵入排水系統增加水深，最後之步驟為設計水深加上出水高（取0.1～0.3m），作為最終之設計斷面水深。

9.11 主支流匯流之水文分析

當整流工程位於主支流匯流附近區域時，一般野溪位於支流上方，支流洪峰流量能否順利排入主流，有下列三種情況：

一、如果支流流向與主流流向一致或呈銳角相交時，則大部分支流洪峰流量可順利排入主流。泥砂量大之支流則會因為和主流流量差異，而有發生側向砂洲之可能。

二、如果支流流向與主流流向呈直角相交時，則支流洪峰流量無法順利排入主流，而有產生壅水之虞。如果支流帶來之泥砂量太多，嚴重時會有堰塞湖產生之可能性。

三、如果支流流向與主流流向大於90度，亦即支流流向和主流流向相反時，則支流洪峰流量無法順利排入主流，而有產生嚴重壅水之虞。如果支流帶來之泥砂量太多，則泥砂會在匯流口上游處大量落淤，產生淤積現象。嚴重時會

造成匯流口處上方橋梁通水斷面不足，而有洪水淹過橋面或橋梁遭受破壞之虞。

主支流匯流處之沖刷、淤積機制會影響河床面高程，進而影響支流之沖刷、淤積型態：

一、當主流河床面呈現沖刷狀態，亦即河床面高程（河床基準面）持續降低時，由於主流河床基準面下降，匯流口附近之支流河床坡度增加，導致沖刷力增大，大量泥砂沖刷流失，支流既有工程（橋梁、護岸、防砂壩、固床工等）基礎就有掏空、破壞之虞。

二、當主流河床面呈現淤積狀態，亦即河床面高程持續升高時，由於主流河床基準面上升，匯流口附近之支流河床坡度降低，導致流速減小，大量泥砂落淤，既有工程就有泥砂掩埋之虞，嚴重淤積時會出現伏流水型態。

目前許多整流工程都是選擇需要整治之河段規劃設計，如果支流水理條件不會受到匯流口處主流河床面影響時，規劃階段就不需要考慮到主流河床面之沖刷淤積問題。如果支流水理條件明顯會受到匯流口處主流河床面影響時，規劃階段就需要考慮到主流河床面之沖刷淤積問題，否則，相關野溪治理工程基礎掏空、破壞或是泥砂掩埋之情事就會經常發生。

9.12　彎道水理、泥砂與工程規劃

一、水流通過彎道時，由於離心力和凹凸岸不同於靜水壓力之合力而產生二次流。二次流運動將導致凹岸淘刷與凸岸淤積，而有凹岸崩塌退縮與凸岸淤積成長。

(一) 彎道流速分布

(二) 泥砂濃度集中在近河底處

(三) 彎道離心力影響

(四) 彎道二次流

(五) 水流和泥流方向

(六) 沖刷與淤積

二、河灣基本定律（Fargue, 1908）

(一) 河灣谿線接近凹岸，泥砂則落淤於凸岸。

(二) 凹岸深槽水深和凸岸淤積寬度，會隨著河灣曲率半徑減小而加大。

(三) 深槽最大水深和淤積最大寬度位於河灣頂點下游。

(四) 河槽穩定性與平面圓滑性，會隨曲度漸次改變而改變。

(五) 適用於河灣長度與河寬比值較適中之情況。

三、彎道水流之動力特性決定泥砂運動性質，從而決定彎道之演變特性

水面橫向坡度依靜力平衡，求得水面橫比降

離心力

$$F_c = \frac{1}{2}(2h + h_z)\frac{\rho U^2}{R}$$

水壓力

$$P_1 = \frac{1}{2}\gamma h^2$$
$$P_2 = \frac{1}{2}\gamma(h + h_z)^2$$

彎道曲率半徑軸向（橫向）之力平衡，有

$$\frac{1}{2}(2h + h_z)\frac{\rho U^2}{R} + \frac{1}{2}\gamma h^2 - \frac{1}{2}\gamma(h + h_z)^2 = 0$$

其中，U為該水柱之平均縱向流速

如果取

$$\frac{h_z^2}{2} \cong 0,\ 2h + h_z \cong 2h$$

則有

$$h_z = \frac{U^2}{gR}$$

由於彎道橫向水柱之縱向流速並不相同，亦即各個水柱水面橫向坡度也不同。

因為

$$h_z = \frac{dh}{dR}$$

因此,彎道超高,亦即左右岸最大水位差有:

$$\Delta h = \int_{R_1}^{R_2} \frac{dh}{dR}\,dR = \int_{R_1}^{R_2} \frac{V^2}{gR}\,dR = \frac{V^2}{g}(\ln R_2 - \ln R_1) = 2.3\,\frac{V^2}{g}(\log R_2 - \log R_1)$$

V:斷面平均流速;R_1:內曲岸之半徑(m);R_2:外曲岸之半徑(m);g:重力加速度(m/s^2);V:流速(m/s)

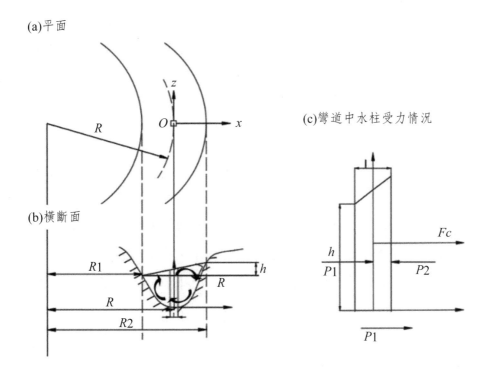

圖9-6　彎道水流及單位水柱受力情況

四、二次流

　　水流沿著彎道流動時,因為凹岸水深大於凸岸,水面高度差沿水深方向是均勻分布之靜水壓力差,壓力方向指向凸岸。由於壓力差與離心力沿水深方向變化不同,導致底層水流流向凸岸,表層水流流向凹岸。表、底層水流流動即形成順

時針之二次流（橫向環流），再與縱向水流結合後，便成為彎道之螺旋流。

五、彎道流速分布

在不受兩岸約束之寬淺河段內，不同流量具有不同之彎曲程度。由於水流之慣性力作用，於小流量之水體動量小，水流有坐彎之趨勢；大流量則因為動量大，水流傾向於走直趨中。亦即所謂「小水坐彎，大水趨中」。

(一) 縱向平均流速沿彎道徑向之分布

在彎道入口處，水流流動為自由旋流型態，即

$$U \cdot R = constant$$

(二) 亦即凸岸流速最大，凹岸最小，但因彎道螺旋流之影響，限制自由旋流發展，表層流速較大之水體逐漸推向凹岸，形成高流速凹岸區。因此最大流速區自凸岸順著彎道發展，逐漸移向凹岸，在彎道頂點處達到平衡，過了彎道頂點處，即逐漸形成高流速凹岸區。

六、彎道泥砂運動

(一) 懸浮質

由於沉降速度影響，越接近溪床底層，含沙濃度越大，泥砂粒徑相對較粗；越接近水面，含沙濃度越小，泥砂粒徑相對較細。二次流作用使含沙濃度高之水體和較粗之泥砂集中於凸岸，到達凹岸之水體因為含沙濃度低，泥砂粒徑也較細，因此，凹岸水體較為清澈。

因此，橫斷面分布上，流速峰和泥砂峰並沒有重合在一起，流速峰靠近凹岸，泥砂峰則靠近凸岸。

(二) 推移質

彎道水流試驗得到溪床剪應力分布和流速分布一致，亦即高流速區之剪應力大。由於推移質係由溪床剪應力自河床起動，因此，上游凹岸推移質進入彎道後，會受到螺旋流影響，而移到彎道下游凸岸，稱異岸輸移。彎道螺旋流使得推移質運動有向凸岸集中之趨勢，而形成凸岸淤積和凹岸深槽之平面型態。

(三) 坍岸成因分析

1. 水流作用

(1) 水流直接沖擊河岸,沖刷並帶走河岸泥砂。

(2) 水流沖刷坡腳,使上部岸壁泥砂因失去支撐而坍滑。

2. 土體因為風化作用降低抗沖蝕力。

3. 各類土質河岸之坍塌:

(1) 無黏性土壤

a.排水良好:因土體抗沖蝕力降低而導致坍岸,或坡腳掏空而導致上部岸壁土壤因失去支撐而坍滑。

b.排水不良:因土體含水量增加,導致孔隙水壓大增造成破壞。

(2) 黏性土壤

a.圓弧滑動。

b.淺層滑動。

c.平面滑動。

七、彎道工程規劃

(一) 彎道因為橫向水面超高造成二次流,進而形成螺旋流,導致高流速區在凹岸,高泥砂濃度區則在凸岸,形塑凸岸淤積和凹岸深槽之平面型態。由於彎道下游凸岸泥砂係由凹岸運移而來,因此,在彎道頂點下游處破壞二次流流動可以阻擋泥砂自凹岸移向凸岸,美國愛荷華大學曾經嘗試在彎道構築愛荷華葉片,發揮穩定溪床效果。

(二) 高流量時,水流直接沖擊彎道頂衝點,會帶來大規模之凹岸坍塌,甚至引發凹岸山壁崩塌。除了在彎道頂衝點處構築耐沖擊力之護岸保護外,位於凹岸護岸基腳在河寬夠大時,也可構築丁壩挑流;河寬較窄時,則構築護腳保護。

(三) 由於凹岸剪應力較大,沖刷力強,工程構造物之基礎深度要增加,避免基礎掏空破壞。

(四) 凸岸因為淤積作用大,不需要強度太大之工程構造物保護。

(五) 以順直河道之護岸標準設計圖用在彎道處,容易導致凹岸構造物之耐沖

　　擊力不足現象發生。

(六) 固床工在彎道能夠發揮防止溪床沖刷之功能有限。

參考文獻

1. 行政院農業委員會，水土保持技術規範，2020.3

2. 行政院農業委員會水土保持局，水土保持手冊，2017.12

3. 河村三郎，土砂水理學1，森北出版株式會社，1982.11

4. 錢寧、張仁、周志德，河床演變學，科學出版社，1987.4

5. 錢寧、萬兆惠，泥砂運動力學，科學出版社，1981.11

6. 黃宏斌，整流工程設計參考叢書研擬，行政院農委會水土保持局研究報告，2020.12

7. 黃宏斌、胡通哲，區排生態檢核作業計畫，經濟部水利署水利規劃試驗所，2019.12

8. 黃宏斌，拱型固床工之力學性質探討，行政院農委會水土保持局研究報告，2019.11

9. 黃宏斌，衛強，邱昱嘉，107年流域綜合治理之成效評析，行政院農委會水土保持局研究報告，2018.12

10. 黃宏斌，野溪固床工水理機制試驗分析計畫，行政院農委會水土保持局研究報告，2018.12

11. 黃宏斌，黃胤瑄，智慧化雨量計和水位計研發，行政院農委會水土保持局研究報告，2018.12

12. 張德民，魏迺雄，張朝和，黃宏斌，邱昱嘉，霞雲溪集水區（霞雲橋上游至卡外部落）重點區域細部規劃，行政院農業委員會水保局臺北分局研究報告，2018.12

13. 黃宏斌，105年水土保持防砂構造物沖刷坑形成機制與防治方法之探討，行政院農委會水土保持局研究報告，2016.12

14. 黃宏斌，水土保持防砂構造物沖刷坑形成機制與防治方法之探討（1/2），行政院農委會水土保持局研究報告，2015.12

15. 黃宏斌，水土保持工程，五南出版社，2014.04

16. 張倉榮，黃宏斌，極端氣候下之水理演算探討，行政院農委會水土保持局研究報告，2012.12

17. 謝正義，黃宏斌，水土保持工程永續指標評估項目研究，行政院農委會水土保持局研究報告，2011.12

18. 黃宏斌，最適自然環境之野溪治理工法研究（3/3），行政院農業委員會水保局研究報告，2010.12

19. 黃宏斌，最適自然環境之野溪治理工法研究（2/3），行政院農業委員會水保局研究報告，2009.12

20. 魏迺雄，黃宏斌，陳信雄，石門水庫庫區 —— 巴陵及榮華子集水區整體治理調查規劃，行政院農業委員會水保局臺北分局研究報告，2009.06

21. 黃宏斌，德基水庫集水區第六期治理計畫調查規劃，經濟部德基水庫集水區管理委員會，2009.06

22. 黃宏斌，最適自然環境之野溪治理工法研究，行政院農業委員會水保局研究報告，2008.12

23. 黃宏斌，魏迺雄，蘭陽溪等上游集水區整體調查規劃，行政院農業委員會水保局第一工程所研究報告，2007.11

24. 黃宏斌，陳信雄，邱祈榮，魏迺雄，黃國文，白石溪集水區整體治理調查分析與規劃，行政院農業委員會林務局，2006.05

25. 黃宏斌，賴進松，花蓮縣重大災害防治工程規劃設計檢討，臺灣大學生物環境系統工程學系研究報告，2005.11

26. 游繁結，李三畏，陳明健，陳慶雄，黃宏斌，許銘熙，農業施政計畫專案查證報告，加強山坡地水土保持 —— 治山防災計畫，中華農學會農業資訊服務中心，174頁，2004.12

27. 陳增壽，黃宏斌，梳子壩及其溢洪道之流量計算研究（2），93年度加強集水區治理及治山防災技術之研究，行政院農業委員會水土保持局，SWCB-94-003，35頁，2004.12

28. 陳增壽，黃宏斌，梳子壩及其溢洪道之流量計算研究（1），92年度加強集水區治理及治山防災技術之研究，農委會林業特刊第七十號，行政院農業委員會，15頁，2003.12

29. 陳文福，黃宏斌，德基水庫集水區第五期治理計畫之規劃，經濟部德基水庫集水區管理委員會，11-45頁，2003.05

30. 黃宏斌，固床工之水理特性研究（3），91年度水土保持及集水區經營研究計畫成果彙編，農委會林業特刊第六十九號，行政院農業委員會，18-25頁，2002.12

31. 黃宏斌，山地河川之輸砂特性，水土保持專業訓練──土石流防治規劃班講義，127-138頁，2002.04

32. 黃宏斌，固床工之水理特性研究（2），90年度水土保持及集水區經營研究計畫成果彙編，農委會林業特刊第六十七號，行政院農業委員會，15-21頁，2001.12

33. 黃宏斌，臺北縣雙溪鄉雙溪集水區整體治理調查規劃，農委會水土保持局第一工程所技術成果報告，2001.12

34. 黃宏斌，大興社區土石防治整體治理規劃工程，農委會水土保持局第六工程所技術成果報告，2001.12

35. 黃宏斌編，九二一震災重建──治山防災及農業公共設施重建查證評鑑報告，286頁，2001.12

36. 黃宏斌，湍流渠槽之輸砂量模式研究（2/3），行政院國家科學委員會，NSC89-2313-B-002-203，2001.07

37. 黃宏斌，固床工之水理特性研究（1），89年度水土保持及集水區經營研究計畫成果彙編，農委會林業特刊第六十六號，行政院農業委員會，321-329頁，2000.12

38. 黃宏斌，臺北市的水患與防洪，社區環保列車座談會，U-1-U-13，2000.11

39. 黃宏斌，上游集水區水土保持工程水工模型試驗（蘭陽溪上游，繼光橋以上）計畫，農委會水土保持局研究計畫成果報告，1999.09

40. 黃宏斌，蘭陽溪上游（繼光橋以上）集水區水土保持工程試驗研究(二)，農林廳水土保持局研究計畫成果報告，1998.06

41. 黃宏斌，須美基溪中、上游整體治理規劃研究，農林廳水土保持局第六工程所研究計畫成果報告，1997.09

42. 黃宏斌，東部及蘭陽地區治山防洪計畫（81至86年度）成果評估計畫先期作業，農林廳水土保持局研究計畫成果報告，1997.09

43. 黃宏斌，蘭陽溪上游（繼光橋以上）集水區水土保持工程試驗研究，農林廳水土保持局研究計畫成果報告，1997.09

44. 黃宏斌，連續防砂壩群之水理特性研究(三)，國立臺灣大學水工試驗所研究報告第229號，1996.06

45. 黃宏斌，李三畏，嘉蘭灣地區治山防洪工程第三期水工模型試驗研究，國立臺灣大學水工試驗所研究報告第234號，1996.06

46. 黃宏斌，陳信雄，集水區水工模擬試驗研究(三)── 加富谷溪，國立臺灣大學水工試驗所研究報告第229號，1995.01

47. 黃宏斌，連續防砂壩群之水理特性研究(二)，國立臺灣大學水工試驗所研究報告第200號，1995.06

48. 黃宏斌，陳信雄，集水區水工模擬試驗研究(二)── 加富谷溪，國立臺灣大學水工試驗所研究報告第191號，1994.12

49. 黃宏斌，上游河道之沖淤模擬研究，行政院國家科學委員會研究計畫成果報告，1994.07

50. 黃宏斌，連續防砂壩群之水理特性研究，國立臺灣大學水工試驗所研究報告第183號，1994.06

51. 黃榮村，黃宏斌，陳正興，陳亮全，李天浩，陳正改，由六二水災檢討交通設施之防災措施，交通部中央氣象局研究報告，1993.11

52. 黃宏斌，陳信雄，集水區水工模擬試驗研究(一)── 加富谷溪，臺灣省水土保持局研究計畫成果報告，1993.01

53. 顏清連，黃榮村，黃宏斌，游保杉，蔣為民，1990年9月3日楊希颱風勘災調查報告，行政院國家科學委員會防災科技研究報告79-76號，1993.07

54. 黃宏斌，植生水道之粗糙係數研究(二)，行政院國家科學委員會專題研究計畫成果報告，1993.02

55. 黃宏斌，植生水道之粗糙係數研究(一)，行政院國家科學委員會專題研究計畫成果報告，1992.02

56. 黃宏斌，劉正川，泥岩地區蝕溝控制及排水工程示範(二)，行政院農業委員會研究報告，1991.06

57. 黃宏斌，何智武，臺灣東北部上游集水區泥砂來源與河道沖淤之研究(二)，行政院農業委員會研究報告，1991.06

58. 黃宏斌，不同粗糙係數估算對洪流與輸砂量模擬之關係探討，行政院國家科學委員會專題研究計畫成果報告，1991.02

59. 洪如江，姜善鑫，黃宏斌，游保杉，陳文恭，歐菲莉颱風災害勘查報告，行政院國家科學委員會防災科技研究報告78-65號，1990.08

60. 黃宏斌，何智武，水土保持工程之問題分析，臺灣水土保持及集水區經營研究主題問題分析報告，行政院農業委員會研究報告，49-68頁，1990.06

61. 黃宏斌，何智武，臺灣東北部上游集水區泥砂來源與河道沖淤之研究(一)，行政院農業委員會研究報告，1990.06

62. 劉正川，黃宏斌，泥岩地區蝕溝控制及排水工程示範(一)，行政院農業委員會研究報告，1990.06

63. 黃宏斌，圓山溪之底床阻抗與輸砂量估測模式之探討，國立中興大學水土保持學研究所碩士論文，1983.06

64. Ackers, P. & W. R. White, J. A. Perkins, A. J. M. Harrison, Weirs and Flumes for flow Measurement, John Wiley & sons Ltd., 1978

65. Chow, V. T., Open-Channel Hydraulics，中央圖書出版社，1969

66. DelKash, M. & B. E. Bakhshayesh, An Examination of Rectangular Side Weir Discharge Coefficient Equations under Subcritical Condition, International Journal of Hydraulic Engineering 2014, 3(1): 24-34

67. Graf, W. H., Hydraulics of Sediment Transport, McGraw-Jill Book CO., 1971

68. Ho, C.-W. and Huang, H.-P., Manning's Roughness Coefficient of Mountainous Streams in Taiwan, Channel Flow Resistance, Yen, B. C. edited, pp.299-308, 1992.07

69. Hunter, R., Elementary Mechanics of Fluids, Dover Publications, Inc., 1946

70. Raudkivi, A. J., Loose Boundary Hydraulics, 2nd Ed., Pergamon Press. Inc., 1976

71. Ivicsics, L., Hydraulic Models, Water Resources Publications, 1980

72. Roberson, J. A. & C. T. Crowe, Engineering Fluid Mechanics, Houghton Mifflin Company, 1975

73. Simons, D. B. & F. Senturk, Sediment Transport Technology, Water Resources Publications, 1976

74. Streeter, V. L. & E. B. Wylie, Fluid mechanics, 6th Ed., McGraw-Jill Book CO., 1975

習題

1. 新北市淡水區一塊完整集水區之山坡地，其面積為1.2公頃，山坡坡面平均坡度為10%之黏壤土山坡地，以等高耕作方式種植桂竹，每段坡長都在30公尺左右，

   (1) 試問該山坡地以通用土壤流失公式（USLE）計算之年土壤流失量為多少立方公尺？

   (2) 該山坡地唯一之山溝，其漫地流長度為150公尺，河道長度為380公尺，河道高差為10公尺，請計算該集水區集水點處之逕流量？

   (3) 在維持底寬1公尺，且排水溝底床坡度為0.6%之情況下，試建議該山溝之構築材料（土溝、砌石溝或混凝土溝）、型式〔梯形（1：0.5邊坡）、矩形或拋物線型〕和尺寸大小。

2. 為什麼直接以設計逕流量除以最大安全流速去決定設計溝寬和溝深的做法是錯誤的？

3. 有一雜有直徑1.3公分小石之野溪底寬4公尺，曼寧粗糙係數n為0.022，兩側邊坡坡度豎橫比為1：0.5，河床坡度為0.01。當設計流量為11.48 立方公尺／秒時，試問設計水深為多少公尺？

4. 針對均勻定量流流況之野溪，當底床雜有直徑1.3公分小石，兩側邊坡為乾砌石護岸時，假設底床和邊坡上之速度一樣，全面積為底床面積和邊坡面積之和，則綜合曼寧粗糙係數（Composite Manning's roughness coefficient）公式為何？

5. 有一雜有直徑1.3公分小石之野溪（n=0.022）底寬4公尺，兩側乾砌石護岸（n=0.03）邊坡坡度豎橫比為1：0.5，河床坡度為0.01。當設計流量為11.48立方公尺／秒時，試問設計水深為多少公尺？

6. 曼寧公式之適用範圍，是否可以應用在陡坡？

7. 箱籠工程施工，應注意哪些事項？在常流水之野溪中，是否適宜規劃箱籠護

岸，其理由為何？

8. 排水溝設計過程中，最先需要決定的參數是什麼，其理由為何？

9. 為什麼排水溝設計不能直接以設計逕流量除以安全流速得到排水溝斷面？

10. 為什麼直接以設計逕流量除以最大安全流速去決定設計溝寬和溝深的做法是錯誤的？

11. 排水系統如何設計在彎曲地形不溢流。

12. 有些技師在設計截洩溝時，直接以設計流量除以最大容許流速，再據以求出截洩溝之斷面資料，和水土保持手冊中先假設溝之斷面大小，再以試誤法反覆推求至滿足設計流量不同，試述其間之差異。

13. 試述泥岩地區坡地排水系統之規劃設計原則。

14. 目前坡地排水經過山區道路常採用涵管或箱涵通過，試述其優缺點，並說明箱涵之形狀與日後營運、維護之關係為何？

15. 有一360公尺長之礫質河段，其河床坡度為5.70%，如果計畫河床坡度為4%時，試問高度多少之固床工幾座會較適宜，為什麼？

chapter **10**

滞洪池
Detention pond

　　一般而言，極端降雨事件發生或裸露、不透水面積增加，都可能導致地表逕流量超過下游地區排水路之排洪能力，或泥砂淤積堵塞排水路而有洪患災害發生之虞。為了避免洪水氾濫或聚落、農田氾濫等情事發生，總合治水概念因應而生。總合治水為結合改善水患與開發建設之綜合計畫，以集水區或流域為單元，應用工程與非工程方法，配合土地利用規劃與管制，進行內水排除，外水治理與暴潮防禦等工作，以達到「上游保水、中游減洪、下游防洪」之流域管理治水之總體目標。其中，保水可以依賴森林保育、增加透水保水之綠地面積達成，減洪和防洪則需要因地制宜，於合適地點規劃設計足夠數量和容量之滯洪設施、沉砂設施、安全排水路，以及相關之護岸、堤防、防洪牆等防禦性構造物和抽水站等動力設施。

　　滯洪為防洪工作之一，達成滯洪目標有兩大類，一類是利用工程或非工程手段，降低洪峰流量；另一類則是集水區或流域整體土地利用配合總合治水原則，分散各排水路或子集水區洪峰到達時間。雖然目前已有多處整體開發計畫規劃兼具休閒娛樂、安全排水、滯洪、防災避難和透水保水等功能之滯洪設施，但是，因為總合治水理念尚未全面落實，亦即土地利用規劃管制尚未結合水患改善效益，因此，需要許多部門一起合作以達到分散各排水路或子集水區洪峰到達時間之目標非常不容易達成，所以目前較少採用。與大面積土地開發不同，小面積集水區因為集流時間短，經常採用滯洪設施或蓄洪設施，以降低洪峰流量。

　　蓄洪設施與滯洪設施不同，蓄洪設施係於降雨事件發生時，將開發行為所增加之逕流量，或超過法定排放量，或超過下游承受容量，暫時儲蓄於池內，再以下游承受水體或排水路之承受容量或法定排放量慢慢釋出。亦即蓄洪設施在入流期間是沒有出流發生；滯洪設施與蓄洪設施不同，滯洪設施係入、出流同時進行，在雨勢減弱，甚至停止降雨，沒有入流情形下，仍然持續出流至排空滯洪量為止。

　　滯洪設施指具有降低洪峰流量、遲滯洪峰到達時間或增加入滲等功能之設施，降低洪峰流量則有蓄洪設施、滯洪設施或分洪。蓄洪設施有水庫、蓄洪池、池塘或埤塘；滯洪設施包括水庫、滯洪壩、滯洪池、遲滯湖等；分洪則是利用分洪渠道或隧道排出多餘流量，以降低洪峰流量。降低洪峰流量很難藉由蓄洪池達成，除非蓄洪體積大到可以容納洪峰流量發生前之逕流體積，這種不經濟且不易達成目的之做法，唯有規劃設計滯洪池方得以解決。滯洪和分洪不同，分洪係指

單純分散集水區流量，以降低集水點之洪峰流量；滯洪則是在維持原集水區流量之條件下，降低洪峰流量或遲滯洪峰到達時間為目的。遲滯洪峰到達時間有利用系列固床工、潛壩或防砂壩等設施，以減緩河床坡度，降低流速達到分散洪峰到達時間，避免各子集水區之洪峰在相近時間內加總。由於遲滯洪峰到達時間必須精確計算各集水分區洪峰到達集水點之時間，再規劃設計各項工程或採用有效措施，予以分散各集水分區之洪峰到達時間，降低各集水分區之洪峰疊加機率，以降低集水區之洪峰流量。在沒有長期水文流量紀錄之集水區和沒有均勻降雨之情況下，藉由遲滯洪峰到達時間以達到滯洪之做法，是不容易達成目標的。所以，最簡單之滯洪方法就是直接降低洪峰流量。另外，增加保水、透水面積，以增加入滲量，減少地表逕流者有綠地、草溝、花園、透水鋪面、多孔隙集水井、多孔隙側溝、透水沉砂池、透水滯洪池等。

圖10-1　離槽式滯洪池

圖10-2　在槽式滯洪池

10.1　滯洪設施種類及適用範圍

　　滯洪池有人工構築或自然形成兩類,前者係於適當地點採用人工挖掘、攔截野溪或排水系統為池體,再配合橫向構造物及其上游周邊材料所構成;後者包含湖泊、窪地、溼地、構築堰壩構造物。滯洪設施則是以蓄水空間暫時儲蓄暴雨逕流,配合無控制設施或抽排設備調整滯洪池出流量之池堰構造物。平常沒有蓄水之滯洪池,稱為乾式滯洪池(Detention pond);為了蓄水或生態景觀,平常有蓄存一定水位之滯洪池,稱為溼式滯洪池(Retention pond)。依排水方式分為重力和非重力排水兩類,非重力排放者又稱抽排式滯洪池。考慮到山坡地滯洪池位置較偏遠,市電不容易到達,而且在颱風時期也會有停電之可能,因此,不建議規劃電力控制抽水設備;採用無控制式重力排水,以毋需人力操作和電力供應

之無控制式設施為原則。

其中,以進、排水方向可以區分在槽式和離槽式滯洪池兩類。可以在河床或排水路構築如堰、壩等橫向構造物,進、排水方向一致者為在槽式滯洪池;在河床或排水路單側或兩側構築側流堰,配合堰下游之窪地滯留或蓄存水量,進、排水方向垂直者為離槽式滯洪池。由於水土保持處理與維護之滯洪池大都位於市電不易到達或容易中斷之山坡地地區,一般建議規劃無控制設施滯洪池;坡地社區因為土地利用緣故,當滯洪池出水口底部高程低於社區道路邊溝溝底高程,而且隨時有人力操作維護和電力(市電或發電機供電)供應不虞匱乏之情況下,經常規劃設計抽排式滯洪池。根據構造材料、蓄水狀態、設置位置、開口型式及排水方,式可分為下列不同型式(表10-1)。

表10-1　滯洪池種類

分類方法	種類	特性
構造材料	土壩	適用壩高低於15公尺,且壩基有不入滲型,就地取材築壩。
	混凝土壩或池堰	適用於野溪中下游逕流量大,規模大之地區。
	鋼筋混凝土壩或池堰	適用於野溪中下游逕流量較大,規模較大之地區。
蓄水狀態	乾式滯洪池	出水口高度一般位於池底,降雨結束後並無儲蓄水量;平時可作為休閒、運動場域。
	溼式滯洪池	出水口高度較高,降雨結束後可蓄存部分水量,可作為蓄水、生態、親水、景觀場域。
設置位置	在槽式滯洪池	在河道或排水路上直接構築攔水堰,以孔口、堰堤、閘門等控制出流,並將河道拓寬,以蓄存洪水量,進而降低洪峰流量或分散洪峰到達時間。
	離槽式滯洪池	主要分為無側流堰和具有側流堰兩種型式。若河道或排水路沒有合適位置可設置橫向構造物滯洪時,可在河道或排水路設置側向排水溝渠、管涵或側流堰,將多餘水量排入附近天然或人為窪地,以達到降低洪峰流量之目的。
開口型式	束縮矩形堰壩	以渠流方式放流。
	束縮開口堰壩	以渠流方式放流。
	圓形或矩形孔口	以壓力孔口流方式放流,可用孔口數量控制出流量。

續表10-1

分類方法	種類	特性
排水方式	非控制式重力排水	以滯洪池出水口大小、數量規劃出流量。
	控制式（閘門）重力排水	以閘門啟閉調節出流量。
	電力抽排水	在滯洪池出水口高程低於聯外排水底部高程時，配合電力供應及合適的人力操作，採用機械式抽水機抽水排出滯洪池水量。

一、依構造材料區分

(一) 種類

土壩、混凝土、鋼筋混凝土壩或池堰。

(二) 適用範圍

1. 土壩：適用於滯洪壩壩高不超過15公尺，且壩基為不入滲型河床，就地取材築壩之地區。

2. 混凝土滯洪壩或池堰：適用於野溪中、下游逕流量大，規模大之地區。

3. 鋼筋混凝土滯洪壩或池堰：適用於野溪中、下游逕流量較大，規模較大之地區。

二、依蓄水狀態區分

(一) 種類

依蓄水方式可區分乾式滯洪池（Detention pond）及溼式滯洪池（Retention pond）兩類，另外，還有滯洪沉砂共構。乾式滯洪池除了沉砂需求外，出水口一般位於池底，且降雨事件結束後池體沒有蓄留水量，平時可作為休閒、運動場域。溼式滯洪池之出水口底部高程較高，降雨結束後可蓄存部分水量，可作為蓄水、生態、親水、景觀場域。滯洪池下方規劃作為沉砂池使用，稱為滯洪沉砂共構池，滯洪池出水口規劃在設計沉砂高度上方。

(二) 適用範圍

1. 乾式滯洪池：池體容量全部充當滯洪量，平時可作為休閒、運動場域。

2. 溼式滯洪池：除了滯洪功能外，還可以兼顧蓄水、生態、親水、景觀等功能。

3. 滯洪沉砂共構池：滯洪池與沉砂池之配置有分離式和共構式兩類，共構式又可分為平面共構和垂直共構。垂直共構式為滯洪池出水口下方增設沉砂空間。此外，清淤後之沉砂空間也可作為蓄洪使用。開放式滯洪沉砂共構還可以兼顧蓄水、生態、親水、景觀等功能。

三、依設置位置區分

(一) 種類
分為在槽（In-stream）滯洪池及離槽（Off-stream）滯洪池。

(二) 適用範圍

1. 在槽滯洪池：適用於河道或水路具有適當區位足以設置橫向構造物，並提供所需容積之處，適用於小區域範圍，可將堰尾導入滯洪池。其位置以在河床及兩岸均為岩盤之處，且其上游有相當腹地儲蓄洪水者為佳。若無岩盤時，則應加強兩岸及下游河床之保護。

2. 離槽滯洪池：離槽式滯洪池主要分無側流堰和具有側流堰兩種型式。若河道或排水路沒有合適位置可設置橫向構造物滯洪時，可在河道或排水路設置側流堰或側向排水溝渠、管涵等引入道，將多餘水量排入附近天然或人為窪地，以達到降低洪峰流量之目的。無側流堰離槽式滯洪池與具側流堰離槽式滯洪池分述如下。

   (1) 無側流堰離槽式滯洪池：河道或排水路於洪水期間藉由側向排水溝渠、管涵或閘門等引入道，將多餘水量排入滯洪池。等洪峰消退後，再以排水溝渠、管涵、閘門或抽排設備將滯洪池內水量排出至原有或其他河道或水路。當滯洪池排水口高程低於聯外排水底部高程，無法以排水溝渠、管涵或閘門將水量排出至聯外排水路時，若有電力供應、合適人力操作和維護時，得採用機械式抽水機搭配使用。

   (2) 具側流堰離槽式滯洪池：在排水路或箱涵主體上設置側流堰，主要作為分洪使用。側流堰頂高程高低係決定分洪量之多寡。

      a. 當具有側流堰之排水路或箱涵水位小於側流堰頂高程時，排水路或箱涵之出流量等於入流量，因此沒有多餘水量越過側流堰進入滯洪池。

b. 當具有側流堰之排水路或箱涵水位高於側流堰頂高程時，高於側流堰頂高程之水位會越過側流堰頂進入滯洪池；而排水路或箱涵則以側流堰頂高程水位之流量（設計出流量）繼續往下游流動。

c. 當洪峰消退後，滯洪池出水口可藉由排水溝渠、管涵、閘門或抽排設備，將滯洪池內水量排出至原有或其他河道或水路。在進、出水口處可以利用內外水位差，啟閉蝶閥排入或排出水量。

四、依開口型式區分

開口型式有出水口和溢洪口兩類。

(一) 種類

出水口分束縮矩形堰壩、束縮開口堰壩、圓形或矩形孔口等三種。束縮矩形堰壩和束縮開口堰壩都可稱為滯洪壩，滯洪壩依據結構設計型式又可分重力式壩和懸臂式壩。束縮矩形堰壩係自梯形或矩形溢洪口下方開一矩形開口，成為束縮矩形堰壩型式之出水口；束縮開口壩則是溢洪口和出流口之複合型，有倒V堰型壩和Sutro堰型壩。當橫向構造物不是堰壩型式，而是薄板鋼筋混凝土構造物時，可以採用圓形或矩形孔口之孔口流型式放流。

(二) 適用範圍

1. 束縮矩形堰壩：適用於出水口流量範圍較大，或需要依據特定條件調整出流量，或出流雜物較多，容易堵塞出水口之地區，一般為場鑄方式。

2. 束縮開口堰壩：目前研究顯示，倒V堰型出水口比矩形溢流口節省滯洪空間。倒V堰型出水口所需滯洪容積較Sutro堰型出水口小，能節省更多滯洪空間。其中，Sutro堰型出水口係下寬上窄逐漸束縮之線形出水口。

3. 圓形或矩形孔口：適用於固定出流量，且出流雜物較少地區。矩形孔口一般為場鑄；圓形孔口則常用預鑄式管涵。

(三) 出水口設計應能順利排出容許排放量

有保全對象時，應視需要設置緊急溢洪口，並注意排放期間之安全。常見之溢洪口分矩形、梯形和喇叭型豎井三種。同樣底寬之條件下，梯形溢流口之溢流量較矩形者大。喇叭型豎井常見於有一定水深之農塘。

五、依排水方式區分

(一) **種類**

分重力排水和電力抽排水兩類，重力排水又可分非控制式和控制式兩類。電力抽排水之供電來源，又可分電動機和內燃機兩種。控制式重力排水如閘門設施，可以用人工或電力操作閘門啟閉調節出流量。在電力供應正常地區可以使用電動機；電力無法連續供應地區則建議採用內燃機或以電動機為主，內燃機備用。

(二) **適用範圍**

1. 非控制式排水：以滯洪池出水口大小、數量規劃設計構造物控制出流量。
2. 控制式排水：以人工或電力操作閘門啟閉調節出流量。當滯洪池出水口底部高程低於下游承受水體之底部高程，且隨時有人力操作維護和電力供應不虞匱乏之情況下，得以規劃設計電力抽排式滯洪池滯洪設施。

(三) **注意事項**

1. 滯洪池設置位置得依當地之地形、地質條件及土地利用情形等調整，山坡地地區因為有天然高程差的優點，滯洪設施經常規劃設置於開挖整地範圍區之排水路下游較低窪處，利於地表逕流自然匯入為原則。當下游無適當地點規劃設置滯洪設施時，得採總量管制概念，將開挖整地範圍區之滯洪量併入非位於下游處且距離不遠之滯洪設施。
2. 入、出水口高程、型式之設置，應確保能夠順利排入設計入流量和排出設計出流量，避免樹枝、雜物影響滯洪設施入、出水口之通水效率。出水口應加設防止堵塞之半球形、弧形或其他立體型式攔汙設施，並隨時清理與維護。
3. 如果空間面積許可時，建議水流進入滯洪池前先經過沉砂池沉砂。
4. 滯洪壩有保全對象時，應視需要設置緊急溢洪口，並注意其排放之安全。
5. 入滲型滯洪設施不適於在周圍有擋土牆、重要結構物、道路和填土區等有不均勻沉陷或地滑之虞地區設置。
6. 有安全之虞者，周圍應設置圍籬、警告標語及安全爬梯等防護設施。

10.2 滯洪量

一、三角形流量歷線法

利用開發前、中、後之洪峰流量繪製成三角形流量歷線圖,且出流歷線之洪峰恰好落在入流歷線之退水肢上,以三角形同底不等高,依下列公式求出滯洪量:

$$V_{s1} = \frac{t_d(Q_2 - Q_1)}{2} \times 3600$$

$$V_{s2} = \frac{t_d(Q_3 - Q_1)}{2} \times 3600$$

V_{s1}、V_{s2}:臨時、永久滯洪量(m³);Q_1、Q_2、Q_3:開發前、中、後洪峰流量(m³/s);t_d:滯洪期間(hr)。

一般小面積開發基地或集水區之滯洪期間為1〜2hr。

依據中央氣象局25座氣象站自1950年至1989年自記雨量計之電腦紀錄,求出各氣象站於各頻率年發生100mm/hr降雨強度時之降雨事件延時顯示:20年重現期距之降雨延時,自大武站之30.5分鐘至嘉義站之93.0分鐘;50重現期距則自日月潭站之40.6分鐘至高雄站之150.3分鐘。因此,基於安全考量,以此降雨延時之平均值代表入流歷線之滯洪期間,以1小時,60分鐘計算。

二、三角形流量歷線配合滯洪期間法

$$V_s = \frac{3600}{2}(Q_2 - Q_1)t_r$$

$$Q_2 = \frac{1}{360}C_2IA$$

$$Q_1 = \frac{1}{360}C_1\frac{d}{t'}A$$

$$V_s = 5A\left(C_2I - C_1\frac{d}{t'}\right)t_r$$

式中,V_s:滯洪體積(m³);t_r:滯洪期間(hr),以1小時為原則;Q_2:開發後流量(m³/s);Q_1:滯洪後放流量(m³/s);C_1、C_2:開發前、後逕流係數;I:開發中或開發後降雨強度;A:集水面積(ha);d:一定年以下重現期距1小

時延時之降雨深度（mm）；t'：排水時間（hr），以小於或等於1小時滯洪期間為原則。

依據臨時性或永久性需要，可以是50或25年重現期距降雨強度（mm/hr）。

(一) 設計滯洪量

滯洪池之設計滯洪量，係以滯洪量乘以安全係數而得，安全係數之大小，係決定於永久性或臨時性滯洪池之規劃設計而定，一般採用1.1～1.3，如下公式：

$$V_{sd} = S_f V_s = 1.1 \sim 1.3 V_s$$

(二) 出流量

在設定滯洪深度和出水口型式、大小後，即可求得出流量。接著，檢核出流洪峰流量不得超過開發前之洪峰流量，以及不應超過下游排水系統之容許排洪量。如果無法通過檢核，必須重新調整滯洪深度和出水口大小後，再度檢核。

三、流量歷線法

流量歷線法係以某一重現期距24小時降雨延時有效降雨量，代入SCS修正三角形單位歷線推導進入滯洪池之入流歷線，再藉由水庫演算估算出流歷線。單位歷線洪峰流量為：

$$Q_p = \frac{0.208 P_e A}{\dfrac{t_r}{2} + t_{lag}} = \frac{0.208 P_e A}{t_p}$$

其中，

$$t_r = 2\sqrt{t_c}$$

$$t_{lag} = 0.6 t_c$$

$$t_p = \frac{t_r}{2} + t_{lag} = \sqrt{t_c} + 0.6 t_c$$

$$t_r \leq 0.133 t_c$$

$$t_b = t_p + t_m = t_p + 1.67 t_p = 2.67 t_p = 2.67(\sqrt{t_c} + 0.6 t_c)$$

式中，t_r：單位降雨延時（hr）；t_c：集流時間（hr）；Q_p：三角形單位歷線洪峰流量（cms）；t_{lag}：洪峰稽延時間（hr）；P_e：有效降雨量（mm）；A：開發基

地面積（km^2）。

　　如果開發基地面積單位改為公頃，ha，則有

$$Q_p = \frac{0.00208 P_e A}{t_p}$$

10.3　在槽式滯洪池

一、流量歷線

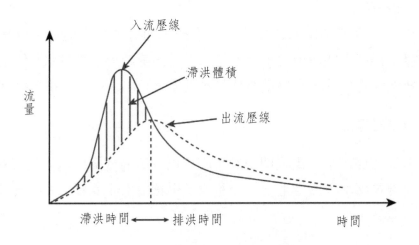

入流歷線

滯洪體積

出流歷線

流量

滯洪時間 ←—→ 排洪時間　　　時間

圖10-3　在槽式滯洪池流量歷線圖

二、在槽式滯洪池運作模式

(一) 當入流量小於設計出流量時，出水口出流量等於入流量。

(二) 當入流量大於設計出流量時，多餘之水量即蓄留於池體內，出水口出流量等於設計出流量。

(三) 設計入流量與設計出流量差值，乘以滯洪期間（一般小集水區設計1～2小時），即為滯洪設施滯洪量。滯洪設施滯洪量要能容納設計滯洪設施量體，亦即容納入流量大於設計出流量時之多餘水體。

(四) 在槽式滯洪設施設計的主要控制參數為入流量、出流量、滯洪體積及滯

洪池水位,得以水庫演算相關參數,演算公式如下:

$$\frac{I_1 + I_2}{2} - \frac{O_1 + O_2}{2} = \frac{\Delta S}{\Delta t} = \frac{S_2 - S_1}{\Delta t}$$

$$(I_1 + I_2) + \left(\frac{2S_1}{\Delta t} - O_1\right) = \left(\frac{2S_2}{\Delta t} - O_2\right)$$

式中:Δt:演算時距(hr);ΔS:演算時距Δt之蓄水體積變化(m^3);I_1、I_2:演算時距Δt前後之入流量(cms);O_1、O_2:演算時距Δt前後之出流量(cms)。

其中,I_1及I_2可由水文分析結果中,設計重現期距的流量歷線,依時距得之。滯洪演算時,尚需準備滯洪池的水位與滯洪體積關係曲線(H－V曲線),及滯洪水位與出流量關係曲線(H－O曲線)。

10.4　離槽式滯洪池

一、流量歷線

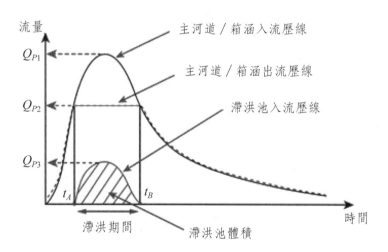

圖10-4　離槽式滯洪池流量歷線圖

二、離槽式滯洪池運作模式

(一) 主河道（或箱涵）入流量等於主河道（或箱涵）出流量及滯洪池入流量之和。

$$Q_{P1} = Q_{P2} + Q_{P3}$$

(二) 當時間 $t_A < t < t_B$，主河道（或箱涵）水位高於側溢流堰堰頂，水流開始自主河道（或箱涵）溢流至離槽式滯洪池中。

(三) 當時間 $t > t_B$，主河道（或箱涵）水位低於側溢流堰，主河道（或箱涵）水流不會產生越流，留在主河道（或箱涵）內流動；滯洪池也沒有任何進水。如果滯洪池有規劃出水口設施時，這期間因為滯洪池內水位高於主河道（或箱涵）水位，因為水位差之關係，則滯洪池會開始放流回下游處之主河道（或箱涵）。如果滯洪池沒有規劃出水口設施時，則視為蓄洪池，等降雨事件過後，再以機械抽排將滯洪池（蓄洪池）內水體抽回主河道（或箱涵）。

三、離槽式滯洪池之設計原則

離槽式滯洪設施側流堰如同分水設施，其流量計算依據狄馬奇（De Marchi）的假設條件。

狄馬奇方程式（De Marchi equation）：以比能觀點而言，亞臨界流渠道之縱向水面剖線會在下游端抬升，同樣地，超臨界流水面剖線會有洩降現象。

(一) 假設條件

1. 渠道形狀為矩形稜柱體（rectangular and prismatic）。
2. 堰壩長度夠短，而且其間之比能為常數，有

$$S_0 - S_f = 0 \text{ 或 } S_0 = 0 \text{ 與 } S_f = 0$$

3. 為具有完全通氣水舌、排放流量之銳緣堰。
4. 運動能量修正係數採用1.0。

(二) 當堰長和渠寬比小於或等於3.0，$L/B \leq 3.0$時，有三種類型

1. 第一類 —— 緩坡，$y_0 > y_{c1}$ 與 $s > y_{c1}$：側流堰頭端為 M_2 水面剖線，$y_{c1} < y_1 <$

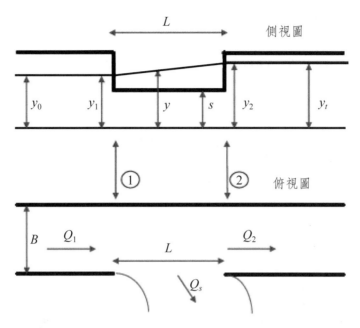

圖10-5 離槽式滯洪池側流堰示意圖

y_0。控制斷面在尾端，$y_2 < y_t$，下游處則為y_t。

2. 第二類──緩坡，$y_0 > y_{c1}$與$s > y_{c1}$：側流堰頭端為M_2水面剖線，$y_1 = y_{c1}$。
尾端有$y_2 < y_t$，且y_2以水躍達到y_t。如果尾水位過高，水躍可能提前發生
在側流堰區內。

3. 第三類──陡坡，$y_0 < y_{c1}$與$s < y_{c1}$：側流堰頭端有$y_1 = y_0$，控制斷面在頭
端。尾端為S_3水面剖線，$y_2 < y_t$，下游處為y_t。

(三) 空間變異流（Spatially Varied Flow）公式為

$$\frac{dy}{dx} = \frac{Qy(-dQ/dx)}{gB^2y^3 - Q^2}$$

當側流堰公式為

$$-\frac{dQ}{dx} = \frac{2}{3}C_M\sqrt{2g}(y-s)^{1.5}$$

則

$$\frac{dy}{dx} = \frac{4}{3}\frac{C_M}{B}\frac{\sqrt{(E-y)(y-s)^3}}{3y - 2E}$$

積分得狄馬奇方程式

$$x = \frac{3B}{2C_M} \cdot \phi_M(y, E, s) + const.$$

其中，狄馬奇變量流方程式為

$$\phi_M(y, E, s) = \frac{2E - 3s}{E - s} \sqrt{\frac{E - y}{y - s}} - 3\sin^{-1}\sqrt{\frac{E - y}{E - s}}$$

因此，側流堰長度

$$L = x_2 - x_1 = \frac{3B}{2C_M} \cdot (\phi_{M2} - \phi_{M1})$$

$$Q_s = Q_1 - Q_2$$

$$C_M = 0.864\sqrt{\frac{1 - F_1^2}{2 + F_1^2}}$$

亞臨界流流況時

$$C_M = 0.7 - 0.48F_1 - 0.3\frac{s}{y_1} + 0.06\frac{L}{B}$$

或

$$C_M = C_C \cdot C$$

$$C_C = 4.4055\left(1 + \frac{y_0 - s}{s}\right)^{-0.36}(y_0 - s)^{0.41}L^{0.24}$$

$$\frac{q_s}{\sqrt{gy_0^3}} = 0.8124\left(\frac{q}{\sqrt{gy_0^3}}\right)^{-1.34}\left(\frac{y_0 - s}{L}\right)$$

式中，S_0、S_f：渠床坡度、能量坡度；B：渠道寬度（m）；y、y_0、y_1、y_2、y_{C1}、y_t：渠道水深、正常水深、側流堰頭端水深、側流堰尾端水深、側流堰頭端臨界水深、尾水深（m）；s：側流堰高（m）；Q、Q_1、Q_2、Q_s：渠道流量、側流堰頭端流量、側流堰尾端流量、側流堰流量（cms）；q、q_s：單位寬度渠道流量、側流堰流量（cms）；L：側流堰長度（m）；x：離側流堰起點距離（m）；E：總能量頭（m）；C_M：狄馬奇係數（De Marchi coefficient）；g：重力加速度（m/s^2）；F_1：側流堰頭端福祿數。

10.5 抽排式滯洪池

一、流量歷線

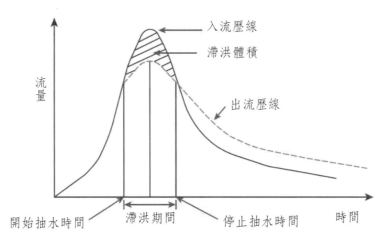

圖10-6 抽排式滯洪池流量歷線圖

二、抽排式滯洪池運作模式

(一) 變頻抽排式滯洪池運作模式

1. 當入流量小於設計出流量時,抽水機出流量等於入流量。

2. 當入流量大於設計出流量時,多餘之水量即蓄留於池體內,抽水機出流量等於設計出流量。

3. 設計入流量與設計出流量差值,乘以滯洪期間(一般小集水區設計1～2小時),即為滯洪設施滯洪量。滯洪設施滯洪量要能容納設計滯洪設施量體,亦即容納入流量大於設計出流量時之多餘水體。

(二) 定頻抽排式滯洪池運作模式

1. 當入流量小於設計出流量時,抽排設施為不啟動狀態。

2. 當入流量大於設計出流量時,立即啟動抽排設施抽水。

3. 當入流量再度小於設計出流量時,抽排設施恢復為不啟動狀態,亦即停止抽水。

4. 當降雨停止後，再抽乾滯洪設施內之蓄水。

三、抽排式滯洪池設計原則

抽排式滯洪設施設計的主要控制參數，與在槽式滯洪設施同理，為入流量、出流量、滯洪體積及滯洪池水位，其中，出流量係機械排水或抽水機之抽水量，同樣得以水庫演算相關參數，演算公式如下：

$$\frac{I_1+I_2}{2}-\frac{O_1+O_2}{2}=\frac{\Delta S}{\Delta t}=\frac{S_2-S_1}{\Delta t}$$

$$(I_1+I_2)+\left(\frac{2S_1}{\Delta t}-O_1\right)=\left(\frac{2S_2}{\Delta t}+O_2\right)$$

抽水機種類包括離心式、往復式及旋轉式三種，具有揚程高者流量小、流量大者揚程低之特性。抽排式滯洪池之構造，與一般滯洪池一樣，出流水經出水口排出後，再行抽水，抽水量同樣不得大於技術規範之容許排放量，也不得大於下游承受水體之涵容量。

四、抽水設施

(一) 定義：由機械動力將水揚至灌區或下游排水路之設施。
(二) 目的：提供灌區作物灌溉、人畜使用，防範淹水。
(三) 種類及適用範圍：經常採用者有渦輪式、螺式、斜流式和軸流式等。

1. 吸入口口徑決定

$$D=145.67\sqrt{Q/V}=146\sqrt{Q/V}$$

其中，D：抽水機吸入口之口徑（mm）；Q：吸入水量（m³/min）；V：吸入口水之流速（m/sec）（約1.5～3.0m/sec）。

表10-2　吸入口口徑與吸水流量之關係

吸入口口徑（mm）	40	50	65	75	100	125	150
水量（m³/min）	0.11～0.22	0.18～0.36	0.28～0.56	0.45～0.9	0.71～1.4	1.12～2.24	1.8～3.35
標準水量（m³/min）	0.13	0.23	0.42	0.56	1.10	1.70	2.50

續表10-2

吸入口口徑 (mm)	200	250	300	350	400	500
水量 (m³/min)	2.8～5.6	4.5～9.0	7.1～14	9.0～18	11.2～22.4	18～35.3
標準水量 (m³/min)	4.80	7.10	11.0	16.0	21.0	33

2. 比速

每1m之揚程、每1m³/min之出水量時，每分鐘需要之轉速。

$$N_S = \frac{nQ^{0.5}}{H^{0.75}}$$

其中，N_s：比速（rpm）；Q：揚水量（m³/min）；n：抽水機之迴轉數（rpm）；H：總揚程（m）。

表10-3　各種抽水機之比速範圍

型式	渦輪式抽水機	螺式抽水機	斜流式抽水機	軸流式抽水機
比速N_S	120～250	200～450 （軸流）	700～1,200	1,200～2,000
(m-m³/sec-rev/min)	-	450～900 （混流）	-	-

3. 淨正吸水頭（Net Positive Suction Head, NPSH）

離心式抽水機操作時，水流自抽水機入口進入葉輪，葉輪能夠產生作用力之前所需增加之流速及摩擦損失。抽水機運轉時之實際絕對壓力水頭，稱為有效NPSH。有效NPSH值要大於需要NPSH值，當有效NPSH值小於需要NPSH值時，將影響抽水機效率，流量減小，發生震動噪音，甚至穴蝕現象。各類抽水機之需要NPSH值，與其迴轉數和出水量有關。

有效 $HPSH = p + h_s - h_f - h_{vp}$

p：大氣壓力水頭，隨井位標高而異；h_s：淨吸水頭，井內水面與葉輪中心高

差；水面高於葉輪為正值；低於葉輪為負值；h_f：吸水管摩擦損失水頭；h_{vp}：抽水水溫之蒸氣壓力水頭。

4. 抽水機總水頭

$$H = h_d + h_s + f_d + f_s + \frac{V_d^2}{2g}$$

H：總水頭；h_d：抽水送水靜水頭；h_s：抽水機之吸水高度（水面比抽水機低時採正數；高時採負數）；f_d：抽水機送水管摩擦損失水頭；f_s：抽水機吸水管摩擦損失水頭；$\frac{V_d^2}{2g}$：抽水機送水管出口流速水頭。

5. 抽水機動力計算

(1) 抽水機動力（分別計算效率）

    a. 抽水機軸馬力

$$SH_p = 0.222QH/n_p$$

    其中，SH_p：抽水機軸馬力（HP）；Q：揚水量（m³/min）；H：總揚程（m）；n_p：抽水機效率，一般為0.7。

    b. 所需馬力

$$RH_p = SH_p \times \frac{e}{n_i}$$

    其中，RH_p：抽水機所需馬力（HP）；n_i：電動機傳動效率。

        (a)三角度帶：0.93～0.95。

        (b)平皮帶：0.90～0.93。

        (c)橫軸正齒輪變速器：0.92～0.98。

        (d)傘型齒輪變速機：0.90～0.95。

        (e)直結（法蘭西）式：1（一般採用0.95）。

    e：安全係數（電動機：1.1；內燃機：1.15～1.25）。

(2) 抽水機動力（總效率）

$$RH_p = 0.222QH/e$$

其中，RH_p：抽水機所需馬力（HP）；Q：揚水量（m³/min）；H：總揚程（m）；e：總效率 = 抽水機效率 + 馬達效率 + 傳動效率，通常約70～80%，電動機安全係數一般估1.15。

表10-4　抽水機效率

低揚程抽水機					高揚程抽水機		
口徑(mm)	橫軸		立軸		口徑(mm)	螺式	立軸混流式
	混流	軸流	混流	軸流			
600	77	75	76	74	200	65	-
700	78	76	77	75	250	68	-
800	79	77	78	76	300	71	68
900	80	78	79	77	350	73	70
1,000	81	79	80	78	400	75	72
1,200	82	80	81	79	450	77	74
1,350	82.5	80.5	81.5	79.5	500	78	75
1,500	83	81	82	80	600	82	78
1,650	83.5	81.5	82.5	80.5	700	82	79
1,800	84	82	83	81	800	83	80
2,000	84	82	83	81	900	83	81
2,200	-	-	84	82	1,000	84	-
2,400	-	-	84	82	1,200	85	-
2,600	-	-	85	83	-	-	-
2,800	-	-	85	83	-	-	-

6. 動力設備

(1) 抽水動力設備有內燃機和電動機兩種，一般採用電動機。電動機有橫式和立式兩大類。

　　a. 橫式電動機：動力軸與地面平行，軸承負載不大，螺式抽水機常用之。以電源種類又可分直流電和交流電兩種。

　　b. 立式電動機：動力軸與地面垂直，軸承負載大，渦輪式抽水機常用

之。此類電動機附設逆上裝置，以防止停止抽水時，水管殘留水量回流引起抽水機和電動機逆轉。

(2) 製造廠對製品之使用條件及保證限度之規定，馬達之各動類額定，依規定應記於銘版上。馬達之主要額定包括：額定輸出、額定轉速、額定週率、額定電壓、額定電流、溫升、時間額定等。

(3) 揚程超過150m時，宜設中繼站分段抽水。

(4) 三相感應馬達之效率為70%～95%（馬力由大而小）。單向馬達效率為70%～75%（電容器運動馬達除外），故動力在2馬力以下採用單相，3馬力以上採用三相。

(5) 抽水機房應有避雷針之設施。

10.6　各項工程單元

一、出水口

出水口所排放之出流洪峰流量，應小於入流洪峰流量之一定比例（如80%），並不得大於開發前之洪峰流量，以收滯洪池效益。同時要檢視聯外排水之承容能力，排放量不能超過下游排水系統之容許排洪量。

出水口不能被樹枝或垃圾堵塞而降低出流量，嚴重堵塞甚至導致滯洪池之滯洪功能大減，形同蓄洪池。如果沒有發揮溢洪功能，則滯洪池會有溢淹情形發生。因此，出水口需要設置攔汙柵，攔阻雜物。

雖然出水口有束縮矩形堰壩、束縮開口堰壩、圓形或矩形孔口等三種，常見之出水口型式仍然以重力式壩、懸臂式壩、圓形或矩形孔口之孔口構造物為主。

(一) 束縮矩形堰型出水口（滯洪壩）

滯洪壩之開口為深而窄之矩形，開口處斷面為抵抗水流黏滯力及砂石滾動所產生的摩擦力，其結構應加強。可於開口兩側下游面設置撐牆，加強其支撐力量。

1. 矩形開口之出流量與水位高之關係，可依下式決定：

(1) 重力式壩

$$Q = 2.09BH^{1.73}$$

式中，Q：流量（m^3/s）；B：開口寬度（m）；H：開口以上水位高度（m）；W：壩址的平均寬度（m）。

適用條件：

a.相對出水口寬度 $0.061 < B/W < 0.318$。

b.壩體下游面坡度 1：0.3。

c.壩體上游面坡度 1：0.5。

(2) 懸臂式壩體

$$Q = 2.36B^{1.13}H^{1.53}$$

a.適用條件：S（坡度）= 5%。

b.相對出水口寬度 $B/W = 0.033 \sim 0.175$。

(二) 圓形孔口

$$Q = CA\sqrt{2gh} = C\frac{\pi}{4}D^2\sqrt{2gh} = 3.479CD^2h^{0.5}$$

$$Q = 2.783D^2h^{0.5} \, f \, or \, C = 0.8$$

$$Q = 2.087D^2h^{0.5} \, f \, or \, C = 0.6$$

式中，Q：流量（m^3/s）；C：流量係數；制式管涵：0.8；場鑄圓孔：0.6；π：圓周率，3.1416；h：自出水口一半處起算之有效水頭高度（m）；D：孔口直徑（m）；g：重力加速度，9.81（m/s^2）。

(三) 矩形孔口

$$Q = CA\sqrt{2gh} = CbH\sqrt{2gh} = 4.429CbHh^{0.5}$$

$$Q = 2.657bHh^{0.5} \, f \, or \, C = 0.6$$

式中，Q：流量（m^3/s）；C：流量係數；A：出水口斷面積（m^2）；h：自出水口一半處起算之有效水頭高度（m）；b：出水口寬度（m）；H：出水口高度（m）。

二、溢流口

(一) 矩形開口型

$$Q = 2.953Cbh^{1.5}$$

$$Q = 1.767bh^{1.5} \, f \, \text{or} \, C = 0.598$$

式中，Q：溢流量（m^3/s）；b：溢流口寬度（m）；h：溢流水深（m）。

(二) 梯形開口型

$$Q = \frac{2Ch}{15}(2b_u + 3b_o)\sqrt{2gh}$$

$$Q = (1.77b_o + 1.42h)h^{1.5} \, \text{for} \, C = 0.6，梯形邊坡斜率為 1：1$$

$$Q = (1.77b_o + 0.71h)h^{1.5} \, \text{for} \, C = 0.6，梯形邊坡斜率為 1：0.5$$

式中，Q：溢流量（m^3/s）；C：流量係數；b_u：溢流口頂寬（m）；b_o：溢流口底寬（m）；h：溢流水深（m）；g：重力加速度，9.81（m/s^2）。

三、側溢流堰

側流堰流量

$$Q_s = Q_1 - Q_2$$

亞臨界流流況時

$$C_M = 0.7 - 0.48F_1 - 0.3\frac{s}{y_1} + 0.06\frac{L}{B}$$

或

$$C_M = C_C \cdot C$$

$$C_C = 4.4055\left(1 + \frac{y_0 - s}{s}\right)^{-0.36}(y_0 - s)^{0.41}L^{0.24}$$

$$\frac{q_s}{\sqrt{gy_0^3}} = 0.8124\left(\frac{q}{\sqrt{qy_0^3}}\right)^{-1.34}\left(\frac{y_0 - s}{L}\right)^{1.14}$$

式中，B：渠道（箱涵）寬度（m）；y_1、y_2、y_0：側流堰頭端水深、側流堰

尾端水深、正常水深（m）；s：側流堰高度（m）；Q_1、Q_2、Q_s：側流堰頭端流量、側流堰尾端流量、側流堰流量（cms）；L：側流堰長度（m）；C_M：狄馬奇係數（De Marchi coefficient）；g：重力加速度，9.81（m/s^2）；F_1：側流堰頭端福祿數。

10.7　規劃設計原則

　　滯洪設施之規劃設計係依據森林和山坡地地區，以及平地地區，分別選取其法定不同重現期距流量，計算入出流量和滯洪量體。在土地面積有限之條件下，也會規劃滯洪設施平時作為休閒運動空間使用，或是增加透水鋪面以降低表面逕流量；降雨期間則作為滯洪使用。

　　依據地區特性可分為二類：

一、森林和山坡地地區：由於森林和山坡地地區植生覆蓋密度高，土壤孔隙率大，入滲量較平地多，地表逕流量得以大為降低。森林和山坡地地區因為開發而規劃設計滯洪、沉砂設施之目的，係為遲滯洪峰、調節泥砂流出量、保護下游居民生命財產安全。

二、平地地區：行之多年之都市計畫，經常將高透水之農地變更為大部分不透水之住宅區、商業區或工業區等，雖然同時規劃完善之排水路，新興都市計畫區得以不受淹水之威脅，然而排水路下游地區卻會因為上游沒有滯洪規劃而帶來比以前較多水量，甚至有淹水之虞，導致以鄰為壑之現象發生。如果各個開發行為都會自行吸收因為開發所增加之逕流量，則其下游承受水體不僅不需要拓寬，下游地區也不會有淹水之虞。目前僅有桃園市以地方自治條例要求新興都市計畫區應自行吸收因為開發所增加之逕流量。都市地區由於土地價錢較為昂貴，除了公園、綠地兼作降雨期間之滯洪、沉砂設施使用外，最近也大量規劃人行道、透水鋪面等透水保水設施，以增加入滲量、減少地表逕流量。Pitt, R.（2004）認為，滯洪設施並沒有顯著降低都市開發前後所增加之逕流量，或是解決下游洪水問題，他也主張以SWMM類之模擬軟體或是以水庫演算滯洪量會比較合適。雖然如此，他認為USDA之Soil Conservation Service, SCS, 目前為 Natural Resources Conservation

Service, NRCS之TR-55：小集水區之都市水文（Urban Hydrology for Small Watersheds）還是可以得到設計洪峰流量條件下之滯洪池體大小。

10.8　規劃設計流程

一、合理化公式

開發基地各重現期距之洪峰流量，依開發面積或集水區面積、設計降雨強度、逕流係數計算。計算步驟如下：

(一) 求得開發基地或集水區面積。

(二) 依據開發基地或集水區之地形狀況，如陡峻山地、山嶺區、丘陵地或森林地、平坦耕地和非農業使用，配合有無開發整地等條件，決定逕流係數。

(三) 依據地理參數求得集流時間。

(四) 查閱附錄所列之年平均降雨量，並與鄰近開發基地氣象站或雨量站15年以上之年平均降雨量比較，選取較大者作為計算值。

(五) 依據無因次降雨強度公式求得設計降雨強度。

(六) 代入合理化公式求得洪峰流量。

(七) 設定滯洪深度和出水口型式、高程、大小。

(八) 檢核出流洪峰流量不得超過開發前之洪峰流量，以及不應超過下游排水系統之容許排洪量。

(九) 如果無法通過檢核，必須重新調整滯洪深度和出水口高程、大小後，再度檢核。

二、流量歷線法：從流量歷線求得洪峰流量

開發基地各重現期距之洪峰流量，依集水區面積、暴雨量、設計雨型、有效降雨量、集流時間、降雨—逕流模式計算。計算步驟如下：

(一) 採用主管機關治理規劃報告成果，或以降雨強度公式求設計雨型。

(二) 計算集流時間（hr）t_c，和單位降雨延時（hr）t_r（集流時間與單位降雨延時關係如附錄二附表2-4）。

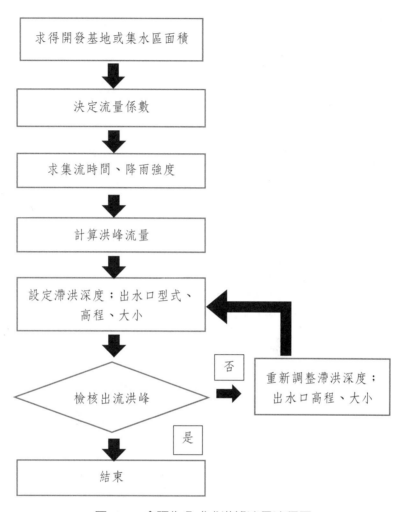

圖10-7　合理化公式求洪峰流量流程圖

(三) 求洪峰到達時間t_p；基期t_b。

(四) 選擇計算時間大小Δt。

(五) 採取有效雨量$P_e = 10$ mm。

(六) 代入SCS公式求洪峰流量Q_p。

(七) 計算三角形單位歷線總逕流體積。

(八) 計算有效雨量在開發基地內之降雨體積。

(九) 比較單位歷線內總逕流體積和開發基地降雨體積，以修正洪峰流量。

(十) 以某一重現期距於特定延時之有效降雨量代入單位歷線，求得流量歷線。

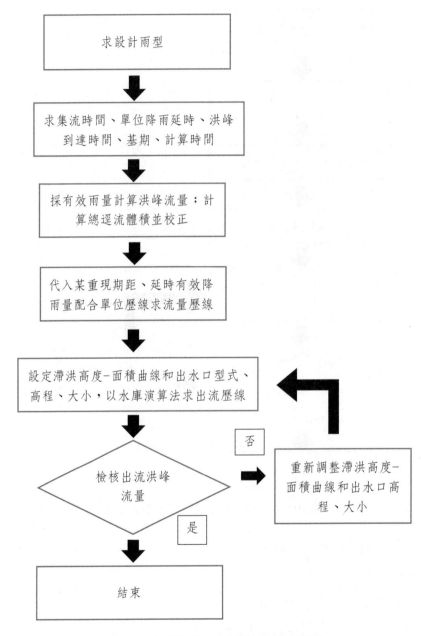

圖10-8　流量歷線法求洪峰流量流程圖

(十一) 設定滯洪池高度－面積曲線和出水口型式、高程、大小。

(十二) 以水庫演算之波爾斯法，配合滯洪池之高度－面積曲線計算出流流量
　　　歷線，並得到出流洪峰流量。

(十三) 檢核出流洪峰流量不得超過開發前之洪峰流量，以及不應超過下游排水系統之容許排洪量。

(十四) 如果無法通過檢核，必須重新調整滯洪池高度—面積曲線和出水口高程、大小後，再度檢核。

10.9 設計洪峰流量

目前估算滯洪池滯洪量之方法有兩類。一類是由合理化公式計算所得之洪峰流量估算；另一類則是利用流量歷線配合水庫演算法計算。合理化公式法僅能求得滯洪量；而流量歷線法不僅能夠求得滯洪量，同時也能夠求得出流歷線，亦即各個時間之出流量值。雖然如此，流量歷線法計算過程繁複，需要耗時蒐集相當多水文參數資料，對於沒有實測水文資料或小面積開發，尤其是小型山坡地社區開發，選用合理化公式法求得滯洪量會比較經濟、省時。

一、合理化公式

(一) 洪峰流量

雖然周文德的應用水文學手冊建議，應用合理化公式之面積以不超過100英畝、40.5公頃為宜，至多不超過200英畝、81公頃，最好不要超過1,000公頃。

$$Q_p = \frac{1}{360} CIA$$

式中，Q_p：洪峰流量（cms）；C：逕流係數；I：降雨強度（mm/hr）；A：集水面積（ha）。

由於滯洪量係由入、出流量計算而得，一般有兩種估算方式。

開發前流量為一定重現期距以上之洪峰流量；開發後流量則為一定重現期距以下之洪峰流量。例如，入流洪峰流量至少採50年以上重現期距之洪水；出流洪峰流量則為25年以下重現期距之洪水。

開發前，流量為一定重現期距以上之洪峰流量；開發後，流量則以排洪深度和滯洪期間（依保全對象之重要性不同，分別採用1～2小時）。

例如

$$Q_2 = \frac{1}{360} C_2 I A$$

$$Q_1 = \frac{1}{360} C_1 \frac{d}{t_d} A$$

Q_2、Q_1：入、出流洪峰流量（cms）；C_2、C_1：逕流係數；d：排洪深度（mm）；t_d：滯洪期間（hr）。

(二) 逕流係數

依據開發基地或集水區之地形狀況，如陡峻山地、山嶺區、丘陵地或森林地、平坦耕地和非農業使用，配合有無開發整地等條件，決定逕流係數。

表10-5 逕流係數表

集水區狀況	陡峻山地	山嶺區	丘陵地或森林地	平坦耕地	非農業使用
無開發整地區	0.75～0.90	0.70～0.80	0.50～0.75	0.45～0.60	0.75～0.95
開發整地區	0.95	0.90	0.90	0.85	0.95～1.00

(三) 集流時間

集流時間（t_c）係指逕流自集水區最遠一點到達一定地點所需時間，一般為流入時間與流下時間之和。其計算公式如下：

$$t_c = t_1 + t_2$$

$$t_1 = \ell/v$$

式中，t_c：集流時間（min）；t_1：流入時間（雨水經地表面由集水區邊界流至河道所需時間）；t_2：流下時間（雨水流經河道由上游至下游所需時間）；ℓ：漫地流流動長度；v：漫地流流速（一般採用0.3至0.6 m/s）。

流下速度之估算，於人工整治後之規則河段，應根據各河斷面、坡度、粗糙係數、洪峰流量之大小，依曼寧公式計算；天然河段得採用下列芮哈（Rziha）經驗公式估算。

芮哈公式：

$$t_2 = L/W$$

其中

$$W = 72(H/L)^{0.6} \text{ (km/hr)}$$

或

$$W = 20(H/L)^{0.6} \text{ (m/s)}$$

式中，t_2：流下時間（min）；W：流下速度（km/hr或m/s）；H：溪流縱斷面高程差（km）；L：溪流長度（km）。

(四) 降雨強度

採用水土保持技術規範之無因次降雨強度公式：

$$\frac{I_t^T}{I_{60}^{25}} = (G + H \log T)\frac{A}{(t+B)^C}$$

$$I_{60}^{25} = \left(\frac{P}{25.29 + 0.094P}\right)^2$$

$$A = \left(\frac{P}{-189.96 + 0.31P}\right)^2$$

$$B = 55$$

$$C = \left(\frac{P}{-381.71 + 1.45P}\right)^2$$

$$G = \left(\frac{P}{42.89 + 1.33P}\right)^2$$

$$H = \left(\frac{P}{-65.33 + 1.836P}\right)^2$$

　　由於氣象局各自記雨量站設站年分不一，紀錄期間也不同，因此，當雨量紀錄期間足夠做為統計分析時，則可以直接推導出該雨量站之A、B、C、G、H等參數製表；其餘雨量紀錄期間不足以作為統計分析之雨量站，則將其雨量紀錄資料配合各雨量站之年平均降雨量值，求得A、B、C、G、H等參數之推導公式。所以，紀錄年限長（超過25年完整記錄）之雨量站，其資料足以做統計分析者，可以直接參閱附錄三附表之A、B、C、G、H等參數值，代入公式計算降雨強度。其餘雨量站則需要代入該雨量站之年平均降雨量值去求得A、B、C、G、H

等參數值後，接著再計算降雨強度。如果開發基地距離雨量站非常遠時，則可以利用等雨量線圖內差，求得年平均雨量值，再依據紀錄期間短之雨量站計算降雨強度之步驟計算即可。

　　年平均降雨量值會忽略月尖峰降雨量，同時月平均降雨量也會忽略小時尖峰降雨量。因此，以小時尖峰降雨強度規劃設計排水工程，可以降低驟雨淹水之風險；但是如果用來規劃河川防洪工程時，則會有過度保守之設計。相反地，以年平均降雨量設計水利或水保工程，則會造成低估小面積集水區設計逕流量之結果。另外，規劃山坡地排水系統之設計降雨強度時，一般沒有設定降雨延時，經常假設集水區內之降雨為一均勻降雨事件，以集流時間代替降雨延時。

　　因此：

1. 當開發基地位於表列氣象站附近時，前項之年平均降雨量與A、B、C、G、H 等係數，可參考附錄三。
2. 當計畫區附近之氣象站只有年平均降雨量，且無A、B、C、G、H 等係數時，可依前述之計算式分別計算各參數值。
3. 當計畫區附近無任何氣象站時，則從年等雨量線圖查出計畫區之年平均降雨量值，再依計算式分別計算各參數值。

二、流量歷線法

　　流量歷線法係以某一重現期距24小時降雨延時有效降雨量，代入SCS修正三角形單位歷線推導進入滯洪池之流量歷線，再藉由水庫演算估算出流歷線，說明如下。

(一) 設定某一重現期距24小時暴雨量

1. 採用主管機關治理規劃報告各重現期距分析成果或水文設計應用手冊（經濟部水資源局，2001）成果。
2. 沒有治理規劃報告者，可以採用鄰近開發基地氣象站或雨量站之降雨強度公式：

$$I_{24}^T = \frac{a}{(t+b)^C}$$
$$R_{24} = I_{24}^T \times 24$$

式中，I_{24}^T：重現期距*T*年，降雨延時24小時之降雨強度（mm/hr）；*t*：降雨延時（1,440min）；*a*、*b*、*c*：係數；R_{24}：24小時暴雨量（mm）。

(二) 設計雨型

依據鄰近開發基地氣象站或雨量站之降雨強度公式，進行各重現期距雨型設計，設計雨型採交替區塊法，單位時間刻度採10分鐘（集流時間較短者採用5分鐘）。

(三) 有效降雨量

有效降雨量為降雨量減去降雨損失量。降雨損失依土地利用及土壤別而定，一般採固定降水損失率（即平均降雨損失）2～4mm/hr估計，或採SCS之曲線號碼法CN（Curve Number）估計有效降雨。曲線號碼可依據土壤種類、地表覆蓋和土地利用等條件決定（詳如附錄二，附表2-6至附表2-9）。然後，再由曲線號碼來估算超滲降雨量，方法簡單而且可以考慮開發基地之土壤與土地利用特性，頗適合於推估開發前後超滲降雨量之變化，進而評估基地開發對逕流量之影響。

美國水土保持局利用多次降雨與超滲降雨紀錄，做成累積超滲降雨量與累積降雨量之相關曲線圖，其計算公式如下。

以SCS之曲線號碼法（Curve Number, CN）計算：

英制

$$P_e = \frac{(P - I_a)^2}{P - I_a + S}$$

$$I_a = 0.2S$$

$$S = \frac{1000}{CN} - 10$$

公制

$$S = \frac{25400}{CN} - 254 \text{ (mm)}$$

式中，P_e：累積超滲降雨量（mm）；*P*：累積降雨量（mm）；*S*：含初期扣除量之最大滯流量，由曲線號碼（CN）求得；CN：SCS曲線號碼（如附錄二，附表2-6至附表2-9）。

(四) 集流時間

SCS三角形單位歷線法將地表逕流分為層流（sheet flow）、集中逕流（shallow concentrated flow）和渠流（channel flow）三個階段，這三個階段所流經時間的總合即為集流時間（hr）。

$$t = t_s + t_{sc} + t_c$$

1. 層流（一般小於300ft）

$$t_s = \frac{0.007(nL)^{0.8}}{P_2^{0.5}S^{0.4}}$$

t_s：集流層流時間（hr）；n：曼寧粗糙係數；L：層流長度（ft）；P_2：重現期距2年、延時24小時降雨（in）；S：層流流路坡度（m/m）。

如果降雨單位改為公釐（mm）；長度單位改為公尺（m），有

$$t_s = \frac{0.007\left(n\dfrac{L}{0.3048}\right)^{0.8}}{\left(\dfrac{P_2}{25.4}\right)^{0.5}S^{0.4}}$$

經整理，得

$$t_s = \frac{0.091(nL)^{0.8}}{P_2^{0.5}S^{0.4}}$$

2. 集中逕流

(1) 無鋪面層：

$$V = 16.1345S^{0.5}$$

(2) 鋪面層：

$$V = 20.3282S^{0.5}$$

$$t_{sc} = \frac{L}{3600V}$$

式中，L：淺流路徑長度（ft）；V：流速（ft/s）。

如果長度單位改為公尺（m）時，有

(1) 無鋪面層：

$$V = 0.3048 \times 16.1345 S^{0.5}$$

經整理，得

$$V = 4.9178 S^{0.5}$$

$$t_{sc} = \frac{L}{17704 S^{0.5}}$$

(2) 鋪面層：

$$V = 0.3048 \times 20.3282 S^{0.5}$$

經整理，得

$$V = 6.196 S^{0.5}$$

$$t_{sc} = \frac{L}{22306 S^{0.5}}$$

3. 渠流

$$V = \frac{1.486}{n} R^{2/3} S^{1/2}$$

R 為水力半徑（ft）。

如果改為公制，則有

$$V = \frac{1}{n} R^{2/3} S^{1/2}$$

$$t_c = \frac{L}{3600V}$$

(五) 推估單位歷線洪峰流量

$$Q_p = \frac{0.208 P_e A}{\frac{t_r}{2} + t_{lag}} = \frac{0.208 P_e A}{t_p}$$

其中，

$$t_r = 2\sqrt{t_c}$$

$$t_{lag} = 0.6t_c$$

$$t_p = \frac{t_r}{2} + t_{lag} = \sqrt{t_c} + 0.6t_c$$

$$t_r \leq 0.133t_c$$

$$t_b = t_p + t_m = t_p + 1.67t_p = 2.67t_p = 2.67(\sqrt{t_c} + 0.6t_c)$$

表10-6　集流時間和單位降雨延時關係表

集流時間	D≦$0.133t_c$	採用值（min）
$t_c \geq 6.0$hr	> 48 min	60
$5.0 \leq t_c < 6.0$hr	$40 \leq D < 48$ min	50
$4.0 \leq t_c < 5.0$hr	$32 \leq D < 40$ min	40
$3.0 \leq t_c < 4.0$hr	$24 \leq D < 32$ min	30
$2.0 \leq t_c < 3.0$hr	$16 \leq D < 24$ min	20
$1.0 \leq t_c < 2.0$hr	$8 \leq D < 16$ min	10
$t_c < 1.0$hr	D < 8 min	5

式中，t_r：單位降雨延時（hr）；t_c：集流時間（hr）；Q_p：三角形單位歷線洪峰流量（cms）；t_{lag}：洪峰稽延時間（hr）；P_e：有效降雨量（mm）；A：開發基地面積（km^2）。

如果開發基地面積單位改為公頃，ha，則有

$$Q_p = \frac{0.00208P_e A}{t_p}$$

(六) 校正單位歷線洪峰流量

在求得三角形單位歷線總逕流體積和有效雨量在開發基地內之降雨體積後，比較單位歷線內總逕流體積和開發基地降雨體積，以修正單位歷線洪峰流量。

(七) 以某一重現期距於特定延時之有效降雨量代入單位歷線，求得流量歷線，並作為水庫演算之入流歷線。

(八) 設定滯洪池高度－面積曲線

以水庫演算之波爾斯法，配合滯洪池之高度－面積曲線計算出流流量歷線。水庫演算法因為不考慮洪水之楔形蓄水，可應用河川演算法之波爾斯法。

假設在

$$\Delta t = t_2 - t_1 \text{ 時}$$

水文質量守恆，亦即

$$\frac{\partial Q}{\partial x} + \frac{\partial A}{\partial t} = 0 \rightarrow I - O = \frac{\partial S}{\partial t}$$

$$\bar{I} - \bar{O} = \frac{\Delta S}{\Delta t}$$

$$\frac{I_1 + I_2}{2} + \frac{O_1 + O_2}{2} = \frac{(S_2 - S_1)}{\Delta t}$$

式中，I_1和I_2：演算前後之入流量；O_1和O_2：演算前後之出流量；S_1和S_2：演算前後之蓄水量。其中，I_1、I_2、O_1和S_1為已知，O_2和S_2為未知數。

假設滯洪池池頂為自由溢流式；排水孔為圓形管涵（孔口流），以及池底預留泥砂沉積高度hs，則排水孔之流量公式為

$$Q = CA\sqrt{2gh}$$

$$= 0.8\left(\frac{\pi}{4}\right)D^2\sqrt{2gh}$$

式中，A：孔口之斷面積；D：孔口直徑；C：流量係數，取0.8。

假設出流歷線之尖峰流量與入流歷線之退水段相交時，有

$$S = \frac{T}{2}(Q_1 - Q_2)$$

若出水口底部高程高於池底，此一部分空間具有沉澱泥砂之功能，則滯洪池總蓄水量為沉砂量和滯洪量相加。

$$S = S_s + S_d$$

而且，演算表中之最大S值即為滯洪池之滯洪容量。因此，總水頭高度為

$$h' = \frac{S}{A}$$

有效水頭高度為

$$h = h' - h_s - \frac{D}{2}$$

　　將計算所得之有效水頭高度h代入排水孔之流量方程式，檢算D是否須調整，以滿足排水孔之設計出流量，亦即容許之出流洪峰流量。

　　接著，再依波爾斯法計算不同時段之出流量。

$$\frac{I_1 + I_2}{2} + \frac{O_1 + O_2}{2} = \frac{(S_2 - S_1)}{\Delta t}$$

$$\rightarrow \left(S_2 + \frac{O_2}{2}\Delta t\right) = \left(\frac{I_1 + I_2}{2}\right)\Delta t + \left(S - \frac{O_1}{2}\Delta t\right)$$

或

$$\left(\frac{2S_2}{\Delta t} + O_2\right) = (I_1 + I_2) + \left(\frac{2S_1}{\Delta t} - O_1\right)$$

　　計算流量之前，必須依總水頭高度分別計算相關參數，由於滯洪池蓄水體積為蓄水高度和蓄水面積之乘積，因此，需要先依據實測地形圖求得每一公尺等高線間之面積，再推導出該滯洪池之高度—面積曲線。幾何形狀固定之滯洪池體可以求出該曲線之回歸方程式，會更方便得到不同高度之蓄水體積。出水量則依據不同型式之出水口公式計算。

　　從出流流量歷線得到出流洪峰流量。接著，檢核出流洪峰流量不得超過開發前之洪峰流量，以及不應超過下游排水系統之容許排洪量。如果無法通過檢核，必須重新調整滯洪池高度—面積曲線後，再度檢核。

　　水庫演算法因為不考慮洪水之楔形蓄水，可應用河川演算法之波爾斯法。

　　假設在

$$\Delta t = t_2 - t_1 \text{ 時}$$

水文質量守恆，亦即

$$\frac{\partial Q}{\partial x} + \frac{\partial A}{\partial t} = 0 \rightarrow I - O = \frac{\partial S}{\partial t}$$

$$\bar{I} - \bar{O} = \frac{\Delta S}{\Delta t}$$

$$\frac{I_1 + I_2}{2} + \frac{O_1 + O_2}{2} = \frac{(S_2 - S_1)}{\Delta t}$$

式中，I_1和I_2：演算前後之入流量；O_1和O_2：演算前後之出流量；S_1和S_2：演算

前後之蓄水量。其中，I_1、I_2、O_1和S_1為已知，O_2和S_2為未知數。

在無控制式滯洪池情況下

$$\left(\frac{2S_2}{\Delta t} + O_2\right) = (I_1 + I_2) + \left(\frac{2S_1}{\Delta t} - O_1\right)$$

由於滯洪池蓄水體積為蓄水高度和蓄水面積之乘積，因此，需要先依據實測地形圖求得每一公尺等高線間之面積，再推導出該滯洪池之高度－面積曲線。可以的話，求出該曲線之回歸方程式會更方便得到不同高度之蓄水體積。出水量則依據不同型式之出水口公式計算。

從出流流量歷線得到出流洪峰流量。接著，檢核出流洪峰流量不得超過開發前之洪峰流量，以及不應超過下游排水系統之容許排洪量。如果無法通過檢核，必須重新調整滯洪池高度－面積曲線後，再度檢核。

(九) 設計滯洪量

滯洪池之設計滯洪量，係以滯洪量乘以安全係數而得，如下公式：

$$V_{sd} = S_f V_s = 1.1 \sim 1.3 V_s$$

安全係數之大小，係決定於永久性或臨時性滯洪池之規劃設計而定。

10.10　滯洪池透水保水指標

雖然臺北市規定法定空地、建築物地面層、地下層或筏基內設置水池、雨水花園、水槽等多元雨水貯集或入滲手法，以蒐集屋頂、外牆面或法定空地雨水等流出抑制設施之保水量體，得納入貯集滯洪量（納入量以所需貯集滯洪量之20%為上限）一併檢討。同時，內政部營建署（2012）建築基地保水設計技術規範也選取適合水土保持計畫範圍（山坡地建築基地除外）之保水指標。在沒有邊坡穩定、地滑、陷落、順向坡等山坡地災害之虞時，如果與山坡地建築一樣，為開發後固定時間內之總滲透量和開發前原滲透量之比值，亦即開發後計畫範圍保水量和原計畫範圍保水量之比值，則這些保水量將可降低表面逕流發生之機會。如果該比值小於或等於0.3時之保水量可以抵免部分滯洪量，有可能會增加山坡地

建築增添透水保水設施之誘因。

　　水土保持計畫範圍（山坡地建築基地除外）之保水指標計算值，建議依下式計算，其計算值λ應大於基地保水基準值λ_C。

$$\lambda = \frac{開發後計畫範圍保水量}{原計畫範圍保水量} = \frac{Q'}{Q_0} = \frac{\sum_{i=1}^{n} Q_i}{A_0 \cdot f \cdot t} \leq \lambda_C = 0.3$$

λ：水土保持計畫範圍保水指標；λ_c：水土保持計畫範圍保水指標基準；Q：各類保水設施之保水量總和（m^3）；Q_i：某類保水設施之保水量；Q_0：原計畫範圍保水量；A_0：水土保持計畫總面積；f：基地最終入滲率（m/s）（係指降雨時，雨水被土壤吸收之速度達穩定時之值，應在現地進行入滲試驗求之，或以表層2m以內土壤認定之）；t：最大降雨延時基準值（s），建議採用1天，86,400sec。

　　滯洪池之透水保水體積包含滯洪量及入滲體積，計算公式如下：

一、貯存體積 ＝ 深度（m）×面積（m^2），深度係指溼式滯洪池或生態滯洪池平常蓄存水位；乾式滯洪池之貯存體積為0。

二、入滲體積 ＝ 滯洪池底部面積（m^2）×最終入滲率（m/s）×時間（hr）×3,600，時間以0.5小時計算。溼式滯洪池因為蓄水關係，池底為不透水狀態，因此，不能計入入滲體積。

(一) 滯洪池

滯洪池之透水保水體積分為貯存體積及入滲體積，計算公式如下：

　　貯存體積 ＝ 深度（公尺）×面積（平方公尺），深度係指溼式滯洪池或生態滯洪池平常蓄存水位；乾式滯洪池之貯存體積為0。

　　入滲體積 ＝ 滯洪池底部面積（平方公尺）×最終入滲率（公尺／秒）×時間（小時）×3,600，時間以0.5小時計算。

(二) 草溝

草溝之透水保水體積計算方法如下：

　　入滲體積 ＝ 草溝通水斷面周長（公尺）×草溝總長度（公尺）×草溝入滲率（公尺／秒）×時間（小時）×3,600，時間以0.5小時計算。

或

入滲體積＝草溝面積（平方公尺）×入滲率（公尺／秒）×時間（小時）
×3,600，時間以0.5小時計算。

(三) 透水集水井

透水集水井之透水保水體積計算方法如下：

集水井體積＝集水井底部面積（平方公尺）×集水井沉砂深度（公尺）

(四) 透水鋪面

透水鋪面之透水保水體積計算方法如下：

貯存體積為表面層與粒料層貯存體積之和

1. 表面層貯存體積＝表面層厚度（公尺）×面積（平方公尺）×孔隙率
2. 粒料層貯存體積＝粒料層厚度（公尺）×面積（平方公尺）×孔隙率

入滲體積＝入滲區底部面積（平方公尺）×最終入滲率（公尺／秒）×
時間（小時）×3,600，時間以0.5小時計算。

(五) 緩衝帶

緩衝帶是一個靠近坡頂、坡腳、河流、湖泊、水塘和溼地旁之永久性樹木和
灌木區域，可作為逕流緩衝，並具有提供生態多樣性和水質改善效益。

緩衝帶之透水保水體積計算方法如下：

入滲體積＝緩衝帶面積（平方公尺）×最終入滲率（公尺／秒）×時間（小時）
×3,600。時間以0.5小時計算。

表10-7　透水設施流量計算公式

透水保水設施	計算公式	變數說明
滯洪池	$Q_1 = A_1 \cdot f \cdot t + h_1 \cdot A_1$	h_1：溼式或生態滯洪池水位（m） A_1：溼式或生態滯洪池面積（m²）
草溝	$Q_2 = R \cdot L \cdot f \cdot t$ $Q_2 = A_2 \cdot f \cdot t$	R：草溝通水斷面周長（m） L：草溝總長度（m） A_2：草溝面積（m²）

續表10-7

透水保水設施	計算公式	變數説明
透水集水井	$Q_3 = n(A_3 \cdot f \cdot t + h_3 \cdot A_3)$	n：透水集水井個數 h_3：透水集水井沉砂深度（m） A_3：透水集水井底部面積（m²）
透水鋪面	$Q_4 = (h_4 + h_5) \cdot A_4 \cdot f \cdot t$	h_4：透水鋪面表面層厚度（m） h_5：透水鋪面粒料層厚度（m）
緩衝帶	$Q_5 = A_5 \cdot f \cdot t$	A_5：緩衝帶面積（m²）

表10-8　土壤最終入滲率及滲透係數值

土層分類描述	粒徑 D_{10}（mm）	統一土壤分類	最終入滲率 f（m/s）	土壤滲透係數 k（m/s）
不良級配礫石	0.4	GP		10^{-3}
良級配礫石	—	GW		10^{-4}
沉泥質礫石	—	GM	10^{-5}	10^{-4}
黏土質礫石	—	GC		
不良級配砂	—	SP		10^{-5}
良級配砂	0.1	SW		
沉泥質砂	0.01	SM	10^{-6}	10^{-7}
黏土質砂	—	SC		
泥質黏土	0.005	ML		10^{-8}
黏土	0.001	CL	10^{-7}	10^{-9}
高塑性黏土	0.00001	CH		10^{-11}

1. 若基地表層土為回填土時，其最終入滲率統一取。
2. 屬於相同土壤統一分類的不同土質，會因為緊密程度以及組成的不同，其滲透係數的值會有所差異，最大會有±10%的誤差。本表乃是取其最小值

表10-9　土壤最終永久性沉砂池及滲透係數簡易對照表

土質	砂土	粉土	黏土	高塑性黏土
最終入滲率f（m/s）	10^{-5}	10^{-6}	10^{-7}	10^{-7}
土壤滲透係數k（m/s）	10^{-5}	10^{-7}	10^{-9}	10^{-11}

　　一般而言，滯洪池剛構築完成初期，入滲量會比較大，出現滯洪池透水保水量大增現象。經過一段時間後，入滲量會達到最終入滲量，亦即入滲量會比初期小很多。部分小規模、低滲透性土壤地區之滯洪池因為量體不大，最終入滲量小，經常忽略不計，而有滯洪池透水保水量等於滯洪量之現象產生。

10.11　滯洪池規劃設計與出流管制、雨水流出抑制設施之關係

　　依據相關條文規定，經過主管機關核定之水土保持計畫之山坡地建築開發案件，並規劃、設置滯洪沉砂池者，不需要申請核定水利法之出流管制計畫書或是臺北市雨水流出抑制設施，說明如下。

　　為達到基地開發減洪與滯洪，基地使用人應設雨水流出抑制設施，以控制基地向外排放雨水逕流，該設施需符合所訂排入雨水下水道逕流量標準，以發揮雨水流出抑制之效果。（臺北市雨水流出抑制設施設計參考手冊，2017）

　　相關規定如下：

一、最小貯集滯洪量：基地開發應貯集或滲透之最小雨水總體積，以基地面積每平方公尺應貯集0.078立方公尺之雨水體積為計算基準。

二、最大排放量：基地開發每秒鐘得允許排放之最大雨水體積，以基地面積每平方公尺每秒鐘允許排放0.0000173立方公尺之雨水體積為計算基準。

三、流出抑制設施可於法定空地、建築物地面層、地下層或筏基內設置水池、雨水花園、水槽等多元雨水貯集或入滲手法，以蒐集屋頂、外牆面或法定空地之雨水，並連接至控制排放量設施（可控制排放量體之堰、孔口、抽水機等相關設施）後，再排出至建築基地外雨水下水道系統。

四、綠建築相關保水設施之保水量體，得納入貯集滯洪量一併檢討，但其納入量以所需貯集滯洪量之20%為上限。

五、依水土保持法第12條規定，經主管機關核定水土保持計畫之山坡地建築開發案件，並規劃、設置滯洪沉砂池者，其基地使用人得免設置雨水流出抑制設施。

另外，出流管制計畫書與規劃書審核監督及免辦認定辦法（2019）包括：

一、辦理土地開發利用達二公頃以上，致增加逕流量者，義務人應提出出流管制計畫書。

二、土地開發利用全部納入水土保持計畫內，或未納入部分未達二公頃者，義務人免依規定辦理出流管制計畫書申請核定。

三、所稱水土保持計畫，指依水土保持法所提之水土保持規劃書及水土保持計畫。

四、義務人依規定免提出流管制計畫書及出流管制規劃書送審者，應備妥水土保持計畫或水土保持規劃書及其核定、審定函。

面積達二公頃以上，義務人應提出出流管制計畫書之土地開發利用樣態如下：（出流管制計畫書與規劃書審核監督及免辦認定辦法第2條）

一、開發可建築用地。

二、學校、圖書館之開發。

三、停車場、駕駛訓練班之開發。

四、公路、鐵路及大眾捷運運輸系統之開發。

五、機場之開發。

六、遊憩設施及觀光遊憩管理服務設施之開發。

七、殯葬設施及宗教建築之開發。

八、發電廠、變電所之開發及液化石油氣分裝場、天然氣貯存槽等設施之開發。

九、掩埋場、焚化廠、廢棄物清除處理廠、廢（汙）水處理廠之開發。

十、農、林、漁、牧產品集貨場、運銷場所、休閒農場、加工場（含飼料製造）、冷凍（藏）庫及辦公廳舍等相關設施之開發。

十一、國防設施用地及其安全設施之開發。

十二、博物館、運動場館設施之開發。

十三、醫院、護理機構、老人福利機構及長期照顧服務機構之開發。

十四、公園、廣場之開發。

十五、工廠之開發、園區之開發。

十六、地面型太陽光電設施（不含水域空間）、綜合區或大型購物中心之開發。

十七、遊樂區、動物園之開發。

十八、探礦、採礦之開發；土資場、土石採取之開發及堆積土石場之開發。

十九、住宅社區之開發。

二十、貨櫃集散站之開發。

二十一、其他經主管機關認定開發行為致增加逕流量。

參考文獻

1. 行政院農業委員會，水土保持技術規範，2020.3

2. 行政院農業委員會水土保持局，水土保持手冊，2017.12

3. 黃宏斌、廖國偉，滯洪沉砂設施效能評估及參考叢書研擬，行政院農委會水土保持局研究報告，2020.04

4. 黃宏斌，滯洪池規劃設計考量，高雄市水利技師公會滯洪池設置與相關措施研習會講義，9-20頁，2002.09

5. 黃宏斌，滯洪設施之水理、泥砂特性研究，國立臺灣大學水工試驗所研究報告第294號，1998.09

6. 黃宏斌，坡地土砂災害防治之研究——調節池之水理特性研究，國立臺灣大學水工試驗所研究報告第266號，1997.06

習題

1. 滯洪池依據位置或動力系統可分為哪幾類，其原理為何？

2. 新竹地區一塊山坡地為一完整集水區，其面積為16.2公頃，集流時間為1.25分鐘，現欲將其中1公頃做為滯洪池，試設計具有自然邊坡之滯洪池規模和相關尺寸（開發前逕流係數取0.75；開發後取0.95）。

3. 給水系統和水保工程之沉砂池有何不同。

4. 目前許多開發業者在規劃水土保持設施時，為節省用地面積，常將滯洪池和沉砂池合併為滯洪沉砂池，試述其優缺點。

5. 試述滯洪設施設計之步驟和需要注意之事項。

6. 請說明滯洪池的設計步驟。

7. 請說明構成滯洪池總高度的各項功能名稱，及其功能。

8. 請說明滯洪池底部加設沉砂池之優缺點。

9. 請說明波爾斯法（Puls Method）在滯洪池設計過程中扮演之角色。

10. 試述臨時性和永久性滯洪設施之管理。

11. 試述滯洪設施設置之目的。當滯洪池和沉砂池合併設計成所謂「滯洪沉砂池」時，會有哪些問題發生？

12. 有一塊0.5公頃之完整山坡地集水區，其集流時間為3.76分鐘，開發前25年頻率洪峰流量為0.0861cms，開發後50年頻率洪峰流量為0.127cms，試問開發建築之永久性滯洪池排入野溪最小滯洪量為多少？當出流口為一單孔直徑0.2公尺之涵管，其流量係數為0.6，且溢流口為1公尺寬之矩形堰時，試繪製簡圖標示排入野溪之滯洪池各部分尺寸。

13. 有一塊0.4公頃之完整山坡地集水區，其集流時間為2.83分鐘，開發前10年頻率洪峰流量為0.0797cms，25年頻率洪峰流量為0.0914cms；開發後50年頻率洪峰流量為0.130cms，試問開發建築之永久性滯洪池排入野溪和排入路邊溝（可承受開發前10年頻率洪峰流量）最小滯洪量各為多少？當出流口為一單孔直徑0.2公尺之涵管，其流量係數為0.6，且溢流口為1公尺寬之矩形堰時，試繪製簡圖標示排入路邊溝之滯洪池各部分尺寸。

chapter **11**

沉砂池

Sedimentation Pool

　　沉砂設施之功能係降低通過水流之含砂濃度，為給水系統、海水淡化系統、汙水處理系統和水土保持處理與維護所經常採用之設施。一般而言，給水系統和海水淡化系統對於囚砂率要求非常高，其次則為汙水處理系統。水土保持處理與維護之沉砂設施，和這三類系統之沉砂設施目的與要求略有不同，水土保持沉砂設施主要在攔截或沉積泥砂或礫石，避免其淤積於野溪、排水路或箱涵，造成野溪、排水路、箱涵或橋梁之通水斷面減少，導致漫溢淹沒鄰近聚落或道路、農田之風險。同時，水土保持之沉砂設施並非規劃將全部泥砂攔截在上游坡面，必須釋放合理之泥砂量，以避免下游河防構造物或水土保持設施因為泥砂補給量不足而有基礎掏空之虞。

　　沉砂設施為攔截或沉積土石之設施，可以利用序列式構造物減緩河床坡度、降低流速，以落淤地表逕流或水流所夾帶之泥砂；或是以天然或人工構造物攔截、滯留、蓄積地表逕流或水流，以沉積水體所夾帶之泥砂。沉砂池為攔截及沉積泥砂之構造物；農地沉砂池則是在農地排水低窪處或匯流處，提供地表逕流所夾帶泥砂沉積之設施。

　　沉砂池可減少土砂、礫石下移、保護下游土地房舍及公共設施；農地沉砂池可以沉積地表逕流所夾帶之泥砂，減少土砂流失及其衍生之災害。

11.1　沉砂池種類及適用範圍

　　構築橫向構造物以攔截泥砂之沉砂池形狀係配合現況地形，因此，任何形狀都可能出現；如果是人為開鑿，為配合土地利用限制條件，有可能是矩形、四邊形或多邊形等形狀。沉砂池大小和長度則依據入池流量、池內流速、泥砂含量及其粒徑分布，甚至囚砂率而定。

一、種類

(一) 水土保持設施沉砂池；有配合現況地形和土地利用條件兩類型。形狀多樣。沉砂池周邊護岸或池壁材料有土堤、加勁護岸、乾砌石、漿砌石、混凝土和鋼筋混凝土等。一般以入滲型為主；部分配合建築結構設計，會採用封底型式。農地沉砂池以蓄水、沉砂為目的，經常採用皂土、黏

土、不透水布鋪底等封底型式。

(二) 其他類型沉砂池：如給水工程、廢水工程、取水工程沉砂池。

二、適用範圍

(一) 水土保持設施沉砂池：主要沉澱一定大小粒徑以上泥砂顆粒（如4號篩），因此，水土保持設施沉砂池主要不是用來沉澱沖洗載或懸浮載範圍內之泥砂。

(二) 其他類型沉砂池：依據給水、廢水或取水等不同目的，選擇沉澱一定大小粒徑以上泥砂顆粒。一般採用比水土保持設施沉砂池所沉澱泥砂顆粒粒徑更小。

沉砂設施之功能係降低通過水流之含砂濃度，為給水系統、海水淡化系統、汙水處理系統和水土保持處理與維護所經常採用之設施。一般而言，給水系統和海水淡化系統對於因砂率要求非常高，其次則為汙水處理系統。水土保持處理與維護之沉砂設施和這三類系統之沉砂設施目的與要求略有不同，水土保持沉砂設施主要在攔截或沉積泥砂、礫石，避免其淤積於野溪、排水路或箱涵，造成野溪、排水路、箱涵或橋梁之通水斷面減少，導致漫溢淹沒鄰近聚落或道路、農田之風險。同時，水土保持之沉砂設施並非規劃將全部泥砂攔截在上游坡面，必須釋放合理之泥砂量，以免下游河防構造物或水土保持設施因為泥砂補給量不足而有基礎掏空之虞。

11.2 沉砂池設計

採用定值或使用通用土壤流失公式、修訂土壤流失公式計算土壤流失量，再依據現地開挖整地型態換算為泥砂生產量後，乘以安全係數做為沉砂池設計容量。

由於沉砂池之泥砂沉澱效率取決於泥砂輸送路徑、時間和池內水流之紊動狀態，當沉砂池內沒有紊動狀態時，泥砂自沉砂池入口流向出口所經過之時間，如果小於泥砂沉澱到池底時間時，則泥砂無法沉澱在池內，會經過沉砂池出口繼續往下游移動。理想狀態下是泥砂自沉砂池入口流向出口所經過之時間，等於泥砂

沉澱到池底之時間：

$$t = \frac{V}{L} = \frac{V_s}{H}$$

因此，理想狀態下之沉砂池長度如下式所示：

$$L = \frac{V \cdot H}{V_s}$$

矩形沉砂池長度則可表示為：

$$L = K \frac{Q}{B \cdot V_s}$$

式中，L：沉砂池長度（m）；V為進入沉砂池之速度（m/s）；H：沉砂池深度（m）；V_s：泥砂之沉降速度（m/s）；Q：通過沉砂池流量（cms）；B：矩形沉砂池寬度（m）；K：安全係數。

哈真（Hazen）認為在理想狀態下，沉砂池之長度和深度可以依據哈真數（Hazen number）計算。哈真數可以表示如下：

$$H_a = \frac{V_s L}{V H}$$

沉降速度計算：圓球在沒有邊界、沒有水流運動下之沉降速度計算，係以圓球沉降直到其水中重力（重力減去浮力）等於作用在圓球上的阻力時，圓球才會以等速度下降。

圓球水中重力

$$W = (\gamma_s - \gamma) \frac{\pi D^3}{6}$$

作用在圓球上的阻力

$$F_D = C_D A \frac{\rho V^2}{2}$$

圓球水中重力等於作用在圓球上的阻力

$$(\gamma_s - \gamma) \frac{\pi D^3}{6} = C_D A \frac{\rho V^2}{2}$$

$$\rightarrow V = V_s = \sqrt{\frac{4gD(S_s - 1)}{3C_D}}$$

式中，γ_s：顆粒重量密度；ρ：流體質量密度；C_D：拖曳係數。

$$S_s = \gamma_s / \gamma$$

拖曳係數（C_D）和雷諾數（R_e）的關係，依層流、過渡區和紊流等三個區域，可表示如下：

1. 層流區
當$R_e < 1$，公式為Stokes公式

$$C_D = \frac{24}{R_e}$$

2. 過渡區
當$1 < R_e < 1,000$

$$C_D = \frac{24}{R_e} + \frac{3}{\sqrt{R_e}} + 0.34$$

3. 紊流區
當$R_e > 1000$，公式為Newton公式

$$C_D = 0.4$$

當$g = 9.81$時，有

$$V_s = \sqrt{32.7(S_s - 1)D}$$

在給水及汙水處理廠中，許多濃度低的顆粒沉降遵循Stokes公式，沉砂池則可以採用Newton式。因此，先求出水流之雷諾數，計算拖曳係數，再代入Stokes公式求得沉降速度。

有時候，我們會看到下列沉降速度公式

$$V_s = \frac{\gamma D^2}{18\mu}(S_s - 1)$$

該公式只有在沉降速度和水流拖曳速度一樣時，才能存在。一般而言，在沉降速度求得之前，是無法得知水流拖曳速度之雷諾數，因此，在使用Stokes公式依據拖曳速度之雷諾數選擇層流、過渡區和紊流等三個區域時，是大略以目視水

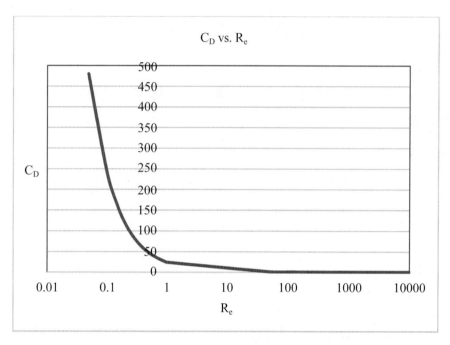

圖11-1 拖曳係數（C_D）和雷諾數（R_e）的關係圖

流紊動狀態判定，一般而言，所選定之雷諾數經常不會與該假設雷諾數求得之拖曳係數計算之沉降速度雷諾數一樣。必須反覆疊代至假設雷諾數和計算雷諾數相同為止。幸運的是，水土保持沉砂池和給水、汙水處理廠之沉砂池不一樣，絕大部分水流雷諾數都位於紊流區內，此時之拖曳係數為常數，和雷諾數無關。van Rijn（1984）公式在泥砂粒徑小於1mm時沒有疊代問題，直接以該處理溫度下之沉降粒徑和黏滯係數計算沉降速度。大於1mm泥砂粒徑之沉降速度，則與黏滯係數無關。而van Rijn（1984）建置三類不同粒徑之沉降速度，如下列各式：

$$V_s = \frac{1}{18}\frac{(S_s-1)gD^2}{v} \text{ for } D < 0.1\,\text{mm}$$

$$V_s = 10\frac{v}{D}\left(\sqrt{1+\frac{0.01(S_s-1)gD^3}{v^2}}-1\right) \text{ for } 0.1\,\text{mm} < D < 1\,\text{mm}$$

$$V_s = 1.1\sqrt{(S_s-1)gD} \text{ for } D > 1\,\text{mm}$$

式中，D：泥砂粒徑（m）；S_s：泥砂比重（約2.65）；v：20°C水溫之運動黏滯係數，（1.003×10^{-6} m²/s）。

比較Stokes公式和van Rijn公式對於紊流區，粒徑大於1mm之沉降速度如表11-1所示。

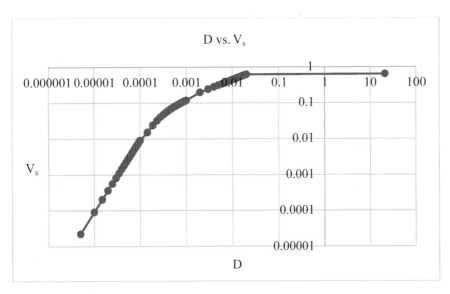

圖11-2 沉降速度（V_s）和泥砂粒徑（D）關係圖

表11-1 相關參數比較表

參數	符號	公式	數值
沉砂粒徑	D (mm)		4.75
雷諾數	R_e		>1000
沉降速度（Stokes）	V_s (m/s)	$\sqrt{32.7(S_s-1)D}$	0.506
沉降速度（van Rijn）	V_s (m/s)	$1.1\sqrt{(S-1)gD}$	0.305

由上表計算結果可知，在紊流區，粒徑大於1mm之條件下，Stokes公式計算所得之沉降速度，比van Rijn公式所求得者快約1.66倍。

水土保持設施之沉砂池主要用來攔阻會妨礙水流或減少通水斷面之大顆粒泥砂，較少以囚砂率作為沉砂池之設計基準。在洪峰流量發生時，水流速度很快，水土保持設施沉砂池很難完全攔阻全部經過之泥砂，縱使將泥砂全部攔截在沉砂池內，也會導致下游河防構造物基礎因為沒有上游泥砂補充而掏空。

當水流紊動作用強烈時，底床附近泥砂濃度接近平均泥砂濃度，泥砂沉降速

度會大為降低,沉砂效果會大減,亦即囚砂率會降低。俞維昇(1991)建議紊動水流之囚砂率為:

$$\eta = 1 - e^{-H_a}$$

因此,建議以4號篩粒徑(4.75mm)砂石為代表粒徑計算。當有必要考慮囚砂率時,有學者建議採用$\eta \geq 0.67$。當$\eta \geq 0.67$,$H_a \geq 1.109$。

表11-2　囚砂率相關參數表

Ha	H (m)	V_s (m/s)	V (m/s)	L (m)	Note
1	0.55	0.506	1.498	1.63	Stokes
1	0.55	0.305	1.498	2.70	van Rijn
1.109	0.55	0.506	1.498	1.80	Stokes
1.109	0.55	0.305	1.498	3.00	van Rijn

由上表可知,為了讓紊流區泥砂粒徑完全沉澱到池底,沉砂池深度至少需要大於0.51m。由於Stokes公式和van Rijn公式計算之沉降速度不一樣,因此,沉砂池需求長度也不一樣。以龍潭0.905 ha開發區,1.498 m/s之速度進入沉砂池為例,當$H_a = 1$時,Stokes公式和van Rijn公式計算之沉砂池長度分別是1.51m和2.50m;當$H_a = 1.109$,亦即$\eta = 0.67$時,Stokes公式和van Rijn公式計算之沉砂池長度分別是1.67m和2.78m。因此,建議水土保持沉砂池池深、池長分別設計0.55m和3m以上。

11.3　沉砂池設計步驟

一、選取代表粒徑(4號篩粒徑,4.75mm)。
二、計算代表粒徑在紊動狀態下之沉降速度。
三、計算洪峰流量發生時之沉砂池內平均水流速度。
四、選擇Hazen數或以囚砂率計算Hazen數。
五、計算沉砂池深度和長度。

六、計算沉砂空間，並檢討是否大於沉砂需求量。

11.4 注意事項

一、設計能夠降低進入池內水流速度之相關措施或參數，如擴大沉砂池入口寬度。

二、沉砂池設計深度和長度（建議水土保持沉砂池池深和池長分別設計0.55m和3m以上）要足以攔阻和沉澱紊動狀態之代表粒徑（建議以4號篩粒徑，4.75mm）。

三、沉砂池入流口底部高程應高於沉砂池滿水位線，避免壅水現象發生。

四、入、出流口應防止堵塞，以發揮沉砂效率。

五、應隨時檢視沉砂功能，盡量於每次豪雨後清除淤積土石。

六、盡量規劃以機械清除及搬運沉砂池內淤積土石，並防止泥水溢流。

七、有安全之虞者，池體周圍應設置圍籬、警告標語及安全爬梯等防護設施。

　　水土保持設施之沉砂池主要用來攔阻會妨礙水流或減少通水斷面之大顆粒泥砂，較少以囚砂率作為沉砂池之設計基準。在洪峰流量發生時，水流速度很快，水土保持設施沉砂池很難完全攔阻全部經過之泥砂，縱使將泥砂全部攔截在沉砂池內，也會導致下游河防構造物基礎因為沒有上游泥砂補充而掏空。

　　當水流紊動作用強烈時，底床附近泥砂濃度接近平均泥砂濃度，泥砂沉降速度會大為降低，沉砂效果會大減，亦即囚砂率會降低。俞維昇（1991）建議紊動水流之囚砂率為：

$$\eta = 1 - e^{-H_a}$$

　　因此，建議以4號篩粒徑（4.75mm）砂石為代表粒徑計算。當有必要考慮囚砂率時，建議採用 $\eta \geq 0.67$。

參考文獻

1. 行政院農業委員會，水土保持技術規範，2020.3
2. 行政院農業委員會水土保持局，水土保持手冊，2017.12
3. 河村三郎，土砂水理學1，森北出版株式會社，1982.11
4. 錢寧、萬兆惠，泥砂運動力學，科學出版社，1981.11
5. 黃宏斌、廖國偉，滯洪沉砂設施效能評估及參考叢書研擬，行政院農委會水土保持局研究報告，2020.04
6. 黃宏斌、范致豪、魏迺雄，山坡地開發行為之透水保水設施探討，行政院農委會水土保持局研究報告，2017.12
7. Ackers, P., W. R. White, J. A. Perkins, and A. J. M. Harrison, Weirs and Flumes for Flow Measurement, A Wiley-Interscience Publication, 1978.
8. Huntington, W. C., Earth Pressures and Retaining Walls, University of Illinois, 1957
9. Lajos, I., Hydraulic Models, Research Institute for Water Resources Development Budapest, Water Resources Publications, 1980

習題

1. 給水系統和水保工程之沉砂池有何不同？
2. 試述沉砂設施設計之步驟和需要注意之事項。
3. 請說明沉砂池長度設計的條件。
4. 規劃設計水土保持工程之沉砂池時，是否需要考慮沉砂池長度？如果需要考慮的話，試問沉砂池長度設計時需要考慮之參數為何？
5. 設計永久性沉砂池時，依水土保持技術規範之規定，其泥砂生產量每公頃不得小於(1)25立方公尺(2)30立方公尺(3)50立方公尺(4)無此項規定。
6. 有一個集水區，面積為10公頃，整地範圍為40%，則最小之臨時沉砂池和永久沉砂池之容量為何？

7. 依水土保持技術規範之規定，農地沉砂池、開挖整地之臨時性沉砂池以及永久性沉砂池之泥砂生產量如何估算？

8. 設計臨時性沉砂池時，開挖整地部分之泥砂生產量估算，依水土保持技術規範之規定，每公頃不得小於(1)200立方公尺(2)250立方公尺(3)500立方公尺(4)無此項規定。

9. 設計臨時性沉砂池時，未挖填部分之泥砂生產量估算，依水土保持技術規範之規定，每公頃不得小於(1)25立方公尺　(2)30立方公尺　(3)50立方公尺　(4)無此項規定。

chapter **12**

擋土牆
Retaining Wall

12.1 擋土牆

一、構築目的

擋土牆係指為攔阻土石、砂礫及類似粒狀物質所構築之構造物。構築目的有：

(一) 維持兩高低不同地面之安定度。

(二) 防止填方或開挖坡面之崩塌。

(三) 穩定邊坡，減少挖填土石方。

二、擋土牆之種類及適用範圍

依據設計高度可分為三明治式、重力式、半重力式、懸臂式和扶壁式等型式。另外，為節省施工時間，有蛇籠、箱籠、格籠和加勁土壤等疊式擋土牆。為攔阻具有強大土壓力之邊坡時，則有選用錨定擋土牆者。

(一) 三明治式擋土牆：位於開挖坡面者，其有效高度在4公尺以下為原則；位於填方坡面者，其有效高度在2公尺以下為原則。

(二) 重力式擋土牆：其有效高度在4公尺以下為原則。

(三) 半重力式擋土牆：其有效高度在8公尺以下為原則。

(四) 懸臂式擋土牆：其有效高度在8公尺以下為原則。

(五) 扶壁式擋土牆：其有效高度在10公尺以下為原則。

(六) 疊式擋土牆：

    1. 蛇籠（箱籠）擋土牆：適用於滲透水多之坡面或基礎土壤軟弱且較不穩定地區，其總有效高度在4公尺以下為原則。

    2. 格籠擋土牆：適用於多滲透水坡面，其每層有效高度3公尺以下，總有效高度6公尺以下為原則。

    3. 加勁土壤構造物：其總有效高度在8公尺以下為原則。

    4. 砌石擋土牆：牆面坡度以緩於1比0.3為原則；砌石長徑均應依序向上縮減，任一砌石（含本身）往上計算之高度，均不宜超過該石材長徑之5倍，其有效高度以不超過4公尺，且符合下列規定為原則。

    (1) 乾砌者為石塊長徑（即牆厚方向）之5倍。

    (2) 漿砌者為石塊長徑（即牆厚方向）之6.5倍。

(七) 錨定擋土牆：適用於岩層破碎帶、節理發達或崩塌、地滑地區。

圖12-1　箱籠擋土牆

圖12-2　混凝土擋土牆

圖12-3　乾砌石擋土牆

圖12-4　造型模板擋土牆

圖12-5　鋼軌土袋擋土牆（臨時措施）

12.2　作用力

　　擋土牆之作用力，包括自重、加載荷重、土壓力、水壓力、地震力和基礎承載力。擋土牆之安定計算應依滑動、傾倒分項檢算。此外，牆身所受之各種應力，必須在各種材料容許應力範圍（ACI規範）內，且擋土牆之正向總應力應小於土壤之容許承載力。不同基礎土壤或岩盤，甚至黏土、砂土，都有其相對應之容許承載力。當牆身所受之應力大於材料之容許應力時，會發生牆體材料破壞現象，必須調整牆體尺寸，再重新檢算，或是添加材料以增加牆體材料之容許應力。例如，半重力式擋土牆埋設鋼筋之做法。

　　安定條件：擋土牆之安定分析有滑動、傾倒、容許承載力和內部應力等檢討項目。

一、滑動

安全係數採用1.1～1.5，混凝土與基礎土壤之摩擦係數如表12-1。

表12-1　摩擦係數表

基礎物料	混凝土在土壤上之摩擦係數μ值
堅固岩盤	0.7
卵石及粗砂	0.55～0.60
乾砂	0.45～0.55
被圍溼細砂	0.3～0.40
砂與黏土混合物	0.4～0.50
黏土	0.3

二、傾倒

穩定力矩必須大於傾倒力矩，合力作用點須符合下列規定。

基礎壓力合力的偏心矩（e），必須在下列限度內：

(一) 岩盤基礎：合力作用點必須在基礎底寬的1/2中段內，即e≦1/4d（d為基礎底寬）。

(二) 堅實土壤基礎：合力作用點必須在基礎底寬的1/3中段內，即e≦1/6d。

(三) 容易壓縮的土壤基礎：合力作用點必須在基礎底寬的中點、中點與牆踵之間。

(四) 基礎趾端應力（P_t）及踵端應力（P_h）必須在容許限度以內。

(五) 牆身所受各種應力，必須在各種材料容許應力範圍內。

表12-2　允許承載力一覽表

基礎種類	允許承載力（t/m^2）
軟黏土	10
普通黏土	20
硬黏土	40
鬆細砂	10

續表12-2

基礎種類	允許承載力（t/m²）
壓實細砂	30
鬆粗砂	30
鬆砂石混合物或卵石	40
壓實砂石混合物或卵石	50
硬岩	100
堅硬頁岩	100
花崗岩	450

三、作用力

(一) 牆身自重

以構築材料作用於斷面的重心上之單位重乘以斷面積而得。

(二) 土壓力

1. 土壓力計算有庫倫（Coulomb）及郎金（Rankine）兩派學說。
   (1) 牆背為平面或近似平面之重力式及半重力式擋土牆，以庫倫理論較適合。
   (2) 若牆背不為平面之懸臂式或扶臂式擋土牆，則以郎金理論較適合。
2. 這兩類理論都假設土壤為非黏性土壤，故擋土牆回填土以砂、礫石為佳。
3. 土壓力有靜止土壓力、主動土壓力及被動土壓力三種。
   (1) 擋土牆在靜止或彈性平衡狀態下所承受之土壓力，稱靜止土壓力（Pressure at rest）。

   距離地表面z處之土壤分子，假設該土壤分子受壓力作用，可沿垂直方向發生變形；但不能向四周伸張變形。

   依Poisson比，μ

$$\mu = -\frac{\varepsilon_y}{\varepsilon_x} = -\frac{\varepsilon_z}{\varepsilon_x}$$

   其中，ε_x：垂直方向變形量；ε_y、ε_z：水平方向變形量；E：楊氏模數。

$$d\varepsilon_x = \frac{dx}{x} \ ; \ d\varepsilon_y = \frac{dy}{y} \ ; \ d\varepsilon_z = \frac{dz}{z}$$

對於 isotropic materials，Hooke's Law

$$\varepsilon_z = \frac{\sigma_z}{E} - \mu \frac{\sigma_y}{E} - \mu \frac{\sigma_x}{E}$$

當

$$\varepsilon_z = 0 \ ; \ \sigma_x = \sigma_v \ , \ \sigma_y = \sigma_z = \sigma_h$$

則

$$\mu = \frac{\sigma_h}{\sigma_v + \sigma_h}$$

或

$$(1-\mu)\frac{\sigma_h}{E} = \mu \frac{\sigma_v}{E} \rightarrow \sigma_h = \frac{\mu}{1-\mu} \sigma_v = k_0 \sigma_v$$

表12-3　k_0 為靜止土壓力係數（由三軸試驗求得）

種類	（排水）	（不排水）
軟弱黏土	0.6	1.0
硬實黏土	0.5	0.8
鬆沙或礫石	0.6	-
緊密沙或礫石	0.4	-

在 z 處之垂直靜止土壓力

$$\sigma_v = \gamma_s z \rightarrow \sigma_h = k_0 \gamma_s z$$

(2) 主動土壓力：

擋土牆向外略微移動，接觸面附近土壤即膨脹，其水平壓力則將減少，此水平壓力減少到最小時，稱為主動土壓力，亦即向擋土牆方向作用之土壓力。

a. 庫倫土壓力理論（1773）

假設條件：

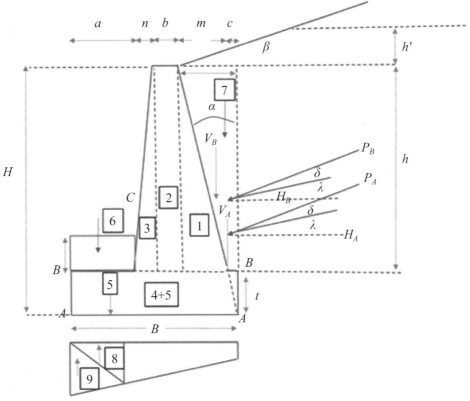

圖12-6　擋土牆作用力示意圖

(a) 均質非黏性土壤。

(b) 土壤破壞面為平面（實際情況為曲面）。

(c) 考慮牆面與土壤間之摩擦力。

(d) 牆體與破壞面間為一楔形（wedge）土壤，因為重力產生土壓力。

$$P = \frac{1}{2} C_a \gamma_s H^2$$

$$C_a = \frac{\cos^2(\phi - \alpha)}{\cos^2 \alpha \cos(\delta + \alpha)\left[1 + \sqrt{\dfrac{\sin(\phi + \delta)\sin(\phi - \beta)}{\cos(\delta + \alpha)\cos(\beta - \alpha)}}\right]^2}$$

式中，C_a：庫倫主動土壓係數；P：主動土壓力（t/m^2）；γ_s：土之單位重量（t/m^3）；H：擋土牆之高度；ϕ：土壤內摩擦角；δ：擋土牆背面與土之摩擦角；α：擋土牆之背面與垂線之夾角。

b. 郎金土壓力理論（1856）

假設條件：

(a) 地表面為一水平之半無限長均質土壤。如有載重作用時，則為均布載重。

(b) 非黏性土壤，牆後土坡坡度小於內摩擦角。

(c) 不考慮牆面與土壤間之摩擦力。

(d) 作用於鉛直面之擋土牆，其主動土壓力作用方向與地表面平行。

$$P = \frac{1}{2} C_a \gamma_s H^2$$

$$C_a = \frac{1 - \sin\phi}{1 + \sin\phi} = \tan^2\left(45° - \frac{\phi}{2}\right)$$

式中，C_a：郎金主動土壓係數；P、γ_s、H同上a式；擋土牆背不垂直，牆與土壤間之摩擦角δ不為零時適用本式。

(3) 被動土壓力：

擋土牆向內移動，以致牆背土壤發生剪力破壞，則該牆所受到的水平土壓力即稱被動土壓力。

$$P' = \frac{1}{2} C_p \gamma_s H^2$$

$$C_p = \frac{1 + \sin\phi}{1 - \sin\phi} = \tan^2\left(45° + \frac{\phi}{2}\right)$$

式中，C_p：被動土壓係數。

(4) 加載荷重

作用於擋土牆背面之加載荷重，主要有建築物荷重及汽車荷重兩種情況。做壓力分布圖時，加載荷重必須轉換為具有與該回填物料相同之比重，而高度為h的追加回填，如圖12-7。

此時之土壓力計分為三角形（圖12-7）與加載荷H土壓分布之矩形（圖12-7）等合計為梯形（圖12-7），其上寬為P_1（相當於深度h的等土壤比重壓力），下寬為P_2（相當於在深度$H + h$處的土壤比重壓力）。

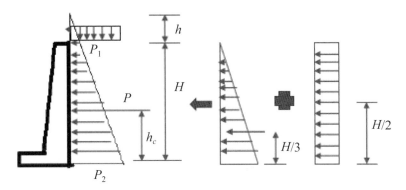

圖12-7　土壓力分布圖

總壓力P

$$P = \frac{1}{2}(P_1 + P_2)H$$

即

$$P = \frac{1}{2}C_a \gamma_s H(H + 2h)$$

其作用點高度

$$h_c = \frac{H(H + 3h)}{3(H + 2h)}$$

(5) 水壓

一般擋土牆均設有排水孔排水，以降低水壓力，且牆背均以透水性良好之砂、礫石回填，排水孔入口處應有防止堵塞之措施。在高滲透土壤或地下水位高之地區，則應增加排水孔及在牆後設置特別排水設施。

(6) 牆基礎的重直壓力

牆底所生的支撐土壓，皆假定為直線變化，其形狀為矩形、三角形或梯形，以此壓力的合力ΣV。

a. 合力ΣV作用於牆底為等分布應力，其大小為

$$\delta_1 = \delta_2 = \frac{\Sigma V}{B}$$

b. 合力ΣV作用於O點之左右方時，應力之分布則不等，其強度大小可以

下式求之：

$$\delta_1 = \frac{\Sigma V}{B}\left(1 + \frac{6e}{B}\right)$$

$$\delta_2 = \frac{\Sigma V}{B}\left(1 - \frac{6e}{B}\right)$$

式中，e為偏心距。

c. 合力ΣV作用點位於中心點O點和三分點e間時，δ_1及δ_2皆為正值，即壓應力。

d. ΣV在三分點e時，$\delta_1 = 2\Sigma V/B$，$\delta_2 = 0$。

e. ΣV在三分點e外面時，此時δ_1最大；但δ_2為負值，即產生張應力。

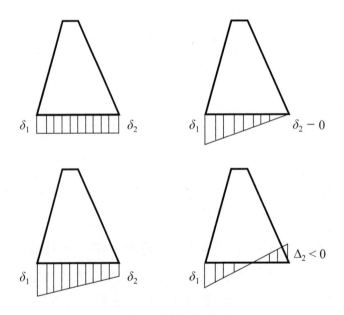

圖12-8　各類應力分布圖

(7) 牆基礎的水平壓力基礎之水平壓力值，係以垂直壓力乘以土與混凝土的摩擦係數而得。牆基礎受水平壓力合力ΣV tanϕ作用，對移動之安全係數計算式為

$$F_s = \frac{\Sigma V \tan\phi + P'}{\Sigma V}$$

　　式中，F_s：滑動安全係數；ϕ：土與混凝土之摩擦角；P'：被動土壓力。

(8) 擋土牆安定方程式

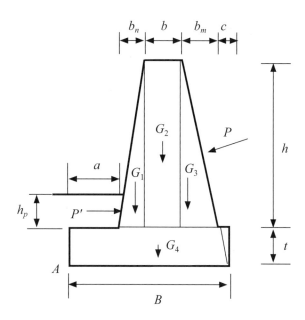

圖12-9　擋土牆作用力示意圖

表12-4　擋土牆作用力公式表

Force (t)	Arm (m)	Moment (t-m)
$G_1 = \dfrac{b_n h}{2}\gamma_m$	$\dfrac{2b_n}{3}+a$	$\dfrac{b_n h}{2}\gamma_m\left(\dfrac{2b_n}{3}+a\right)$
$G_2 = bh\gamma_m$	$\dfrac{b}{2}+b_n+a$	$bh\gamma_m\left(\dfrac{b}{2}+b_n+a\right)$
$G_3 = \dfrac{b_m h}{2}\gamma_m$	$\dfrac{b_m}{3}+b+b_n+a$	$\dfrac{b_m h}{2}\gamma_m\left(\dfrac{b_m}{3}+b+b_n+a\right)$
$G_4 = Bt\gamma_m$	$\dfrac{B}{2}$	$Bt\gamma_m\dfrac{B}{2}=t\gamma_m\dfrac{(a+b_n+b+b_m+c)^2}{2}$
$P_H = \dfrac{C_a\gamma_s(h+t)^2}{2}\cos\lambda$	$\dfrac{(h+t)}{3}$	$\dfrac{C_a\gamma_s(h+t)^2}{2}\cos\lambda\cdot\dfrac{(h+t)}{3}$
$P_v = \dfrac{C_a\gamma_s(h+t)^2}{2}\sin\lambda$	$a+b_n+b+\dfrac{2b_m}{3}$	$\dfrac{C_a\gamma_s(h+t)^2}{2}\sin\lambda\cdot\left(a+b_n+b+\dfrac{2b_m}{3}\right)$
$P_p = \dfrac{C_p\gamma_s h_p^2}{2}$	$\dfrac{h_p}{3}$	$\dfrac{C_p\gamma_s h_p^2}{2}\cdot\dfrac{h_p}{3}$

續表12-4

Force (t)	Arm (m)	Moment (t-m)
$R_v = G_1 + G_2 + G_3 + G_4 + P_v$	$\dfrac{B}{3}$	$\dfrac{B}{3}(G_1 + G_2 + G_3 + G_4 + P_v)$
$R_H = P_H$	0	0

參考文獻

1. 行政院農業委員會，水土保持技術規範，2020.3
2. 行政院農業委員會水土保持局，水土保持手冊，2017.12
3. 黃宏斌，水土保持工程，五南出版社，2014.04
4. Bureau of Reclamation, United States Department of the Interior, Design of Small Dams, A Water Resources Technical Publication, 2nd Ed., Revised Reprint 1977
5. Huntington, W. C., Earth Pressures and Retaining Walls, 1957
6. Linsley, R. K. & J. B. Franzini, Water Resources Engineering, 3rd Ed., McGraw-Jill Book CO., 1979

習題

1. 請說明為什麼在設計擋土牆時，常用庫倫（Coulomb）公式計算主動土壓力，郎金（Rankine）公式計算被動土壓力？
2. 請說明最經濟的擋土牆設計乃是其作用合力點在底部的三分點上。
3. 為什麼擋土牆設計中，要分A-A、B-B和C-C三個斷面分別探討分析。在什麼情況下，擋土牆需要置入鋼筋？
4. 請說明擋土牆牆背楔型土塊及牆頂後傾斜土塊在安定計算過程中之處理情形，並說明其處理原因。
5. 試述乾砌石擋土牆與混凝土擋土牆安定分析之異同點。

6. 重力式擋土牆之安定分析是否可直接應用在砌石擋土牆？其理由為何？

7. 試述設計道路下邊坡擋土牆之步驟和需要注意之事項。

8. 重力式護岸之安定分析是否可直接應用在砌石護岸？其理由為何？

9. 牆後地面15°向上傾斜，回填土單位重 = 1.8t/m³；Φ = 30°，基礎土單位重 = 1.9t/ m³；Φ = 35°，混凝土單位重 = 2.35 t/m³，fc' = 140 kg/cm²，基礎容許承載壓力 = 25 t/m²，基礎土壤與混凝土間摩擦角 = 35°。各部分之長度如圖12-9 所示，試由 A-A'、B-B'、C-C'斷面檢定此擋土牆之安定性。（fs = 1400 kg/ cm²）

10. 設計一重力式擋土牆，高度6公尺，牆後地面15°向上傾斜，回填土單位重 = 1.8t/m³；Φ = 30°，基礎土單位重 = 1.9t/m³；Φ = 35°，混凝土單位重 = 2.35 t/ m³，fc' = 140 kg/cm²，基礎容許承載壓力 = 25 t/m²，基礎土壤與混凝土間摩擦角 = 35°。

chapter *13*

防砂壩

Check Dam, Sabo Dam

　　防砂壩係指為攔蓄及調節河道泥砂、減緩溪床坡度、穩定河床及水流流向、防止沖蝕、崩塌或抑止土石流所構築高度5公尺以上之橫向構造物。其規劃設計目的為：

一、攔阻或調節河床砂石。

二、減緩河床坡度，防止縱、橫向沖蝕。

三、控制水流流向，防止橫向沖蝕。

四、固定兩岸坡腳，防止崩塌。

五、抑止土石流，減少災害。

　　防砂壩壩高之選擇係依據築壩目的、淤砂坡度、壩址兩岸地形、地質及上游可移動土砂量等參數。防砂壩依據構築材料不同，有土壩、木樁壩、格籠壩、乾砌石壩、漿砌石壩、鋼軌壩、鋼管壩、混凝土壩和鋼筋混凝土壩等。依據力學結構不同，有重力壩、半重力壩和拱壩等。依據溢洪口開口型式不同，可分傳統式壩、開口壩和梳子壩等，如圖13-1至13-14

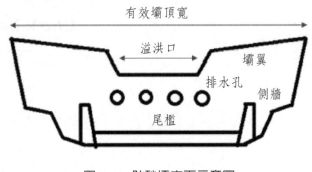

圖13-1　防砂壩立面示意圖

圖13-2　傳統式防砂壩（含靜水池）

圖13-3　傳統式防砂壩

圖13-4　乾砌石防砂壩

圖13-5　梳子壩和乾砌石防砂壩

圖13-6　木格框防砂壩

圖13-7　箱籠潛壩、木格框潛壩和造型模板擋土牆（自上游往下）

圖13-8　連續式潛壩

圖13-9　連續式防砂壩

圖13-10 防砂壩（溢洪口降低）

圖13-11 開口壩

圖13-12　梳子壩

圖13-13　大跨距梳子壩

圖13-14　造型模板防砂壩

13.1　防砂壩特性

　　與水壩不同的是防砂壩有壩翼、排水孔，另外，為避免溢洪道流下之大塊礫石打擊下游壩體，防砂壩下游壩體之坡度較水壩陡。

表13-1　防砂壩和水壩區別

類別	防砂壩	水壩
壩址	盡量構築在岩盤處	兩岸岩盤為要件
斷面	下游面陡急	下游面平緩
排水孔	有	無
壩翼	有	無
主要作用	調節泥砂	攔水

一、防砂壩排水孔目的

(一) 調節泥砂流出。

(二) 排除淤積沙堆中水分，降低壩體上游壓力。

(三) 分散水流、降低流速、加速泥砂沉澱。

二、消能設施

由於防砂壩為突出河床表面之橫向構造物，任何一種河床突出物都會將水流之位能轉化成動能，沖刷構造物下游河床形成沖刷坑，當沖刷坑接近壩址且深度到達一定程度時，會導致防砂壩有傾倒之可能，為了保護壩址安全之構造物，一般以靜水池（水墊）、護坦、副壩等工程保護，必要時，在截水牆下游再加拋石、混凝土塊等防止沖刷。依據水土保持手冊建議：

(一) 水墊工程

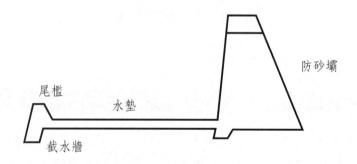

圖13-15　水墊示意圖

1. 當溢洪口水頭在7公尺以上，且下游河床質易被沖刷者，設置水墊工程較有效。水墊坡度以水平為原則。

2. 水墊長度

   採用日本矢野義男經驗公式

   $$L = k(H+h) - nH$$

   式中，k：係數$1.5 \sim 2.0$，採用1.5；n：防砂壩下游面斜率（一般採0.3）。

水墊厚度一般參考如表13-2。

表13-2　水墊厚度參考表

高度（m）	水墊厚度〔d(m)〕
$H+h>10$	0.5～1.0
$H+h=10～15$	1.0～1.2
$H+h=15$	$d=\alpha(0.6H+3h-1.0)$

式中

d：水墊厚度（m）；α：係數，0.1（有靜水池設施）～0.2（無靜水池設施）；H：水墊至溢口之高度（m）；h：溢流水深（m）。

3.尾檻

尾檻高時，一般採用經驗公式：

$$h'=\frac{1}{6}(H+h) \text{ 或 } h'=0.2H$$

(二) 護坦工程

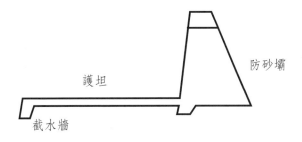

圖13-16　護坦示意圖

當溢洪口水頭在7公尺以下，且河床質易被沖刷者，設置護坦工程比較經濟有效。其長度、厚度、坡度、截水牆、側牆高度及與壩體之連接部等，請參考水墊工程。

(三) 副壩

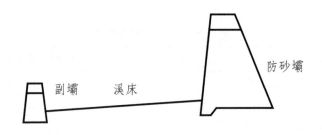

圖13-17　副壩示意圖

　　河川流量大、河床質粒徑粗大、地質良好之處，為了防止防砂壩壩址被淘刷，於防砂壩下游處所設之低壩稱副壩（圖13-17）。構造可參考防砂壩設計。

　　河川流量大、河床質粒徑粗大、地質良好之處，可以設置副壩，防止防砂壩主壩壩址淘刷。副壩構造可參考主壩設計。

　　副壩與主壩之重疊高，參照下列經驗公式計算。

$$H' = (1/3\sim1/4)H$$
$$L = (1.5\sim2.0)(H - h)$$

式中，H'：重疊高（m）；L：主、副壩間距離（m）。

13.2　防砂壩設計

　　防砂壩溢洪口大小需要能夠通過設計重現期距（例如50年）之洪峰流量，因此，依據合理化公式或流量歷線法先求得洪峰流量後，再接續從事防砂壩設計。

　　由於防砂壩設計必須檢討下列四種受力情況：

(一) 未淤滿發生最大流量。

(二) 已淤滿發生最大流量。

(三) 未淤滿發生地震，普通流量。

(四) 已淤滿發生地震，普通流量。

因此，需要先調查下列相關參數：

(一) 水之單位重：一般採用清水流，1.0 t/m³；考慮含砂水流則採用1.1 t/m³。

(二) 混凝土單位重：採用2.35 t/m³，fc' = 140 kg/cm²，容許抗壓強度：400 t/m²。

(三) 砂礫單位重：採用2.60 t/m³（假設孔隙率35%時）。

1. 乾砂單位重：2.60×(1 − 0.35) = 1.69 t/m³。

2. 砂礫在水中單位重：1.69 − (1 − 0.35)×1 = 1.04 t/m³。

3. 砂礫飽和水分時單位重（孔隙率以35%計）：1.69 + 0.35×1 = 2.04 t/m³。

(四) 5：7塊石混凝土單位重：0.3×2.6 + 0.7×2.3 = 2.39 t/m³。

(五) 壩基為砂礫層時：

1. 壩基摩擦係數：採用0.55。

表13-3　壩基摩擦係數參考表

基礎物料	混凝土在土壤上之摩擦係數 μ 值
堅固岩盤	0.7
卵石及粗砂	0.55～0.60
乾砂	0.45～0.55
被圍湮細砂	0.3～0.40
砂與黏土混合物	0.4～0.50
黏土	0.3

2. 浮力係數：採用0.7。

表13-4　浮力係數參考表

基礎種類	浮力係數C
軟黏土	0.6
普通黏土	0.5
硬黏土	0.4
鬆細砂	0.7
壓實細砂	0.6

續表13-4

基礎種類	浮力係數C
鬆粗砂	0.7
鬆砂石混合物或卵石	0.6
壓實砂石混合物或卵石	0.5
硬岩	0.3
堅硬頁岩	0.25

3. 容許承載力：40～50 t/m²。

表13-5　容許承載力參考表

基礎種類	容許承載力（t/m²）
軟黏土	10
普通黏土	20
硬黏土	40
鬆細砂	10
壓實細砂	30
鬆粗砂	30
鬆砂石混合物或卵石	40
壓實砂石混合物或卵石	50
硬岩	100
堅硬頁岩	100
花崗岩	450

4. 淤積砂礫內摩擦角：30°。

5. 水平地震加速度：0.12g。

13.2.1 溢洪口設計

　　由於防砂壩高度較高，溢頂長度相對於高度而言，可以視為銳緣堰。而銳緣堰公式是假設水流通過溢洪口斷面時沒有能量損失。因此，可以能量方程式推導而得：

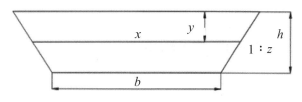

圖13-18　溢洪口示意圖

$$V = \sqrt{2g\left(y + \frac{V_a^2}{2g}\right)}$$

$$dQ = VdA = \sqrt{2gy}\,xdy$$

依據相似三角形定理

$$\frac{\frac{x-b}{2}}{zh} = \frac{h-y}{h} \rightarrow \frac{x-b}{2zh} = \frac{h-y}{h} \rightarrow x = 2zh\left(\frac{h-y}{h}\right) + b = 2z(h-y) + b$$

代入，得

$$Q = \int_0^h \sqrt{2gy}\,[2z(h-y)+b]\,dy = \sqrt{2g}\int_0^h [2z(h-y)y^{0.5} + by^{0.5}]\,dy$$

$$= \sqrt{2g}\left(\frac{4}{3}zhy^{1.5} - \frac{4}{5}zy^{2.5} + \frac{2}{3}by^{1.5}\right)\Big|_0^h = \sqrt{2g}\left(\frac{2}{3}bh^{1.5} + \frac{8}{15}zh^{2.5}\right)$$

$$= \frac{2}{15}[3b + 2(b+2zh)]\sqrt{2g}h^{1.5} = \frac{2}{15}(5b+4zh)\sqrt{2g}h^{1.5}$$

$$= \frac{2}{15}[3b + 2(b+2zh)]\sqrt{2g}h^{1.5} = \frac{2}{15}(3b + 2b_u)\sqrt{2g}h^{1.5}$$

(一) 矩形堰（$z = 0$）

$g = 9.8$

$$Q = \frac{2}{15}(5b+4zh)\sqrt{2g}h^{1.5} = \frac{2}{3}b\sqrt{2g}h^{1.5} = \frac{2}{3}\sqrt{2g}bh^{1.5} = 2.95bh^{1.5}$$

流量係數 = 0.6

$$Q = 0.6 * 2.95bh^{1.5} = 1.77bh^{1.5}$$

(二) $z = 1$

$$Q = \frac{2}{15}(5b+4zh)\sqrt{2g}h^{1.5} = \frac{2}{15}(5b+4h)\sqrt{2g}h^{1.5} = (2.95b + 2.36h)h^{1.5}$$

流量係數 = 0.6

$$Q = (2.95b + 2.36h)h^{1.5} = (1.77b + 1.42h)h^{1.5}$$

(三) z = 0.5

$$Q = \frac{2}{15}(5b + 4zh)\sqrt{2g}h^{1.5} = \frac{2}{15}(5b + 2h)\sqrt{2g}\,h^{1.5} = (2.95b + 1.18h)h^{1.5}$$

流量係數 = 0.6

$$Q = (2.95b + 2.36h)h^{1.5} = (1.77b + 0.71h)h^{1.5}$$

防砂壩溢洪口之出水高依據設計排洪量設計，一般採用0.6公尺以上。如果考慮土石流、流木通過之情況，設計斷面建議加大30～50%。

表13-6　出水高參考表

排洪量（cms）	< 200	200～500	> 500
出水高（m）	0.6	0.8	1.0

當溢頂長度大到無法視防砂壩溢洪口為銳緣堰時，亦即水流通過溢洪口時，會有能量損失發生。因此，就要藉臨界流推導而得之寬頂堰公式計算。

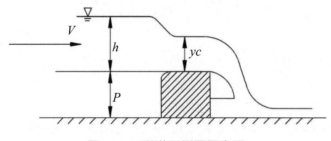

圖13-19　溢洪口側面示意圖

$$\frac{V^2}{2g} + h = \frac{V_c^2}{2g} + y_c$$

因為福祿數

$$F_r = \frac{V}{\sqrt{gD}}$$

對於梯形斷面而言，

水力深度，$D = A/T$：

$$A = \frac{(B_u + B_o)y}{2} = \frac{(b + 2zy + b)y}{2} = (b + zy)y$$

$$D = \frac{A}{T} = \frac{(B_u + B_o)y}{2B_u} = \frac{(b + zy)y}{b + 2zy}$$

$$V_c = \sqrt{gD} = \left[\frac{(b + zy_c)\,gy_c}{b + 2zy_c} \right]^{0.5}$$

$$y_c = \frac{-(3 - 4\,\text{mh}) + \sqrt{(3 - 4\,\text{mh})^2 + 40\,\text{mh}}}{10\,\text{m}} \quad \text{where m} = \frac{z}{b}$$

因此，寬頂堰公式

$$Q = \sqrt{gD}A = \sqrt{\frac{(B_u + B_o)\,gy}{2B_u}} \times \frac{(B_u + B_o)\,y}{2} = \sqrt{\frac{g(B_u + B_o)^3 y^3}{8B_u}}$$

$$= \left(0.5 + \frac{0.5}{1 + 2my_c} \right)^{0.5} (1 + my_c)\,\sqrt{g}by_c^{1.5}$$

上式為梯形寬頂堰方程式。當$z = 0$，則上式可為矩形寬頂堰方程式。

梯形溢流口臨界水深

$$Q = \sqrt{gD}A = \sqrt{\frac{(B_u + B_o)\,gy}{2B_u}} \times \frac{(B_u + B_o)\,y}{2} = \sqrt{\frac{g(B_u + B_o)^3 y^3}{8B_u}}$$

$$= \left(0.5 + \frac{0.5}{1 + 2my_c} \right)^{0.5} (1 + my_c)\,\sqrt{g}by_c^{1.5}$$

出口水深

依Rand W氏經驗公式

$$d_0 = 0.715\,d_c$$

尾檻高

$$h' = \frac{1}{6}(H + h) \text{ 或 } h' = 0.2H$$

水墊長度

採用日本矢野義男經驗公式

$$L = k(H + h) - nH$$

式中，k：係數$1.5 \sim 2.0$，採用1.5；n：防砂壩下游面斜率（一般採0.3）。
水墊厚度一般參考表13-7。

表13-7　水墊厚度參考表

高度（m）	水墊厚度〔d (m)〕
$H + h > 10$	$0.5 \sim 1.0$
$H + h = 10 \sim 15$	$1.0 \sim 1.2$
$H + h = 15$	$d = \alpha(0.6H + 3h - 1.0)$

式中，d：水墊厚度（m）；α：係數0.1（有靜水池設施）~ 0.2（無靜水池設施）；H：水墊至溢口之高度（m）；h：溢流水深（m）。
設置副壩時，副壩與主壩之重疊高，參照下列經驗公式計算

$$H' = (1/3 \sim 1/4)H$$
$$L = (1.5 \sim 2.0)(H - h)$$

式中，H'：重疊高（m）；L：主、副壩間距離（m）。
水躍前後水深，依Rand W氏經驗公式

$$\frac{d_1}{H} = 0.54 \left(\frac{d_c}{H} \right)^{1.275}$$

$$\frac{d_2}{d_1} = 3.07 \left(\frac{d_c}{H} \right)^{-0.465}$$

d_2：水躍後水深（m）；d_1：水躍前水深（m）

壅水高度

$$d_f = d_c \sqrt{\left(\frac{d_1}{d_2} \right)^2 + 2 \left(\frac{d_c}{d_1} \right) - 3}$$

13.2.2 壩翼設計

一、頂面

壩翼應嵌入兩岸岸壁內。有下列情況者，壩翼斜度應等於或大於計畫淤砂坡度，向上斜嵌入兩岸岩壁。

(一) 有大規模之土石流流下。

(二) 壩址上游有崩塌地及流木。

(三) 壩址在河流之彎曲部。

二、高度

壩翼高度為溢流水深加上出水高，遇凹岸時壩翼應予以加高，其計算公式與彎道超高一樣，表示如下：

$$\Delta h = 2.303 \frac{V^2}{g} (\log R_2 - \log R_1)$$

式中，Δh：加高高度（m）；R_1：內曲岸之半徑（m）；R_2：外曲岸之半徑（m）；g：重力加速度（m/sec^2）；V：流速（m/sec）。

13.2.3 壩體作用力

對防砂壩之作用力，包括壩體自重、水壓力、土砂壓力、基礎承載力、上揚力、地震力、膨脹收縮力、土石流之衝擊力等。

一、自重

壩體之自重，依壩體構築材料單位重量計算之，混凝土之單位重量，一般採用2.3～2.4t/m^3。

二、水壓力

以作用於壩體上游面之靜水壓為主，動水壓僅做為決定壩頂寬之參考。靜水壓之計算公式如下：

(一) 壩體上游垂直，無溢流水深時之水壓

作用於壩體之水壓為

$$P_w = \frac{1}{2} \gamma_w H^2$$

作用點

$$h_c = \frac{H}{3}$$

(二) 壩體上游面垂直，有溢流水深時之水壓

$$P_w = \frac{1}{2} \gamma_w H^2 \left(1 + \frac{2h}{H}\right)$$

$$h_c = \frac{H}{3} \cdot \frac{H+3h}{H+2h}$$

(三) 壩體上游面傾斜，有溢流水深時之水壓

$$P_w = \frac{1}{2} C_d \cdot \gamma_w (H+2h)$$

$$C_d = H\sqrt{1+m^2}$$

$$h_c = \frac{H}{3} \cdot \frac{H+3h}{H+2h}$$

1. 水平分力

$$P_{wH} = \frac{1}{2} \gamma_w H^2 \left(1 + \frac{2h}{H}\right)$$

2. 垂直分力

$$P_{wV} = \frac{1}{2} m\gamma_w H^2 \left(1 + \frac{2h}{H}\right)$$

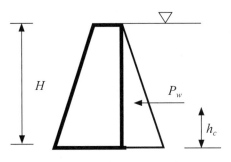

圖13-20　壩體作用力示意圖

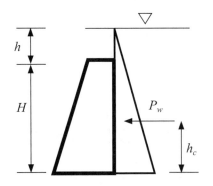

圖13-21　壩體水平分力示意圖

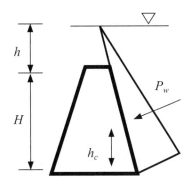

圖13-22　壩體垂直分力示意圖

三、土砂壓力

係指壩後淤積土砂對壩上游面之主動壓力，壩上游面垂直，淤砂坡度為 α 時，主動土壓力和被動土壓力公式分別如下：

$$P_e = \frac{1}{2} C_a \gamma_s H^2$$

$$P'_e = \frac{1}{2} C_p \gamma_s H^2$$

式中，γ_s：土單位重（t/m³）。

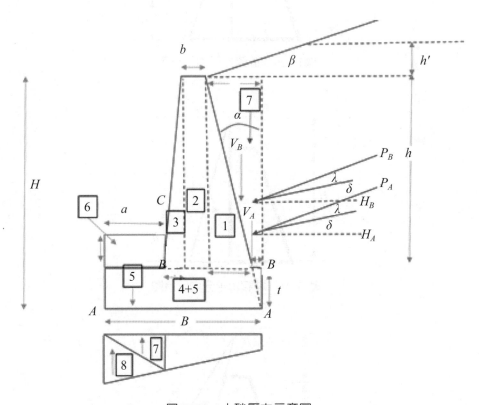

圖13-23　土砂壓力示意圖

(一) 郎金主動土壓力係數C_a和被動土壓力係數C_p分別如下：

$$C_a = \cos \alpha \frac{\cos \alpha - \sqrt{\cos^2 \alpha - \cos^2 \phi}}{\cos \alpha + \sqrt{\cos^2 \alpha - \cos^2 \phi}}$$

$$C_p = \cos \alpha \frac{\cos \alpha + \sqrt{\cos^2 \alpha - \cos^2 \phi}}{\cos \alpha - \sqrt{\cos^2 \alpha - \cos^2 \phi}}$$

式中，ϕ：土砂內摩擦角（一般採用安息角代之）。

此時土壓之方向與地面平行，其作用點在壩上游面由壩底向上H/3處。若淤砂面為水平，即$\alpha = 0$時

$$C_a = \frac{1 - \sin\phi}{1 + \sin\phi} = \tan^2\left(45° - \frac{\phi}{2}\right)$$

$$C_a = \frac{1 + \sin\phi}{1 - \sin\phi} = \tan^2\left(45° + \frac{\phi}{2}\right)$$

若壩後淤砂坡度等於安息角時，即

當 $\beta = \phi \rightarrow C_a = C_p = \cos\phi$

(二) 壩上游面傾斜，淤砂坡度為 β 時

$$P_e = \frac{1}{2} C_a \gamma_s H^2$$

$$C_a = \frac{\cos^2(\phi - \alpha)}{\cos^2\alpha \cos(\delta + \alpha)\left[1 + \sqrt{\dfrac{\sin(\phi + \delta)\sin(\phi - \beta)}{\cos(\delta + \alpha)\cos(\beta - \alpha)}}\right]^2}$$

式中，C_a：庫倫主動土壓係數。

四、上揚力

上揚力係水滲透經過壩底所產生之向上作用力，可使壩體之有效重量減輕。其公式如下：

$$U = CB\gamma_w \frac{h_1 + h_2}{2}$$

式中，U：浮力；h_1：壩上游水深（m）；h_2：壩下游水深（m）；B：壩底寬度（m）；C：浮力係數（0.2～0.7）；γ_w：水之單位重量（t/m^3）。

五、地震力

地震發生時，對防砂壩產生三種不同影響。

(一) 對壩體產生之推力可由下式求得

$$P_E = m \cdot a = KW，當 K = a/g$$

式中，P_E：地震直接影響壩體之水平地震力；a：地震加速度；W：壩體重量；g：重力加速度；K：水平地震力係數 ≒ 0.1～0.3。

(二) 地震影響靜水壓力之增加值可由下式求得

$$P_{Ew} = K \cdot K_E \cdot C_E \sqrt{Hh}$$

式中，P_{Ew}：水壓力增加值（由壩頂水面算起之深度）；H：壩高（呎）；h：水面至壩體某處之高度（呎）；K：水平地震係數；K_E：係數（視壩上游面坡度而定）；C_E：係數，可由Westergaard氏式求得。

即

$$C_E = \frac{51}{\sqrt{1 - 0.72\left(\dfrac{H}{1000t_e}\right)^2}}$$

t_e：地震週期，以秒計。如以公制單位計算，應俟求得P_{EW}值後換算之。

(三) 地震產生之土壓力由美國 T. V. A. 工程局經驗公式求得

$$P = \frac{1}{2}\left(\frac{\cos(\phi - \theta)}{1+n}\right)^2 \cdot \frac{\cos\delta}{\cos(\delta+\theta)\sqrt{\cos\alpha}} \cdot \gamma_s \cdot H_0^2$$

$$n = \sqrt{\frac{\sin(\phi+\delta)\sin(\phi-\delta)}{\cos(\phi+\delta)}}$$

式中，$H_0 = $ 壩後淤砂高（m）；$\phi = $ 砂礫內摩擦角。

$$\delta = \frac{1}{2}\phi$$

$$\theta = \tan^{-1}K$$

故由地震而增加之水平土壓力應為P_{EH}與土壓之差。

六、膨脹力、收縮力

臺灣地區溫差變化不大，可省略，或以伸縮縫克服之。

七、土石流之衝擊力

在崩塌地附近的防砂壩，可能受到土石流之衝擊，故須考慮土石流之衝擊力，但目前尚未有合理之計算方法，僅換算為靜水壓計算，水之單位重量以1.6至1.8t/m³估算，不僅溢洪口部分受此壓力，壩翼部分亦應包括在內。

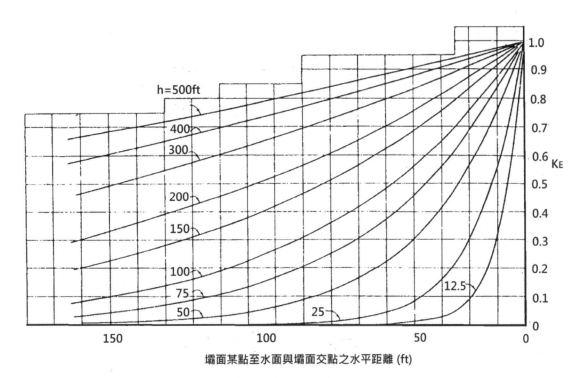

圖13-24　壩面某點至水面與壩面交點之水平距離和K_E係數關係圖

　　一般防砂壩高度在7公尺以下者，考慮實際荷重狀況，並將水之單位重量提高為1.1至1.2t/m³計算之，(5)、(6)、(7)項不計列；壩高超過7公尺或較大河川之防砂壩，應將上項因數加入檢討。

八、壩體斷面

(一) 有效壩頂寬

1. 以壩高分

表13-8　有效壩頂寬（以壩高分）參考表

壩高〔H (m)〕	壩頂寬〔b (m)〕
H < 5	1.2～1.5
5≦H < 10	1.5～2.0
H≧10	2.0～3.0

2. 以地況分

表13-9　有效壩頂寬（以地況分）參考表

溪流種類	壩頂寬（b）
一般荒廢野溪	1.5
粒徑粗之溪流	2.0
土石流或大滾石地區	2.0～4.0

(二) 下游面斜率

為防止砂石之衝擊壩體下游面及基腳，其斜率採用1：0.2至1：0.3。

(三) 斷面之決定，重力式壩安定計算之一般式，使作用在壩體之外力與自重之合力作用點，能夠在壩體底寬之中間1/3範圍之處，即壩底下游端1/3處之力矩等於零為條件。

九、重力壩之安全檢討，防砂壩一般為直線重力式壩，需滿足下列三個條件

(一) 傾倒之安全檢討：以壩底之下游端為軸不傾倒，即壩體自重力及外力之合力點，應在壩底之中間1/3範圍以內。

(二) 滑動之安全檢討：壩體內部任何一點均不能發生滑動，即摩擦抵抗力須大於水平分力。一般容許摩擦係數（μ）如表13-3，其安全係數（摩擦力比水平力）FS如表13-10。

表13-10　安全係數參考表

有效壩高	安全係數（FS）
H<7	1.1
7<H≦15	1.1～1.2
H>15	1.2

(三) 內部應力檢討

$$\delta_1 = \frac{\Sigma V}{B}\left(1 + \frac{6e}{B}\right)$$

$$\delta_2 = \frac{\Sigma V}{B}\left(1 - \frac{6e}{B}\right)$$

壩體內部產生之最大應力，必須在容許應力以內，壩體以不產生張應力為原則。而且，δ_1、$\delta_2 <$ 容許承載力；δ_1、$\delta_2 <$ 混凝土強度

當 $e = \dfrac{B}{6} \rightarrow \delta_1 = \dfrac{2\Sigma V}{B} > 0$；$\delta_2 = 0$，安全、經濟

當 $e < \dfrac{B}{6} \rightarrow \delta_1 > 0$；$\delta_2 > 0$，安全、不經濟

當 $e > \dfrac{B}{6} \rightarrow \delta_1 > 0$；$\delta_2 < 0$，不安全

十、防砂壩安定之基礎方程式

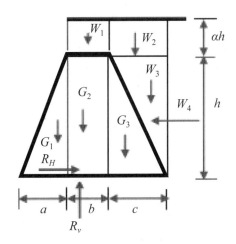

圖13-25　防砂壩作用力示意圖

$\Sigma M_A = 0$

$R_\gamma = \dfrac{\gamma_m}{\gamma_w}$

$\dfrac{\gamma_w h}{6}\left[R_r\,a^2 + (\alpha + R_\gamma)b^2 + (1+\alpha)c^2 + (4\alpha + 3R_\gamma)ab + (2 + 4\alpha + R_\gamma)ac + 2(1+\alpha)bc\right.$

$\left. - h^2(1+3\alpha)\right] = 0$

$R_\gamma\,a^2 + (\alpha + R_r)b^2 + (1+\alpha)c^2 + (4\alpha + 3R_\gamma)ab + (2 + 4\alpha + R_\gamma)ac + 2(1+\alpha)bc$

$- h^2(1+3\alpha) = 0$

表13-11　防砂壩安定之基礎方程式

項目	編號	單位重	力	力臂	力矩
1	G_1	γ_m	$\dfrac{ah}{2}\gamma_m$	$\dfrac{a}{3}+b+c$	$\dfrac{ah}{2}\gamma_m\left(\dfrac{a}{3}+b+c\right)$
2	G_2	γ_m	$bh\gamma_m$	$\dfrac{b}{2}+c$	$bh\gamma_m\left(\dfrac{b}{2}+c\right)$
3	G_3	γ_m	$\dfrac{ch}{2}\gamma_m$	$\dfrac{2c}{3}$	$\dfrac{ch}{2}\gamma_m\dfrac{2c}{3}$
4	W_1	γ_m	$ahb\gamma_w$	$\dfrac{b}{2}+c$	$ahb\gamma_w\left(\dfrac{b}{2}+c\right)$
5	W_2	γ_m	$ahc\gamma_w$	$\dfrac{c}{2}$	$ahc\gamma_w\dfrac{c}{2}$
6	W_3	γ_m	$\dfrac{ch}{2}\gamma_w$	$\dfrac{c}{3}$	$\dfrac{ch}{2}\gamma_w\dfrac{c}{3}$
7	W_4	γ_m	$\dfrac{\gamma_w h}{2}(2ah+h)$	$\dfrac{h}{3}\dfrac{h+3ah}{h+2ah}$	$\dfrac{\gamma_w h}{2}(2ah+h)\dfrac{h}{3}\dfrac{h+3ah}{h+2ah}$
8	R_V	—	$\begin{array}{l}G_1+G_2+G_3\\+W_1+W_2\\+W_3\end{array}$	$\dfrac{2}{3}(a+b+c)$	$\begin{array}{l}(G_1+G_2+G_3+W_1+W_2+W_3)\\ \left[\dfrac{2}{3}(a+b+c)\right]\end{array}$
9	R_H	—	W_4	0	0

$$\frac{ah}{2}\gamma_m\left(\frac{a}{3}+b+c\right)+bh\gamma_m\left(\frac{b}{2}+c\right)+\frac{ch}{2}\gamma_m\frac{2c}{3}$$

$$=\gamma_m\left(\frac{h}{6}a^2+\frac{h}{2}b^2+\frac{h}{3}c^2+\frac{h}{2}ab+hbc+\frac{h}{2}ac\right)$$

$$ahb\gamma_w\left(\frac{b}{2}+c\right)+ahc\gamma_w\frac{c}{2}+\frac{ch}{2}\gamma_w\frac{c}{3}+\frac{\gamma_w h}{2}(2ah+h)\frac{h}{3}\frac{(h+3ah)}{(h+2ah)}$$

$$=\gamma_w\left(\frac{ah}{2}b^2+\frac{ah}{2}c^2+\frac{h}{6}c^2+ahbc+\frac{h^3}{6}+\frac{ah^3}{2}\right)$$

$$h(2ah+h)\frac{h}{3}\frac{(h+3ah)}{(h+2ah)}=\frac{ah^3}{3}\frac{(h+3ah)}{(h+2ah)}+\frac{h^3}{6}\frac{(h+3ah)}{(h+2ah)}=\frac{1}{6}\left(\frac{5ah^4+6a^2h^4+h^4+3ah^4}{h+2ah}\right)$$

$$=\frac{(1+3a)h^3}{6}$$

$$\rightarrow h\left\{\gamma_m\left(\frac{a^2}{6}+\frac{b^2}{2}+\frac{c^3}{3}+\frac{ab}{2}+\frac{ac}{2}+bc\right)+\gamma_w\left[\frac{ab^2}{2}+\frac{ac^2}{2}+\frac{c^2}{6}+abc+\frac{h^2}{6}(1+3a)\right]\right\}$$

$$=\frac{h}{6}[\gamma_m(a^2+3b^2+2c^2+3ab+3ac+6bc)+\gamma_w(3ab^2+3ac^2+c^2+6abc+h^2+3ah^2)]$$

$$(G_1+G_2+G_3+W_1+W_2+W_3)\left[\frac{2}{3}(a+b+c)\right]$$

$$= \left(\frac{\alpha h}{2}\gamma_m + bh\gamma_m + \frac{ch}{2}\gamma_m + \alpha hb\gamma_w + ahc\gamma_w + \frac{ch}{2}\gamma_w \right) \frac{2}{3}(a+b+c)$$

$$= h\left[\gamma_m \left(\frac{a^2}{3} + \frac{2b^2}{3} + \frac{c^2}{3} + \frac{3ab}{3} + \frac{2ac}{3} + \frac{3bc}{3} \right) \right.$$

$$\left. + \gamma_w \left(\frac{2\alpha b^2}{3} + \frac{2\alpha c^2}{3} + \frac{c^2}{3} + \frac{2\alpha ab}{3} + \frac{2\alpha ac}{3} + \frac{ac}{3} + \frac{4\alpha bc}{3} + \frac{bc}{3} \right) \right]$$

$$= \frac{h}{3}\left[\gamma_m (a^2 + 2b^2 + c^2 + 3ab + 2ac + 3bc) \right.$$

$$\left. + \gamma_w [2\alpha b^2 + (1+2\alpha)c^2 + 2\alpha ab + (1+2\alpha)ac + (1+4\alpha)bc]] \right.$$

$$= \frac{h}{6}\left[\gamma_m (2a^2 + 4b^2 + 2c^2 + 6ab + 4ac + 6bc) \right.$$

$$\left. + \gamma_w [4\alpha b^2 + 2(1+2\alpha)c^2 + 4\alpha ab + 2(1+2\alpha)ac + 2(1+4\alpha)bc]] \right.$$

相減得

$$\frac{h}{6}\{\gamma_m(a^2+b^2+3ab+ac)+\gamma_w[\alpha b^2+(1+\alpha)c^2+4\alpha ab+2(1+2\alpha)ac+2(1+\alpha)bc-$$

$$h^2(1+3\alpha)]\} = \frac{h}{6}\{\gamma_m a^2 + (\gamma_m + \alpha\gamma_w)b^2 + \gamma_w(1+\alpha)c^2 + (3\gamma_m + 4\alpha\gamma_w)ab + [\gamma_m +$$

$$(2+4\alpha)\gamma_w]ac + 2(1+\alpha)\gamma_w bc - \gamma_w h^2(1+3\alpha)\} = 0$$

如

$$R_\gamma = \frac{\gamma_m}{\gamma_w}$$

$$\Sigma M_A = 0$$

$$-h^2(1+3\alpha) + a^2\frac{\gamma_m}{\gamma_w} + b^2\left(\alpha + \frac{\gamma_m}{\gamma_w}\right) + c^2(1+\alpha) + 2ab\left(2\alpha + \frac{3\gamma_m}{2\gamma_w}\right) + 2ac\left(1+2\alpha+\frac{\gamma_m}{2\gamma_w}\right)$$

$$+2bc(1+\alpha) = 0$$

或 $\frac{\gamma_w h}{6}\{R_\gamma a^2 + (\alpha + R_\gamma)b^2 + (1+\alpha)c^2 + (3R_\gamma + 4\alpha)ab + [R_\gamma + (2+4\alpha)]ac + 2(1+\alpha)bc -$

$$h^2(1+3\alpha)\} = 0$$

十一、防砂壩安定檢定方程式

　　當 γ_m：壩體單位重；γ_w：水之單位重；h：有效壩高；αh：溢流水深；a、b、c：防砂壩自下游端起算之三斷面（分別為三角形、矩形和三角形）長度時，因為

$$\Sigma M_A = 0$$

防砂壩安定檢定方程式如下：

$$-h^2(1+3\alpha) + \frac{a^2\gamma_m}{\gamma_w} + b^2\left(a + \frac{\gamma_m}{\gamma_w}\right) + c^2(1+\alpha) + 2ab\left(2\alpha + \frac{3\gamma_m}{2\gamma_w}\right)$$

$$+ 2ac\left(1 + 2\alpha + \frac{\gamma_m}{2\gamma_w}\right) + 2bc(1+\alpha) = 0$$

十二、注意事項

(一) 位置之選定

防砂壩之位置，應依構築目的選定之。

1. 為固定崩塌地之坡腳，或溪流侵蝕引起崩塌者，以在其下游設置為原則。但崩塌地點順著溪流距離較長，或河床坡度較陡者，常需二座以上之壩工。

2. 溪流縱向或橫向侵蝕嚴重之區域，或兩岸崩塌距離較長者，則在侵蝕崩塌區間內設置連續性壩。

3. 連續性防砂壩，最下游之壩址，溪床應為岩盤，否則應加強其下游河床保護。

4. 對抗縱向侵蝕，以安定河床為目的者，應在河床刷深處或深處下游點設置。

5. 溪流彎曲部之下游，具有侵蝕山腳、溪流寬大易生亂流者，在區間內以固床及整流控制流心。

6. 攔蓄砂石為目的者，選在河寬較狹、其上游寬闊、河床坡度平緩之地點。

7. 為避免防砂壩興建後，下游產生沖刷或危及壩身之安全，壩址以在河床及兩岸均為岩盤者為佳，但不得已必須興建在砂礫層上時，應加強其防護設施。

8. 在合流點，為安定主流及支流雙方之溪床，則以設置在合流點略下游為佳。

(二) 壩軸方向

1. 直線河段之壩軸應與洪水時流心線垂直。

2. 壩址避免選在河道彎曲部,不得已時,壩軸應與洪水流心線之切線垂直, 並加強壩翼之保護。

(三) 計畫淤砂坡度

一般採用原河床坡度1/2～2/3,河床粒徑粗大者採用2/3,粒徑較小者用 1/2,砂或泥岩之河床則採用接近水平或水平之計畫淤砂坡度。

(四) 高度

壩高之決定應以築壩之目的、淤砂坡度、壩址兩岸及上游地區之狀況,選定 最經濟有效之高度。

1. 壩高之決定應依壩之地質狀況選定之。

2. 壩高之決定應參照上游淤砂範圍內土地利用狀況選定之。

3. 為防止崩塌地坡腳及既有工程構造物基礎受侵蝕為目的者,壩之高度以其 淤砂線足以保護崩塌地之坡腳及構造物之基礎為原則。

4. 以攔蓄砂石為目的者,應參照壩址之地形、地質及上游淤砂範圍內之現 況,選定經濟有效之壩高。

(五) 溢洪口

1. 位置

原則上其中心點應在河床中央位置,並參照壩址上、下游地形、地質、河岸 狀況、水流方向等因素予以選定,以不引起下游河岸沖刷崩塌為首要條件。

(1) 兩岸及河床為良好之岩盤者,可不設壩翼。

(2) 兩岸基岩性質不同,或一岸為非岩盤時,溢洪口應偏向堅硬盤岸。

(3) 溢洪口之設置,應使水流遠離崩塌地。

2. 形狀

矩形、梯形、拋物線形。

(1) 溢洪口之形狀,一般採用底部水平之梯形斷面,兼有其他用途者得依其 需要設計之。

(2) 河幅寬闊、河床淤積嚴重、溢洪口上游有淤積砂石助長亂流時,宜設計 複式斷面。

3. 斷面

斷面之大小以能充分宣洩設計洪水量為準，溢洪口斷面之底寬在容許範圍內盡量放大。

參考文獻

1. 行政院農業委員會，水土保持技術規範，2020.3
2. 行政院農業委員會水土保持局，水土保持手冊，2017.12
3. 黃宏斌，水土保持工程，五南出版社，2014.04
4. 黃宏斌，連續防砂壩群之水理特性研究(三)，國立臺灣大學水工試驗所研究報告第229號，1996.06
5. 黃宏斌，李三畏，嘉蘭灣地區治山防洪工程第三期水工模型試驗研究，國立臺灣大學水工試驗所研究報告第234號，1996.06
6. 黃宏斌，連續防砂壩群之水理特性研究(二)，國立臺灣大學水工試驗所研究報告第200號，1995.06
7. 黃宏斌，陳信雄，集水區水工模擬試驗研究(三)——加富谷溪，國立臺灣大學水工試驗所研究報告第229號，1995.01
8. 黃宏斌，陳信雄，集水區水工模擬試驗研究(二)——加富谷溪，國立臺灣大學水工試驗所研究報告第191號，1994.12
9. 黃宏斌，連續防砂壩群之水理特性研究，國立臺灣大學水工試驗所研究報告第183號，1994.06
10. 黃宏斌，陳信雄，集水區水工模擬試驗研究(一)——加富谷溪，臺灣省水土保持局研究計畫成果報告，1993.01
11. Bureau of Reclamation, United States Department of the Interior, Design of Small Dams, A Water Resources Technical Publication, 2nd Ed., Revised Reprint 1977
12. Huntington, W. C., Earth Pressures and Retaining Walls, 1957
13. Linsley, R. K. & J. B. Franzini, Water Resources Engineering, 3rd Ed., McGraw-Jill Book CO., 1979

習題

1. 試述防砂壩設計之步驟和需要注意之事項。

2. 何謂防砂壩？防砂壩之壩址選定原則為何？

3. 試列出防砂壩位置之選定準則。

4. 請說明防砂壩設計之安定計算需要考慮哪四種情境？

5. 請說明設計防砂壩之安定計算需要考慮哪四種情境及其理由。

6. 試述防砂壩之設計目的，以及規劃設計之必要性。並說明開放式和傳統式防砂壩之優缺點，以及維護管理之異同點。

7. 試述防砂壩之設計目的，並說明防砂壩淤滿前和淤滿後之特點。

8. 防砂壩設計中銳緣堰和寬頂堰所計算之溢流水深有何異同？

9. 防砂壩壩翼之功能為何？試述其設計原則。

10. 推導銳緣堰和寬頂堰之公式有何不同？

11. 試述防砂壩在未淤滿、半淤滿和全淤滿情況下之流量水位計算有何不同？其依據為何？

12. 試述防砂壩排水孔設計之目的，以及設置時應注意之事項為何？

13. 防砂壩壩翼應做成水平或斜度？其理由為何？

14. 傳統防砂壩壩體之作用力分析可否直接應用在梳子壩上，其理由為何？

15. 傳統防砂壩溢洪口溢流水深之計算公式，可否直接應用在梳子壩上，其理由為何？

16. 為保護壩基之安全，防砂壩之設計需在何種水文、地文條件下分別設置(a)水墊，(b)護坦和(c)副壩等消能設施。

17. 設計一防砂壩（含靜水池和尾檻等設施），高度8公尺，設計洪水量 $Q = 45$ cms，請檢討四種受力情況。

    (1) 未淤滿發生最大流量。

    (2) 已淤滿發生最大流量。

    (3) 未淤滿發生地震，普通流量。

    (4) 已淤滿發生地震，普通流量。

    水之單位重：淨水 = 1.0 t/m³；濁水 = 1.1 t/m³，混凝土單位重 = 2.35 t/m³，

fc' = 140 kg/cm^2，乾砂單位重（孔隙率以35%計）= 1.69 t/m^3，砂礫在水中單位重 = 1.04 t/m^3，砂礫在飽和水分時單位重 = 2.04 t/m^3，5：7塊石混凝土單位重 = 2.39 t/m^3，壩基摩擦係數 = 0.55，浮力係數 = 0.5，淤積砂礫內摩擦角θ = 30°，水平地震加速度 = 0.12g，混凝土容許抗壓強度 = 400 t/m^2，砂礫層容許支持力 = 50 t/m^2。

18. 當 w = 水之單位重量（t/m^3）；m = 壩體之單位重量（t/m^3）；h = 有效壩高（m）；αh = 溢流水深（m）；a、b、c各為圖中之長度時，試以這些參數表示防砂壩斷面之最佳設計。

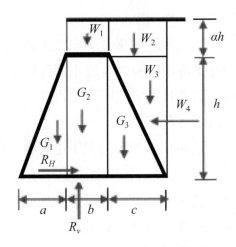

19. 假設壩體上游面之邊坡坡度為1：m；下游面邊坡坡度為1：n；溢流水深為αh，γ_m：壩體單位重；γ_w：水之單位重；h：有效壩高；αh：溢流水深時，試述合力作用點通過外核點時之壩底寬度為何？

chapter 14

生態工程

Ecological Engineering

有關生態治理概念有許多相似名詞，如近自然河溪管理（near natural river and stream management）、近自然荒溪治理（near natural torrent control）等，在德國稱河川生態自然工法（naturnahe）；澳洲稱綠植被工法；日本則是近自然工法、近自然工事。甚至將生態保育納入水利工程中，成為生態水利工程（ecohydraulic engineering）之新領域。

14.1　生態工法與生態工程

為保持完整之生態環境，維持多樣化生物之生存權，需要避免破壞棲息地及遷徙路徑，在尊重當地天然條件，以及人為設施與環境不相衝突前提下，妥適導入人類在環境生活中為提供安全所利用之土木工程構造，均可謂「生態工法」。生態工法是減輕人為活動對溪流之壓力、維持溪流生態多樣性、物種多樣性以及溪流生態系統平衡，並逐漸恢復自然狀態之工程措施（Hohmann，1992）。

生態工程是強調透過人為環境與自然環境間之互動，以達到互利共生目的（Mitsch & Jorgensn，1989）。而Odum（1962）也提出生態工程係人類所提供相對於自然資源而言較小之能量；卻足以在所得模式和過程中產生巨大影響之工程。Mitsch（1996，1998）認為，生態工程則是為了人類社會與自然環境之共同利益所設計、融合兩者之永續生態系統。2004年，Mitsch和Jorgensen提出生態工程是為了人類社會與自然環境之共同利益所設計之工程。

生態工程目標有下列兩項：
一、恢復受到如環境汙染或土地擾動等人類活動干擾之生態系統。
二、開發具有人類和生態價值之嶄新永續生態系統。

14.2　生態工程發展

一、歐洲之生態工程發展

生態工程之發展來自歐洲、美國和日本，且各具特色、考量和目的，在二十世紀後期逐漸整合。瑞士阿曼（Gustav Amman）在1930年提出，「人所設計或

所建造之成品，應該向大自然開放？還是向大自然關閉？」他以開放立場在瑞士、法國、義大利設計建造出一系列與周遭景觀協調；種植能夠突顯出大地特色植物之花園、庭院，稱「讓人類在人為建設裡看到並體驗到大自然」，也成為歐洲生態工程特色——擬自然（mimic nature）。

德國西弗特（Alwin Seifert）提出，「讓大自然進入德國之都市建設與規劃，將使德國下一代之年輕人更強壯。」1934年成為德國土木工程特色。讓工程與大自然結合，除了都市建設與社區規劃外，也逐漸延伸到河溪整治工程。德國賽德樂（Kaethe Seidel）1953年以實驗證明至少有240種以上之水生植物能吸收水體內之氮、磷等物質、增加氧氣、中和pH值、移除過多鹽類、減少有毒物質、抑制水中病菌與藻類等。提出「植物不僅供應動物生長所需之食物，而且提供動物生長之理想環境……所以，濱溪植物不是徒然生長，而是有其保護水域之功能。」

1840年德國西南部Stuttgart城附近的Murr河，被當地人為了達到快速排洪和輸砂效益而採取截彎取直工程，結果導致乾旱時期地下水位顯著下降，沿岸城市取水困難；河川泥砂淤積，水域生物逐年減少之現象。為了解決問題，採取盡量蓄留豐水期水量、高灘地蓄洪等復育河川對策，成為1970年最著名之重回大自然（renaturalization）工程。也奠定1990年代萊茵河鮭魚回溯工程之基礎。1988年美國德裔之植物學家豪格（Sven Hoeger）提出一個群聚多樣性生物生態空間之人工浮島，讓挺水性的水生植物可以在深水域吸取營養物質，降低優養化之機會。

二、美國之生態工程發展

美國生態工程學係源自生態學，將生態系統視為大自然之基本單位。生態系統定義為：在生態系統內部，物質與能量有最充分之分解與使用，使輸出之物質均已淨化、輸出之能量最小。由於最能表現這種情況之環境為溼地，也因此使得美國之生態工程幾乎與溼地畫上等號。

1967年，最早於河川感潮區域建造溼地處理都市汙水。1973年，瓦立耶拉（Ivan Valiela）提出汙水中之有機碎屑可以增加溼地生物繁殖與生物多樣性。1975年，弗勒伯頓（B.C. Wolverton）提出溼地是低能量且有效之汙水淨化程序。1977年，凱德雷克（Robert H. Kadlec）則以流體力學提出自然處理之數

學理論，並且以溼地營造驗證。1996年出版之《溼地處理》（*Treatment Wetlands*），至今仍然是此一領域之經典著作。

1990年，溼地營造除了汙水處理、生物棲地外，也加入滯洪與養殖之功能，因此，溼地逐漸成為人類重新營造、經營之完整生態系統。另外，溼地也兼顧野生動植物之考量，有些溼地營造之目的是保育瀕危生物。同時，生態工程也逐漸由溼地延伸到道路生態、坡地生態、海灘生態、堤防生態等。

三、日本之生態工程發展

荷蘭里耶克（Johannis DeRijke）在明治六年（1873年）規劃大阪信濃川治水工程，以強度不如鋼筋水泥之石頭、樹木等，配合水利學施工對抗洪水。就地取材之天然材料，容易讓水域生物棲息、植物著生、螺貝、藻類附著，後來逐漸形成日本特色之工法。

接著，東京帝國大學教授上野英三郎推動低造價之水利工法。1938年，上野英三郎之學生牧隆泰於臺北帝國大學成立農業工學與水理實驗場，1940年前者改名為農業工程學系（生物環境系統工程學系前身），後者改名為臺大水工實驗室（水工試驗所前身）。

四、歐美日生態工程發展差異

歐洲生態工程係由景觀、綠美化發展到溪流復育，工程建造在於仿效自然，生態工法多於生態工程學，技術多於理論。美國生態工程則是由生態學家主導，後來有學者和工程師參與，生態學與數學多於工法。日本則是強調就地取材，防洪治水兼顧生態。

五、臺灣之生態工程發展

臺灣由於發展生態工程較歐美日晚，因此，臺灣之生態工程係綜合歐美日之生態工程意涵，行政院公共工程委員會於2002年4月定義生態工法為「基於對生態系統之深切認知與落實生物多樣性保育及永續發展，而採取以生態為基礎、安全為導向之工程方法，以減少對自然環境造成傷害」。其實，「生態工法」一詞首次出現在2001年8月修正公布之「開發行為環境影響評估作業準則第十九條第二項第四款」。不過，目前已經變更為「生態工程」。

　　1980年代，宜蘭縣五結鄉冬山河之親水公園係著名之綠美化工程。當生態工程在臺灣開始要啟動時，綠美化就改為生態綠美化工程，景觀工程就改為生態景觀工程，使得初期之生態工程仍是綠美化與景觀為主之建設。

　　由於臺灣綠美化與景觀工程師缺乏溼地水文、微生物分解、測量放樣，以及相關力學之訓練，選錯場址或工法誤用層出不窮。生態工程也與景觀造園工程不同。景觀工程以人為中心，生態工程兼顧人與周邊生物之需要。

14.3　基本原則及考量重點

一、生態工程之基本原則

(一) 工程規劃設計須符合生態原則。配合生態檢核機制，依規劃、設計、施工和維護等階段，分別檢視是否符合生態原則。

(二) 因地制宜，避免大量使用外來工程材料，大肆改變棲地性質。

(三) 注重施工期間能源消耗及效率，有效減少環境汙染和縮短工程對生態環境衝擊時間。

(四) 建立對話機制，納入並考量生態團體與在地民眾對生態環境關心之議題。

(五) 持續追蹤監測及維護生態環境。

二、生態工法實務及生態考量重點

(一) 減少對原有之自然環境進行開發及干擾。

(二) 應掌握範圍內之野生動植物種類、分布，作為衝擊減輕對策及復育調查與評估。

(三) 減少人工鋪面及構造物數量，盡可能就地取材。

(四) 建立多孔隙及多變化棲地。

(五) 採用原生植物、多物種及多層次綠化方式。

(六) 貫通縱、橫向生態廊道。

(七) 執行生態檢測計畫，並隨時檢討修正對策。

三、以地理特性分類，生態工法可分為

(一) 道路生態工法。

(二) 河溪生態工法。

(三) 溼地生態工法。

(四) 坡地生態工法。

(五) 海岸生態工法。

(六) 城鄉生態工法。

14.4 目前常見河溪工程影響環境之問題

一、攔砂壩阻斷砂石補給、水域生態廊道通暢。

二、與河爭地。

三、破壞或縮小生態棲地（包含棲息、覓食、繁衍和避難等行為）範圍。

四、破壞棲地動態平衡狀態。

五、破壞水域動物全生命週期（包含孵化、幼年、成年和老年等期別）任一階段所需之棲地環境。

六、環境單調化、整治溝渠化。

七、施工期間急遽改變地形，影響生物棲息。

八、河溪工程對於常流水水域生態之水文、泥砂影響：

(一) 流量流速改變：因應河溪整治之需要，原有河溪之流量和流速都會有明顯之改變。

　　1. 流速變慢：對於魚類卵床、稚魚生活區、食藻類覓食區等水域生態棲地有某種程度之好處。

　　2. 流速變快：增加水中溶氧量、沖刷，為部分鯉科魚類活動區域。

　　3. 流量減少：整治後之流量，需要滿足乾旱期之生態基流量和生態水深。

　　4. 流量足夠且穩定：為最好之水域生態條件。

(二) 懸浮泥砂增加：施工期間所造成之懸浮泥砂增加，嚴重阻礙水域生態之呼吸作用。

(三) 河溪水溫增加：溪流水深變淺或是施工後河岸植生尚未復原，河溪水溫上升威脅水域生態存活。

(四) 泥砂沖刷淤積改變：可能破壞原有棲地，也會創造新的棲地。底床封底設計或內面工為光滑水泥砂漿時，水域生態與濱溪生態環境也會嚴重破壞。

(五) 棲地島嶼化和通路阻隔：高大之橫向河溪工程常會使得水域生態無法逆流而上，棲地環境範圍大為縮減。

九、水土保持局提出五化原則，將河溪生態工法規劃設計理念具體化。

(一) 表面粗糙化。

(二) 坡度緩平化。

(三) 壩高低矮化。

(四) 材質自然化。

(五) 施工經濟化。

十、開發行為環境影響評估作業準則有下列幾點：

(一) 考量生態工程。

(二) 保護動植物生態豐富之開發基地。

(三) 堰壩工程開發避免影響陸域水域生態。

(四) 海岸地區之開發，避免影響重要生態棲地或生態系統之正常機能。

(五) 引進外來物種或生產技術對生態影響。

(六) 廢汙水排放對水域或海域生態之影響。

十一、開發行為面對生態棲地之減輕對策有：

(一) 迴避（avoidance）。

(二) 縮小（minimization）。

(三) 補償（compensation）。

(四) 復育（restoration）。

14.5 道路規劃設計對生態考量之原則

一、尊重自然環境

在道路規劃選線過程中，充分了解、掌握現地環境因子，包括地質、水文、

氣候環境條件、環境色彩、動植物棲息環境、動物遷徙路徑等,以能規劃出一處低環境干擾、結合環境特色之綠色道路。

二、維持生態多樣性

避免標準斷面式思考進行設計。道路工程之綠帶設計,應視腹地情況及道路寬幅、設計速限進行調整路寬,快速道路兩側應保留3公尺以上之綠帶,以在地、原生植栽中抗汙染性高的植栽為優先選取原則,並以多樣性組合、複層栽植方式進行道路綠帶設計。

三、生物遷徙廊道

道路之帶狀切割,容易造成環境生物圈隔離,阻隔了生物遷徙、活動之路徑。高密度路網建設,容易形成生態孤島。鄉村道路、產業道路可以增設警示標誌、縮減車幅寬度、減少硬鋪面或限制行車速限方式,減少對動物穿越之傷害;快速道路則以高架道路型式或以誘導式圍籬搭配生物通廊之設置,可以增加道路兩側橫向聯繫之功能,於行道樹之列植間距,應能保持其樹冠相連,增加空中通廊之功能。

四、生態工法導入

道路設計應加入綠營建及生態工法之思維模式,除尊重環境之生態規劃考量外,在工程上更應以低能源使用、低廢棄物產生之綠營建方式施作,包括生態保全、節能、資材、減廢、保水,綠化等全方位考量進行設計。

14.6　森林對水土保持功能

一、樹冠有效防止雨滴直接打擊地面,減少土壤沖蝕。
二、枯枝落葉增加土壤有機層厚度,減少土壤沖蝕與增加土壤滲透能量。
三、根系增加土壤孔隙和滲透能量,減少地表逕流量。
四、根系與土壤團粒緊密結合,穩定邊坡土壤。
五、調節地溫,有效改善土壤物理性質。

六、複層植生有效防止雨滴直接打擊地面，減少土壤沖蝕。

七、植生面積自然復育，減少裸露地面積擴大。

八、複層植生社會，有利於動植物棲地及避難區域營造。

九、增加綠美化景觀效果。

十、枯立木、疏伐木和風倒木之利用。

十一、森林因為截流量、入滲量增加，地表逕流量減少，再加上土壤表層覆蓋面積增加，逕流係數降低，而有集流時間增長、逕流量縮減之效益。

十二、森林對環境之積極效益：

　　(一)逕流量和土壤流失量減少。

　　(二)穩定邊坡，防止淺層崩塌。

　　(三)營造動植物棲地和避難地區。

　　(四)增加綠美化效果。

14.7　生態工法執行原則

一、遵循生態系統之完整性。

二、尊重自然生態環境原有之多樣性，並營造生態之棲息、覓食、求偶和避難環境。

三、生態工法必須以個案評估之方式因地制宜，研擬適當工法加以設計施工。

四、於潛在災害較低區域，利用各種柔性材質創造多樣性之水域棲地；對於須處理以減除災害之河岸或底床，則藉助傳統之工法，利用混凝土、石材、木材或地工合成材料加以治理。

五、以大塊石砌築於河床之橫向構造物，應留有底部高度較低之水路，以利水域生態上下漫遊。

六、在符合品管之要求下，就地取材但不得破壞原有之生態環境下，讓水域生態能夠較快適應新棲地。

七、生態工法之維護宜結合政府和民間單位，除方便就近照顧外，亦可喚起居民「自己之環境，自己維護」之意識。因此，以當地居民為主體之維護管理較佳。

14.8 生態保護計畫

一、開發單位應參考文獻資料進行實地補充調查，說明開發基地及毗鄰受影響地區植物之種類、群落與分布、動物之種類、相對數量及棲息狀況；分析將來因開發對生物數量及棲息地之影響，包括影響範圍及干擾程度等，並針對上述影響提出可行之保護或復育計畫。

二、開發行為在水域中施工者，應調查該水體之水生物、底質與水質現況，分析可能之影響，提出減輕對策與維護管理或保育措施。

表14-1　溪流狀況次指數（ISC）構成因子表（資料來源：蔡 2006）

次指數	考慮內容	指標
水文	實際流量與月流量之比較	水文流量變異性 河川流域滲透因素影響流量 有無水工構造物影響
物理型態	溪流穩定度與物理性棲地品質	河岸穩定度 河床狀況 人工構造物之影響 溪流物理性棲地狀況
濱河區域	濱河區域之植物生長品質與數量	植生寬度 植生連續性 植生結構完整性
水質	關鍵性水質參數	水溫 pH值 總懸浮固體量 電導度
水生物	指標物種	本土指標魚類 魚類體長差異 魚類單位面積密度

表14-2 溪流狀況指數彙整表

	溪流汙染指標 (RPI)	生物整合指標 (IBI)	科級生物指標 (FBI)	快速生物調查法Ⅲ (RBP Ⅲ)	生息環境評價法 (HIM)	溪流棲地調查法 (RHS)	生態工法指數 (EEI)	溪流狀況指數 (ISC)	棲息地評價系統 (HES) 1976	棲息地評價程序 (HEP) 1980
修改性	易	較難	較難	較難	中	較難	中	中	較難	較難
操作人員	一般工程人員	具生物專業知識	具生物專業知識	具生物專業知識	一般工程人員	一般工程人員	一般工程人員	一般工程人員	具生物專業知識	具生物專業知識
資料需求	低	高	高	中	低	高	高	低	高	高
評估速度	快	較費時	較費時	較費時	快	快	中等	快	較費時	較費時
精確度	低	高	高	高	尚可	高	尚可	佳	高	高

14.9 生物環境影響

一、生物環境影響評估

(一) 生物環境影響界定。

(二) 生物環境現況描述。

(三) 取得生物環境相關法規。

(四) 影響預測。

(五) 評估影響顯著性。

(六) 研擬減輕對策。

(七) 監測追蹤。

二、其他影響評估

(一) 生物鏈。

(二) 生物多樣性。

(三) 涵容能力。

(四) 生態棲地。

(五) 邊緣效應。

(六) 棲息、覓食、繁衍、避難。

(七) 保育類動植物（關注物種）。

(八) 關鍵棲息地（敏感區）。

三、步驟

(一) 確認開發計畫或行為之施工及／或執行對生物之預期影響，包括棲息地之改變或消失、化學物質循環、有毒物質和生態演替過程之破壞。

(二) 環境現況之描述，包括棲息地種類、植物和動物種類、環境管理方式、瀕臨滅絕或瀕臨危機之物種和特殊景觀（例如溼地）。

(三) 取得有關生物資源和保護棲息地或物種之相關法令、準則與標準。

(四) 進行影響預測，包括類推法（案例研究）、物種模式、數學模式和專業性之判斷。

(五) 利用由步驟三所獲得之相關資料，加上專業性判斷與公眾參與，來評估預期利益和決定性影響之顯著性。

(六) 確認、發展和執行減輕不利影響之替代方案。

四、生物環境影響界定

以定性方式確認計畫對生物資源之潛在影響，包括對物種及其棲息地之潛在影響。計畫可能造成生態價值之惡化與喪失，其影響對象包括動植物物種、生態系統結構（如生物量之豐富度、生物社會組成、物種歧異度、營養階層結構和空間結構）、生態功能（如能量傳遞、營養與物質之循環、水體停留時間）。

五、生物環境現況描述

生物環境現況描述須特別注意生物社會類別（棲息地類別）與其地理上之分布位置；並且必須對特定物種加以鑑定，並包含每一種類型之生物社會中，該特定物種特徵之描述。

本步驟可經由下列四種不同選擇來達成。

(一) 使用物種名錄並做定性之描述。

(二) 使用組成參數表示法,並做定性與定量之描述。

(三) 使用如棲息地評價系統(HES)、棲息地評價程序(HEP)或其他之棲息地分析法。

(四) 使用能量系統圖。

六、早期

以研究區域內之動、植物名錄及一些簡要之定性資料(包括該區域之一般生態系統特徵),來描述生物環境現況。物種名錄之典型包括研究區域內動、植物相之學名和俗名。

七、最近

趨向於捨棄採用只含物種名錄之報告書,而改採程序明細表。程序明細表包含更多生態系統中個別生物組成之相關資料。

(一) 決定計畫或開發區內是否有瀕臨滅絕、瀕臨危機、稀有或被保護之物種出現。

(二) 整合有關任何一種列名、被建議列名、候選列名為保護物種之物種相關資料。這些相關資料包括物種有關育幼和築巢之需要、生活史,和其他在考量替代方案之影響時,會顯得很重要之特殊需要。其他相關資料則是考慮物種之活動範圍,並考慮在施工期及／或營運時期,該物種是否會出現在計畫研究區內。

(三) 了解該物種被列入瀕臨滅絕物種名錄,或被提議、考慮視為候選列名物種之原因。

(四) 建立列名和候選列名物種關鍵棲息地在計畫區內之位置和環境狀況之相關資料。

(五) 決定計畫或開發行為是否會對每一種列名、建議列名或候選列名保護之物種,或對研究區內之每一個關鍵棲息地產生影響。假如預測會有負面影響,則應確定和評估適當之減輕對策。

八、取得生物環境相關法規

(一) 野生動物保育法（民國102年 01 月 23 日 修正）。

(二) 野生動物保育法施行細則（民國 107 年 07 月 13 日 修正）。

(三) 自然保護區設置管理辦法（民國104 年 11 月 23 日發布）。

表14-3　自然生態保護區彙整表

臺灣自然生態保護區						
類別	國家公園	自然保留區	野生動物保護區	野生動物重要棲息環境	國有林自然保護區	總計
個數	6	19	16	30	9	80
面積（ha）	322,845	64,477	25,118	297,948（扣除與野生動物保護區重疊部分）	21,772	702,361（扣除範圍重複部分）
臺灣陸域面積比（%）	9.0	1.8	0.6	8.3	0.01	19.5

九、影響預測

(一) 原則上，影響必須盡可能地予以量化，而對無法量化之影響，則予以定性之描述。

(二) 對生物環境之影響預測時，所關注之焦點為土地利用方式或棲息地之改變，及其他與生物系統有關之影響因子可能帶來之衝擊。

(三) 影響預測之方法，包括影響之定性描述、利用棲息地分析法或生態系統模式所建立之方法，和利用物理模式或模擬所建立之方法。

十、對生物多樣性保護較弱之包括

(一) 對非列名保護物種之考慮不足。

(二) 對非列為保護區之考慮不足。

(三) 對非經濟性物種之考慮不足。

(四) 對累積性影響之考慮不足。

十一、評估影響原則

(一) 個別物種在食物鏈中之關係與扮演之角色，是基於確認生物環境是一個完整之系統。

(二) 分析生物區位之涵容能力與計畫區內之個別物種有密切之關係。

(三) 評估動植物之忍受能力可以解釋計畫或開發行為造成環境之改變。

(四) 評估區域內陸、水域棲息地因計畫執行造成物種多樣性之變化、物種多樣性之降低、環境抗變能力之減低及生物環境之脆弱性增加。

(五) 考慮自然演替與計畫執行可能對演替程序之干擾。

(六) 在自然環境程序中，某些物種對特殊化學成分有再濃縮能力。

(七) 評估計畫執行對關注或指標物種之影響。

(八) 預測在開發區域內瀕臨滅絕物種、瀕臨危機物種及關鍵棲息地可能造成之改變與影響。

十二、研擬減輕對策

　　依據生物區內關注物種、指標物種和部分非列名保護物種之棲息、覓食、繁衍和避難等生活史，確認於核定、規劃、設計、施工和維護管理過程中之各項減輕不利影響之替代方案。

十三、監測追蹤

　　生態保育措施依迴避、縮小、減輕與補償等四項生態保育策略之優先順序考量與實施，四項保育策略定義如下：

(一) 迴避：迴避負面影響之產生，大尺度之應用，包括停止開發計畫、選用替代方案等；較小尺度之應用，則包含工程量體與臨時設施物（如施工便道等）之設置應避開有生態保全對象或生態敏感性較高之區域；施工過程避開動物大量遷徙或繁殖之時間等。

(二) 縮小：修改設計縮小工程量體（如縮減車道數、減少路寬等）、施工期間限制臨時設施物對工程周圍環境之影響。

(三) 減輕：經過評估工程影響生態環境程度，進行減輕工程對環境與生態系功能衝擊之措施，如：保護施工範圍內之既有植被與水域環境、設置臨

時動物通道、研擬可執行之環境回復計畫等，或採對環境生態傷害較小之工法（如大型或小型動物通道之建置、資材自然化等）。

(四) 補償：為補償工程造成之重要生態損失，以人為方式於他處重建相似或等同之生態環境，如：於施工後以人工營造手段，加速植生與自然棲地復育。

14.10 生態河溪工程

生物生存要素有陽光、空氣、水與土，缺一不可。其中，陽光因為人為因素影響較小；空氣會因為石化原料燃燒或其他人為因素影響品質外，量體較不受影響。水和土兩項要素不僅和生態環境有關，也會因為人為活動而影響其量體和品質。例如，水體利用可以分地表水和地下水兩大類，人為利用也有防洪、禦潮、灌溉、排水、洗鹹、保土、蓄水、放淤、給水、築港、便利水運及發展水力等項目。土要素主要為土地利用，影響層面有生活、生產和生態等三方面。

早期河溪整治工程較不重視環境品質維護，甚至是生態環境方面之維護，80年代以後，因為民眾開始重視環境保護，1994年12月公布環境影響評估法，許多公共工程開始要求自安全衛生業務擴展至安全衛生與環境保護，工程查核項目也列入環境保護項目。2017年4月行政院公共工程委員會要求公共工程計畫各中央目之事業主管機關將「公共工程生態檢核機制」納入計畫應辦事項，工程主辦機關辦理新建工程時，須依該機制辦理檢核作業。

雖然各機關都有辦理生態檢核作業之經驗，但是各機關轄管區域之生態環境會因為集水區大小、工程規模和種類、區位水文、地文條件（含高度、地質、坡度、降雨量、水位、流量等）、關鍵物種、水陸域生態物種種類、密集度、數量、分歧度，以及土地利用不同，而應有不同之檢核標準。目前，水利署有水庫集水區工程生態檢核執行參考手冊、水保局有環境友善措施標準作業書、林務局則有國有林治理工程加強生態保育注意事項，據以執行生態檢核作業。

從環境影響評估流程而言，為預防及減輕開發行為對環境造成不良影響，環境影響評估作業需要製作環境影響說明書或環境影響評估報告書，而這兩類書件都必須記載開發行為可能影響範圍之各種相關計畫及環境現況，與預測開發行

為可能引起之環境影響,並提出環境保護對策、替代方案。於環境影響預測、分析及評定方面,就需要監測作業蒐集相關環境因子數據,作為分析和評定之資料庫。環境影響評估程序裡,各項監測項目包含空氣、生物、文化、噪音、地表水、土壤與地下水、社會經濟等,而生態檢核係生物監測之其中一項。

雖然公共工程內容不一定是開發行為,只要是為了預防及減輕工程行為對環境造成不良影響時,都可以比照辦理,唯一不同的是,不需要經過環境保護主管機關之核定程序;而是工程主辦機關自發性之環境保護態度。

雖然水利署、水保局和林務局都已經製作生態檢核相關參考手冊或作業、注意事項等,也開始執行多年,然而,共同之問題為沒有完整、嚴謹之環境現況描述,尤其是生態環境現況描述,僅能依據生態專業人員或田野調查工作者多年之豐富經驗,篩選出關鍵物種、重要棲地和生態敏感區等。同樣地,儘管有迴避、縮小、減輕和補償選項,在沒有預測工程行為可能引起之環境影響前,這些環境保護措施能夠減輕環境衝擊之效益為何,仍不得而知。

14.11 河川評估方法

河川評估方法可區分為化學、生物、物理與綜合評估法四類(陳樹群,2010)。各個評估法具有不同指標,如表14-4所示。

這些評估法僅能描述環境現況,對於預測工程行為可能引起之環境影響,還要輔以水域生態在其生命週期所需之棲地、覓食、繁衍和避難條件等相關資料。當然,工程類別、材料和施工工法、機具以及施工期間,都會有不同程度之影響。

表14-4 河川棲地評估方法統整表

河川評估方法	化學評估	卡爾森優養指數，CTSI
		河川汙染指標，RPI
		水質指數，WQI
	生物評估	科級生物指標，FBI
		生物整合指標，IBI
		魚類汙染耐受指標，FTI
		藻類腐水指數，SI
		河川附著藻類藻屬指數，GI
	物理評估	定性棲地評估指標，QHEI
		物理性棲地模擬系統，PHABSIM
		加州河川生態評估準則，CSBP
		河川生息環境評估法，HIM
		深潭品質指標，PQI
	綜合評估	溪流快速評估法，RBP
		河川狀況指標法，ISC
		河溪環境快速評估系統，SERAS
		溪流複合式指標評估模式，SIAM
		快速棲地生態評估法，RHEEP

資料來源：區排生態檢核作業計畫，2019，經濟部水利試驗規劃所。

14.12 生態系統服務

一、千禧年生態系統評估報告（MEA, 2005）

千禧年生態系統評估報告（Millennium Ecosystem Assessment, MEA）中的定義：生態系統服務是人類生存與發展來自生態系統內所獲得之效益（benefit），自然生態系統不僅可以為我們之生存直接提供各種原料或產品（食品、水、氧氣、木材、纖維等），而且在大尺度上具有調節氣候、淨化汙染、涵養水

源、保持水土、防風定沙、減輕災害、保護生物多樣性等功能,進而為人類之生存與發展提供良好之生態環境。生態系統服務可以分為供給服務、調節服務、支持服務以及文化服務等四大類型。其中,供給服務是指從生態系統獲得各種產品,調節服務是指從生態系統過程之調節作用獲得效益,支持服務是生產其他生態系統服務之基礎,且並不直接對人類產生影響,文化服務是指通過精神滿足、體驗、消遣、發展認知、思考等,從生態系統獲得之非物質效益。

四大服務類型可以再細分服務項目,自1997年Costanza等人細分17個服務項目後,還有MEA(2005)23個項目、TEEB(2010)21個項目,與CICES(2017)之18個項目。

二、生態系暨生物多樣性經濟倡議(TEEB, 2010)

2007 年八大工業國暨新興工業五國在德國召開環境部長高峰會,會議中決議將進行生物多樣性流失之全球經濟學研究,2010年德國與歐盟發表生態系暨生物多樣性經濟倡議(The Economics of Ecosystems and Biodiversity, TEEB),由 Kumar所完成的經濟與生態基礎(*Economic and Ecological Foundation*, 2010出版),主要提供基礎概念連結經濟與生態系,強調生物多樣性與生態系統服務間之相關性,並顯示出與人們福祉之重要性,改善生物多樣性減少所造成之經濟成本及生態系統功能降低。

三、歐盟生態系統通用分類(CICES, 2017)

歐盟生態系統通用分類(The Common International Classification of Ecosystem Services, CICES)是從歐洲環境署(EEA)之環境會計(environmental accounting)發展而來,CICES的目標不是取代其他生態系統服務分類,而是讓人們更容易應用、更清楚地了解如何衡量和分析。生態系統服務分類比較,如表14-5。

臺灣多數野溪和河流鄰近都會區或農漁村聚落,由於與人類活動空間重疊性高,人類與河溪生態環境交互關係頻繁,河溪生態環境品質之優劣,對民眾生活影響格外明顯;且在國內外皆持續關注水環境之生態議題下,永續使用與管理為未來河溪管理重要課題之一。表14-6為水域環境生態系統服務功能及說明。

表14-5 生態系統服務分類比較表

服務類型	Costanza et al. (1997)	MEA(2005)	TEEB(2010)	CICES (2017)
供給服務 Provisioning	食物生產 Food production	食物 Food	食物 Food	生物質－營養 Biomass - Nutrition
	水供應 Water supply	淡水 Fresh water	水 Water	水 Water
	原材料 Raw materials	纖維等 Fibre, etc	原料 Raw materials	生物質－纖維、能源和其他資料 Biomass -Fibre, energy & other materials
		觀賞資源 Ornamental resources	觀賞資源 Ornamental resources	
	基因資源 Genetic resources	基因資源 Genetic resources	基因資源 Genetic resources	
	—	生物化學物質、天然藥物 Biochemicals & natural medicines	藥物資源 Medicinal resources	
		—	—	生質－機械能 Biomass - Mechanical energy
調節服務 Regulation	氣體調節 Gas regulation (storm protection & flood control)	空氣品質調節 Air quality regulation	空氣淨化 Air purification	氣流和空氣流動調節 Mediation of gas- & air-flows
	氣候調節 Climate regulation	氣候調節 Climate regulation	氣候調節 Climate regulation	大氣組成和氣候調節 Atmospheric composition & climate regulation
	干擾調節 Disturbance regulation (storm protection & flood control)	天然災害調節 Natural hazard regulation	干擾預防或緩和 Disturbance prevention or moderation	空氣與液體流動調節 Mediation of air & liquid flows
	水調節 Water regulation (e.g. natural irrigation & drought prevention)	水調節 Water regulation	水流調節 Regulation of water flows	液體流動調節 Mediation of liquid flows

續表14-5

服務類型	Costanza et al. (1997)	MEA(2005)	TEEB(2010)	CICES (2017)
調節服務 Regulation	汙染濃度處理 Waste treatment	水質淨化和汙染濃度處理 Water purification and waste treatment	汙染濃度處理（特別是水質淨化）Waste treatment (esp. water purification)	廢棄物、毒物和贅物調節 Mediation of waste, toxics, and other nuisances
	沖蝕防治和泥砂淤積 Erosion control and sediment retention	沖蝕調節 Erosion regulation	沖蝕預防 Erosion prevention	質流調節 Mediation of mass-flows
	土壤形成 Soil formation	土壤形成 Soil formation [supporting service]	維護土壤肥力 Maintaining soil fertility	維護土壤形成和組成 Maintenance of soil formation and composition
	授粉 Pollination	授粉 Pollination	授粉 Pollination	全生命週期維護（包括授粉）Life cycle maintenance (incl. pollination)
	生物防治 Biological control	蟲害和人類疾病防治 Regulation of pests & human diseases	生物防治 Biological control	蟲害和疾病防治維護 Maintenance of pest- and disease control
支持服務 Supporting & Habitat	避難所 Refugia (nursery, migration habitat)	生物多樣性 Biodiversity	全生命週期維護（尤其是苗圃）和基因庫保護 Lifecycle maintenance (esp. nursery), Gene pool protection	全生命週期維護、棲地和基因庫保護 Life cycle maintenance, habitat, and gene pool protection
	養分循環 Nutrient cycling	養分循環和光合作用、初級生產 Nutrient cycling & photosynthesis, primary production	—	—

續表14-5

服務類型	Costanza et al. (1997)	MEA(2005)	TEEB(2010)	CICES (2017)
文化服務 Cultural	娛樂 Recreation (incl. eco-tourism & outdoor activities)	娛樂和生態旅遊 Recreation & eco-tourism	娛樂和生態旅遊 Recreation & eco-tourism	身體和經驗互動 Physical and experiential interactions
	文化（包含美學、藝術、精神、教育和科學） Cultural (incl. aesthetic, artistic, spiritual, education, & science)	美學價值 Aesthetic values	美學知識 Aesthetic information	
		文化多樣性 Cultural diversity	文化、藝術和設計靈感 inspiration for culture, art and design	
		精神和宗教價值 Spiritual and religious values	精神體驗 Spiritual experience	精神和/或象徵性互動 Spiritual and/or emblematic interactions
		知識系統和教育價值 Knowledge systems, Educational values	認知發展資訊Information for cognitive development	知識和代表性互動 Intellectual and representative interactions

表14-6　水域環境生態系統服務功能及說明

生態系統服務分類	生態系統服務	定義說明及案例	使用類別	水域環境	鄰近陸域
供給服務 Provisioning	水供應 Water supply	淡水對人類相當重要，可用於種植作物，飲用水、個人衛生、洗滌、烹飪以及廢物的稀釋和回收等，是供給和調節服務之間的聯繫，亦可提供農業灌溉、工業、維持城市水道供水等用途（Walsh et al., 2012）。	直接 Direct	V	
	食物 Food	生態系統生產中可作為食物以及原材料之部分（Costanza et al., 1997），灌溉對於糧食生產具有直接之效益性（Groenfeldt, 2006）。	直接 Direct	V	V
	基因資源 Genetic resources	基因資源是動植物繁殖以及生物之遺傳訊息，亦代表生物之獨特性（Costanza et al., 1997），若基因資源多樣性變異豐富，則有抗衡環境變化之能力，是農、漁、林、牧、品種改良之依據，也是遺傳工程之素材（Mohammed, 2019）。人工水生系統有時具有明顯的生態價值，甚至包括稀有和理想的物種（Chester & Robson, 2013）。	間接 Indirect	V	V
調節服務 Regulation	空氣品質調節 Air quality regulation	在 MEA（2005）中，說明空氣品質調節為「向大氣中釋放化學物質亦從大氣中吸收化學物質，因而對空氣產生多方面之影響性。」植物具有葉綠素，可行光合作用將太陽能轉為生物能，在過程中固定二氧化碳，並釋出大量的氧氣，除可吸附空氣中的微塵與污染，亦可達到淨化空氣目的（Chaparro & Terrasdas, 2009）。	間接 Indirect		V

續表14-6

生態系統服務分類	生態系統服務	定義說明及案例	使用類別	水域環境	鄰近陸域
調節服務 Regulation	氣候調節 Climate regulation	生態系統服務對氣候的影響回饋，生態溫和溼度調節有一定幫助，由於土地與水之覆化對於氣候變化對於城市地區植樹可以減少熱島效應（Wilby & Perry, 2006）；在全球尺度上，溼地透過儲存溫室氣體，以調節全球氣候（Mitra et al., 2005）。	直接 Direct	V	V
	干擾調節 Disturbance regulation	干擾調節為生態系統對於環境擾動的忍受度和綜合反應（Costanza et al., 1997）。區排本身即具有納洪、排洪、排水功能，植被亦具有在嚴重熱浪時熱吸收等緩衝作用（Costanza et al., 2006）。	直接 Direct	V	V
	水調節 Water regulation	MEA（2005）提到逕流的規模易受到土地覆被變化影響，在強降雨和或成長時間降雨期間，土壤和植被會滲透水，可自動調解水文過程、減緩水流，削減洪峰、緩減洪水對於陸地之侵襲（Villarreal & Bengtsson, 2005），而在乾旱期間，亦可提供灌溉等功能。	直接 Direct	V	V
	汙染物濃度處理（水質淨化） Waste treatment Water purification	汙染物濃度處理移除淡水中之雜質外，亦濾除和分解有機廢棄物（MEA, 2005）。溼地和其他水生系統的相互作用，亦可淨化水體中的汙染物（An & Verhoeven, 2019）。	間接 Indirect	V	V
	沖蝕調節 Erosion regulation	保持土壤和防止土地受到侵蝕（MEA, 2005）。不同之植物種類和植被覆蓋率所提供之土壤率對抗侵蝕的調節能力亦有所不同（Kandziora et al., 2013）。	間接 Indirect	V	V
支持服務 Supporting	棲地 Habitat	溼地是水禽和其他野生動物的棲息地（An & Verhoeven, 2019），且水域環境中，不同水域型態也可滿足生物之棲地需求，例如：深潭區域因流況穩定且具有較大空間等特性，在枯水期為水生動物重要之避難水域。	間接 Indirect	V	V

續表14-6

生態系統服務分類	生態系統服務	定義說明及案例	使用類別	水域環境	鄰近陸域
支持服務 Supporting	生物多樣性 Biodiversity	生物多樣性是物種、種群之間或之內的各種基因，每一物種都具有不同之生態服務功能，以維持生態系統的穩定及完整性，然而有植被的環境是許多動植物種的理想棲息地，反過來又有助於環境的整體生物多樣性（Moore & Westley, 2011），然而農業、工業、都市等人工水生系統具有明顯的生態價值，皆能維持其生物多樣性（Ridder, 2007），但疏浚、調節水深等的管理策略可能會對之生物多樣性和水質產生重大影響（Clifford & Heffernan, 2018）。	間接 Indirect	V	V
	養分循環 Nutrient cycling	養分循環是在自然界的各項能量循環，其中包含氮循環、碳循環等。藉由不同生物進行化學作用，使能量循環生生不息。另外也有如植物行光合作用產生氧氣等，均為養分循環的重要一環。Herzon 與 Helenius（2008）指出農田灌溉排水具有可溶性養分的轉移以及循環功能。	間接 Indirect	V	V
文化服務 Cultural	娛樂 Recreation	生態系統服務於娛樂的價值，以區域排水系統即著重於排水路徑週邊的規劃，如自行車道、休息遊憩空間等。	直接 Direct	V	V
	美學價值 Aesthetic values	美學價值為美與木本植物物種豐富度呈現正相關關係（deLacy & Shackleton, 2017），此外，多數人願意為農村景色的美學做出一定程度的付出（Groenfeldt, 2006）。	直接 Direct	V	V
	文化及精神價值 Cultural and spiritual value	讓人們感覺到與該地區的聯繫，並形成一種強烈的歸屬感（Kandziora et al., 2013），可以包含宗教、文化景觀以及遺跡。	直接 Direct	V	V
	知識系統和教育價值 Knowledge systems, Educational values	不同生態系統服務亦具有其教育價值，透過知識講座、專題學習、技能訓練等方式進行教育，以提升民眾的知識視野以及將生態保育及觀念向下扎根。	直接 Direct	V	V

14.13 永續發展目標（Sustainable Development Goals, SDGs）

　　聯合國於2014年9月17日發布訊息表示，第68屆大會於同年9月10日採納「永續發展目標」（Sustainable Development Goals, SDGs）決議，作為後續制定「聯合國後2015年發展議程」之用。永續發展目標包含17項目標（Goals）及169項細項目標（Targets）。

　　永續發展目標：

一、目標1. 消除各地一切形式之貧窮。

二、目標2. 消除飢餓，達成糧食安全，改善營養及促進永續農業。

三、目標3. 確保健康及促進各年齡層之福祉。

四、目標4. 確保有教無類、公平以及高品質之教育，及提倡終身學習 。

五、目標5. 實現性別平等，並賦予婦女權力。

六、目標6. 確保所有人都能享有水及衛生及其永續管理。

七、目標7. 確保所有之人都可取得負擔得起、可靠之、永續之，及現代之能源。

八、目標8. 促進包容且永續之經濟成長，達到全面且有生產力之就業，讓每一個人都有一份好工作。

九、目標9. 建立具有韌性之基礎建設，促進包容且永續之工業，並加速創新。

十、目標10. 減少國內及國家間不平等。

十一、目標11. 促使城市與人類居住具包容、安全、韌性及永續性。

十二、目標12. 確保永續消費及生產模式。

十三、目標13. 採取緊急措施以因應氣候變遷及其影響。

十四、目標14. 保育及永續利用海洋與海洋資源，以確保永續發展。

十五、目標15. 保護、維護及促進領地生態系統之永續使用，永續之管理森林，對抗沙漠化，終止及逆轉土地劣化，並遏止生物多樣性之喪失。

十六、目標16. 促進和平且包容之社會，以落實永續發展；提供司法管道給所有人；在所有階層建立有效之、負責之且包容之制度。

十七、目標17. 強化永續發展執行方法及活化永續發展全球夥伴關係。

　　其中，在目標2之2.4有「在西元 2030 年前，確保可永續發展之糧食生產系統，並實施可災後復原之農村做法，提高產能及生產力，協助維護生態系統，強化適應氣候變遷、極端氣候、乾旱、洪水與其他災害之能力，並漸進改善土地與土壤之品質。」目標11之11.5有：「在西元 2030 年以前，大幅減少災害之死亡數以及受影響之人數⋯⋯。」目標13之13.1有：「強化所有國家對天災與氣候有關風險之災後復原能力與調適適應能力。」13.3有：「在氣候變遷之減險、適應、影響減少與早期預警上，改善教育，提升意識，增進人與機構之能力。」目標15之15.3有：「在西元 2020 年以前，對抗沙漠化，恢復惡化之土地與土壤，包括受到沙漠化、乾旱及洪水影響之地區，致力實現沒有土地破壞之世界。」15.4有：「在西元 2030 年以前，落實山脈生態系統之保護，包括他們之生物多樣性，以改善他們提供有關永續發展之有益能力。」15.8有：「在西元 2020 年以前，採取措施以避免侵入型外來物種入侵陸地與水生態系統，且應大幅減少他們之影響，並控制或消除優先物種。」15.9有：「在西元 2020 年以前，將生態系統與生物多樣性價值納入國家與地方規劃、發展流程與脫貧策略中。」

14.14　河溪工程構造物常見生態影響

一、河溪工程構造物常見生態影響現象

(一) 魚類縱向通道：各類構造物高差過大；伏流、斷流、水深太小、流速過快。

(二) 水陸域橫向通道：坡度過陡、過窄；材質影響濱溪植物生長、生物棲息。

(三) 棲地、產卵場：河床擾動、平整化，泥砂懸浮、淤埋，塊石、細粒料、底床多孔質流失、岸邊緩流消失。

(四) 餌料源：浮游生物、有機碎屑、藻類減少。

表14-7　河溪工程施工對棲地影響關聯表

		陸域棲息地變更				水域棲息地變更				干擾
		毀壞	改變	遷移	傷亡	毀壞	改變	遷移	傷亡	
地表擾動	改變地形、逕流量、流路／清除植被／土壤沖蝕	X	X	X						
河湖擾動	改變集水分區、河床型態、流量、流速、水深、水質	X	X			X	X	X	X	
噪音	施工作業／交通運輸／人為活動	X	X							X
土壤汙染	油料洩漏／廢棄物棄置	X	X		X					
水汙染	點源或非點源汙染物懸浮、沉積					X	X		X	
空氣汙染	粉塵／有毒氣體／酸雨		X		X		X			X

二、河溪生態棲地需求

在了解河溪生態棲地需求前，必須先知道河溪生態物種種類及其習性。河溪生態物種包含下列數種。

(一) 魚類

有溯河洄游、降河洄游、兩側洄游等三類。

1. 溯河洄游魚類：大部分期間生活在海域，成魚則上溯到淡水域產卵。如鮭鱒類

2. 降河洄游魚類：大部分期間生活在淡水域，成魚則順水流到海域產卵。如白鰻、鱸鰻。

3. 兩側洄游魚類：在河海間迴游，並非以產卵為目之。如溪鱧、香魚、曳絲鑽嘴魚、眼棘雙邊魚、小雙邊魚、細尾雙邊魚、蓋刺塘鱧、黑塘鱧、烏魚等。

(二) 甲殼類

有洄游型和陸封型兩類蝦蟹。

1. 洄游型蝦類：母蝦在繁殖期間於原棲息地或降河至河口，將剛孵化之蚤狀幼蟲排出，經過8～11次蛻殼變態後，顯現出蝦子型態之幼蝦開始從河口向河川上游洄游。

2. 陸封型蝦類：一生都生活在淡水域中。母蝦在繁殖期間於原棲息地將剛孵化之蚤狀幼蟲排出後，幼蝦會躲到水草間避開水流沖擊。

3. 洄游型蟹類：降海洄游，如字紋弓蟹、日本絨螯蟹、臺灣絨螯蟹。母蟹在繁殖期間往河口移動產卵，大多數親蟹產卵後隨即死亡，剛孵化之仔蟹須經過多次脫殼後，才成為底棲型之大眼幼蟲洄游至河川水域。

4. 淡水蟹：淡水蟹沒有強大之游泳能力，因而分布範圍狹小，長時期之隔絕導致演化成新種。

此外，蝦類和魚類同為水生生物，對環境基本需求大同小異，如流量、水質、避難、產卵場、迴游路線。無法忍受河床擾動。由於淡水蝦不善於游泳，無法使用水量大、流速快之魚道，因此可考慮粗糙度高之麻布袋、麻繩、棧道，提供淡水蝦使用。淡水蟹因為不喜歡長時間浸泡在水裡，喜歡在岸邊築穴或躲藏在礫石下生活。岸邊潮溼土地是其棲地，因此，工程區域內如果發現淡水蟹，則施工期間必須注意不要破壞其棲地環境。路邊坡腳、河岸水泥化，山溝、田間灌溉水道溝渠化等，都不利於淡水蟹棲息，乾砌石護岸會是較佳之選擇。

(三) 兩棲類

(四) 爬蟲類

(五) 鳥類

14.15　魚類棲地基本要求

河溪是魚類整個生命週期之棲地、覓食、繁衍和避難空間，魚類棲地基本要求如下。

一、棲地

(一) 需要足夠流量、水深。

(二) 具備完成生活史所需之水溫、pH、溶氧量、濁度等水質因子；容許汙染物和汙染量。

(三) 礫石及圓石孔隙提供水域動物、水棲昆蟲和蝦蟹類居住築巢。

二、覓食

(一) 植食性魚類以藻類、植物為食；肉食性則捕食昆蟲、蠕蟲、蝦蟹、小魚。多數魚種屬於雜食性。

(二) 魚苗和幼魚大多以浮游動植物（微生物）為食，隨著體型成長，逐漸轉換成較大餌料。

(三) 餌料：附著藻類或水生植物、水域內之枯枝落葉、有機物。

三、繁衍

(一) 不同魚種之繁衍行為，需要不同水溫、產卵底床、流速等條件。

(二) 山區溪流魚種大多利用淺水、礫石底質區域產卵。魚苗至幼魚棲息在岸邊緩流區；長大後才移動到主要水域生活。

四、避難

(一) 遮蔽處所提供魚類躲避捕食者、魚隻間競爭，或洪水及乾旱。

(二) 岩盤、溪床上大粒徑塊石及塊石孔隙、樹枝、倒木、懸垂水面上之植物枝條、水中植物、根系等形成之空間。

(三) 深潭及小支流在洪水及乾旱時期提供暫時性避難所。

五、遷徙

(一) 洄游性魚種需要河口至中、上游連續之遷移路徑。初級淡水魚也會因不同生活史階段或繁衍需求，而在溪流內遷移。

(二) 人為構造物與下游側水面之垂直落差應小於0.35 m，且垂直落差下游需有足夠長度及深度之跳躍池。

(三) 水深太淺，無法游動，如伏流、斷流、無表面水流等；流速太快，無法溯游，如涵管、箱涵等集中水流。

六、部分河溪物種需要不同水域棲地

(一) 埔里中華爬岩鰍：魚苗無法適應急流，成魚才棲息於急流水域。

(二) 圓吻鯝：喜歡緩流、湖泊，繁殖季節需要水流刺激引發交配慾望。

(三) 粗首鱲：喜歡湍急水流，繁殖期需要緩流之淺灘育兒。

(四) 長臂蝦科常出現在山澗、溪流或湖泊，躲藏在石塊堆砌成之洞穴中。

(五) 匙蝦科常出現在山澗、溪流或湖泊，躲藏在繁盛水草間或岸邊淺水域。

七、棲地種類

如果以棲地種類分，則有表14-8河溪物種所需棲地區域。

表14-8　河溪物種所需棲地區域

區域	種類
高溶氧急流區	臺灣石䲁、高身鏟頜魚、臺灣纓口鰍、臺灣間爬岩鰍、臺東間爬岩鰍、埔里中華爬岩鰍、南臺中華爬岩鰍、光倒刺䰾、陳氏鰍鮀、大河沼蝦
緩流潭區或湖泊	飯島氏銀鮈、菊池氏細鯽、臺灣副細鯽、日本沼蝦
深潭	臺灣石䲁、櫻花鉤吻鮭、臺灣馬口魚、臺灣鏟頜魚
底棲	短吻小鰾鮈、高身小鰾鮈、臺灣纓口鰍、臺灣間爬岩鰍、臺東間爬岩鰍、埔里中華爬岩鰍、南臺中華爬岩鰍、明潭吻鰕虎、短吻紅斑吻鰕虎、大吻鰕虎、南臺吻鰕虎、恆春吻鰕虎
平瀨	粗首鱲
淺瀨	明潭吻鰕虎、短吻紅斑吻鰕虎、大吻鰕虎、南臺吻鰕虎、恆春吻鰕虎
石縫	臺灣石䲁、臺灣馬口魚、臺灣鏟頜魚
砂泥底部	鱸鰻
山溝旁之草叢或樹根間挖洞	藍灰澤蟹、紅螯螳臂蟹
礫石溪床	短吻小鰾鮈、高身小鰾鮈、臺灣纓口鰍、臺灣間爬岩鰍、臺東間爬岩鰍、埔里中華爬岩鰍、南臺中華爬岩鰍、明潭吻鰕虎、短吻紅斑吻鰕虎、南臺吻鰕虎、恆春吻鰕虎、日本瓢鰭鰕虎、光倒刺䰾、蔡氏澤蟹、伍氏厚蟹
泥質灘地	隆脊張口蟹、鋸緣青蟳、正蟳、紅腳蟳

14.16　生態影響評估程序

一、了解個別物種在食物鏈中之關係與扮演角色。

二、分析生物棲地之涵容能力與計畫區內個別物種之關係。

三、評估動植物對環境改變之耐受能力。

四、評估棲息地因工程施作造成物種多樣性降低、環境抗變能力減低與生物環境脆弱性增加。

五、考慮工程施作可能對演替程序之干擾。

六、預測區域內瀕臨滅絕物種及關鍵棲息地可能造成之改變與影響。

　　生態檢核可以分為規劃階段之計畫生態檢核和設計、施工階段之工程生態檢核。

　　計畫生態檢核包含棲地生態評估、物種群落生態評估和生態保育評估（食性、繁殖、水棲群落、棲地）三部分。棲地、餌料需求則必須考慮水域生態生命週期，包含幼年期、成長期、繁殖期和老年期之不同需求，再針對工程施工、營運對棲地之影響，提出迴避、縮小、減輕和補償等因應對策。

　　棲地型態可以分為溪流、湖泊、林澤、高地針葉林、高地闊葉林、低地闊葉林、開闊地和水生棲息地之陸域野生動物價值。其中，棲地單元價值為棲息地品質指數和棲息地大小之乘積。

表14-9　溪流關鍵變數權重

變數	權重
魚群	30
彎曲指數	20
總溶解固體（TDS）	20
混濁度	10
化學型態	10
底棲生物之歧異度	10

表14-10　水生棲息地變數權重

變數	權重
從當年7月至翌年2月水體深度≦12英寸百分比	11
水生植物覆蓋度	12
與道路或其他干擾之距離	9
8月之水深	9

續表14-10

變數	權重
與河流之距離	10
倒木／灌木之覆蓋度	8
洪水頻率	11
冬季氾濫	11
與林木之距離	8
水體大小	11

關切物種選擇有下列4項：

一、合併4至6種對土地利用具有相當敏感性之物種。

二、在營養循環或能量流動中，扮演關鍵角色之物種。

三、代表一群利用相同環境資源之物種：食性（feeding guilds）、繁殖（reproductive guilds）、水棲（aquatic guilds）。

四、民眾關注或／和經濟價值物種。

其中，水棲群落包含：

(一)覓食棲地。

(二)繁殖棲地。

(三)對溫度耐受性及反應。

(四)對棲地偏好。

(五)對潛在棲地改變（混濁、汙泥……）耐受度。

生態保育評估即是同時考慮棲地型態和關切物種之各項習性。主要的是，河溪棲地必須考慮下列3項因子：

一、水文、水質：流速、水深、水溫、水質、混濁度。

二、餌料源。

三、避難處所。

14.17　工程生態檢核

工程生態檢核之程序和計畫生態檢核一樣，亦即工程生態檢核包含棲地生態評估、物種群落生態評估和生態保育評估（食性、繁殖、水棲群落、棲地）三部分。棲地、餌料需求則必須考慮水域生態生命週期，包含幼年期、成長期、繁殖期和老年期之不同需求，再針對工程施工、營運對棲地之影響，提出迴避、縮小、減輕和補償等因應對策。

工程生態影響評析需要：

一、對工程生命週期可能造成影響之預測與說明。

二、考慮個別物種，以及相關被影響之棲息環境和整個生態系統特性。

三、依據生物科學或專業來解釋可能造成之顯著影響。

14.18　研擬減輕對策

依據工程範圍及影響區域內關注物種、指標物種和部分非列名保護物種之棲息、覓食、繁衍和避難等生活史，確認於核定、規劃、設計、施工和維護管理過程中之各項減輕不利影響之替代方案。

一、迴避：迴避負面影響之產生，包括停止工程計畫、選用替代方案或工程量體與臨時設施物之設置。同時，應避開有生態保全對象或生態敏感性較高之區域。

二、縮小：修改設計縮小工程量體、施工期間限制臨時設施物對工程周圍環境之影響。

三、減輕：經過評估工程影響生態環境程度，進行減輕工程對環境與生態系功能衝擊之措施，如變更工程項目、材料；施工工法、機具，以及施工期間等。

四、補償：為補償工程造成之重要生態損失，以人為方式於他處重建相似或等同之生態環境。

14.19 棲地單元

一、上游河溪棲地單元包含

(一) 水域：可分常流水河溪和半乾旱野溪。

(二) 濱溪帶。

(三) 河漫灘。

(四) 陸域：林地、農地、裸露地。

二、水域棲地則有

(一) 深潭。

(二) 淺瀨。

(三) 淺流。

(四) 深流。

(五) 岸邊緩流：為仔稚魚成長處所。

三、濱溪植被綠帶

經常被河溪整治工程人員忽略，甚至雇工清除。其功能包含

(一) 穩定溪岸，防止土壤沖蝕及溪岸坍塌。

(二) 改善微氣候，降低溪流溫度。

(三) 過濾非點源汙染物，保護水質及溪流生態。

(四) 植被帶之枯枝落葉是溪流營養鹽之來源。

(五) 溪流鳥類、蛙類和蜻蜓等之覓食、繁衍場所。

四、濱溪植被綠帶之重要性

濱溪植被綠帶經常是水棲昆蟲之棲息、繁衍場所，以下是水棲昆蟲之食物鏈

(一) 水棲昆蟲幼蟲羽化。

(二) 鳥類、魚類、兩棲類、昆蟲捕食。

(三) 河溪之鳥類、動物排遺成為餌料。

表14-11 不同水域棲地類型之概況

棲地類型	淺瀨	淺流	深潭	深流
水面型態	水面紊動明顯、有水花、流速快。底層石塊有可能突出水面	類似淺瀨,但底質較小	水面平順,流速緩慢,有部分迴流區	水面略有波動。為淺瀨、深潭間之轉換區
描述	流速快,溶氧量高,底棲生物之棲息地,基礎生產量高,是魚類餌料來源。嗜急流型魚類喜好在淺瀨下游處活動與覓食	為淺瀨、深潭間之轉換段,部分魚類於此處產卵	水深、水勢緩和,為魚類休息場所。深潭周遭淺水處及迴流處也是幼魚活動區,大型成魚常隱匿於大型深潭中。深潭也是洪水及枯水時期之避難處所及越冬場所	為淺瀨、深潭間之轉換段,部分魚類於此處產卵
流況	水深<30cm 流速>30cm/s	水深<30cm 流速<30cm/s	水深>30cm 流速<30cm/s	水深>30cm 流速>30cm/s
河床底質	巨石與圓石	小型卵石、礫石和砂石	多為小型卵石、礫石和砂石,偶有大型巨石	以礫石為主

五、魚道

(一) 階段式魚道:適合跳躍能力強魚種,容易淤積砂石、河川水位變化太大。如臺灣鏟頷魚、臺灣石𩼧、粗首鱲、臺灣馬口魚等較適用。

(二) 潛孔式魚道:適合底棲性魚類,較不受河川水位影響。

(三) 改良型舟通式魚道:適合多種跳躍性和攀爬性魚種,具有良好排砂功能,高流速和複雜流況不適合小型魚種和幼魚使用。

目前蒐集到不同魚種之喜好水深、流速和最大突進泳速(表14-12),提供參考。自表中可知,喜好水深在0.1～1.2m間,喜好流速在0.05～1.0間,水深、流速都不大。

表14-12 不同魚類適合生長之環境

魚種	喜好水深(m)	喜好流速(m/s)	最大突進泳速(m/s)
臺灣鏟頷魚(鯝魚、苦花)	0.32～1.2	0～1.1	
粗首鱲(紅貓、溪哥)	0.1～0.35	0.2～1	0.78～1.43
粗首鱲	0.3～0.35	0.2～0.8	0.78～1.43

續表14-12

魚種	喜好水深（m）	喜好流速（m/s）	最大突進泳速（m/s）
臺灣石鰾	0.25～0.7	0.1～0.3	1.16～2.47
纓口臺鰍（臺灣纓口鰍）	0.23	0.47	
埔里中華爬岩鰍	0.2～0.4	0.45～1.0	
明潭吻鰕虎	0.2～1.05	0.05～0.82	
明潭吻鰕虎	0.3～0.45	0.2～0.8	

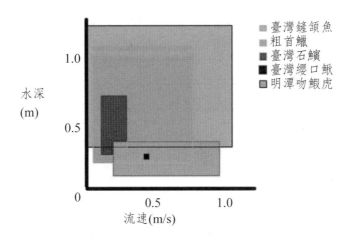

圖14-1 魚種水深與流速適應圖

農委會特生中心之試驗報告研究成果如表14-13。

表14-13 魚種與魚道適應表

試驗魚道種類		改良型舟通式魚道	階段式魚道		潛孔式魚道	
魚種		最大坡度	較適流量（cms/m）	較適水位差（cm）	最高水位差（cm）	突進泳速（m/s）
跳躍性	臺灣鏟頜魚	1/4	0.1	40	50	2.5
	臺灣石賓		0.1	40	50	2.5
	粗首		0.06	40	20	2.0
	臺灣馬口魚		0.14	12	30	2.4

續表14-13

試驗魚道種類		改良型舟通式魚道	階段式魚道		潛孔式魚道	
魚種		最大坡度	較適流量（cms/m）	較適水位差（cm）	最高水位差（cm）	突進泳速（m/s）
攀爬性	臺灣纓口鰍	>1/4	0.1	40	40	2.5
	臺灣間爬岩鰍		0.1	50	>50	>2.6
	褐吻鰕鯱		—	—	—	—
	短吻鰕鯱		—	—	—	—
	白鰻		—	—	—	—
	明潭吻鰕鯱	—	—	—	30	2.4
	短吻紅斑鰕鯱	—	—	—	20	2.0

　　由於施工期間，施工作業容易造成泥砂懸浮、水質混濁，因此，經過整理相關資料，淡水魚最適環境如表14-14。

表14-14　淡水魚環境適應表

適宜溫度	20～32℃
繁殖最適溫度	22～28℃
pH值	4.6～10.2
最適溶氧量	5毫克／升
正常溶氧量	>2毫克／升
零死亡泥砂濃度（烏魚）	11.1克／升
24、72與120小時之半致死泥砂濃度（烏魚）	分別約為129、56與49克／升
120小時最高死亡率83%之泥砂濃度（烏魚）	79.3克／升

14.20 河溪治理工程生態保育

一、河溪治理工程生態保育原則

(一) 迴避生態敏感區。

(二) 增加餌料供應、避難區（兩岸緩流、迴流區、深潭、石縫）、卵床（砂質底質河床）。

(三) 維持生態基流量、水深、水質、多孔隙河床、洄游通道。

(四) 避免水泥化、施工泥砂濃度增加。

二、河溪工程構造物規劃設計建議

(一) 低流量能夠提供水域生物之棲地需求；洪水時以防災為主。

(二) 能夠產生溪流棲地主要單元（淺流、淺瀨、深潭及深流）。

(三) 河彎段外側容易形成深潭；陡坡直線段常形成淺瀨；深潭和淺瀨區間常是深流或淺流。

(四) 棲地單元是工程設計依據工區棲地類型或關切物種，事前規劃及預測之內容。

(五) 施工及營運期之流速、水深、水溫、水質、深潭深度，需符合關切物種生命週期之棲地、洄游需求。

三、生態友善對策

除了緊急救災工程外，公共工程規劃、設計、施工和營運時期需要提出生態友善對策。其中，針對迴避、縮小、減輕和補償方面，都有不同之生態友善設計原則和措施，詳如表14-15。

表14-15 生態友善對策表

生態友善對策	生態友善設計原則	生態友善措施
迴避	迴避生態保全對象及重要棲地	迴避生態環境良好之森林、溪流
		迴避保育類動物／稀特有植物棲地

續表14-15

生態友善對策	生態友善設計原則	生態友善措施
縮小	縮減工程對重要自然棲地之干擾範圍	縮減工程規模,降低對良好森林、溪流生態之干擾範圍
	保留樹島、大樹／母樹	保留樹島、大樹／母樹
減輕	維持溪流上、下游遷移路徑	規劃低落差之通透性壩、固床工、堰、取水工
		設計全斷面魚道(生態廊道)
	水域棲地回復	保留大石、礫石、漂石、圓石
		營造深潭、淺瀨、深流、淺流、岸邊緩流
	生態河岸	設計乾砌石、石籠、土石籠護岸
	水陸域通道	保留自然緩坡河岸、濱溪植被完整性
		規劃粗糙、緩坡型動物坡道(生態通道)
補償	覓地營造水域棲地、原生植被復育	覓地營造水域棲地
		以混植、複層配置種植原生適生樹木、草種
其他		避免河床整平或封底
		洪水線以上盡量規劃土堤
		保育類動物／稀特有植物復育措施
		施工期間溪流水質濁度控制
		入侵強勢外來動植物清除

參考文獻

1. 黃宏斌、胡通哲,臺北分局轄區環境友善及生態檢核措施管理計畫,行政院農業委員會水保局臺北分局研究報告,2020.02

2. 黃宏斌、胡通哲,區排生態檢核作業計畫,經濟部水利署水利規劃試驗所,2019.12

3. 黃宏斌,97年度生態工法暨生物多樣性人才培育計畫成果報告,教育部高教司研究報告,2008.12

4. 黃宏斌,96年度生態工法暨生物多樣性人才培育計畫成果報告,教育部高教司

研究報告，2007.12

5. 黃宏斌，教育部94年度生態工法暨生物多樣性人才培育計畫成果報告書，國立臺灣大學生物環境系統工程學系，2006.05

6. 黃宏斌，臺北市土石流整治及自然生態工法之應用問題探討，94年度土石流潛勢溪流防災業務管理研習會講義，66-90頁，2005.11

7. 黃宏斌，土石流防治工法與生態工程，土石流災害之學術研究，7-12頁，2001.12

8. The Federal Interagency Stream Restoration Working Group, Stream Corridor Restoration, 2001

習題

1. 試述歐洲、美國、日本和臺灣生態工程之異同點。
2. 試分別敘述生態工程、生態工法定義，及其異同點。
3. 試述開發行為面對生態棲地之做法。
4. 試述道路規劃設計對生態考量之原則。
5. 試述河溪工程對水域生態之影響。
6. 試述河溪生態工法規劃設計理念。
7. 當發現有溪蟹存活時，該河段之野溪整治工程在規劃時，需要注意哪些事項？
8. 目前為了提倡生態工法，護岸或堤防之臨水邊坡盡量採用乾砌石或土堤，試述野溪治理時，施工期間之生態棲地保護措施。
9. 試述野溪治理時，施工期間之生態棲地保護措施。
10. 試述野溪治理時，施工便道、防砂壩和護岸基礎開挖時之生態棲地保護措施。

chapter 15

防災工程

Disaster Prevention

15.1 前言

一、臺灣位處天然災害發生之高風險區

世界銀行2005年刊行之Natural Disaster Hotspots – A Global Risk Analysis，定義颱風、地震、洪水、坡地災害、土石流等為天然災害，而臺灣同時暴露於：

(一) 三項以上天然災害之土地面積與面臨災害威脅之人口平均為73%，高居世界第一。

(二) 兩項以上天然災害之土地面積與面臨災害威脅之人口平均為90%。

二、臺灣面臨的災害威脅

(一) 自然的易致災姓

颱風襲擊（每年平均3.5次）、降雨強度高、豐枯水期之降雨量明顯、山高水急、蓄水不易、地質脆弱、表土鬆軟。

(二) 社經發展影響

用水量增加導致超抽地下水、都市熱島效應增加降雨強度、不透水面積擴大增加下水道排水負荷，都市化人口集中、地下場站和大型空間，增加災害脆弱度與風險。農業與觀光發展的需求，山坡地和河川超限利用與不當開發。

(三) 氣候變遷的衝擊

極端事件有增加趨勢、颱風降雨強度增加、降雨型態改變、乾旱發生頻率與強度增加，海水位上升威脅等。

15.2 洪災與坡地災害

一、在氣候變遷下可能的脆弱度與衝擊

(一) 洪災

1. 降雨強度增加提高淹水風險。

2. 侵臺颱風頻率與強度增加，衝擊防災體系之應變與復原能力。

3. 海平面上升易導致沿海低窪地區排水困難。

4. 暴潮發生機率增加，導致淹水機會與時間增加。

(二) 坡地災害

1. 降雨強度增加，導致嚴重之水土複合性災害。

2. 侵臺颱風頻率與增加，提高二次災害風險與復原難度。

3. 大規模崩塌災害。

二、坡地災害

(一) 1990～2009年間，臺灣災害次數增加，災害特性改變（轉變為水土複合型災害），災害程度加劇（損失增加、影響層面變大）。

(二) 豪雨是坡地災害原因之一。降雨超過坡地警戒的頻率有逐年上升趨勢，西部較東部明顯。

(三) 基隆河流域內之年平均降雨量介於2,190mm至4,650mm之間，套疊崩塌地圖層可發現，主要之崩塌地位置落於平均雨量介於3,750mm至4,500mm之間，極端降雨係影響崩塌發生之重要因素（顧承宇等，2012）。

三、年降雨沖蝕指數

以IPCC公告之A2、B2情境的大氣環流模式模擬降雨，發現年降雨沖蝕指數大致依短中長期而升高趨勢非常明顯，而且南部之降雨指數增加幅度大於中北部〔A2：多變異性組成的世界（悲觀）；B2：地方性經濟、社會與環境永續性的世界（樂觀）〕。

四、坡地災害類型

(一) 坡地災害最多的縣市為南投、臺中、苗栗、嘉義、高雄及臺南。

(二) 坡地災害類型，以崩塌最多，接著是落石、路基坍方、土石流、地滑等。

(三) 1989～1999年間，日累積雨量超過坡地警戒值（300～700mm）的頻率低於0.6%；1999～2009年間超過警戒值的降雨頻率大於0.8%。

表15-1　災害類型說明表

氣候變遷因子	洪水災害	坡地災害	複合型災害
極端降雨強度增加	超過區域排水系統負擔或堤防防護標準，提高淹水風險。	坡地災害風險提高。	影響：高災害風險地區之防災應變能力，水庫、橋梁、堤防等基礎設施之安全，水質穩定、水庫操作與乾旱缺水、土砂沖刷、河道淤積和二次災害，漂流木與堰塞湖問題。
強颱風發生機率增加	連續性大規模災害衝擊防災體系的應變和復原能力。	連續性災害提高二次災害風險，以及影響防災體系的應變和復原能力。	
豐枯期降雨愈顯不均	影響水庫蓄水能力、水質穩定和水庫操作安全。	影響土壤保水能力。	
海平面上升及地層下陷	暴雨侵襲時排水更為困難，增加淹水風險。	—	
地震頻繁與重大災害之環境衝擊	環境脆弱度增加，影響公共建設的復原和重建。		

五、因應氣候變遷之防災調適策略（經建會）

(一) 推動氣候變遷災害風險評估與高災害風險區劃設。

(二) 加速環境監測資源與災害預警資訊系統之整合。

(三) 評估重大公共建設與開發計畫脆弱度，並強化災害防護能力。

(四) 推動流域綜合治理，以強化流域整體防災調適能力。

(五) 防救災政策需納入因應氣候變遷引發極端災害衝擊的策略與對策。

六、坡地防災工程策略

(一) 野溪治理：防止或減輕野溪沖蝕、淘刷與溪岸崩塌，並有效控制土砂生產與移動，達成穩定流心，減少洪水、泥砂與土石流等災害所實施之治理工程。

(二) 崩塌地處理：防止和控制崩塌之發生，減輕或消除其造成之災害，維繫水土資源之有效與永續利用為目的。

(三) 土石流防治：採用抑制、攔阻、疏導、淤積、緩衝等方式，必要時得視現況進行監測。

(四) 邊坡穩定：以水土保持處理使邊坡不致發生崩塌、地滑、土石流等災害

為目的。

七、坡地防災工程項目

(一) 道路水土保持：為防止山坡地或森林區內鐵路、公路、農路及其他道路於施工中及營運時期水土流失所採取之水土保持處理與維護。

(二) 礦區水土保持：探、採礦作業之最終殘壁及擾動區域內各項水土保持之處理與維護。礦區植生應包括採掘跡地、廢土石堆積場、運搬道路及礦場內其他裸露地等區之綠化，以達成全面覆蓋為目的。

(三) 坡地排水系統：利用工程或其他方法，將上游之地表水或地下水引導、分流或排除，使其破壞力減低，以減輕或避免災害之發生。

(四) 開挖整地：應依基地原有地形及地貌，以減低開發度之原則進行規劃。避免位於斷層剪裂帶、岩層破碎帶及順向坡之坡腳，挖填土石方應力求平衡。

(五) 沉砂設施：攔截或沉積土石，減少土石下移、保護下游土地房舍及公共設施之設施。

(六) 滯洪設施：具有降低洪峰流量、遲滯洪峰到達時間或增加入滲等功能之設施。

(七) 臨時排水系統：為減少施工期間逕流沖蝕及泥砂災害，與沖蝕控制措施相互配合之設施。

(八) 臨時沖淤控制設施：施工前或施工期間防止泥砂外移造成災害之設施。

(九) 敷蓋或植生覆蓋：為防止土壤裸露坡面之土壤流失或淺層崩塌所採取之措施。

15.3 防災設施設計

防災設施設計原則為發生崩塌、土石流等各種災害時，有保全對象才會進行整治。

野溪因為有上游土石下移，夾帶土石之溪水具有較大剪應力，容易對河床和河岸造成沖刷或坍岸之可能，同時，在山谷出口處之野溪，或是野溪由狹窄山谷

轉變成寬廣河床時，野溪所夾帶泥砂、土石因為挾砂力減弱而落淤下來，導致伏流、斷流發生，嚴重影響生態環境。同樣地，當野溪出現土石流，野溪同樣會有沖刷、淤積問題，只是破壞力更大、規模更廣大。

　　表15-2為自水土保持手冊摘錄所得各項處理單元之定義及目的，自表中內容可以得知，利用這些處理單元之相互配合，可以成為不同整治目的之整流工程。

表15-2　各項處理單元之定義及目的（摘錄自水土保持手冊）

處理單元	定義	目的
防砂壩	為攔蓄河道泥砂、調節泥砂輸送、穩定河床及兩岸崩塌、防止侵蝕、沖蝕、抑止土石流所構築5公尺以上之橫向構造物。	1. 攔阻或調節河床砂石。 2. 減緩河床坡度，防止縱橫向沖蝕。 3. 控制流心，抑止亂流，防止橫向沖蝕。 4. 固定兩岸山腳，防止崩塌。 5. 抑止土石流，減少災害。
潛壩	為維持河床安定所構築高度在5公尺以下之橫向構造物。	1. 安定河道防止縱、橫向侵蝕。 2. 保護護岸等構造物之基礎。
丁壩	由河岸向河心方向構築，藉以達到掛淤、造灘、挑流或護岸之構造物。	1. 改變水流流向，保護河岸。 2. 建立正常河寬，疏導河道。 3. 誘聚河灘堆積物，建立新河岸。
堤防	順溪流方向構築，高於地面用以防禦及約束水流不使氾濫之構造物。	保護岸邊及鄰近土地、村落、公共設施等，避免被沖刷及淹水。
護岸	為保護河岸而直接構築於岸坡之構造物。	保護河岸及穩定坡腳。
固床工	以保護溪床免於被洪水沖刷下切為目的所構築的有效高度在1.0 m以下之橫向阻水構造物。	1. 抑制溪床面泥砂的輸移，有效維持溪床最小的變形。 2. 緩和床面及兩岸的流速，具有整流、導流、減緩沖刷、調整溪床坡度等。

一、坍岸崩塌

　　水流對於坍岸破壞有直接撞擊沖刷或剪力沖刷兩大類，鄰近洪水平原或沖積扇區域有可能只有坍岸破壞；如果是野溪緊鄰山坡地坡腳，則有可能產生下拉式坍岸，導致較大規模崩塌。早期曾經規劃防砂壩、潛壩淤積河床砂石，以保護壩體上游山坡地坡腳，防止坍岸崩塌發生，然而，也因為野溪水位抬升，導致坡腳

上方之崩積土石或土壤更容易被沖刷下來，形成更大規模之崩塌地。建議了解當地地質構造後，再採取適當工法。

(一) 坍岸崩塌發生原因

1. 水位漲跌變化大。
2. 彎道凹岸沖刷。
3. 大岩塊或構造物（丁壩、橋墩、突出物等）改變水流方向，沖擊下游河岸。
4. 大流量或高含砂量水流產生較大沖刷剪應力。

(二) 規劃原則

1. 水位漲跌變化大之區域：構築護岸保護邊岸，使其不受水流拖曳力破壞。
2. 彎道凹岸沖刷：改變水流流向，引導至安全區域；或是構築護岸保護彎道凹岸邊坡，使其不致因為水流直接沖擊而坍垮。
3. 大岩塊或構造物（丁壩、橋墩、突出物等）改變水流方向，沖擊下游河岸：去除這類會改變水流方向之岩塊或構造物。
4. 大流量或高含砂量水流產生較大沖刷剪應力：構築護岸保護邊岸，使其不受水流剪應力破壞。

(三) 設計原則

1. 防止水流拖曳力破壞之護岸，必須提供足以破壞拖曳力或抵抗磨蝕力之材料。因此，建議使用高粗糙表面、抗磨蝕之護岸材料，如鋼筋混凝土、抗磨蝕之造型模板或箱籠護岸等；不建議使用分層植生槽類型之護岸。
2. 防止水流剪應力破壞之護岸或堤防，必須提供足以破壞或抵抗剪應力之材料。因此，建議使用高粗糙表面、抗剪力之護岸、堤防材料，如鋼筋混凝土、抗剪力之造型模板、拋塊石護岸或堤防等；不建議在設計水深以下使用分層植生槽類型之護岸。
3. 防止水流沖擊力之護岸，必須提供足以抵抗水流或岩塊沖擊力之材料，如鋼筋混凝土護岸；不建議在含石量大之野溪使用箱籠護岸。建議政府應該盡速建立護岸材料之耐沖擊力和耐磨蝕力之規格標準，以供業界選擇採用。
4. 改變水流方向可以採用丁壩，導引水流方向至安全區域。

二、河道變遷

由於河流具有能將本身能量盡量降低至最小之調節作用，因此，固定河段內河流會發生蜿蜒、拉長河道長度以降低能量坡降之自然現象。目前對於河道變遷現象研究經常是以防、減災為主要目的，也就是防止流量或流速變化幅度大而有河道變遷導致堤防、護岸破壞之虞時的相關因應措施研究。

因為人類尚無法改變降雨量和降雨強度大小，以及當場降雨事件所產生之流量，同時，氣候變遷影響之緣故，未來高強度降雨事件發生次數會有增多趨勢。因此，未來流量大小變化幅度會更大，且河道頻繁變遷現象會加劇。

(一) 規劃原則

調查該河段之輸砂量和泥砂粒徑大小，配合設計流量規劃平衡河段之河床坡度。

(二) 設計原則

1. 利用壩工頂高營造平衡河段河床坡度，高差大者採用防砂壩，高差小者採用固床工，介於兩者之間採用潛壩。
2. 利用梳子壩篩選粒徑大小，以減小粒徑大小。
3. 利用分流構造物（如側流堰等）分流，以降低流量。

三、淤砂河段

當河道寬度突擴或流速減小河段，因為野溪挾砂力降低，會落淤上游所攜帶而來之泥砂，產生淤砂河段。淤砂河段對於生態棲地影響很大，由於沒有生態水深或是水深不足，產生伏流水或斷流狀態，嚴重時會毀壞當地生態環境，並阻斷水域縱、橫向通道。部分河段有系列固床工被泥砂掩埋現象，有過度規劃防治沖刷之虞；或是沒有了解固床工規劃之目的。

(一) 規劃原則

1. 屬於河寬突擴變寬河段，可以採用束水攻砂方式。
2. 底床粗糙係數因為不同地質條件變小河段，建議提高河床坡度，以增加流速。

(二) 設計原則

1. 束水攻砂可以藉由構築如防砂壩、潛壩等開口式壩工構造物，以其溢流口大小增加流速或以系列式丁壩提高流速。
2. 構築系列式防砂壩或潛壩，以其頂高配合平衡河段坡度，以提高既有之河床坡度。

四、沖刷河段

當河道寬度突縮或流速增加河段，因為野溪剪應力和挾砂力增加，會沖刷河床，並捲起河床鬆動砂石帶往下游，產生沖刷河段。沖刷河段容易導致橫向構造物或護岸、堤防、橋墩基礎掏空，進而垮掉毀損。雖然如此，沖刷河段會造成深潭、急流、跌水等，有利於魚類棲息、覓食和避難；但不利於仔稚魚成長。目前部分防砂壩、潛壩或固床工由於頂高、基礎高程規劃不符平衡坡度規劃原則，經常造成基礎掏空現象發生。尤其是這類工程沒有自主、支流匯流點之高程起算規劃，導致鄰近主、支流匯流點之壩工掏空，且難以處理之窘境。

(一) 規劃原則

1. 河寬突縮變窄河段，可以採用河床保護措施，避免河床沖刷現象加劇。
2. 底床粗糙係數因為不同地質條件變大河段，建議減少該河段粗糙係數或是減緩河床坡度，以降低流速。
3. 壩工構造物所產生之跌水沖刷，必須因應跌水大小規劃消能設施。
4. 各類壩工或固床工之基礎，必須自主、支流匯流點之高程起算規劃，避免壩工基礎掏空窘境。

(二) 設計原則

1. 在不影響生態環境條件下，可以藉由拋塊石、鼎型塊、護坦、水墊等保護河床避免沖刷。
2. 構築系列式防砂壩或潛壩、固床工等構造物，以其頂高配合平衡河段坡度，以降低既有之河床坡度。
3. 因應壩工構造物所產生跌水沖刷之消能設施，有護坦、水墊或副壩等。

參考文獻

1. 黃宏斌,李文正,張倉榮,「校園災害管理工作手冊」(幼兒園適用)、(國民小學適用)、(國民中學適用)、(高中職適用)、(大專校院適用),教育部出版,2012.01

2. 黃宏斌,學校防救災教育,生活防災,國立空中大學出版,235-245頁,2008.02

3. 陳亮全等編著,生活防災,國立空中大學出版,2008.2

4. 黃宏斌,臺北市土石流整治及自然生態工法之應用問題探討,94年度土石流潛勢溪流防災業務管理研習會講義,66-90頁,2005.11

5. 黃宏斌,賴進松,花蓮縣重大災害防治工程規劃設計檢討,臺灣大學生物環境系統工程學系研究報告,2005.11

6. 黃宏斌,教育部防災科技教育人才培育先導型計畫成果落實機制之規劃(子計畫4),教育部顧問室,2005.01

7. 游繁結,李三畏,陳明健,陳慶雄,黃宏斌,許銘熙,農業施政計畫專案查證報告,加強山坡地水土保持——治山防災計畫,中華農學會農業資訊服務中心,174頁,2004.12

8. 黃宏斌,坡地災害之發生機制:以溪頭集水區為例——總計畫暨子計畫:坡地土石流發生機制研究(2/2),國立臺灣大學水工試驗所研究報告第554號,行政院國家科學委員會,NSC92-2625-Z-002-004,2004.07

9. 黃宏斌,坡地災害之發生機制:以溪頭集水區為例——總計畫暨子計畫:坡地土石流發生機制研究(1/2),國立臺灣大學水工試驗所研究報告第507號,行政院國家科學委員會,NSC91-2625-Z-002-016,21頁,2003.07

10. 黃宏斌,許銘熙,張倉榮,土石流災害境況模擬、災害規模及災損之推估範例,行政院農業委員會水土保持局,SWCB-91-024,148頁,2002.12

11. 黃宏斌,坡地災害之發生機制:以溪頭集水區為例——總計畫暨子計畫:坡地土石流發生機制研究,國立臺灣大學水工試驗所研究報告第443號,行政院國家科學委員會,NSC90-2625-Z-002-017,2002.07

12. 湯曉虞,黃宏斌,災害管理政策與施政策略研擬——臺灣地區土石流災害管理政策與施政策略之建議,國立臺灣大學水工試驗所研究報告第437號,行政院

國家科學委員會，27頁，2002.03

13. 黃宏斌編，九二一震災重建——治山防災及農業公共設施重建查證評鑑報告，286頁，2001.12

14. 鄭富書，林銘郎，劉格非，黃宏斌，劉啟川，溪頭土石流災害調查，臺大實驗林管理處九十年度解說服務志工訓練手冊，4-1～4-23頁，2001.11

15. 黃宏斌，溪頭水土保持設施與土石災害，臺大實驗林管理處九十年度解說服務志工訓練手冊，3-1～3-9頁，2001.11

16. 黃宏斌，張倉榮，園區聚落與民舍周圍地區潛在災害調查與預警之研究，行政院內政部營建署陽明山國家公園管理處，20頁，2000.12

17. 黃宏斌，陽金公路大屯橋段上邊坡崩塌區第二階段防災整治處理規劃設計，行政院內政部營建署陽明山國家公園管理處，2000.03

18. 黃宏斌，坡地土砂災害防治之研究——調節池之水理特性研究，國立臺灣大學水工試驗所研究報告第266號，1997.06

19. 黃榮村，黃宏斌，陳正興，陳亮全，李天浩，陳正改，由六二水災檢討交通設施之防災措施，交通部中央氣象局研究報告，1993.11

20. 顏清連，黃榮村，黃宏斌，游保杉，蔣為民，1990年9月3日楊希颱風勘災調查報告，行政院國家科學委員會防災科技研究報告79-76號，1993.07

21. 洪如江，姜善鑫，黃宏斌，游保杉，陳文恭，歐菲莉颱風災害勘查報告，行政院國家科學委員會防災科技研究報告78-65號，1990.08

習題

1. 為什麼臺灣是位於天然災害之高風險區？
2. 臺灣面臨之災害威脅有哪些類型？
3. 坡地災害類型有哪些？
4. 試述經建會提出的因應氣候變遷之防災調適策略。
5. 何謂大規模崩塌？
6. 試述如何評估大規模崩塌潛勢區危險等級。
7. 試述水土保持之防災工程。

chapter 16

工程規劃設計
Planning and Design

16.1　基本資料調查與分析

　　與一般土木、水利工程一樣，水土保持工程包含基本資料調查分析、規劃設計和維護管理等三大項。調查分析項目包含集水區劃設、逕流量分析、工程地質和土壤調查分析、土壤流失量和泥砂生產量等。

一、荷頓（Horton）法求平均坡度

　　首先在開發區地形圖之等高線上劃設等間隔之縱橫平行線成無數大小相等之坵塊或方格（10m×10m或25m×25m），接著，假設坵塊四邊直線和等高線之交點總數為 n；兩等高線間之坵塊邊線長度為 ℓ；坵塊邊線和等高線間之夾角為 α；則兩等高線間之垂直距離為 $\ell\sin\alpha$，兩等高線間垂直距離之平均值 d 為

$$d = \frac{1}{n}\Sigma\ell\sin\alpha$$

當 n 值甚多時，α 值為 $0°\sim90°$ 之間，

$$\overline{\sin\alpha} = \frac{2}{\pi}\int_0^{\frac{\pi}{2}}\sin\alpha\, d\alpha = \frac{2}{\pi}(0-(-1)) = \frac{2}{\pi}$$
$$d = \frac{\Sigma\ell}{n}\cdot\frac{2}{\pi}$$

當開發區平均坡度為 S，且等高線間之高度差為 Δh 時，由於 $\Sigma\ell$ 為坵塊邊長 L，因此

$$S = \frac{\Delta h}{d} = \frac{\pi}{2}\cdot\frac{n\Delta h}{L} = \frac{n\pi\Delta h}{2L}$$

二、工程地質調查

　　工程地質調查係指調查分析開發計畫區及其影響範圍內之土壤、岩石及地質作用和構造對工程之影響。尤其是構造線位置和敏感區地質災害（落石、岩屑崩滑、岩體滑動、土石流）潛勢，分析其對計畫區預定進行工程之影響。

三、調查項目與方法

　　調查項目主要包含河床表面粒徑調查和河床質採樣、土地利用現況調查和崩

塌地調查等三項。

圖16-1　崩塌岩塊和河床質堆積之河床

(一) 河床表面粒徑調查和河床質採樣

　　為了要估計河床之粗糙度，以便利用曼寧公式計算河段之平均流速、可移動之泥砂量或可沖刷之河床深度，以便利用輸砂量公式估計河段之輸砂量，因此，必須針對研究河段從事河床表面粒徑調查和河床質採樣。如果該河段並非是寬淺河道，也就是寬深比小於10時，就不能忽略河道邊坡之表面粗糙度。在調查河床和河道邊坡之表面粒徑，分析各自之粗糙係數後，再選取適當之複合粗糙係數公式計算之。

　　一般複合粗糙係數公式之主要假設條件有：

1. 河道底床和邊坡之能量坡降相同。
2. 河道底床和邊坡之剪力相同。
3. 河道底床和邊坡之速度相同。

　　周文德依據室內試驗和野外觀測資料，製作了河床和河道邊坡之外觀型態與粗糙係數之對照表。該表首先針對河道有無內面工，再依據不同土壤質地，包括

卵石、礫石；稀疏、密植草生，以及乾砌石、漿砌石、水泥砂漿或混凝土等溝身分類，分別建議粗糙係數值。

圖16-2　細砂和粗礫石河床

(二) 土地利用現況調查

土地利用現況調查，也就是不考慮水文條件下，集中調查森林林相（含原始林、次生林，以及針葉樹林、闊葉樹林等）或農作物（含水田、旱田、竹林、菜園和果園）等類別，及其分布範圍、建築基地、道路、河流、水泥地、裸露地、崩塌地等。依據這些土地利用類別，對雨滴打擊、飛濺、截留；降雨入滲；蝕溝之形成、擴大；地表逕流之集中等，推估其土壤流失量，以及未成河河段之流入速度。

(三) 植生調查

植生調查包括定性和定量調查。調查區內如具有保育、景觀及學術研究上之重要植物群落，應特別記錄加以保護。定性調查項目包含植物群集程度、植生層次、植生週期變化和植生型態等；定量調查則包含豐多度、密度、頻度和優勢度等。

植生調查除了可以更精準估算土地利用現況調查中之各個森林林相和農作物類別範圍內之土壤流失量，以及未成河河段之流入速度外，也可以搭配陸域和水域生態調查成果，了解生態環境之棲息、覓食、繁衍和避難區域之形塑。

(四) 崩塌地調查

山崩和地滑經常被歸類為邊坡滑動，其發生之機制係因斜面上土體受到重力

或剪應力作用,導致外力大於土體內部之抗剪力;或是因為地下水位上升、內摩擦力降低,導致土體抗剪力小於土體在同一方向上之重量分力,發生土體移動之結果。其最大差異乃在於運動方式與規模上有所不同,一般而言,具有滑動層之地滑,係指移動土體或岩體之規模較大,其運動之典型特徵在於移動速度緩慢且有再發性,同時,移動土體較為完整;山崩則是規模較小、運動速度快、土體較為破碎之邊坡滑動。

　　換句話說,崩塌地調查就是崩塌區之基地地質調查,為了掌握崩塌區之土壤與岩石之物理及力學性質,藉著了解崩塌區之水文、地文條件、發生誘因,以及其影響對象等相關資料,作為邊坡穩定分析與崩塌整治工程設計之參考。

1. 調查項目

　　崩塌地調查範圍涵蓋崩塌區和鄰近地區之自然條件與人為利用型態。需要蒐集之資料,涵蓋當地之地表和地下水水文、地形、地質、土壤、植生,以及土地利用等項目。亦可藉由蒐集文獻或整治技術報告、報紙新聞,或比對不同時期拍攝之航空照片,擷取該崩塌地過去發生災害之紀錄,以了解崩塌量體及其範圍、運動型態、崩落方向,以及地表水、地下水、植物種類及其根系對崩塌發生之影響。

　　一般而言,地表水調查成果經常用在山崩誘因探討;地下水則是用在地滑。另外,地滑探討還需要增加滑動面和滑動深度調查。另外,植物根系對淺層崩塌才有效,大部分主根長度在1.5公尺以下之植生,對滑動深度大於1.5公尺之深層崩塌不僅是無效;還有增加滑動方向之分力,加速滑動之發生。

　　地下水水脈及其深度、流向、速度、流量經常是引發深層崩塌之誘因之一,因此,深層崩塌或是地滑調查就需要增加蒐集、調查地下水之相關參數。

　　滑動範圍可以藉由現勘發現散落在各處之張力裂縫和崩塌痕跡,搭配地質鑽探資料,可以整理繪製出滑動區頭部、腹部和尾部。滑動量調查則是在地質鑽探抽出岩心後之鑽孔,套入塑膠管,以張貼應變計或是操作3D孔內傾斜儀量測滑動量,再據以分析滑動面位置。

2. 調查方法

　　參考環境地質資料或是相關地質圖表是最簡便、迅速之方式,如果再配合現場尋找崩塌區及其鄰近地區露頭,修正、補強既有資料之不足處,可以獲得初步

崩塌機制及其誘因，並進而建議整治工法。

　　地質鑽探是最為直接了解崩塌區土壤性質和地質結構之方法，但是需要之經費也較多，雖然如此，每單位面積仍需要有鑽孔地質資料之輔助，才能更加精準地判釋和製作崩塌區地質圖。同時，鑽探工作所獲得之岩心樣本，除了製作柱狀圖外，同時可在實驗室內做強度分析，取得內摩擦角和凝聚力等參數，作為邊坡穩定分析使用。

　　地質鑽探孔位之選定，係崩塌區地質構造是否能夠完整呈現之關鍵。首先，對照環境地質圖呈現之資訊，決定需要補強之參數，並選定縱、橫剖線及剖線上足以代表之位置，如果經費足夠，建議採用各兩條縱、橫剖線，構成一個中間有一鑽孔之井字型，將各鑽孔柱狀圖依據不同類別之地層，繪製成3D立體圖後，就能夠完整呈現基地地質構造。

　　如果經費有限，建議地質鑽探搭配地球物理探測，以繪製3D立體之崩塌區地質圖。地球物理探測是根據地層之傳波特性、電阻、溫度，或是地下放射性等物理現象，來探測地下地質構造或地下水之分布等。常用之探測方法有：震測法、電探法、地溫深測、放射性探測等。

圖16-3　崩塌地（一）

圖16-4　崩塌地（二）

圖16-5　土場部落崩塌地

圖16-6　地滑

圖16-7　清泉土石流

圖16-8　尖石土石流

16.2 河床沖淤和河道變遷

一、臺灣的河流特性

(一) 河流長度短小、坡度陡峻。
(二) 地質脆弱、山崩、土石流多。
(三) 河床沖淤與河道變遷大。

二、驅動力

(一) 管流：出、入口兩端的壓力差。
(二) 河流：重力在坡度方向上的分力。

三、河床沖淤激烈

(一) 流速變快。
(二) 動量變大。
(三) 剪應力變大。

四、河床沖淤產生的問題

(一) 沖刷:構造物如水壩、橋梁、堤防等基礎掏空,導致傾倒、破壞。

(二) 淤積:水壩蓄水量減少、橋梁通水斷面不夠、堤防高度不夠,洪水溢淹。

五、河道變遷

使得局部河床沖淤作用快速,導致災害加速發生,面臨之問題如:

(一) 高屏大橋、后豐大橋斷橋事件。

(二) 林邊堤防、陳有蘭溪堤防潰決問題。

(三) 大甲溪、高屏溪河道淤積、疏濬問題。

(四) 堤防基腳掏空問題。

六、問題分析

(一) 橋梁本體或下部結構之安全:舉蛀牙與牙周病為例,蛀牙係指牙齒因細菌活動而造成分解、破損現象;牙周病則是影響牙周組織的發炎性疾病。疾病早期為牙齦炎,可使牙齦腫痛並可能出血;嚴重則形成牙周炎,使牙齦與牙齒分離,牙齒可能會鬆動或掉落。因此,橋梁本體或下部結構因為各類原因破壞現象類似蛀牙;當橋梁本體或下部結構沒有任何損壞卻發生橋梁倒塌事件,就和你患牙周病久了可能是同樣狀況。

(二) 彎道沖擊問題。

(三) 如高速公路開快車急速轉彎。

(四) 影響流域特徵之自然地理因素。

(五) 地形起伏。

(六) 地質條件。

(七) 氣候。

(八) 植被。

(九) 最重要者為地質條件(岩性與構造)與氣候。

七、水流特性

(一) 雷諾數(Reynolds number)

(二) 邊界流（Boundary flow）

(三) 層流（Laminar flow）

(四) 紊流（Turbulent flow）

小水坐彎，大小趨中：由於水流慣性力之作用，於低水時動量小，水流有坐彎之趨勢；高水時動量大，水流傾向於走直趨中。

八、水流型態

(一) 福祿數（Froude number）

(二) 超臨界流

(三) 亞臨界流

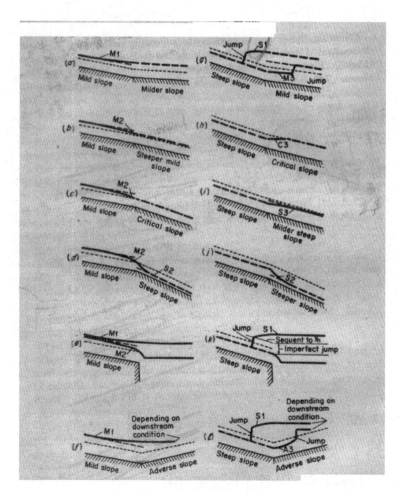

圖16-9　水流型態示意圖（一）

(四) 水躍

(五) 亞臨界流

(六) 超臨界流

(七) 跌水

(八) 水面剖線

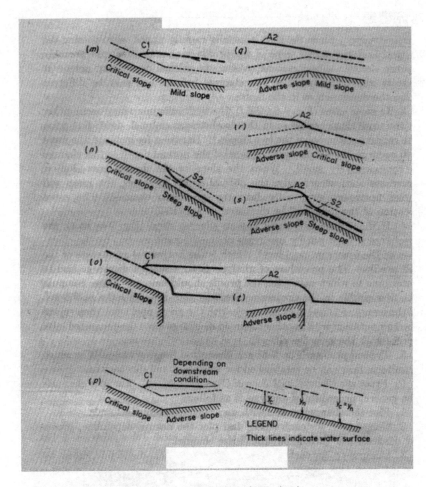

圖16-10　水流型態示意圖（二）

九、含沙河流挾砂能力

(一) 少沙河流

來沙量大於挾砂力時，多餘泥砂沉積河床。

來沙量少於挾砂力時，不足部分藉由河床沖刷取得。

(二) 多沙河流（多來多排，少來少排）

來沙量大，挾砂力亦會增大。

來沙量少，挾砂力便會減小。

十、沖積河流之堆積

(一) 沿程堆積：來沙量大，河流挾砂能力不足。

(二) 溯源堆積：河流集水點侵蝕基準面上升（如水壩、防砂壩之構築）。

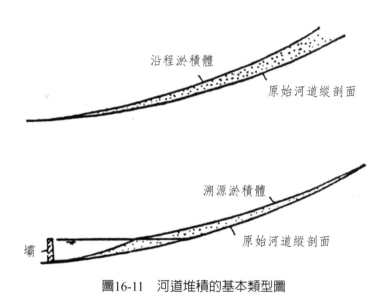

圖16-11　河道堆積的基本類型圖

16.3　河床型態

一、沖積錐（扇）

河流從山區進入平原之後，泥砂大量停留淤積，首先形成錐形或扇形之沖積錐（扇）。

表16-1　不同特性區域規模表

	乾旱地區	溼潤地區
逕流量	小	大
含砂量	小	大
沖積扇規模	小	大

二、洪水平原

靠近主槽，洪水時淹沒，中水時出露之灘地稱為洪水平原（河漫灘）。河流之橫向擺動與一岸之淤長（河床曲流形成之河漫灘）心灘沙洲、河岸連接，形成河漫灘（河床歧流形成之河漫灘）。

三、沙洲

(一) 沙洲發生原因

1. 河道變寬，水流分散處。
2. 水深突然增加處。
3. 兩股相差不多之水流相會處。

(二) 型態

1. 縱向沙洲。
2. 橫向沙洲。
3. 斜向沙洲。
4. 凸岸邊灘。
5. 邊灘。

四、蜿蜓／彎曲河流之河床演變

因水面橫比降所造成之壓力指向彎道凸岸，造成底層水流向凸岸，表層水流向凹岸之橫向環流，與縱向水流結合後，便成彎道中之螺旋流。

因為自由旋流關係，流速在凸岸最大，凹岸最小，但因彎道螺旋流之影響，自由旋體被抑制，表層流速較大之水體逐漸推向凹岸，使高流速區向凹岸轉移，產生彎道沖刷。

表16-2　游蕩型與彎曲型河流比較

	游蕩型	彎曲型
平面型態	順直	彎曲
坡降	大	小
含砂量	大	小
泥砂粒徑	大	小
寬深比	大	小

五、游蕩型河流之主槽擺動

　　游蕩型河流之主槽擺動幅度很大，擺動速度亦大，汛期之擺動強度大於非汛期。中、枯水期間，水流受深泓控制而彎曲，大水時，水流滿槽，流路趨於順直，於洪水退落過程中，由於水流挾砂力驟減，常使主流所在之汊道迅速淤塞，迫使主流轉向新汊，造成主流位置之擺動。

16.4　水土保持計畫撰寫

　　為了保育水土資源、涵養水源、減免災害與促進土地合理利用和增進國民福祉，都需要實施水土保持之處理與維護。水土保持之處理與維護則是指應用工程、農藝或植生方法，以保育水土資源、維護自然生態景觀及防治沖蝕、崩塌、地滑、土石流等災害的措施。

　　一般而言，水土保持申請書件泛指水土保持計畫、簡易水土保持申報書及水土保持規劃書。水土保持計畫為實施水土保持之處理與維護所訂之計畫，請參閱附錄九及附錄十，簡易水土保持申報書係指當挖方及填方加計總和或堆積土石方分別未滿2,000m^3，而且開發利用種類及規模小於一定數量時，得以代替水土保持計畫者。水土保持規劃書則是依區域計畫相關法令規定，應先報請各區域計畫擬定機關審議所擬具之規劃書。

一、水土保持處理與維護

在下列地區的治理或經營、使用行為，都應該經過調查規劃，依據水土保持技術規範實施水土保持之處理與維護：

(一) 集水區之治理。

(二) 農、林、漁、牧地之開發利用。

(三) 探礦、採礦、鑿井、採取土石或設置有關附屬設施。

(四) 修建鐵路、公路、其他道路或溝渠等。

(五) 於山坡地或森林區內開發建築用地，或設置公園、墳墓、遊憩用地、運動場地、軍事訓練場、堆積土石、處理廢棄物或其他開挖整地。

(六) 防止海岸、湖泊及水庫沿岸或水道兩岸之侵蝕或崩塌。

(七) 沙漠、沙灘、沙丘地或風衝地帶之防風定砂及災害防護。

(八) 都市計畫範圍內保護區之治理。

(九) 其他因土地開發利用，為維護水土資源及其品質，或防治災害需實施之水土保持處理與維護。

二、水土保持計畫

於山坡地或森林區內從事下列四項行為，應先擬具水土保持計畫，送請主管機關核定：

(一) 從事農、林、漁、牧地之開發利用所需之修築農路或整坡作業。

(二) 探礦、採礦、鑿井、採取土石或設置有關附屬設施。

(三) 修建鐵路、公路、其他道路或溝渠等。

(四) 開發建築用地、設置公園、墳墓、遊憩用地、運動場地、軍事訓練場、堆積土石、處理廢棄物或其他開挖整地。

三、簡易水土保持申報書

當挖方及填方加計總和或堆積土石方分別未滿2,000m³，而且開發利用種類及規模小於一定數量時，水土保持計畫得以簡易水土保持申報書代替。如：

(一) 從事農、林、漁、牧地之開發利用所需之修築農路路基寬度未滿4m，且長度未滿500m者。

(二) 從事農、林、漁、牧地之開發利用所需之整坡作業未滿2ha者。

(三) 修建鐵路、公路、農路以外之其他道路路基寬度未滿4m，且長度未滿 500m者。

(四) 改善或維護既有道路作業中，拓寬路基或改變路線之路基總面積未滿 2,000m²。

(五) 開發建築用地的建築面積及其他開挖整地面積合計未滿500m²者。

(六) 設置高度在6m以下一層樓農作產銷設施之農業生產設施或林業設施之 林業經營設施：免申請建築執照之建築面積（興建設施面積）及其他開 挖整地面積合計未滿1ha。

(七) 堆積土石。

(八) 採取土石之土石方未滿30m³者。

(九) 設置公園、墳墓、運動場地、原住民在原住民族地區及經公告之海域依 法從事非營利採取礦物或其他開挖整地，且開挖整地面積未滿1,000m²。

四、免擬具水土保持計畫或簡易水土保持申報書

(一) 實施農業經營所需之開挖植穴、中耕除草等作業。

(二) 經營農場或其他農業經營需要修築園內道或作業道，路基寬度在2.5m 以下，且長度在100m以下者。

(三) 其他因農業經營需要，依水土保持技術規範實施水土保持處理與維護 者。

五、應辦理水土保持計畫或簡易水土保持申報書變更設計

(一) 變更開發位置及範圍。

(二) 增減計畫面積。

(三) 各單項水土保持設施，其計量單位之數量增減超過20%。

(四) 地形、地質與原設計不符。

(五) 變更水土保持設施之位置。

(六) 增減水土保持設施之項目。

(七) 變更水土保持設施之材料、設計強度、型式、內部配置、構造物斷面及 通水斷面。

六、免辦理水土保持計畫或簡易水土保持申報書之變更設計

如果是水土保持計畫者，應該經承辦監造技師認定安全無虞。

(一) 修建鐵路、公路、農路或其他道路，增減計畫面積未超過原計畫面積 10%。

(二) 減少計畫面積，但未涉及變更開挖整地位置及水土保持設施。

(三) 當地形、地質與原設計不符或變更水土保持設施之位置時，原水土保持 設施仍可發揮其正常功能。

(四) 當增減水土保持設施之項目時，視實際需要，依水土保持技術規範增設 必要臨時防災措施。

(五) 當變更水土保持設施之材料、設計強度、型式、內部配置、構造物斷面 及通水斷面時，構造物斷面及通水斷面之面積增加不超過20%或減少不 超過10%，且不影響原構造物正常功能。

七、水土保持計畫內容（一般性適用）

(一) 計畫目的。

(二) 計畫範圍。

(三) 目的事業開發或利用計畫內容概要。

(四) 基本資料

1. 水文

(1) 降雨頻率與降雨強度分析。

(2) 開發前、中、後之逕流係數估測。

(3) 利用地下水或湧水地區，應附地下水調查資料。

(3) 環境水系圖。

2. 地形

(1) 地理位置圖。

(2) 現況地形圖。

(3) 坡度、坡向圖。

3. 地質

(1) 應詳細說明基地及影響範圍內之土壤、岩石、地質作用等項目,並分析其對工程之影響。

　A.環境地質。

　B.基地地質:

　　　a.岩性地質(岩層)類別、厚度及力學參數等。

　　　b.未固結地質(表土層、填土、崩積層)類別、厚度及力學參數等。

　C.工程地質評估。

(2) 依地質法規定,須進行基地地質調查及地質安全評估者,應另冊檢附基地地質調查及地質安全評估。

4. 土壤分類及其分布、深度、物理性、化學性等。

5. 土壤流失量估算(含開發前、中、後之土砂生產量)。

6. 土地利用現況調查。

7. 計畫區內及周遭植生調查

(1) 植生定性調查。

(2) 植生定量分析。

(3) 植生適宜性評估。

(五) 開挖整地

1. 整地工程

(1) 開挖整地前、後等高線地形對照圖。

(2) 挖、填土石方區位圖。

(3) 整地平面配置圖。

(4) 開挖整地縱、橫斷面剖面圖。

(5) 計算挖、填土石方量。

2. 剩餘土石方之處理方法、地點。

(六) 水土保持設施

1. 說明水土保持設施規劃及配置並附圖。

2. 排水設施

(1) 排水設施：排水系統配置圖、水理計算、斷面檢算、重要結構之應力分析、設施數量及詳細設計圖。

(2) 坡面截水及排水處理：排水量計算、設計配置、設計圖。

3. 滯洪及沉砂設施

(1) 滯洪設施：開發前、中、後之洪峰流量比較、滯洪方式、滯洪量估算、滯洪池容量計算及詳細設計圖。

(2) 沉砂設施：永久性及臨時性沉砂池設計圖及囚砂量。

4. 邊坡穩定設施。

5. 植生工程。

6. 擋土構造物

(1) 構造物之設計圖、數量、型式。

(2) 擋土構造物之穩定及安全分析（應力分析）。

(3) 主管機關認為有必要時，得要求提供挖、填方邊坡穩定分析（邊坡5公尺以下者免）。

7. 道路工程

(1) 道路平面配置圖。

(2) 道路縱斷面圖。

(3) 道路橫斷面圖。

(4) 道路排水。

(5) 道路邊坡穩定。

8. 工程項目及數量：需列表說明。

(七) 開發期間之防災措施

1. 分區施工前之臨時排水及攔砂設施

(1) 安全排水。

(2) 攔砂設施。

2. 施工便道。

3. 剩餘土石方處理方法及地點。

4. 防災設施。

(八) 預定施工方式

1. 預定施工作業流程。
2. 預定施工期限。

(九) 水土保持計畫設施項目、數量及總工程造價。

八、常見水土保持計畫撰寫問題

(一) 一般問題

1. 沒有依據環境影響說明書、環境影響評估報告書內容及審查結論有關水土保持部分，沒有適當處理。
2. 水土保持計畫內容與水土保持規劃書不一致。
3. 沒有依據水土保持計畫內容項目和格式撰寫。
4. 沒有依據最新公布之法令規定規劃設計並撰寫。
5. 沒有逐項勾選檢核表檢核項目，並附上相關文件。

(二) 水文

1. 集水區界線劃設不正確。
2. 集水區範圍沒有涵蓋整個計畫區，無法掌握進入計畫區之外水流量和需要排出區外之內水流量，進而影響進出計畫區之土砂量體估算。
3. 沒有依據整地後地形重新劃分集水分區，規劃布置水土保持設施。
4. 沒有比較不同公式估算所得之降雨強度值，再選取較保守者。
5. 沒有使用最接近計畫區之氣象站或雨量站估算降雨強度。
6. 估算降雨強度過程沒有使用正確之參數值。
7. 開發前之逕流係數取較大值；開發後之逕流係數則取較小值，使開發前後之逕流係數差值達到最小。
8. 開發中之逕流係數未取1.0。
9. 開發後之非農業使用逕流係數未取0.95～1.00。

(三) 集流時間

1. 常取集水區最高一點；未取最遠一點為集流時間計算之起始點。

2. 未列出流入時間和流下時間之長度，以及相關高程數據。

3. 未依據計畫區地形採用適當之漫地流流長與流速。

4. 未依據水土保持技術規範用曼寧公式（人工河段）或芮哈公式（天然河段）計算流下時間。

5. 未依規範採用適當之漫地流長度。

(四) 坡度分析

方格內等高線與方格邊線交點總數和計算錯誤。

(五) 環境水系圖

1. 圖幅邊未標示二度分帶坐標值。

2. 未指出排放口位置和下游承接水體，並繪出流向。

(六) 地理位置圖

圖幅邊未標示二度分帶坐標值。

(七) 現況地形圖

1. 未實地量測，地形、地物與現況不吻合。

2. 未依技術規範第21條製作足夠範圍之地形圖。

3. 計畫區內或附近之明顯地形、地物未繪入地形圖。

4. 無適當之指北標示和比例尺。

(八) 工程地質資料研判

1. 力學性質之相關參數值不盡合理。

2. 無相關之地質剖面圖協助辨識。

(九) 水土保持工程設施未依工程地質資料規劃配置

順向坡滑動、鬆軟回填土方上方再次填土、地下水位與開挖線過於接近、地下水滲出未處理。

(十) 土壤流失量

1. 未取最接近計畫區之係數估算。

2. 坡長取用漫地流長度，未依坡面實際長度估算。

3. 坡度未配合坡長估算。

4. 未計算挖填方邊坡之土壤流失量。

5. 未依規範採用適當之覆蓋與管理因子、水土保持處理因子。

(十一) 土地利用現況調查

1. 現況調查內容過於簡略。

2. 未能清楚了解土地利用現況目的。

(十二) 開挖整地

1. 無法清楚辨認開挖整地前、後之等高線。

2. 開挖整地縱、橫斷面剖面圖與開挖整地前後之等高線地形對照圖、整地平面配置圖三者不一致（整地後高程；建物尺寸、高程、方向；排水系統位置、高程；滯洪、沉砂設施位置、尺寸、高程配置與現況地形不合）。

3. 未檢討剩餘土石方之處理方法、地點。

4. 未依規範第88條挖填至開發目的能使用之地形。

(十三) 排水系統

1. 排水系統設計坡度與整地後坡度相差過大，甚至相反。

2. 未採用設計排水材料之曼寧粗糙係數。

3. 排水容量不足、設計流速超過最大容許流速。

4. 未針對截水和排水系統分別做斷面設計。

5. 未依規範設計足夠之出水高。

6. 未依規範設計涵管之排水量。

7. 設施出口無適當之消能設施。

(十四) 沉砂設施

1. 未了解土壤流失量、泥砂生產量、沉砂池容量之個別意義。

2. 未依規範設計沉砂池深度。

3. 未規劃沉砂池清淤道路或採用機械清除機制。

4. 錯誤以為增加清除次數可以降低沉砂池容量。

(十五) 滯洪設施

1. 出流洪峰流量未小於入流洪峰流量80%。

2. 出流洪峰流量未小於開發前之洪峰流量。

3. 出流洪峰流量超過下游排水系統之容許排洪量。

4. 決定出水口位置和大小後，未再檢算滯洪設施容量是否足夠。

5. 蓄存洪水部分（生態池）之洪水量計入滯洪體積。

6. 重現期距小於25年之洪峰流量無法流出。

7. 滯洪池深度未加入出水口一半高度。

(十六) 邊坡穩定設施

1. 未明列邊坡穩定設施計算數據和依據。

2. 未規劃坡面植生工程、排水系統。

3. 邊坡及截排水界面處理粗糙，有折角和銳角出現。

(十七) 植生工程

1. 未依規範實施植生調查。

2. 未明確提列植生工程方法，及其操作步驟。

(十八) 擋土設施

1. 擋土牆未依規範規劃足夠密度之排水孔。

2. 乾（漿）砌石、箱籠擋土牆高度超過規範之最高高度。

(十九) 開發期間之防災措施

1. 未規劃不同施工階段之防災措施。

2. 未依計畫區地形、地質和施工進度具體規劃防災措施。

3. 臨時排水及沉砂設施未在開挖整地前施作。

4. 未規劃施工便道之相關逕流、土砂流出防治措施。

5. 暫置土石方及其邊坡未規劃適當之逕流、土砂流出防治措施。

(二十) 相關圖說

1. 圖說模糊不清，或圖例不明，或以色彩分類卻以黑白印製，無法辨認。

2. 尺寸註記不足，無法確定構造物之位置。

3. 採用示意圖，未採用標準圖。

4. 集水井無相連溝渠之尺寸和高程。

(二十一) 其他

1. 臨時性水土保持設施和永久性設施位置重疊，造成構築永久性水土保持設施時，臨時性滯洪、沉砂設施和排水系統之有效容量不足之問題產生。
2. 開挖邊坡之坡頂或填方邊坡之底部未留設緩衝帶。
3. 納入與水土保持計畫無關之項目和內容。

九、常見水土保持監造問題

(一) 開發位置、範圍、面積或數量變更，未辦變更手續。

(二) 未豎立開發範圍界樁。

(三) 未依據分期施工計畫施作。

(四) 核定總工程造價不合理。

(五) 不合理之工程經費易發生在開挖整地、表土處理或是土地改良等工項中（未確定整地後高程）。

(六) 未依計畫開挖整地。

(七) 臨時性滯洪、沉砂設施及排水系統容量不足或功能不彰。尤其是不同工期之臨時滯洪、沉砂和排水設施規劃，以達到防止多餘土砂逕流、漫流或溢流。

(八) 開挖暫置土方或邊坡未施作臨時防護措施。

(九) 監造技師未到場，代理人未出示代理書。

(十) 未準備原核定或變更後水土保持計畫。

十、山坡地道路排水工程

(一) 路堤

1. 未規劃堤腳邊溝排水。
2. 未完整規劃路堤下邊坡縱、橫向排水。

(二) 路塹

1. 未規劃路塹底部邊溝排水。
2. 未完整規劃上邊坡縱、橫向排水。

(三) 隧道

1. 未完整規劃隧道截、排水。

(四) 橋梁

1. 未檢討梁底通水斷面。

2. 未分析橋梁下部結構基礎深度與河床沖刷淤積關係。

(五) 路堤、路塹排水系統

1. 了解內、外水來源（漫地流、排水系統）。

2. 分析內、外水性質（點源、線源或面源）。

3. 確認內、外水進入計畫區與離開計畫區之位置。

4. 計算排水系統集水範圍和量體。

5. 規劃設計安全排水或排水系統。

6. 了解內、外水來源及排出口。

(六) 內水

1. 路堤：道路主體部分與下邊坡坡面之逕流。

2. 路塹：道路主體部分之逕流。

(七) 外水

1. 路堤：無。

2. 路塹：道路上邊坡坡面之逕流。

(八) 隧道截排水

1. 道路邊溝排水：依據一般道路排水規劃設計。

2. 隧道周邊截排水：邊坡依據邊坡截排水、出口依據坡地排水規劃設計。

3. 盡量維持原有地下水或伏流水水脈。

4. 不要任意改變水流方向及其流量。

(九) 橋梁排水

1. 檢討梁底通水斷面。

　　如果橋梁及其上、下游河床為固定斷面（不容易發生沖淤），得以均勻定量流檢討通水斷面是否足夠；否則必須考量壅水、跌水或水躍所產生之水位高度。

2. 淤積河段之通水斷面設計，必須預留未來之淤積空間。

3. 以梁底高而非橋板底高檢討通水斷面。

(十) 基礎深度與河床沖刷淤積分析

依據河床坡度、河床質粒徑大小，配合設計頻率洪峰流量，評估橋梁底部河床之沖淤深度，以決定橋梁下部結構深度之設計。

16.5 目的事業水土保持規劃

除了集水區治理是以水土保持處理與維護為計畫目標外，其餘農、林、漁、牧地之開發利用；探、採礦；修建鐵、公路；於山坡地或森林區內開發建築等開發利用，都是為了保育水土資源、涵養水源、減免災害、促進土地合理利用，而實施水土保持處理與維護。

一、農地水土保持

農地可分為平地農地和山坡地農地，其中，平地農地又可分為有灌溉系統農地和沒有灌溉系統農地兩大類。

沒有灌溉系統之農地水土保持項目主要為用水、安全排水、土壤沖蝕防治和防災設施規劃。必要時，安全排水需要增設滯洪設施；土壤沖蝕防治則需要增設沉砂設施。有灌溉系統之農地除了配合灌溉設施管理機關之管理分配用水和灌溉系統在颱風豪雨期間之進水門、排水門和退水門之操作規範外，水土保持工作項目只有土壤沖蝕防治（含沉砂設施）和防災設施規劃；山坡地農地則因為距離地表水或地下水水源較遠，輸配水管線和抽水、儲水設備需要規劃設計外，由於坡度影響，逕流和土壤沖蝕速度增快，需要更重視安全排水、土壤沖蝕防治、滯洪沉砂設施和防災設施規劃。

此外，農地水土保持可以採用如等高耕作、覆蓋、敷蓋等農藝方法；平臺階段、山邊溝、石牆等工程方法；和覆蓋、臺壁、邊坡植草、草帶法、栽培綠肥作物等植生方法搭配使用，以保土蓄水和防止水土流失。

農場水土保持工作除了農地本身之水土保持處理與維護外，還包括農路和

聯外道路系統、農舍等農場附屬設施之水土保持處理與維護納入,以集水區為單位,從事系統性之規劃設計。

圖16-12　平臺階段(梯田)

圖16-13　山邊溝

二、林地水土保持

自1994年5月水土保持法公布到目前為止,沒有任何森林經營管理機關策劃實施公、私有林地水土保持處理與維護之相關事項,也沒有針對颱風、豪雨過後國有林區崩塌面積增加事實加以研究探討。對於約占臺灣73%面積之山坡地,且山坡地大部分需要水土保持處理與維護之林地而言,林地水土保持工作是需要立即進行策劃實施的。

農委會林務局自1989年7月由事業機構改制為公務機關後,林業政策為發展林木資源、水資源、自然保育及森林遊樂,同時加強保林、造林、治山防洪、發展森林與保育工作。雖然如此,對於林地之安全排水、土壤沖蝕防治、陡坡地和淺層土壤林區造林樹種選擇和防災設施,以及林道、集材場、森林防火林帶等附屬設施之安全排水、滯洪沉砂設施和防災設施,都付之闕如。建議林業主管機關能夠盡速訂定相關規範,以落實林地水土保持工作。

颱風、豪雨導致林地崩塌情形頻繁發生,除了風力太強或是降雨強度、總降雨量過大外,陡坡地和淺層土壤林區造林樹種之選擇,也是影響肇災原因之一。如果栽植材積大、密度高之優良喬木樹種於陡坡地區,當林木逐漸長大,相對於坡度方向上之重量分力也逐漸大幅增加,到了坡度方向上之重量分力大於地底土層之摩擦力時,沒有颱風、豪雨也會發生崩塌。颱風風力只是再次增加坡度方向上之重量分力;豪雨入滲所增加之土壤含水量,則是降低地底土層之摩擦力。至於土層淺薄之山坡地林地,具有直立根系之樹種無法將其主根穿入岩層,且順著岩層層理方向生長,不僅無法支撐樹冠和主幹之重量,以及風力吹拂之力量外,當淺薄土層充滿植物根系時,也會因為養分、水分和空氣吸收不足而漸趨死亡。

另外,由於超限利用地之造林樹種局限在非經濟樹種,嚴重影響住在原鄉之原住民生活,如果能夠比照歐美國家做法,放寬通過林地水土保持計畫審查之林地,種植非勤耕性之經濟作物,讓原住民可以擁有比造林獎金還高,且足以安家立業之收入,就能夠徹底阻絕濫伐、濫墾和超限利用。

三、礦區水土保持

探、採礦作業期間之邊坡處理,依據目的事業主管機關之規定辦理,礦區水土保持則係針對最終殘壁及區內各項水土保持之處理與維護措施從事規劃設計。

礦區水土保持包含防止土壤沖蝕及崩塌、礦渣或廢棄土石處理、滯洪沉砂設施設置、廢汙水排放和植生等項目。

其中，防止土壤沖蝕及崩塌之措施，應敘明採掘面最終殘壁、儲礦場、礦碴或廢棄土石之相關防治水土流失設施之規劃設計。礦區植生包括礦場內採掘跡地、礦渣或廢棄土石、運搬道路與其他裸露地區之綠化，以達成全面覆蓋為目的。植生樹種建議選擇耐貧、耐酸或耐鹼、耐旱、萌芽力強、成活力高、生長迅速、抗病蟲害之鄉土樹種。

圖16-14　林地

圖16-15 礦區（一）

圖16-16 礦區（二）

四、道路水土保持

　　道路水土保持係指修築鐵路、公路、農路及其他道路之水土保持，尤其是於山坡地或森林區內之挖填土石方、取土、棄土區處理、排水設施、邊坡穩定及施工中之防災措施等。

　　目的事業主管機關在道路選線方面，宜避免於地形陡峻、地質結構不良、活動斷層、順向坡、易崩塌滑動或生態敏感等地區規劃興建道路，且以不占用河道為原則，並應顧及施工中水土保持處理之可行性，和完工後之道路養護、水土保持維護工作之方便性。

　　道路水土保持項目應依據道路之興建方式，如路堤、路塹、橋梁和隧道，分別規劃相關之挖填土石方、安全排水（含截、排水設施）、邊坡穩定、擋土設施、取土、棄土區處理和施工中之防災措施等，必要時，還需要考慮箱涵位置、大小和滯洪、沉砂設施之規劃設計。

　　除了上述主要處理項目外，較為常見之路堤水土保持問題為邊坡穩定、擋土牆、山谷之排水孔堵塞或箱涵容量不足、位置規劃不當；堤坡沖蝕、路面排水孔容量不足、排水方向混亂；排水出口無消能設施或消能功能不足等。路塹水土保持問題則是集中在邊坡頭部之截水系統、腹部之植生和安全排水系統，以及底部之擋土設施規劃或設計不合宜等邊坡穩定問題。橋梁水土保持問題則是於土石流潛勢溪流上興建之橋梁，梁底高設計並未考慮土石流之容積比和水位高度；一般河流上之橋梁，則只顧及到梁柱本身之結構計算，而未評估河床最大沖刷深度對梁柱安全之影響。隧道水土保持則須注意隧道入出口上方邊坡穩定、落石防治、安全排水和隧道內部地表水和地下水安全排水等。

　　施工便道及其臨時排水系統之水土保持處理與維護經常被忽略，導致施工期間遇到颱風豪雨侵襲，施工便道不僅泥濘不堪、工區泥流亂流，加劇土壤沖蝕範圍和深度，臨時滯洪和沉砂設施之規劃設計及設置，必須在施工前就完成。

圖16-17　道路（一）

圖16-18　道路（二）

圖16-19 道路（三）

圖16-20　道路（四）

圖16-21　道路（五）

圖16-22　道路（六）

五、社區水土保持

　　社區可以分為平地社區和山坡地社區兩大類，其中，平地社區又包含都市計畫區和非都市土地區域。都市計畫區因為將大部分農地變更為商業區、住宅區和公共設施用地，原來可以截留雨水，讓雨水入滲之農地面積大為縮減，具有不透水鋪面之商業大樓、住宅和道路面積相對增加，同樣降雨量事件所產生之地表逕流量大增，同時也增加下游排水系統和河流之負荷，後續之堤防加高或是拓寬河道經常是緩不濟急，當河流之排洪容量不足以承擔上游排入之逕流量時，決堤或溢淹狀況就容易發生。因此，建議都市計畫區之社區能夠自行吸收因為開發所增加之逕流量，社區水土保持工作建議包含開挖整地、土壤沖蝕防治、安全排水和滯洪沉砂設施等項目。

　　非都市土地區域僅使用部分農地作為建築和聯外道路之用，農地面積仍然占有極大之比例，對於雨水截流和入滲影響較小。雖然如此，非都市土地區域之社區水土保持還是建議能夠自行吸收因為開發所增加之逕流量。因此，非都市土地區域之社區水土保持工作建議包含開挖整地、土壤沖蝕防治、安全排水和滯洪沉

砂設施等項目。

　　山坡地社區由於有較大之挖填高度，因此，邊坡穩定工程在山坡地社區經常是必要設施，所以，山坡地社區水土保持建議包含開挖整地、土壤沖蝕防治、安全排水、邊坡穩定和滯洪沉砂設施等項目。

　　其他社區內聯絡道路、聯外道路或施工便道之水土保持處理與維護，則依據道路水土保持項目落實施作。其中，開挖整地應順其原有地形、地貌施工，以降低開發強度。

　　挖填方區須依據邊坡穩定分析成果決定是否增設邊坡穩定工程或擋土設施。填方區必須增設地下排水系統，為了避免排水孔堵塞和細粒泥砂外流之可能性，合適之濾層或濾袋設計是必要措施。人行步道、停車場、廣場等之排水設施，應配合地表水和地下水排水系統規劃，設計透水、半透水或不透水性鋪面。另外，營運期間之滯洪、沉砂池不可移作他用或疏於維護，喪失其應有之功能。

　　由於社區聯外道路之設計坡降為了順應地形地勢，經常是陡坡狀況，在颱風豪雨侵襲期間，排水系統之流況經常是急流狀態，亦即水流動量較大，不易走彎，因此，排水系統之線型設計要順應水勢，盡可能拉直；彎道處需要施以增加超高設計和溝身加深等特別處理措施。

圖16-23　社區水土保持（一）

圖16-24　社區水土保持（二）

16.6　生態工法

生態工程係強調透過人為環境與自然環境間之互動，達到互利共生之目的（Mitsch & Jorgensn，1989）。

生態工法是減輕人為活動對溪流之壓力、維持溪流生態多樣性、物種多樣性及其溪流生態系統平衡，並逐漸恢復自然狀態之工程措施（Hohmann，1992）。

一、有關生態之治理概念有許多相似名詞

(一) 近自然河溪管理 （near natural river and stream management）。

(二) 近自然荒溪治理（near natural torrent control）。

(三) 在德國稱河川生態自然工法（naturnahe）。

(四) 澳洲稱綠植被工法。

(五) 日本則是近自然工法、近自然工事。

(六) 甚至將生態保育納入水利工程中，成為生態水利工程（ecohydraulic engineering）之新領域。

(七) 生態工法：「基於對生態系統之深切認知，與落實生物多樣性保育及永續發展，而採取以生態為基礎、安全為導向的工程方法，以減少對自然環境造成傷害。」（行政院公共工程委員會，2002年4月）

「生態工法」一詞出現在「開發行為環境影響評估作業準則第十九條第二項第四款」（1997年12月發布，2001年8月修正公布後首次出現，目前已改為「生態工程」）。

(一) 迴避（avoid）。

(二) 減緩（minimize）。

(三) 補償（compensate）。

(四) 連結、代替。

二、生態工法執行原則

(一) 遵循生態系統之完整性。

(二) 尊重自然生態環境原有之多樣性，並營造生態之棲息、覓食、求偶和避難環境。

(三) 生態工法必須以個案評估之方式因地制宜，研擬適當工法加以設計施工。

(四) 於潛在災害較低區域，利用各種柔性材質創造多樣性之水域棲地；對於需處理以減除災害之河岸或底床，則藉由傳統之工法，利用混凝土、石材、木材或地工合成材料加以治理。

(五) 以大塊石砌築於河床之橫向構造物，應留有底部高度較低之水路，以利水域生態上下漫遊。

(六) 在符合品管之要求下，就地取材但不得破壞原有之生態環境下，讓水域生態能夠較快適應新棲地。

(七) 生態工法之維護宜結合中央管理單位、地方政府單位和民間三方面，除方便就近照顧外，亦可喚起居民「自己的環境，自己維護」之意識，因此，以當地居民為主體之維護管理較佳。

三、生態工法規劃設計理念

(一) 表面粗糙化。

(二) 坡度緩平化。

(三) 壩高低矮化。

(四) 材質自然化。

(五) 施工經濟化。

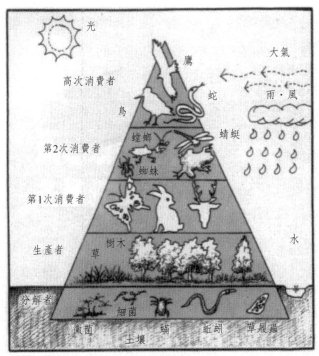

生態金字塔的組成與四大環境因子

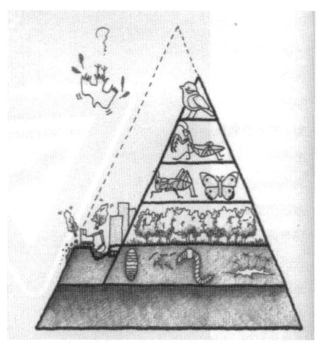

小部分自然綠地開發有如生態金字塔底部被削減，因
而傷及高級生物生存

圖16-25　生態關聯圖

圖16-26　生態工程（一）

圖16-27　生態工程（二）

圖16-28　自然河川型態（一）

圖16-29　自然河川型態（二）

圖16-30　自然河川型態（三）

圖16-31　自然河川型態（四）

圖16-32　坡地植生

圖16-33　生態工法（一）

圖16-34　生態工法（二）

參考文獻

1. 行政院農業委員會，水土保持技術規範，2020.3

2. 行政院農業委員會水土保持局，水土保持手冊，2017.12

3. 張德民，魏迺雄，張朝和，黃宏斌，邱昱嘉，霞雲溪集水區（霞雲橋上游至卡外部落）重點區域細部規劃，行政院農業委員會水保局臺北分局研究報告，2018.12

4. 黃宏斌，北海岸農村區域亮點整合發展規劃，行政院農業委員會水保局臺北分局研究報告，2017.12

5. 魏迺雄，黃宏斌，陳信雄，石門水庫庫區 —— 巴陵及榮華子集水區整體治理調查規劃，行政院農業委員會水保局臺北分局研究報告，2009.06

6. 黃宏斌，德基水庫集水區第六期治理計畫調查規劃，經濟部德基水庫集水區管理委員會，2009.06

7. 黃宏斌，林昭遠，魏迺雄，加強坡面綠覆保水與區域性水土資源保育中長程方針規劃（臺北分局），行政院農業委員會水保局臺北分局研究報告，2008.12

8. 黃宏斌，魏迺雄，蘭陽溪等上游集水區整體調查規劃，行政院農業委員會水保局第一工程所研究報告，2007.11

9. 黃宏斌，陳信雄，邱祈榮，魏迺雄，黃國文，白石溪集水區整體治理調查分析與規劃，行政院農業委員會林務局，2006.05

10. 黃宏斌，黃名村，推動臺北縣政府94年度防救災工作計畫土石流危險溪流調查與疏散治理規劃，臺北縣政府消防局，2006.03

11. 黃宏斌，賴進松，花蓮縣重大災害防治工程規劃設計檢討，臺灣大學生物環境系統工程學系研究報告，2005.11

12. 陳文福，黃宏斌，德基水庫集水區第五期治理計畫之規劃，經濟部德基水庫集水區管理委員會，11-45頁，2003.05

13. 黃宏斌，臺北縣雙溪鄉雙溪集水區整體治理調查規劃，農委會水土保持局第一工程所技術成果報告，2001.12

14. 黃宏斌，大興社區土石防治整體治理規劃工程，農委會水土保持局第六工程所技術成果報告，2001.12

15. 黃宏斌，陽金公路大屯橋段上邊坡崩塌區第二階段防災整治處理規劃設計，行政院內政部營建署陽明山國家公園管理處，2000.03

16. 黃宏斌，須美基溪中、上游整體治理規劃研究，農林廳水土保持局第六工程所研究計畫成果報告，1997.09

17. 黃光輝，環境評估與管理導論，高立圖書有限公司，2006.12

18. 黃光輝譯，環境影響評估，第二版，滄海書局，1998.05

19. Canter, L. W., Environmental Impact Assessment, 2nd Ed., McGraw-Hill, Inc.1996

習題

1. 試述坡地農場水土保持之主要規劃項目。

2. 阿里山雨量站在莫拉克颱風來襲時，8、9兩日連續下了1165.1、1165.5公釐的雨，造成1.8公尺的淹水狀況，試說明該區淹水的原因。

3. 試分別敘述有瀝青鋪面之山坡地社區道路和無瀝青鋪面之林道或礦區道路，設置道路橫向排水之優點為何？

4. 試述山區道路不得已必須經過順向坡或崩塌地坡腳之水土保持對策為何？

5. 試以開發建築用地與高爾夫球場之排水系統和開挖整地之規範原則為例，敘述其異同點。

6. 試述山坡地基地開發有關邊坡限制、邊坡高度及緩衝帶等之相關邊坡設計規劃原則。

7. 試以水文和水理之觀點，說明林地水土保持與一般坡地水土保持之異同點。

8. 試列舉三種山溝通過山區道路之規劃設計型式，並比較其優缺點。

9. 試述老礦渣地上開發建築在施工期與日後營運期（成為聚落型態）可能發生之水土保持問題，其相關對策為何？

10. 試述泥岩地區、水庫裸露帶和礦區開採殘壁之植生綠化方法。

11. 試說明森林遊樂區和都市計畫保護區臨時性遊憩設施水土保持處理原則之異同點。

12. 請提出至少兩種挖填方量之計算方法，及其優缺點。

13. 請說明以坵塊法計算平均坡度時，該坡度計算公式中為何會出現圓周率π？

附　錄

附錄一　計算案例

土壤流失量

　　一個集水區或開發區之泥砂生產量，包括地表之土壤流失量和河溪之泥砂運移量。臺灣係歐亞板塊和菲律賓海板塊擠壓成形，又位於西太平洋颱風帶上，其地理特性為地形陡峻、地質脆弱、河流湍急短促和颱風、豪雨頻仍。因此，地表之土壤流失量和河溪之泥砂運移量都相當可觀，在計算泥砂生產量時，兩者都要列入計算。當然，在規劃設計集水區經營治理計畫時，崩塌地之崩塌土砂量和土石流之泥砂運移量也是必須列入考慮的。

　　土壤流失量和土壤沖蝕、抗沖蝕機制有關，牽涉到水文、地質、地理、植生和土壤物理、化學性質，以及外在人為因素等，影響層面錯綜複雜，不容易用一個包含所有因子之模式估算土壤流失量體。目前較為常用的是通用土壤流失公式。要注意的是，通用土壤流失公式是計算年平均土壤流失量；用來估算一場降雨或是短期、汛期、非汛期之平均土壤流失量，理論上是會產生誤差的。因此，建議以修訂通用土壤流失公式估算每場降雨事件或短期平均土壤流失量。

　　經過專家學者近20年觀察檢討臺灣山坡地之沖蝕情況，認為每年平均土壤流失深度約為$3mm/m^2$；暴雨事件之平均土壤流失深度則為$25mm/m^2$，並且以此做為永久和臨時沉砂池之最低泥砂生產量值。亦即最低泥砂生產量值成立之條件，係該計畫區僅有坡面地表土壤流失量，沒有河道泥砂運移量和崩塌土砂量。

一、通用土壤流失公式（Universal Soil Loss Equation, USLE）

　　當地表土壤抗蝕力小於如降雨、逕流等沖蝕力時，就會發生土壤流失現象。降雨沖蝕力大小決定於降雨型態及降雨特性；土壤抗蝕力則受土壤物理、化學特性，以及外在坡長、坡度、覆蓋與管理及水土保持處理等因子影響。自1940年開始發展田間土壤流失量估算公式以來，經過Zingg（1940）、Browning（1947）、Musgrave（1947）的努力，Wischmeier, W. H.和Smith, D. D.蒐集美國21州、36個地區，超過7,500個標準試區年和500個集水區年的資料，發展出通用土壤流失公式：

$$A_m = R_m \cdot K_m \cdot L \cdot S \cdot C \cdot P$$

式中，A_m：每公頃之年平均土壤流失量（t/ha-yr）；R_m：年平均降雨沖蝕指數（10^6 J-mm/ha-hr-yr）；K_m：土壤沖蝕性指數（t-ha-hr-yr/10^6 J-mm-ha-yr）；L：坡長因子；S：坡度因子；C：覆蓋與管理因子；P：水土保持處理因子。

　　求出上述各個參數值後相乘，即可得到每年每公頃之土壤流失量$A_m(t)$，即$A_m = R_m \cdot K_m \cdot L \cdot S \cdot C \cdot P$。以1.4t/m³可換算成體積單位之土壤流失量。

　　由於通用土壤流失公式係由標準單位試區（坡長22.13m；坡度9%之均勻坡面）發展而來，該公式中之L、S、C、P等因子均為無因次，係各參數（如坡長）之土壤流量和標準試區土壤流失量之比值。

二、修訂通用土壤流失公式（Modified Universal Soil Loss Equation, MUSLE）

　　修訂土壤流失公式係Williams於1975年利用德州和內布拉斯加州（Riesel, Texes and Hastings, Nebraska）18個小集水區修訂降雨沖蝕指數。修訂通用土壤流失公式如下：

$$A_m = 95(V_r \cdot Q_p)^{0.56} \cdot K_m \cdot L \cdot S \cdot C \cdot P$$

式中，A_m：每場降雨之土壤流失量（t）；V_r：逕流體積（acre-feet）；Q_p：洪峰流量（cfs）；K_m、L、S、C、P：同通用土壤流失公式。

　　改成公制，有

$$A_m = 12.988(V_r \cdot Q_p)^{0.56} \cdot K_m \cdot L \cdot S \cdot C \cdot P$$

式中，A_m：每場降雨之土壤流失量（t）；V_r：逕流體積（m³）；Q_p：洪峰流量（cms）；K_m、L、S、C、P：同通用土壤流失公式。

　　為了了解通用土壤流失公式和修訂通用土壤流失公式間之差異，以桃園市龍潭區龍源段等1筆土地廠房新建工程水土保持計畫為案例計算比較。

桃園龍潭龍源段地區案例計算

　　依據桃園市龍潭區龍源段等1筆土地廠房新建工程水土保持計畫（水土保持義務人：長德資產管理顧問股份有限公司；承辦技師：蔡明文；技師職業機構：

崧晉工程顧問有限公司,水保計畫書內圖資如下),基地面積9,050平方公尺。

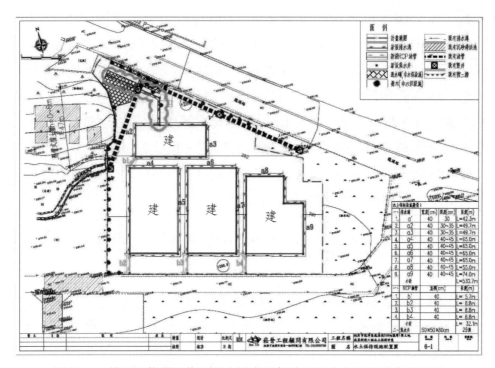

附圖1-1　桃園市龍潭區龍源段土地廠房新建工程水土保持計畫平面圖

以通用土壤流失公式計算所得之土壤流失量如下表:

R_m	K_m	l	m	L	s(度)	S	C	P	A	A(V)
15737	0.0329	112	0.3	1.627	1.026	0.168	0.05	0.6	4.23	3.02
15737	0.0329	81.25	0.3	1.477	1.409	0.217	1	1.000	165.72	118.37
15737	0.0329	81.25	0.3	1.477	1.409	0.217	0.05	0.600	4.97	3.55

自表可知,開發前之土壤流失量約3.02m³/ha-yr,開發中之土壤流失量約118.37m³/ha-yr,開發後之土壤流失量約3.55m³/ha-yr。可能是通用土壤流失公式之試驗樣區坡度為9%,比臺灣一般可開發山坡地坡度30%小很多,開發前、中、後之土壤流失量均遠低於經驗值30m³/ha-yr和250m³/ha-yr,亦即3mm/m²-yr和25mm/m²-yr。接著,以滯洪期間1小時和24小時分別估算修訂通用土壤流失公式之R值,結果如附表1-1:

附表1-1　MUSLE公式之R值估算表（集流時間2.2min；洪峰流量0.41cms）

滯洪期間（hr）	逕流體積（m³）	R
1	738	318
24	17712	1887

R_m	K_m	l	m	L	s（度）	S	C	P	A	A(V)
15737	0.0329	81.25	0.3	1.477	1.409	0.217	1	1.0	165.72	118.37
318	0.0329	81.25	0.3	1.477	1.409	0.217	1	1.0	3.35	2.39
1887	0.0329	81.25	0.3	1.477	1.409	0.217	1	1.0	19.87	14.19

　　可以得知，修訂通用土壤流失公式估算所得之R值，比通用土壤流失公式者小，以1小時滯洪期間而言，需要50場次降雨；24小時則須9次，才能得到相同之土壤流失量。如果還要符合最低土壤流失量之經驗值，則通用土壤流失公式之土壤流失量還須增加至2.5倍之多。由於修訂通用土壤流失公式估算之土壤流失量遠低於最低土壤流失量之經驗值，因此，修訂通用土壤流失公式是否適合推估開發中之土壤流失量，建議有這方面研究之具體試驗成果後，再據以討論。

粗糙係數計算比較

　　目前業界經常使用之水理計算方式，係忽略護岸邊坡之粗糙係數，直接以底床之粗糙係數計算野溪或渠道之流速和流量。如果護岸邊坡之粗糙係數和底床之粗糙係數相同或差異不大時，計算所得到之流速和流量不會有顯著差異。如果護岸邊坡之粗糙係數和底床之粗糙係數差異很大時，就必須考慮此項差異對計算所得之流速和流量所造成之影響。

　　當河床底寬為5m，護岸邊坡斜率為1：0.3，粗糙係數為0.012，底床坡度為0.001，粗糙係數為0.025時，水深1.12m直接以底床粗糙係數計算所得之流速為1.103m/s，流量為6.592cms。如果以Einstein公式，亦即假設速度相等條件下，計算綜合粗糙係數，可以得到綜合粗糙係數為0.021，於此條件下，小於底床粗糙係數。同樣水理條件下，可以得到較大之流速和流量值，計算所得之流速為1.294m/s，流量為7.733cms。忽略護岸邊坡不同粗糙係數，以底床粗糙係數計算如附表1-2，以Einstein公式計算綜合粗糙係數所得之結果如附表1-3，兩者之比

較如附表1-4。

附表1-2　忽略護岸邊坡不同粗糙係數，以底床粗糙係數計算法

W	h	Z	A	P	R	S	n	V	Q
5	1.12	0.3	5.976	7.339	0.814	0.001	0.025	1.103	6.592

附表1-3　以Einstein公式計算綜合粗糙係數法

B	H	Z	A	P	R	S	nw	pw	nb	pb	ne	V	Q
5	1.12	0.3	5.976	7.339	0.814	0.001	0.012	2.339	0.025	5	0.021	1.294	7.733

附表1-4　兩種計算方式之結果比較

計算方式	Q（cms）
忽略護岸邊坡不同粗糙係數，以底床粗糙係數計算	6.592
以Einstein公式計算綜合粗糙係數	7.733

　　當河床底寬為5m，護岸邊坡斜率為1：0.3，粗糙係數為0.012，底床坡度為0.001，粗糙係數為0.025時，6.0cms流量無法產生1.12m水深。經過試算後，以速度相等計算綜合粗糙係數為0.022，水深0.96m時，流量5.967cms，可滿足6.0cms之流量，亦即在此條件下，滿足6.0cms流量僅能產生0.96m水深。同理，以剪應力疊加法計算綜合粗糙係數為0.022，流量5.969cms，滿足6.0cms流量能產生0.97m水深。以流量疊加法計算綜合粗糙係數為0.021，流量5.995cms，滿足6.0cms流量能產生0.95m水深。以複式斷面法計算，得到底床流速為1.222m/s；護岸邊坡流速為0.699m/s，流量5.995cms，滿足6.0cms流量能產生0.95m水深。附表1-5為水理基本資料表，附表1-6～附表1-9分別為以速度相等計算綜合粗糙係數、以剪應力疊加法計算綜合粗糙係數、以流量疊加法計算綜合粗糙係數和複式斷面計算法之成果表。附表1-10則是這四種計算方式之比較表。自附表1-10可以看出，於此水理基本資料條件下，以流量疊加法計算綜合粗糙係數和複式斷面計算法所得之成果較為保守，值得推薦使用。

附表1-5 水理基本資料表

B	h	Z	A	P	R	S
5	0.96	0.3	5.08	7.00	0.72	0.001

附表1-6 以速度相等計算綜合粗糙係數法

h	ne	V1	Q1
0.96	0.022	1.175	5.967

附表1-7 以剪應力疊加法計算綜合粗糙係數法

H	ns	V2	Q2
0.97	0.022	1.163	5.969

附表1-8 以流量疊加法計算綜合粗糙係數法

h	nl	V3	Q3
0.95	0.021	1.194	5.995

附表1-9 以複式斷面計算法

Nb	nw	Ub	Uw	Q
0.025	0.012	1.222	0.699	5.995

附表1-10 四種計算方式之比較表

計算方式	h (m)	Q (cms)
以速度相等計算綜合粗糙係數	0.96	5.967
以剪應力疊加法計算綜合粗糙係數	0.97	5.867
以流量疊加法計算綜合粗糙係數	0.95	5.995
以複式斷面計算	0.95	5.995

W	h	Z	A	P	R	S	n	V	Q
4	1.12	0.3	4.856	6.339	0.766	0.001	0.025	1.059	5.143

　　政府想於宜蘭縣福德坑溪復育魚類，期望設計水深在1.12公尺。假設於一河段，護岸採水泥護岸，坡度為0.001，曼寧粗糙係數為0.012，河床雜有2～6公分

之礫石，粗糙係數為0.025。護岸斜度1：0.3，河床底寬5公尺。於枯水期時常流量6cms，試問假設速度相等的條件下，於枯水期之水深是否足夠使該魚類能夠存活？

若否，工程期望以複式斷面方式解決水深不足的問題，故於河道中心下挖形成低水河槽，希望於旱季時水能夠全部進入低水河槽以防蒸發散，已知低水河槽邊坡斜度為1：0.3，高差為150公分，邊坡為漿砌石，曼寧n直為0.02；低水河槽底部與原河床相同，曼寧n值為0.025，試問Lotter的假設成立，複式斷面底寬之上限為何？

參考答案：

由於滿足6.0cms條件下，以速度相等計算綜合粗糙係數法僅能得到水深0.96m；以剪應力疊加法計算綜合粗糙係數法僅能得到水深0.97m；以流量疊加法計算綜合粗糙係數法僅能得到水深0.95m；以複式斷面計算法僅能得到水深0.95m，都無法提供1.12m之水深。

由於低水河槽挖深1.5m，只要下挖底寬4m，即可提供水深1.12m，而且僅需要流量5.143cms，小於6.0cms。因此，在此條件下，不需要用到Lotter的綜合粗糙係數法。

滯洪池案例計算

十三寮滯洪池案例計算

依據臺中市大雅區十三寮區排滯洪池規劃設計報告，入流量53.68cms，出流量36.24cms。設置兩處入水口，一處出水口。緊急溢洪量為78.46cms（200年重現期距為68.82cms）。

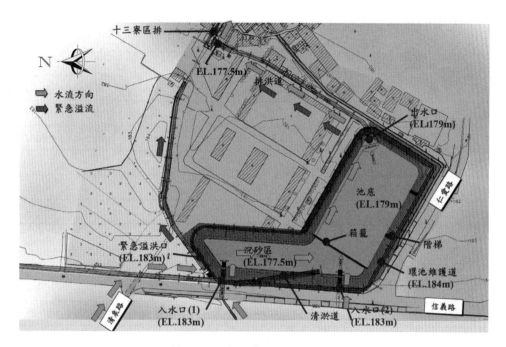

附圖1-2　十三寮滯洪池平面圖

資料來源：十三寮區排上游坡地水土保持工程滯洪池操作手冊，鋒璟工程顧問企業股份有限公司，2014。

　　整理規劃報告書之集流時間與周邊排水系統之承容能力，計算出開發前後之洪峰流量，配合滯洪期間得到十三寮滯洪池之滯洪量計算表如下：

一、滯洪量計算表

參數	符號	單位	數值
集流時間	t_c	min	9.63
滯洪期間	t_b	hr	1.33
開發前洪峰流量	Q_1	cms	36.24
開發後洪峰流量	Q_3	cms	53.68
滯洪量	V_{s2}	m^3	41,650.54
設計滯洪量	V_{sd}	m^3	54,145.71

　　由於出水口之出流洪峰流量不得大於36.24cms，規劃報告書係採用懸臂式滯洪壩。

二、出水口計算之相關參數

參數	符號	單位	數值
開發前洪峰流量	Q_1	cms	36.24
開發後洪峰流量	Q_3	cms	53.68
設計滯洪量	V_{sd}	m^3	54,145.71
流量係數	C	—	0.6
重力加速度	g	m/s^2	9.81
滯洪期間	t_b	hr	1.33

三、懸臂式壩

參數	符號	單位	數值
開口寬度	B	m	1.55
開口以上水位高	h	m	4
出流量	Q	cms	32.3
設計滯洪量	V_{sd}	m^3	56,178.63

規劃報告設計開口寬度1.55m，滯洪水深4m之懸臂式滯洪壩，其出流量為32.3cms，小於開發前洪峰流量36.24cms，符合設計要求。

如果採用重力式滯洪壩型式時，則有同樣滯洪水深，但是出流量36.11cms，仍然小於開發前洪峰流量36.24cms；但是，會比懸臂式滯洪壩之出流量32.3cms大。

四、重力壩

參數	符號	單位	數值
開口寬度	B	m	1.57
開口以上水位高	h	m	4
出流量	Q	cms	36.11
設計滯洪量	V_{sd}	m^3	46,160.99

　　如果不採用滯洪壩，採用孔口流方式放流時，則有圓形孔口和矩形孔口兩種型式。經過計算得到：圓形孔口在滯洪水深4m，採用1.2m孔徑時，需要6孔才足以排出33.24cms，雖然小於開發前洪峰流量36.24cms，但是需要15.6m（1.2X13）寬之鋼筋混凝土牆體，會有土地需求之困難產生。

五、圓形孔口構造物

參數	符號	單位	數值
孔徑	D	m	1.2
圓孔一半以上水位高	h	m	4
出流量	Q	cms	5.54
孔數	—	—	6
出流量	Q	cms	33.24
設計滯洪量	V_{sd}	m³	53,659.95

　　矩形孔口在滯洪水深4m，採用開口寬度7.2m，開口高度1m時，出流量為35.80cms，小於開發前洪峰流量36.24cms，但是需要約13.2m（7.2＋6）寬之鋼筋混凝土牆體，會有土地需求之困難產生。

六、矩形孔口構造物

參數	符號	單位	數值
開口寬度	B	m	7.2
開口高度	H	m	1
開口一半以上水位高	h	m	4
出流量	Q	cms	35.80
設計滯洪量	V_{sd}	m³	46,974.91

　　規劃設計報告設計梯形溢洪口底寬16m，頂寬22m，溢流水深1m。規劃報告之溢流量設計係以滯洪壩之出流量（32.3cms）加上西北側溢洪口之溢流量（46.16cms），總計為78.46cms，大於200年重現期距洪峰流量68.82cms。一般溢洪量設計不包括出水口之出流量，其實西北側溢洪口溢流水深達1.31m時，即可通過69.25cms之洪峰流量，滿足200年重現期距洪峰流量68.82cms之需求。

七、溢流口（梯形）

參數	符號	單位	數值
200年重現期距排洪量	Q_{200}	cms	68.82
流量係數	C	—	0.85
重力加速度	g	m/s^2	9.81
溢流口底寬	b_o	m	16
溢流口頂寬	b_u	m	22
設計溢流水深	h	m	1.31
設計溢流量	Q	cms	69.25

如果設計底寬18m之矩形溢洪口，溢流水深1.33m時，即可通過69.30cms之洪峰流量，滿足200年重現期距洪峰流量68.82cms之需求。

八、溢流口（矩形）

參數	符號	單位	數值
200年重現期距排洪量	Q_{200}	cms	68.82
流量係數	C	—	0.85
重力加速度	g	m/s^2	9.81
溢流口底寬	B	m	18
設計溢流水深	h	m	1.33
設計溢流量	Q	cms	69.30

十三寮以波爾斯法計算出流量

一、以降雨強度公式推導單位歷線

設定參數	參數值
單位降雨延時	10 min
集流時間	9.53 min
集水區面積	152 ha
單位降雨深度	10 mm

設定參數	參數值
單位歷線演算時間	2.5 min
降雨損失	3 mm/hr
計算成果	參數值
t_p	0.138 hr
t_b	0.368 hr
Q_p	22.924 cms

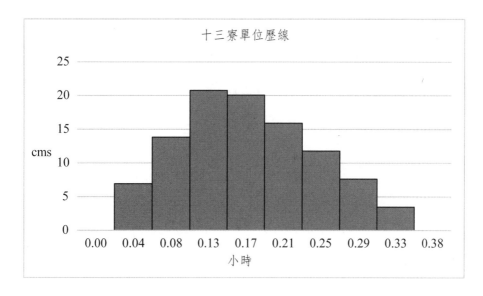

附圖1-3　十三寮單位歷線

二、以觀測的單場降雨紀錄推導逕流歷線

　　單場降雨雨量紀錄，以2019年12月5日上午六點之降雨為例（假設符合規劃設計之重現期距降雨事件）。

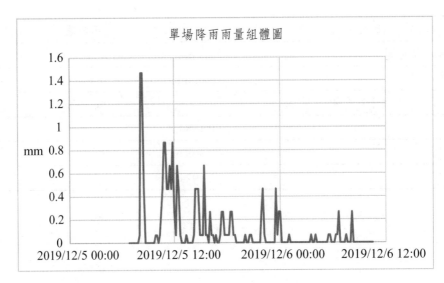

附圖1-4　十三寮雨量組體圖

產生之流量歷線如下：

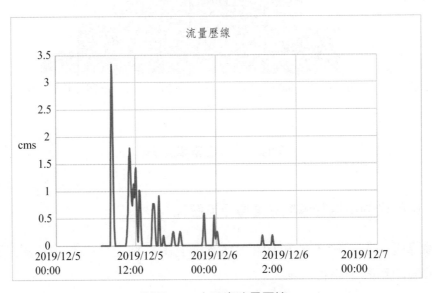

附圖1-5　十三寮流量歷線

三、以觀測的水位紀錄推導入流量

觀測水位入流口水位及出流口水位如下：

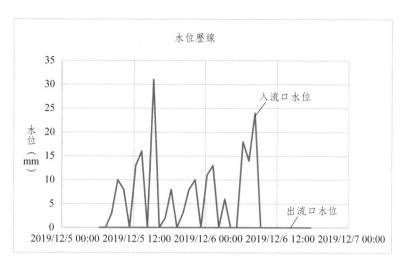

附圖1-6　十三寮水位一時間圖

(一) 以矩形堰流公式計算箱涵入流量

$$Q = 1.767bh^{1.5}$$

式中，b = 3.5 m。

(二) 以懸臂式壩體公式計算出流量

$$B = 1.55 \text{ m}$$

計算結果如下圖：

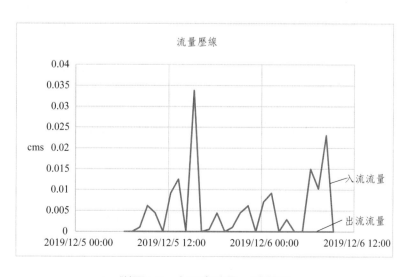

附圖1-7　十三寮流量一時間圖

四、以推導的逕流歷線和實際觀測推導的入流量比對差異

計算參數	參數值（m³）
入流量（水位）	544.596
滯洪量（波爾斯法）	16,118.11
出流量（水位）	0

　　由這場降雨事件得知，實際入流量544.596m³完全沒有流出滯洪池，可視為沉砂池容納量或滯洪池池底入滲量。建議長期觀測，同時採得滯洪池入、出流量時，才能再予以估算滯洪池入滲量。

五、水庫演算：波爾斯法

　　以逕流流量歷線配合滯洪池高程面積曲線與懸臂式壩公式，藉由波爾斯法計算滯洪量為16,118.11m³。

附表1-11　懸臂式壩出流量表

H (m)	出流口高程 (m)	A (m²)	S (m³)	出流量Q (cms)	2S/Δt + Q (cms)
179	0	12,628.00	0.00	0.000	0.000
179.5	0.5	13,086.20	6,428.55	1.341	87.055
180	1	13,544.40	13,086.20	3.872	178.355
180.5	1.5	14,002.60	19,972.95	7.201	273.507
181	2	14,460.80	27,088.80	11.183	372.367
181.5	2.5	14,919.00	34,433.75	15.734	474.851
182	3	18,448.80	42,203.42	20.796	583.508
183	4	16,366.00	58,218.00	32.295	808.535

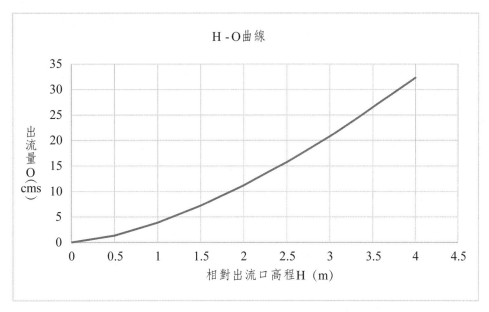

附圖1-8　十三寮出流口高程與出流量圖

六、以推導的出流歷線和計算的出流歷線比對差異

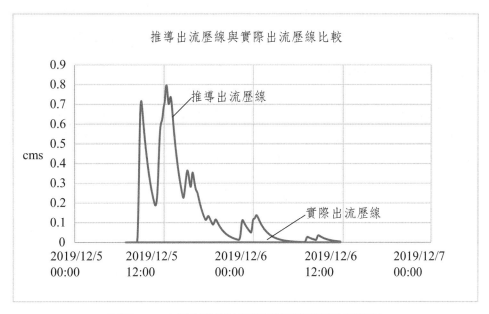

附圖1-9　十三寮推導出流歷線與實際出流歷線圖

由於監測期間降雨次數稀少，以目前所擷取之雨量資料顯示，如果以實際入流量544.596m³進入滯洪池；而沒有任何流量流出可以粗估，滯洪池之入滲量有43mm。如果以泥質黏土之最終入滲率10^{-7}m/s，在1.33hr之滯洪期間，具有4.8mm之入滲量。

以十三寮滯洪池而言，滯洪壩出流量為32.3cms，在集水面積152ha，C為0.6條件下，採用修正型合理化公式：

$$Q_1 = \frac{1}{360} C_1 \frac{d}{t'} A$$

可以得到1hr滯洪期間之降雨強度為127.5mm/hr，也就是滯洪池在降雨強度等於或小於127.5mm/hr條件下，是可以發揮滯洪成效的。

如果十三寮滯洪池沒有採用滯洪壩設計，規劃抽水機抽水機制，則32.3cms出流量、4m滯洪水深，在抽水機效率n_p：0.7；電動機傳動效率n_i：0.95；電動機安全係數e：1.1等設定條件下，尚不考慮有效NPSH和水頭、摩擦等損失時，抽水機需要2,847hp。這麼大的馬力需求不切實際，一般會降低抽水機馬力值和拉長抽水時間，亦即降低出流量。如此做法需要更大土地面積或深度，以增加滯洪量維持滯洪效果。這也是規劃抽水設施之滯洪池或蓄洪池遇到連續暴雨事件，在來不及排空滯洪池或蓄洪池時，無法充分發揮預期滯洪效益之窘境。

桃園龍潭龍源段地區案例計算

依據桃園市龍潭區龍源段等1筆土地廠房新建工程水土保持計畫（水土保持義務人：長德資產管理顧問股份有限公司；承辦技師：蔡明文；技師職業機構：崧晉工程顧問有限公司，水保計畫書內圖資如下），基地面積9,050平方公尺。

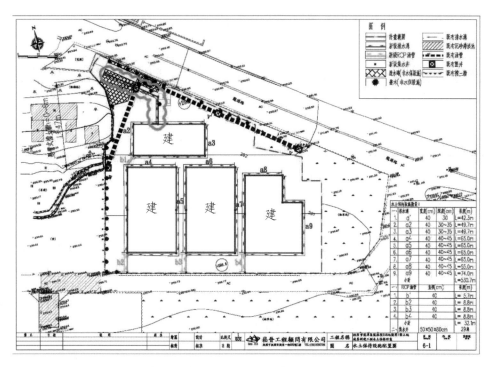

附圖1-10　桃園市龍潭區龍源段土地廠房新建工程水土保持計畫平面圖

一、集流時間相關計算表

開發狀態	漫地流長度（m）	流入速度（m/s）	流入時間（min）
開發前	100	0.6	2.78
開發後	8	0.6	0.22

流下時間如下表

開發狀態	排水溝編號	上游高程（m）	下游高程（m）	河道長度（m）	流下速度（m/s）	流下時間（min）
開發前	—	293	291	0	0.00	0.00
開發後	a1	—	—	44	1.113	0.66
	a2	—	—	49.7	1.314	0.63
	b1	—	—	5.7	2.332	0.04
	a4	—	—	65	1.896	0.57
	b2	—	—	8.8	1.791	0.08

因此，集流時間計算如下表：

開發狀態	流入時間（min）	流下時間（min）	集流時間（min）
開發前	2.78	0.00	2.78
開發中	0.22	1.98	2.20
開發後	0.22	2.04	2.26

二、年平均降雨量

距離基地最近之測站為經濟部水利署「石門(3)」，該測站近10年（2007～2016）之年平均雨量為2,458.8mm，比水土保持手冊「石門(2)」之2,539.4mm小，又附錄之「石門(2)」測站記錄年數不到25年，故採用水土保持手冊之年平均雨量計算無因次降雨強度之各參數值。

由年平均雨量計算之無因次降雨強度之各參數值如下：

P (mm)	A	B	C	G	H
2539.4	18.07774	55	0.59200	0.55123	0.30515

不同延時、重現期距之降雨強度如下：

I_{60}^{25} (mm/hr)	$I_{2.2}^{10}$ (mm/hr)	$I_{2.2}^{25}$ (mm/hr)	$I_{2.2}^{50}$ (mm/hr)
92.53	130.53	149.04	163.04

三、不同重現期距洪峰流量

本基地開發前為丘陵地地形，採用0.6；開發中採用1.0；開發後採用0.95。

開發狀態	開發前	開發中	開發後
C值	0.60	1.00	0.95

參數	符號	單位	C	數值	備註
集流時間	t_c	min	—	2.2	—
開發前洪峰流量	Q_1	cms	0.6	0.197	Q_{10}
開發前洪峰流量	Q_1	cms	0.6	0.225	Q_{25}
開發中洪峰流量	Q_2	cms	1	0.410	Q_{50}
開發後洪峰流量	Q_3	cms	0.95	0.389	Q_{50}

四、出流洪峰流量

法規規定值		出流洪峰流量（cms）
入流洪峰流量80%	Q_{50}：0.410	0.328
開發前洪峰流量	Q_{25}：0.225	0.225
下游容許排洪量	Q_{10}：0.197	0.197
採用出流洪峰流量	—	0.197

　　計算所得之滯洪量，在乘以安全係數後為設計滯洪量。水土保持技術規範規定永久性設施之安全係數為1.1；臨時性設施為1.3。

五、滯洪量計算表

參數	符號	單位	數值	備註
集流時間	t_c	min	2.2	—
滯洪期間	t_b	hr	1.0	—
開發前洪峰流量	Q_1	cms	0.197	Q_{10}
開發中洪峰流量	Q_2	cms	0.410	Q_{50}
開發後洪峰流量	Q_3	cms	0.389	Q_{50}
滯洪量	V_{s2}	m³	345.60	—
設計滯洪量	V_{sd}	m³	380.16	—
臨時滯洪量	V_{s1}	m³	383.4	—
臨時設計滯洪量	V_{sd}	m³	498.42	—

六、出水口計算之相關參數

參數	符號	單位	數值
開發前洪峰流量	Q_1	cms	0.197
開發後洪峰流量	Q_3	cms	0.389
設計滯洪量	V_{sd}	m^3	380.16
流量係數	C	—	0.6
重力加速度	g	m/s^2	9.81
滯洪期間	t_b	hr	1.0

七、懸臂式壩

參數	符號	單位	數值
開口寬度	B	m	0.5
開口以上水位高	h	m	0.32
出流量	Q	cms	0.19
設計滯洪量	V_{sd}	m^3	396.72

八、重力壩

參數	符號	單位	數值
開口寬度	B	m	0.5
開口以上水位高	h	m	0.37
出流量	Q	cms	0.19
設計滯洪量	V_{sd}	m^3	399.74

九、圓形孔口構造物

參數	符號	單位	數值
孔徑	D	m	0.4
圓孔一半以上水位高	h	m	0.32

參數	符號	單位	數值
出流量	Q	cms	0.19
孔數	—	—	1
出流量	Q	cms	0.19
設計滯洪量	V_{sd}	m³	396.14

十、矩形孔口構造物

參數	符號	單位	數值
開口寬度	B	m	0.4
開口高度	H	m	0.32
開口一半以上水位高	h	m	0.32
出流量	Q	cms	0.19
設計滯洪量	V_{sd}	m³	389.24

十一、溢流口（梯形）

參數	符號	單位	數值
50年重現期距排洪量	Q_{50}	cms	0.389
流量係數	C	—	0.6
重力加速度	g	m/s²	9.81
溢流口底寬	b_o	m	1.3
溢流口頂寬	b_u	m	1.86
設計溢流水深	h	m	0.28
設計溢流量	Q	cms	0.4

十二、溢流口（矩形）

參數	符號	單位	數值
200年重現期距排洪量	Q_{200}	cms	0.389
流量係數	C	—	0.6

參數	符號	單位	數值
重力加速度	G	m/s^2	9.81
溢流口底寬	B	m	1.3
設計溢流水深	h	m	0.31
設計溢流量	Q	cms	0.398

十三、通用土壤流失公式

R_m	K_m	l	m	L	s（度）	S	C	P	A	A(V)
15737	0.0329	112	0.3	1.627	1.026	0.168	0.05	0.6	4.23	3.02
15737	0.0329	81.25	0.3	1.477	1.409	0.217	1	1.000	165.72	118.37
15737	0.0329	81.25	0.3	1.477	1.409	0.217	0.05	0.600	4.97	3.55

滯洪沉砂設施監測與滯洪能力評估

為了解滯洪池是否如規劃設計精神發揮滯洪效益，選定臺中市新社區九渠溝滯洪池及臺中市大雅區十三寮區排滯洪池二處，分別架設雨量及水位監測儀器，求得降雨量與流量歷線，進行滯洪能力評估。

一、十三寮滯洪池滯洪能力檢測評估

十三寮位於臺中市大雅區，集水面積152ha，設計滯洪量58,218 m^3。入流量53.68cms，出流量36.24cms。設置兩處入水口，一處出水口。緊急溢洪量為78.46cms，大於200年重現期距之68.82cms。緊急溢洪口有兩處，一處為出水口頂端；另一處位於西北側（46.16cms）。透過十三寮結算圖查得該滯洪池各位置的高程，經計算可得滯洪池在各高程之橫剖面面積及出入流口高程，如附圖1-11所示。

附圖1-11　十三寮工程平面配置圖（十三寮區排上游坡地水土保持工程滯洪池操作手冊，鋒璟工程顧問企業股份有限公司，2014）

　　十三寮滯洪池之設計入流洪峰流量，係由合理化公式求得，因此，除採用合理化公式求得之原始設計入流歷線外，亦以修正三角形單位歷線法設計50年頻率，延時為24小時以及1.33小時之入流歷線，各入流歷線如下圖所示。

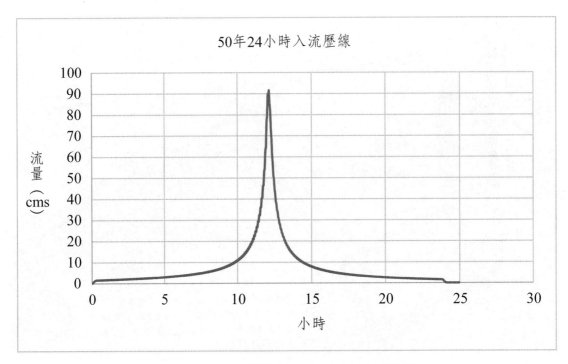

附圖1-12 十三寮滯洪池50年24小時入流歷線

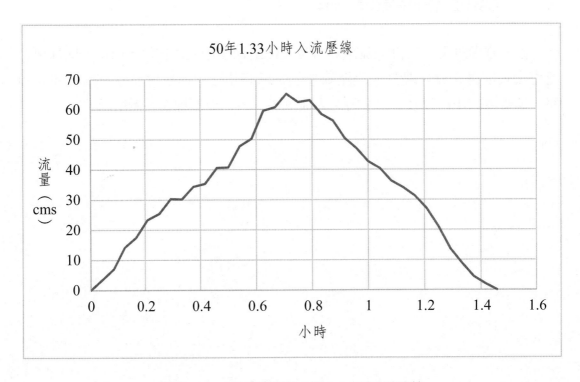

附圖1-13 十三寮滯洪池50年1.33小時入流歷線

彙整三種不同算法之入流歷線如下圖。

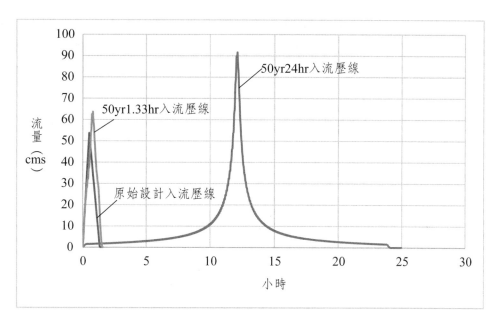

附圖1-14　十三寮滯洪池入流歷線比較圖

　　由上圖知，原始設計入流歷線為採用合理化公式設計之三角形滯洪歷線，
洪峰流量為53.68cms，基期為1.34小時，總逕流量為129,476.2m³；流量歷線法
（修正三角形單位歷線法）50年24小時入流歷線之總降雨深度為550mm，總逕
流量為719,125.9m³，洪峰流量為91.6cms；而50年1.33小時入流歷線之總降雨深
度為121.5mm，總逕流量為177,751.1m³，洪峰流量為65.20 cms。由此可知，採
用合理化公式設計之三角形滯洪歷線，總逕流量或洪峰流量都是三者中最小的。
彙整如下表：

	重現期距 （yr）	滯洪期間 （hr）	洪峰流量 （cms）	總逕流量 （m³）
合理化公式	50	1.34	53.68	129,476.2
流量歷線法	50	24	91.60	719,125.9
流量歷線法	50	1.33	65.20	177,751.1

二、十三寮滯洪池滯洪能力檢討

將入流歷線、滯洪池高度面積曲線與出流口流量公式，代入波爾斯演算法進行滯洪池演算。其中，採用合理化公式設計之入流歷線成功發揮滯洪功能，其入、出流歷線如下圖：

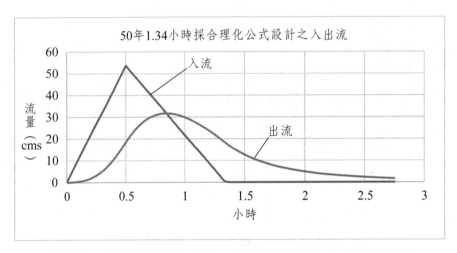

附圖1-15　十三寮滯洪池50年1.34小時採合理化公式設計之入流量

其餘採用修正三角形單位歷線法設計之入流歷線中，24小時降雨延時之逕流，在降雨開始705分鐘時就填滿滯洪池；而1.33小時降雨延時之逕流則在降雨開始45分鐘後填滿滯洪池，因此，以流量歷線法推導之入流歷線，經過波爾斯法演算，無法發揮滯洪成效。

	類別	滯洪成效
合理化公式	50yr1.34hr	OK
流量歷線法	50yr24hr	705min滿池
流量歷線法	50yr1.33hr	45min滿池

為了了解採用流量歷線法之方式下，目前十三寮滯洪池之滯洪量可以承受多少重現期距24小時的設計暴雨，因此分別將25年、10年及5年重現期距24小時延時之設計降雨計算出入流歷線後進行波爾斯演算。其中，只有5年重現期距的降雨入流歷線可以發揮滯洪成效。其總逕流量為305,792.1m³，入流洪峰流量為

45.16cms，以下為5年重現期距24小時延時之入流以及出流歷線。

	重現期距 （yr）	滯洪期間 （hr）	洪峰流量 （cms）	總遲流量 （m³）
流量歷線法	5	24	45.16	305,792.1

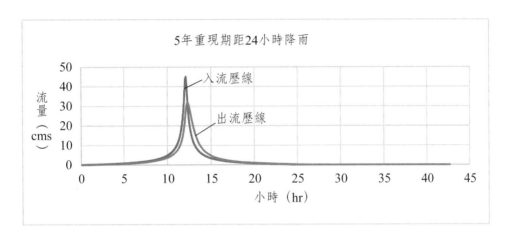

附圖1-16　十三寮滯洪池5年重現期距24小時降雨

　　在50年重現期距1.33小時延時降雨事件中，十三寮滯洪池之滯洪量應該擴大為多少時，在出入流條件不變情況下，可以發揮滯洪成效。如果在滯洪深度不變情況下，將面積高程曲線中之面積等比例放大，再換算為滯洪量。結果顯示，滯洪池大小增加為目前之1.79倍時，也就是當滯洪量增為104,210.2 m³時，滯洪池可以容受50年重現期距1.33小時降雨延時之入流歷線，而變更前後之體積高程關係如下表所示。

附表1-12　十三寮變更前後高程、滯洪量表

原高程對應之滯洪量		變更後滯洪量
H（m）	S（m³）	S（m³）
179	0.00	0.00
179.5	6,428.55	11,507.10
180	13,086.20	23,424.30
180.5	19,972.95	35,751.58

續附表1-12

原高程對應之滯洪量		變更後滯洪量
H (m)	S (m³)	S (m³)
181	27,088.80	48,488.95
181.5	34,433.75	61,636.41
182	42,203.42	75,544.12
182.5	50,210.71	89,877.17
183	58,218.00	104,210.20

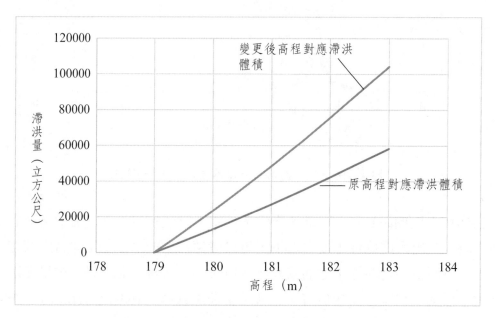

附圖1-17　十三寮原高程與變更後高程滯洪量比較表

以下為滯洪量變更為104,210.2 m³時，50年1.33小時之入出流歷線。

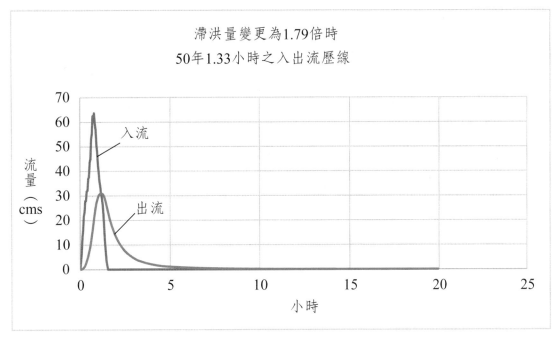

附圖1-18　十三寮滯洪量變更為1.79倍時之入出流歷線

二、九渠溝滯洪池之現況評估

　　九渠溝位於臺中市新社區，面積約3.7991ha。九渠溝滯洪池調蓄白冷圳節餘水，滯洪量為94,200m³，入流量為100.34cms，出流量為52.75cms。平時蓄水25,000m³，供應缺水地區使用；維持下游基流量0.78cms，維持既有灌區灌溉用水。汛期無須人為操作方式之滯洪量為95,400m³，人為操作方式之滯洪量為120,000m³，減少淹水面積約30ha。

　　以下為九渠溝滯洪池的平面圖，沿著A-A斷面，可以切割出含有滯洪池上池入流口以及溢流口之剖面，現況照片拍攝位置與方向如圖所示。

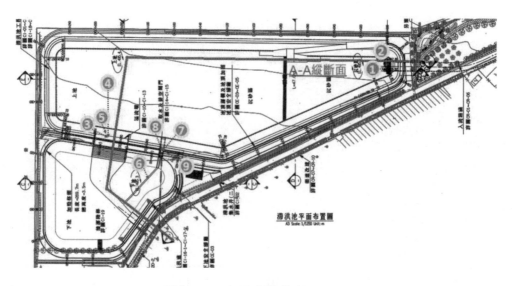

附圖1-19　九渠溝滯洪池平面圖

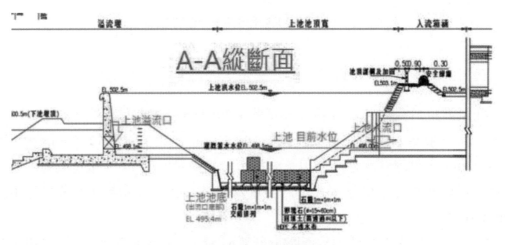

附圖1-20　九渠溝滯洪池縱斷面圖（一）

　　由於A-A斷面無法標示出上池的閘門控制式出流口，因此從九渠溝竣工圖中找出上池出流口的高程，並將其一併展示於以下斷面圖中。

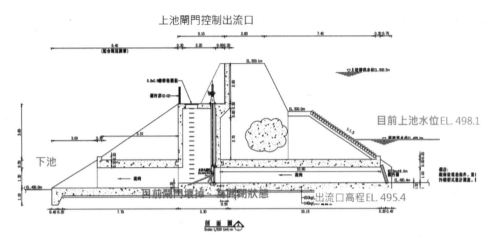

附圖1-21　九渠溝滯洪池縱斷面圖（二）

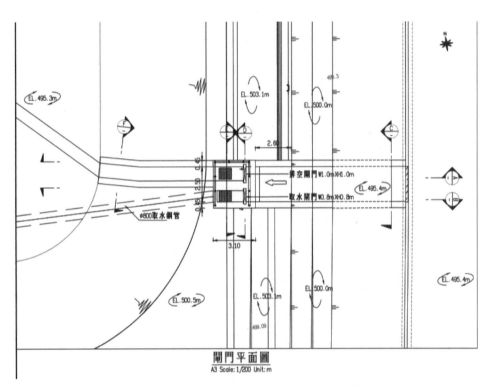

附圖1-22　九渠溝滯洪池閘門平面圖

　　九渠溝滯洪池上池出流口末端有兩處閘門，分別為排空閘門及取水閘門。目前觀察到排空閘門因長期關閉沒有出流，而取水閘門雖然有出流現象，但因沒有監測資料而無法判斷出流大小。滯洪池上池水位長期處在灌溉蓄水位EL.

498.1m，也是上池溢流口高程。據鄰近居民表示，上池的閘門是出流口，目前為故障狀態，因此無法開啟，然而目前無法進行確認。根據監測資料顯示，在大入流量情況下，上池水量會經由上池溢流口進入下池，再者，由於滯洪池入流口高程為EL. 498.0m，低於溢流口高程，逕流自箱涵入流時，會產生壅水現象，減緩入流流速，因此，上池無法發揮預期之滯洪量，主要為蓄水功能，下池才能發揮滯洪功能。

沉砂池案例計算

桃園龍潭龍源段地區案例計算

依據桃園市龍潭區龍源段等1筆土地廠房新建工程水土保持計畫（水土保持義務人：長德資產管理顧問股份有限公司；承辦技師：蔡明文；技師職業機構：崧晉工程顧問有限公司，水保計畫書內圖資如下），基地面積9,050平方公尺。

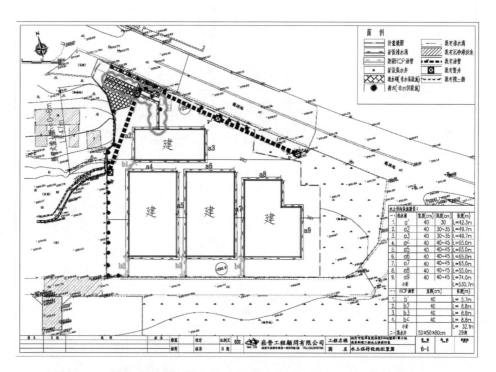

附圖1-23　桃園市龍潭區龍源段土地廠房新建工程水土保持計畫平面圖

由於該計畫係採用滯洪池和沉砂池共構，因此，將計算所得之滯洪池相關參數列表如下：

滯洪需求量計算表

參數	符號	單位	數值	備註
集流時間	t_c	min	2.2	—
滯洪期間	t_b	hr	1.0	—
開發前洪峰流量	Q_1	cms	0.197	Q_{10}
開發中洪峰流量	Q_2	cms	0.410	Q_{50}
開發後洪峰流量	Q_3	cms	0.389	Q_{50}
滯洪量	V_{s2}	m^3	345.60	—
設計滯洪量	V_{sd}	m^3	380.16	—
臨時滯洪量	V_{s1}	m^3	383.4	—
臨時設計滯洪量	V_{sd}	m^3	498.42	—

圓形孔口構造物

參數	符號	單位	數值
孔徑	D	m	0.4
圓孔一半以上水位高	h	m	0.32
出流量	Q	cms	0.19
孔數	—	—	1
出流量	Q	cms	0.19
設計滯洪量	V_{sd}	m^3	396.14

滯洪池入流渠道參數表

參數	單位	數值
洪峰流量	cms	0.440
渠道寬度	m	0.6
渠道深度	m	0.6
設計水深	m	0.526
粗糙係數	—	0.014
設計坡度	—	0.004
設計流速	m/s	1.498
設計流量	cms	0.473

通用土壤流失公式計算表

R_m	K_m	l	m	L	s（度）	S	C	P	A	A(V)
15737	0.0329	112	0.3	1.627	1.026	0.168	0.05	0.6	4.23	3.02
15737	0.0329	81.25	0.3	1.477	1.409	0.217	1	1.000	165.72	118.37
15737	0.0329	81.25	0.3	1.477	1.409	0.217	0.05	0.600	4.97	3.55

沉砂池容量計算表

開發狀態	土壤流失量（m^3/ha）	水保技術規範（m^3/ha）	開發面積（ha）	泥砂生產量（m^3）	沉砂池容量（m^3）
前	3.03	15	0.905	13.58	20.37
中	119/2	250	0.905	226.25	339.38
後	3.56	30	0.905	27.15	40.73

滯洪沉砂池設計尺寸表

項目	需求量（m^3）	設計尺寸		設計容量（m^3）
		面積（m^2）	高度（m）	
沉砂空間	237.87	397.26	0.9	357.53
滯洪空間	1391.54	397.26	3.5	1390.41
出入水口高度	—	—	1	—
沉砂滯洪池	1629.41	397.26	5.4	1747.94

沉砂池計算參數表

項目	符號	公式	數值
沉砂粒徑	D (mm)	—	4.75
雷諾數	R_e	—	> 1000
沉降速度（Stokes）	V_s (m/s)	$\sqrt{32.7(S_s-1)D}$	0.506
沉降速度（van Rijn）	V_s (m/s)	$1.1\sqrt{(S-1)gD}$	0.305
寬度	B (m)	—	0.6
流速	V (m/s)	—	1.498

　　該計畫開發前，洪峰流量為0.197cms，出流口採用圓形孔口設計，出流量為0.19cms，小於開發前洪峰流量。開發後之洪峰流量為0.389cms，該計畫採用

0.44cms，以0.6m x 0.6m渠道將洪峰流量引入滯洪沉砂池，在粗糙係數0.014、設計坡度0.004之條件下，求得設計入流流速為1.498m/s。

　　沉砂池之尺寸設計不僅要能夠容納法規要求之泥砂生產量外，也必須達到規劃粒徑之泥砂完全沉澱於池內。建議依據入流流速計算最小池深和池長後，再以土壤流失公式計算泥砂生產量，以決定沉砂池的池寬，最後，再依據現地地形調整沉砂池尺寸。如果是滯洪池和沉砂池共構，則需要注意沉砂池長度是否足夠。

擋土牆設計例

重力式擋土牆設計

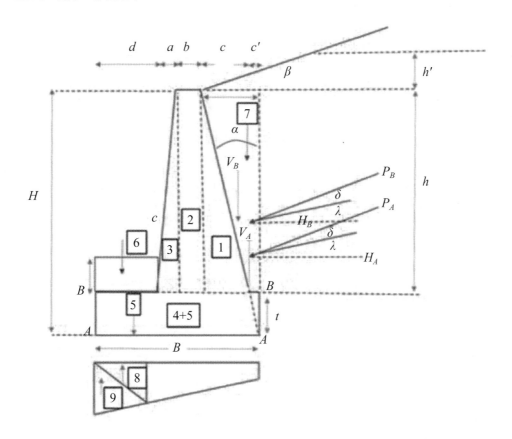

1. 設計步驟

(1) 假設斷面：

$$a = \frac{1}{2}t \sim t$$

$$b = \frac{1}{12}H \geq 30\text{cm}$$

$$t = \frac{1}{6} \sim \frac{1}{8}H$$

$$B = \frac{1}{2} \sim \frac{2}{3}H$$

(2) 計算擋土牆自重、重心位置、力臂及力矩。

一般土壤重量：回填土重：1.8t/m^3

　　　　　　　　基礎土重：1.9t/m^3

　　　　　　　　混凝土重：$2.3 \sim 2.4\ \text{t/m}^3$，一般採用$2.35\ \text{t/m}^3$

(3) 計算土壓力及加載荷重之大小、力臂及力矩。

(4) 檢討合力是否滿足擋土牆之安定條件。

檢討結果如為不安定或不經濟者，則需修正擋土牆斷面尺寸，重新檢討至滿足安定條件及經濟斷面為止。

2. 設計例

設計一重力式擋土牆，總高度為5公尺，牆後地面為16°向上傾斜。

〔已知〕回填土重：1.8t/m^3，摩擦角30°

　　　　基礎土重：1.9t/m^3，摩擦角35°，容許承載力：$25\ \text{t/m}^2$

　　　　混凝土重：$2.35\ \text{t/m}^3$，基礎土壤與混凝土間摩擦角35°

　　　　混凝土強度 $f_c' = 140\ \text{kg/cm}^2$

　　　　鋼筋允許應力 $f_s = 1{,}400\ \text{kg/cm}^2$

單位：m

t	a	b	c	c'	d
0.8	0.6	0.4	1.2	0.23	0.5

前趾覆土高度：0.2 m

其中，牆後寬

$$1.2 + 0.23 = 1.43\ \text{m}$$

$$\tan\alpha = \frac{1.43}{5} = 0.286 \rightarrow \alpha = 15.95°$$

假設混凝土與土壤間摩擦角

$$\delta = \frac{2}{3}\phi = \frac{2}{3} \times 30 = 20°$$

$$\lambda = \alpha + \delta = 15.95 + 20 = 35.95°$$

$$\rightarrow \sin\lambda = 0.59 \; ; \; \cos\lambda = 0.81$$

$$\beta = 16°$$

$$h' = 1.43 \tan 16° = 0.41\text{m}$$

牆後高

$$5 + 0.41 = 5.41 \text{ m}$$

上底寬

$$0.6 + 0.4 + 1.2 = 2.20 \text{ m}$$

底寬

$$0.6 + 0.4 + 1.2 + 0.5 + 0.23 = 2.93 \text{ m}$$

庫倫土壓係數

$$C_a = \frac{\cos^2(\phi - \alpha)}{\cos^2\alpha\cos(\delta + \alpha)\left[1 + \sqrt{\dfrac{\sin(\phi + \delta)\sin(\phi - \beta)}{\cos(\delta + \alpha)\cos(\beta - \alpha)}}\right]^2}$$

$$= \frac{\cos^2(30 - 15.95)}{\cos^2 15.95\cos(20 + 15.95)\left[1 + \sqrt{\dfrac{\sin(30 + 20)\sin(30 - 16)}{\cos(20 + 15.95)\cos(16 - 15.95)}}\right]^2}$$

$$= 0.58$$

$$P_A = \frac{1}{2}C_a\gamma_s H_A^2 = \frac{1}{2} \times 0.58 \times 1.8 \times 5.41^2 = 15.15 \text{ t/m}$$

$$V_A = P_A\sin\lambda = 15.15 \times 0.59 = 8.89 \text{ t/m}$$

$$H_A = P_A\cos\lambda = 15.15 \times 0.81 = 12.26 \text{ t/m}$$

$$P_B = \frac{1}{2}C_a\gamma_s H_B^2 = \frac{1}{2} \times 0.58 \times 1.8 \times 4.61^2 = 11.0 \text{ t/m}$$

$$V_B = P_B\sin\lambda = 11.0 \times 0.59 = 6.46 \text{ t/m}$$

$$H_B = P_B\cos\lambda = 11.0 \times 0.81 = 8.91 \text{ t/m}$$

$$P' = \frac{1}{2} C_p \gamma_s H^2$$

$$C_p = \frac{1 + \sin\phi}{1 - \sin\phi} = \tan^2\left(45° + \frac{\phi}{2}\right)$$

$$= \frac{1 + \sin 30°}{1 - \sin 30°} = \tan^2\left(45° + \frac{\phi}{2}\right) = 3.69$$

$$P'_A = \frac{1}{2} C_p \gamma_s H_A^2 = \frac{1}{2} \times 3.69 \times 1.9 \times (0.8 + 0.2)^2 = 3.51 \text{ t/m}$$

(2) 擋土牆自重、土壓及其他外力計算如下表。

斷面	編號	計算式	單位重	力	力臂	力矩
A-A及B-B	1	1.2x4.2x2.35/2	2.35	5.92	1.03	6.09
	2	0.4x4.2x2.35	2.35	3.95	1.63	6.43
	3	0.6x4.2x2.35/2	2.35	2.96	2.03	6.01
	Σ	—	—	12.83	—	18.53
Total	4+5	0.8x2.93x2.35	2.35	5.51	1.46	8.06
	6	0.2x0.5x1.8	1.80	0.18	2.68	0.48
	7	5.41x1.43x1.8/2	1.80	6.96	0.48	3.31
	V_A	15.15x0.59	1.80	8.89	0.48	4.23
	H_A	15.15x0.81	1.80	12.26	1.67	20.44
	Σ	—	—	34.36	—	55.06
B-B	V_B	11x0.59	1.80	6.46	0.40	2.58
	H_B	11x0.81	1.80	8.91	1.40	12.47
	7	4.61x1.2x1.8/2	1.80	4.98	0.40	1.99
	Σ	—	—	24.27	—	35.57
C-C	5	0.8x0.5x2.35	2.35	0.94	0.25	0.24
	6	0.2x0.5x1.8	1.80	0.18	0.25	0.05
	8	0.5x14.08x1.0/2	1.0	3.52	0.17	0.59
	9	0.5x15.05x1.0/2	1.0	3.76	0.33	1.25
	Σ	—	—	-6.16	—	-1.56

(3) 檢討

① A-A斷面

A. 傾覆安全檢討

設合力作用點至牆趾A點之距離為

$$z_A = \frac{\Sigma M_A}{\Sigma V_A} = \frac{55.06}{34.36} = 1.60 \text{ m}$$

$$z_A = 1.6 \text{ m}$$

$$e_A = \left| z_A - \frac{B}{2} \right| < \frac{B}{6}$$

$$= \left| 1.60 - \frac{2.93}{2} \right| = 0.14 < \frac{2.93}{6} = 0.49 \text{ OK}$$

B. 滑動安全檢討

滑動安全係數

$$FS_s = \frac{\Sigma V_A \tan\phi + P'}{\Sigma H_A} = \frac{34.36 \tan 30° + 3.51}{12.26} = 2.25 > 1.5 \text{ OK}$$

或

$$FS_s = \frac{\Sigma V_A \tan\phi}{\Sigma H_A} = \frac{34.36 \tan 30°}{12.26} = 1.96 > 1.5 \text{ OK}$$

C. 牆底垂直應力

$$\delta_1 = \frac{\Sigma V_A}{B}\left(1 + \frac{6e_A}{B}\right) = \frac{34.36}{2.93}\left(1 + \frac{6 \times 0.14}{2.93}\right) = 15.05 < 25 \text{ OK}$$

$$\delta_2 = \frac{\Sigma V_A}{B}\left(1 - \frac{6e_A}{B}\right) = \frac{34.36}{2.93}\left(1 - \frac{6 \times 0.14}{2.93}\right) = 8.42 < 25 \text{ OK}$$

② B-B斷面

設合力作用點至牆趾A點之距離為 z_B

$$z_B = \frac{\Sigma M_B}{\Sigma V_B} = \frac{35.57}{24.27} = 1.47 \text{ m}$$

$$z_B = 1.47 \text{ m}$$

$$e_B = \left| z_B - c_p - \frac{B_B}{2} \right| < \frac{B_B}{4}$$

$$= \left| 1.47 - 0.23 - \frac{2.2}{2} \right| = 0.14 < \frac{2.2}{4} = 0.55 \text{ OK}$$

垂直應力

$$\delta_1 = \frac{\Sigma V_B}{B_B}\left(1 + \frac{6e_B}{B_B}\right) = \frac{24.27}{2.2}\left(1 + \frac{6 \times 0.14}{2.2}\right) = 15.16 > 0 \text{ OK}$$

$$\delta_2 = \frac{\Sigma V_B}{B_B}\left(1 - \frac{6e_B}{B_B}\right) = \frac{24.27}{2.2}\left(1 - \frac{6 \times 0.14}{2.2}\right) = 6.9 > 0 \text{ OK}$$

③C-C斷面

$$f = \frac{My}{I} = \frac{M \cdot \frac{d}{2}}{\frac{bd^3}{12}} = \frac{6M}{bd^2}$$

$$f = \frac{6M}{bd^2} = \frac{6 \cdot 1.56}{1 \cdot 0.8^2}$$

$$= 11.46 \text{ t/m}^2 = 1.15 \text{ kg/cm}^2 < 0.03 f_c = 0.03 \cdot 140 = 4.2 \text{ kg/cm}^2$$

半重力式擋土牆設計

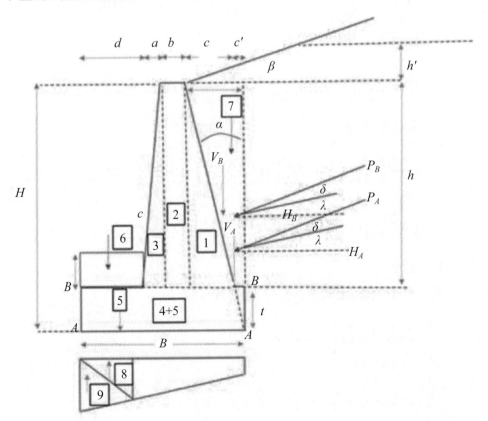

1. 設計步驟

(1) 假設斷面：

$$a \cong \frac{1}{3} B$$

$$b = \frac{1}{12} H \geq 30 \text{ cm}$$

$$t = \frac{1}{6} \sim \frac{1}{8} H$$

$$B = \frac{1}{2} \sim \frac{2}{3} H$$

(2) 計算擋土牆自重、重心位置、力臂及力矩。

一般土壤重量：回填土重：1.8 t/m³

基礎土重：1.9 t/m³

混凝土重：2.3～2.4 t/m³，一般採用2.35 t/m³

(3) 計算土壓力及加載荷重之大小、力臂及力矩。

(4) 檢討合力是否滿足擋土牆之安定條件。

檢討結果如為不安定或不經濟者，則需修正擋土牆斷面尺寸，重新檢討至滿足安定條件及經濟斷面為止。

3. 設計例

設計一半重力式擋土牆，高度為7公尺，牆後地面為16°向上傾斜。

〔已知〕回填土重：1.8t/m³，摩擦角30°

基礎土重：1.9t/m³，摩擦角35°，容許承載力：25 t/m²

混凝土重：2.35 t/m³，基礎土壤與混凝土間摩擦角35°

混凝土強度 $f_c' = 140 \text{ kg/cm}^2$

鋼筋允許應力 $f_s = 1{,}400 \text{ kg/cm}^2$

單位：m

t	a	b	c	c'	d
1.0	1.0	0.3	1.2	0.2	0.8

前趾覆土高度：0.3 m

牆後寬

$$1.2 + 0.2 = 1.4 \text{ m}$$

$$\tan \alpha = \frac{1.4}{7} = 0.2 \rightarrow \alpha = 11.31°$$

假設混凝土與土壤間摩擦角

$$\delta = \frac{2}{3} \phi = \frac{2}{3} \times 30 = 20°$$

$$\lambda = \alpha + \beta = 11.31 + 20 = 31.31°$$

$$\rightarrow \sin \lambda = 0.52 \; ; \cos \lambda = 0.85$$

$$\beta = 16°$$

$$h' = 1.4 \tan 16° = 0.4 \text{ m}$$

牆後高

$$7 + 0.4 = 7.4 \text{ m}$$

上底寬

$$1.0 + 0.3 + 1.2 = 2.5 \text{ m}$$

底寬

$$1.0 + 0.3 + 1.2 + 0.8 + 0.2 = 3.5 \text{ m}$$

庫倫土壓係數

$$
\begin{aligned}
C_a &= \frac{\cos^2(\phi - \alpha)}{\cos^2 \alpha \cos(\delta + \alpha)\left[1 + \sqrt{\dfrac{\sin(\phi + \delta)\sin(\phi - \beta)}{\cos(\delta + \alpha)\cos(\beta - \alpha)}}\right]^2} \\
&= \frac{\cos^2(30 - 11.31)}{\cos^2 11.31 \cos(20 + 11.31)\left[1 + \sqrt{\dfrac{\sin(30 + 20)\sin(30 - 16)}{\cos(20 + 11.31)\cos(16 - 11.31)}}\right]^2} \\
&= 0.51
\end{aligned}
$$

$$P_A = \frac{1}{2} C_a \gamma_s H_A^2 = \frac{1}{2} \times 0.51 \times 1.8 \times 7.4^2 = 25.04 \text{ t/m}$$

$$V_A = P_A \sin \lambda = 25.04 \times 0.52 = 13.01 \text{ t/m}$$

$$H_A = P_A \cos\lambda = 25.04 \times 0.85 = 21.39 \text{ t/m}$$

$$P_B = \frac{1}{2} C_a \gamma_s H_B^2 = \frac{1}{2} \times 0.51 \times 1.8 \times 6.4^2 = 18.73 \text{ t/m}$$

$$V_B = P_B \sin\lambda = 18.73 \times 0.52 = 9.73 \text{ t/m}$$

$$H_B = P_B \cos\lambda = 18.73 \times 0.85 = 16.00 \text{ t/m}$$

$$P' = \frac{1}{2} C_p \gamma_s H^2$$

$$C_p = \frac{1+\sin\phi}{1-\sin\phi} = \tan^2\left(45° + \frac{\phi}{2}\right)$$

$$= \frac{1+\sin 30°}{1-\sin 30°} = \tan^2\left(45° + \frac{30°}{2}\right) = 3.69$$

$$P_A' = \frac{1}{2} C_p \gamma_s H_A^2 = \frac{1}{2} \times 3.69 \times 1.9 \times (1.0+0.3)^2 = 5.92 \text{ t/m}$$

(2) 擋土牆自重、土壓及其他外力計算如下表。

斷面	編號	計算式	單位重	力	力臂	力矩
A-A及B-B	1	1.2x4.2x2.35/2	2.35	8.46	1.00	8.46
	2	0.4x4.2x2.35	2.35	4.23	1.55	6.56
	3	0.6x4.2x2.35/2	2.35	7.05	2.03	14.34
	Σ	—	—	19.74	—	29.35
Total	4+5	0.8x2.93x2.35	2.35	8.23	1.75	14.39
	6	0.2x0.5x1.8	1.80	0.43	3.10	1.34
	7	5.41x1.43x1.8/2	1.80	9.33	0.47	4.35
	V_A	15.15x0.59	1.80	13.01	0.47	6.07
	H_A	15.15x0.81	1.80	21.39	2.33	49.92
	Σ	—	—	50.74	—	105.43
B-B	V_B	11x0.59	1.80	9.73	0.40	3.89
	H_B	11x0.81	1.80	16.00	2.00	32.01
	7	4.61x1.2x1.8/2	1.80	6.91	0.40	2.77
	Σ	—	—	36.39	—	68.02
C-C	5	0.8x0.5x2.35	2.35	1.88	0.40	0.75
	6	0.2x0.5x1.8	1.80	0.43	0.40	0.17
	8	0.5x14.08x1.0/2	1.0	7.85	0.27	2.09

斷面	編號	計算式	單位重	力	力臂	力矩
C-C	9	0.5x15.05x1.0/2	1.0	9.06	0.53	4.83
	Σ	—	—	-14.59		-6.00

(3) 檢討

　①A-A斷面

　　A. 傾覆安全檢討

　　　設合力作用點至牆趾A點之距離為

$$z_A = \frac{\Sigma M_A}{\Sigma V_A} = \frac{105.43}{50.74} = 2.08 \text{ m}$$

$$z_A = 2.08 \text{ m}$$

$$e_A = \left| z_A - \frac{B}{2} \right| < \frac{B}{6}$$

$$= \left| 2.08 - \frac{3.5}{2} \right| = 0.33 < \frac{3.5}{6} = 0.58 \text{ OK}$$

　　B. 滑動安全檢討

　　　滑動安全係數

$$FS_s = \frac{\Sigma V_A \tan\phi + P'}{\Sigma H_A} = \frac{50.74 \tan 30° + 5.92}{21.39} = 1.94 > 1.5 \text{ OK}$$

　　　或

$$FS_s = \frac{\Sigma V_A \tan\phi}{\Sigma H_A} = \frac{50.74 \tan 30°}{21.39} = 1.66 > 1.5 \text{ OK}$$

　　C. 牆底垂直應力

$$\delta_1 = \frac{\Sigma V_A}{B}\left(1 + \frac{6e_A}{B}\right) = \frac{50.74}{3.5}\left(1 + \frac{6 \times 0.33}{3.5}\right) = 22.65 < 25 \text{ OK}$$

$$\delta_2 = \frac{\Sigma V_A}{B}\left(1 - \frac{6e_A}{B}\right) = \frac{50.74}{3.5}\left(1 - \frac{6 \times 0.33}{3.5}\right) = 6.35 < 25 \text{ OK}$$

　②B-B斷面

　　設合力作用點至牆趾A點之距離為

$$z_B = \frac{\sum M_B}{\sum V_B} = \frac{68.02}{36.39} = 1.87 \text{ m}$$

$$z_B = 1.87 \text{ m}$$

$$e_B = \left| z_B - c_p - \frac{B_B}{2} \right| < \frac{B_B}{4}$$

$$= \left| 1.87 - 0.2 - \frac{2.5}{2} \right| = 0.42 < \frac{2.5}{4} = 0.63 \text{ OK}$$

牆底垂直應力

$$\delta_1 = \frac{\sum V_B}{B_B} \left(1 + \frac{6e_B}{B_B} \right) = \frac{36.39}{2.5} \left(1 + \frac{6 \times 0.42}{2.5} \right) = 29.2 > 0 \text{ OK}$$

$$\delta_2 = \frac{\sum V_B}{B_B} \left(1 - \frac{6e_B}{B_B} \right) = \frac{36.39}{2.5} \left(1 - \frac{6 \times 0.42}{2.5} \right) = -0.09 < 0 \text{ NE}$$

出現張力，故需以鋼筋補強，所需鋼筋量（保護層厚度為0.1m）

$$d = B_B - 0.1 = 2.5 - 0.1 = 2.4 \text{ m}$$

$$A_s = \frac{M_{HB}}{f_s jd} = \frac{(32.01 + 2.77)}{1.4 \times 0.87 \times 2.4} = 11.89 \text{ cm}^2$$

因此，使用3根 #8 鋼筋 @30cm

③C-C斷面

$$f = \frac{My}{I} = \frac{M \dfrac{d}{2}}{\dfrac{bd^3}{12}} = \frac{6M}{bd^2}$$

$$f = \frac{6M}{bd^2} = \frac{6 \cdot 6}{1 \cdot 1^2}$$

$$= 36 \text{ t/m}^2 = 3.6 \text{ kg/cm}^2 < 0.03 f_c = 0.03 \cdot 140 = 4.2 \text{ kg/cm}^2$$

防砂壩設計例

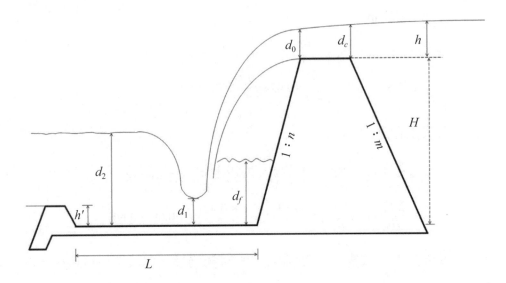

設計一防砂壩（含靜水池和尾檻等設施），高度8公尺，設計洪水量Q = 45 cms。

檢討四種受力情況：

一、未淤滿發生最大流量。

二、已淤滿發生最大流量。

三、未淤滿發生地震，普通流量。

四、已淤滿發生地震，普通流量。

1. 水之單位重：淨水 = 1.0 t/m³；濁水 = 1.1 t/m³。

2. 混凝土單位重：2.35 t/m³，f_c' = 140 kg/cm²。

3. 乾砂單位重（孔隙率以35%計）：2.6x(1 − 0.35) = 1.69 t/m³。

4. 砂礫在水中單位重：1.69 − (1 − 0.35)x1 = 1.04 t/m³。

5. 砂礫飽和水分時單位重（孔隙率以35%計）：1.69 + 0.35x1 = 2.04 t/m³。

6. 5：7塊石混凝土單位重：0.3x2.6 + 0.7x2.3 = 2.39 t/m³。

7. 壩基摩擦係數（混凝土與砂礫層）：0.55。

8. 浮力係數：0.5。

9. 淤積砂礫內摩擦角：30°。

10. 水平地震加速度：0.12g。

11. 混凝土容許抗壓強度：400 t/m² 。

12. 砂礫層容許承載力：40～50 t/m² 。

水理計算

1. 由地形圖查得

漫地流長度（m）	150
上游高程（m）	605
下游高程（m）	185
河道長度（m）	1,500
流入速度（m/s）	0.5
流下速度（m/s）	9.32
流入時間（min）	5
流下時間（min）	2.68
集流時間（min）	7.68

集水面積A = 142.80ha

$t_1 = l / v = 150 / 0.5 = 300 \text{ sec} = 5 \text{ min}$

$W = 20(H/L)^{0.6} = 20(0.42/1.5)^{0.6} = 9.32 \text{ (m/s)}$

$t_2 = L / W = 1500 / 9.32 = 2.68 \text{ min}$

$t_c = t_1 + t_2 = 5 + 2.68 = 7.68 \text{ min}$

2. 採用50年一次暴雨強度（花蓮）

A	B	C	G	H	P	I_{60}^{25}	$I_{7.7}^{50}$
18.9672	55	0.6241	0.5951	0.2813	2044	88.38	135.93

3. 用合理化公式計算洪水量（逕流係數採$C = 0.85$）

$$O_p = \frac{1}{360} CIA = \frac{1}{360} 0.85 \times 135.93 \times 142.80 = 45.83 \text{ cms}$$

4. 溢流口斷面

$$Q = \frac{2}{15} Ch\sqrt{2gh}(3B_o + 2B_u)$$

$$Q = \frac{2}{15} C\sqrt{2g}(2B_o + 4zh)h^{1.5}$$

Q：排洪量（cms）；B_o：溢洪口底寬（m）；B_u：溢洪口頂寬（m）；h：溢流水深（m）；C：流量係數，採0.6；z：溢洪口邊坡斜率（1：z）；g：重力加速度，採9.81m/s^2。

採1：0.5梯形溢流口

$$Q = \frac{2}{15} ch\sqrt{2gh}(3B_o + 2B_u) = (1.77B_o + 0.71h)h^{1.5}$$

假設溢口下寬$B_o = 20$m

溢流水深$h = 1.17$m

則

$$Q = (1.77 \times 20 + 0.71 \times 1.17)1.17^{1.5} = 45.89 \text{ cms} > 45.83 \text{ cms}$$

當$Q = 45.83$ cms代入上式試算實際水深

得$h = 1.17$ m

出水高

排洪量（cms）	< 200	200～500	> 500
出水高（m）	0.6	0.8	1.0

採溢口下寬$B_o = 20$m

$$d = h + 出水高 = 1.17 + 0.6 = 1.77 = 1.80 \text{ m}$$

5. 溢流臨界水深

梯形溢口之臨界水深

$$Q = \sqrt{gDA} = \sqrt{\frac{(B_u + B_o)gy}{2B_u}} \times \frac{(B_u + B_o)y}{2} = \sqrt{\frac{g(B_u + B_o)^3 y^3}{8B_u}}$$

$$= \left(0.5 + \frac{0.5}{1+2md_c}\right)^{0.5} (1+md_c)\sqrt{gb}d_c^{1.5}$$

$$\rightarrow 45.83 = \left(0.5 + \frac{0.5}{1+2\times0.025\times d_c}\right)^{0.5} (1+0.025\times d_c)\sqrt{9.81}\times20\times d_c^{1.5}$$

$$\rightarrow d_c = 0.807 \text{ m} = 0.81 \text{ m}$$

其中，$m = z/b$

依Rand, W. 氏之實驗公式求得出口水深

$$d_o = 0.715d_c = 0.715\times0.81 = 0.58 \text{ m}$$

6.尾檻高採用經驗公式

$$h' = \frac{1}{6}(H+h)$$

H：防砂壩有效高度（防砂壩總高度減護坦或水墊厚度）（m）

h：防砂壩溢流水深（m）

防砂壩總高度採8m；水墊厚度採0.6m；

當主壩有效高度$H = 7.4$m

主壩溢流水深$h = 1.16$m

$$h' = \frac{1}{6}(H+h) = \frac{1}{6}(7.4+1.16) = 1.43 \text{ m}$$

採1.4m

7.靜水池長度

採日本矢野義男經驗公式

$$L = k(H+h) - nH$$

式中，係數$k = 1.5 \sim 2.0$，一般採用1.5

主壩下游面斜率$n = 0.3$

$$L = k(H+h) - nH = 1.5(7.4+1.16) - 0.3\times7.4 = 10.62 \text{ m}$$

採10.6m

8. 靜水池水躍前及水躍後之水深

依 Rand, W. 氏之實驗公式

$$\frac{d_1}{H} = 0.54 \left(\frac{d_c}{H}\right)^{1.275}$$

$$\frac{d_2}{d_1} = 3.07 \left(\frac{d_c}{H}\right)^{-0.465}$$

d_2：水躍後水深（m）；d_1：水躍前水深（m）

$$\frac{d_1}{H} = 0.54 \left(\frac{d_c}{H}\right)^{1.275} \rightarrow \frac{d_1}{7.4} = 0.54 \left(\frac{0.81}{7.4}\right)^{1.275} \rightarrow d_1 = 0.24 \text{ m}$$

又

$$\frac{d_2}{d_1} = 3.07 \left(\frac{d_c}{H}\right)^{-0.465} \rightarrow \frac{d_2}{0.24} = 3.07 \left(\frac{0.81}{7.4}\right)^{-0.465} \rightarrow d_2 = 2.04 \text{ m}$$

9. 壅水高度

由 Meore 公式

$$d_f = d_c \sqrt{\left(\frac{d_1}{d_2}\right)^2 + 2\left(\frac{d_c}{d_1}\right) - 3} = 0.81 \sqrt{\left(\frac{0.24}{2.06}\right)^2 + 2\left(\frac{0.81}{0.24}\right) - 3} = 1.58 \text{ m}$$

總結：

$Q = 45.89 \text{ cms} > 45.83 \text{ cms}$

單位：m

H	h	d	B_o	z	d_c	d_o	h'	L	d_1	d_2	d_f
7.4	1.16	1.5	20	0.5	0.81	0.58	1.4	10.6	0.24	2.04	1.58

壩體安定條件

防砂壩設計要求在下列四種受力情況下，均達到安定條件。

1. 安定條件

(1) 傾覆安全檢討：壩底所受合力在三分點內，即壩底不發生張力為原則。

(2) 滑動安全係數：1.1～1.2。

(3) 壩底垂直應力：≦45t/m²。

(4) 壩底內部應力。

2. 受力情況

(1) 未淤滿發生最大流量。

(2) 已淤滿發生最大流量。

(3) 未淤滿發生地震，普通流量。

(4) 已淤滿發生地震，普通流量。

壩體安定檢討

未淤滿發生最大流量

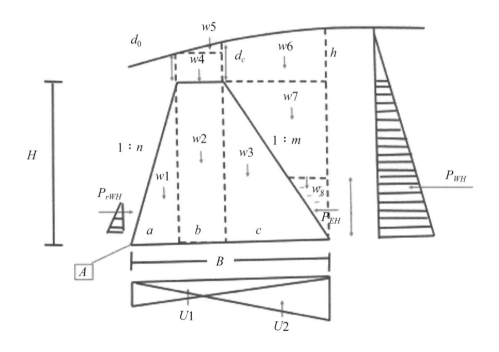

$$P_{EH} = \frac{1}{2} C_s \gamma_s H^2$$

$$C_s = \frac{1 + \sin\theta}{1 - \sin\theta}$$

$$C_s = 0.49$$

項目	單位重	力	力臂	力矩
W1	2.39	22.94	1.60	36.71
W2	2.39	38.24	3.40	130.02
W3	2.39	45.89	6.00	275.33
W4	1.10	1.27	3.40	4.32
W5	1.10	0.25	3.73	0.94
W6	1.10	5.22	6.95	36.26
W7	1.10	21.12	7.60	160.51
W8	1.04	2.50	8.60	21.47
PTWH	1.10	1.37	1.13	1.54
PWH	1.10	45.50	2.97	135.05
PEH	1.04	2.29	2.00	4.59
U1	1.00	5.01	3.07	15.37
U2	1.00	21.09	6.13	129.36
Σ	ΣV	111.33	ΣM	667.09
Σ	ΣH	46.42	—	284.36

(1) 傾覆安全檢討

設合力作用點至壩址A點之距離為x

$$x = \frac{\Sigma M}{\Sigma V} = \frac{(667.09 - 284.36)}{111.33} = 3.44$$

$x = 3.44$m

$$\frac{2}{3} \times 9.2 = 6.13 > 3.44 > \frac{1}{3} \times 9.2 = 3.07 \text{ OK}$$

傾覆安全係數

$$FS_o = \frac{667.09}{284.36} = 2.35 \text{ OK}$$

(2) 滑動安全檢討

壩底之摩擦力

$$f = 111.33 \times 0.55 = 61.23$$

$$FS_s = \frac{61.23}{46.42} = 1.32 > 1.1 \text{ OK}$$

(3) 壩底垂直應力：

$$e = \frac{9.2}{2} - 3.44 = 1.16$$

$$\delta_1 = \frac{\Sigma V}{B}\left(1 + \frac{6e}{B}\right) = \frac{111.33}{9.2}\left(1 + \frac{6 \times 1.16}{9.2}\right) = 21.27$$

$$\delta_2 = \frac{\Sigma V}{B}\left(1 - \frac{6e}{B}\right) = \frac{111.33}{9.2}\left(1 - \frac{6 \times 1.16}{9.2}\right) = 2.93$$

$$45 > \delta_1 = 21.27 > 0 \text{ OK}$$

$$45 > \delta_2 = 2.93 > 0 \text{ OK}$$

2. 未淤滿發生地震，普通流量

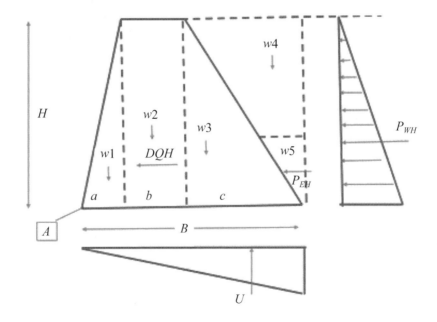

(1) 壩體因地震所產生之水平慣力

當 $\alpha = 0.12$

$$D_{QH} = \alpha \Sigma W = 0.12 \times (W_1 + W_2 + W_3)$$
$$= 0.12 \times (36.71 + 130.02 + 275.33) = 12.85$$

(2) 地震外加水壓力

一般防砂壩均設有排水孔，普通流量時，滿水機會不多，故地震外加水壓可以不計。

項目	單位重	力	力臂	力矩
W1	2.39	22.94	1.60	36.71
W2	2.39	38.24	3.40	130.02
W3	2.39	45.89	6.00	275.33
W7	1.10	21.12	7.60	160.51
W8	1.04	2.50	8.60	21.47
PWH	1.10	35.20	2.97	104.49
PEH	1.04	2.29	2.00	4.59
U	1.00	18.40	6.13	112.85
DQH	—	12.85	3.14	40.38
Σ	ΣV	112.29	ΣM	624.03
Σ	ΣH	50.34	—	262.31

(1) 傾覆安全檢討

設合力作用點至壩址A點之距離為 x

$$x = \frac{\Sigma M}{\Sigma V} = \frac{(624.03 - 262.31)}{112.29} = 3.22$$

$x = 3.22\text{m}$

$$\frac{2}{3} \times 9.2 = 6.13 > 3.22 > \frac{1}{3} \times 9.2 = 3.07 \text{ OK}$$

傾覆安全係數

$$FS_o = \frac{624.03}{262.31} = 2.38 \text{ OK}$$

(2) 滑動安全檢討

壩底之摩擦力

$$f = 112.29 \times 0.55 = 61.76$$

$$FS_s = \frac{61.76}{50.34} = 1.23 > 1.1 \ OK$$

(3) 壩底垂直應力

$$e = \frac{9.2}{3} - 3.22 = 1.38$$

$$\delta_1 = \frac{\Sigma V}{B}\left(1 + \frac{6e}{B}\right) = \frac{112.29}{9.2}\left(1 + \frac{6 \times 1.38}{9.2}\right) = 23.18$$

$$\delta_2 = \frac{\Sigma V}{B}\left(1 - \frac{6e}{B}\right) = \frac{112.29}{9.2}\left(1 - \frac{6 \times 1.38}{9.2}\right) = 1.23$$

$$45 > \delta_1 = 23.18 > 0 \ OK$$

$$45 > \delta_2 = 1.23 > 0 \ OK$$

3. 已淤滿發生最大流量

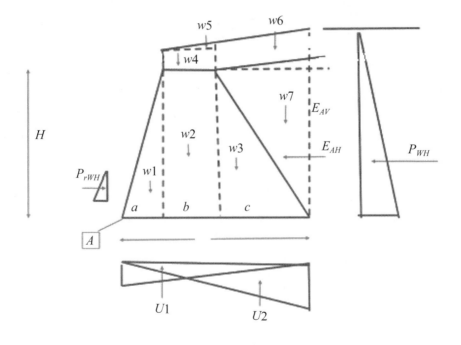

壩後淤積砂礫主動土壓力計算

$$h'' = c \times \tan\beta = 4.8 \times \tan 3° = 0.17$$

壩後淤高：8.17

由Rankine公式求主動土壓力係數

$$C_a = \cos\beta \times \frac{\cos\beta - \sqrt{\cos^2\beta - \cos^2\phi}}{\cos\beta + \sqrt{\cos^2\beta - \cos^2\phi}}$$

式中，壩後淤砂所形成之水平角$\beta = 2°$（視河床坡度而定）

壩後淤砂之內摩擦角$\phi = 30°$

$$C_a = \cos 3° \times \frac{\cos 3° - \sqrt{\cos^2 3° - \cos^2 35°}}{\cos 3° + \sqrt{\cos^2 3° - \cos^2 35°}} = 0.49$$

$$E_A = \frac{1}{2} C_a \gamma_s H^2 = \frac{1}{2} \times 0.49 \times 1.04 \times (8 + 4.8 \times \tan 3°)^2 = 17.06$$

$$E_{AH} = E_A \cos\beta = 17.06 \times \cos 3° = 17.05 \text{ t/m}$$

$$E_{AV} = E_A \sin\beta = 17.06 \times \sin 3° = 0.60 \text{ t/m}$$

項目	單位重	力	力臂	力矩
W1	2.39	22.94	1.60	36.71
W2	2.39	38.24	3.40	130.02
W3	2.39	45.89	6.00	275.33
W4	1.10	1.27	3.40	4.32
W5	1.10	0.25	3.73	0.94
W6	1.10	5.22	6.80	35.49
W7	2.04	39.99	7.60	303.91
EAV	—	0.60	9.20	5.48
EAH	—	17.05	2.72	46.41
PTWH	1.10	1.37	1.13	1.54
PWH	1.00	42.91	2.97	127.38
U1	1.00	5.01	3.07	15.37
U2	1.00	21.48	6.13	131.72
Σ	ΣV	127.91	ΣM	793.74
Σ	ΣH	58.59	—	320.88

(1) 傾覆安全檢討

設合力作用點至壩址A點之距離為x

$$x = \frac{\Sigma M}{\Sigma V} = \frac{(793.74 - 320.88)}{127.91} = 3.70$$

$$x = 3.70\text{m}$$

$$\frac{2}{3} \times 9.2 = 6.13 > 3.70 > \frac{1}{3} \times 9.2 = 3.07 \text{ OK}$$

傾覆安全係數

$$FS_o = \frac{793.74}{320.88} = 2.47 \text{ OK}$$

(2) 滑動安全檢討

壩底之摩擦力

$$f = 127.91 \times 0.55 = 70.35$$

$$FS_s = \frac{70.35}{58.59} = 1.20 > 1.1 \text{ OK}$$

(3) 壩底垂直應力

$$e = \frac{9.2}{2} - 3.70 = 0.90$$

$$\delta_1 = \frac{\Sigma V}{B}\left(1 + \frac{6e}{B}\right) = \frac{127.91}{9.2}\left(1 + \frac{6 \times 0.90}{9.2}\right) = 22.09$$

$$\delta_2 = \frac{\Sigma V}{B}\left(1 - \frac{6e}{B}\right) = \frac{127.91}{9.2}\left(1 - \frac{6 \times 0.90}{9.2}\right) = 5.71$$

$$45 > \delta_1 = 22.09 > 0 \text{ OK}$$

$$45 > \delta_2 = 5.71 > 0 \text{ OK}$$

4. 已淤滿發生地震，普通流量

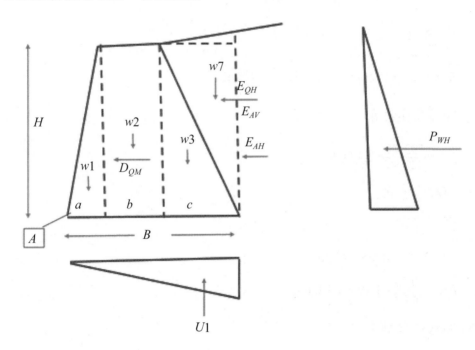

(1) 地震所產生之土壓力

由美國TVA工程局公式求之

$$P_{EH} = \frac{1}{2}\left[\frac{\cos(\phi-\theta)}{1+n}\right]^2 \frac{\cos\delta}{\cos(\delta+\theta)\cos\theta}\gamma_s H^2$$

式中，

$$n = \sqrt{\frac{\sin(\phi+\delta)\sin(\phi-\theta)}{\cos(\phi+\theta)}} = \sqrt{\frac{\sin(20°+10°)\sin(20°-6°50')}{\cos(20°+6°50')}} = 0.36$$

壩後淤砂高 $H = 8.17$m

$$\delta = \frac{1}{2}\phi = \frac{1}{2}\times 20° = 10°$$

$$\theta = \tan^{-1}\frac{0.12g}{g} = \tan^{-1}(0.12) = 6°50'$$

$$P_{EH} = \frac{1}{2}\left[\frac{\cos(\phi-\theta)}{1+n}\right]^2 \frac{\cos\delta}{\cos(\delta+\theta)\cos\theta}\gamma_s H^2$$

$$= \frac{1}{2}\left[\frac{\cos(20°-6°50')}{1+0.36}\right]^2 \frac{\cos 10°}{\cos(10°+6°50')\cos 6°50'}1.04\times 8.17^2$$

$$= 18.51$$

所以，因為地震而增加之水平壓力

$$E_{QH} = P_{EH} - E_{AH} = 18.51 - 17.05 = 1.46$$

項目	單位重	力	力臂	力矩
W1	2.39	22.94	1.60	36.71
W2	2.39	38.24	3.40	130.02
W3	2.39	45.89	6.00	275.33
W7	2.04	39.99	7.60	303.91
EAV	—	0.60	9.20	5.48
EAH	—	17.05	2.72	46.41
PWH	1.00	32.00	2.97	94.99
EQH	—	1.46	2.72	3.97
DQH	—	12.85	3.14	40.38
U	1.00	20.24	6.13	124.14
Σ	ΣV	127.42	ΣM	751.45
Σ	ΣH	63.36	—	309.89

(1) 傾覆安全檢討

　　設合力作用點至壩址A點之距離為x

$$x = \frac{\Sigma M}{\Sigma V} = \frac{(751.45 - 309.89)}{127.42} = 3.47$$

$x = 3.47\text{m}$

$\frac{2}{3} \times 9.2 = 6.13 > 3.47 > \frac{1}{3} \times 9.2 = 3.07$ OK

傾覆安全係數

$$FS_o = \frac{751.45}{309.89} = 2.42 \text{ OK}$$

(2) 滑動安全檢討

　　壩底之摩擦力

$$f = 127.42 \times 0.55 = 70.08$$

$$FS_s = \frac{70.08}{63.36} = 1.11 > 1.1 \text{ OK}$$

(3) 壩底垂直應力

$$e = \frac{9.2}{2} - 3.47 = 1.13$$

$$\delta_1 = \frac{\Sigma V}{B}\left(1 + \frac{6e}{B}\right) = \frac{127.42}{9.2}\left(1 + \frac{6 \times 1.13}{9.2}\right) = 24.10$$

$$\delta_2 = \frac{\Sigma V}{B}\left(1 - \frac{6e}{B}\right) = \frac{127.42}{9.2}\left(1 - \frac{6 \times 1.13}{9.2}\right) = 3.60$$

$$45 > \delta_1 = 24.10 > 0 \text{ OK}$$

$$45 > \delta_2 = 3.60 > 0 \text{ OK}$$

附錄二　相關表格

附表2-1　漫地流公式

公式名稱	t_c（min）
Kirpich公式（1940）	$$t_c = 0.0078L^{0.77}S^{-0.385}$$ L：從河源到出口之水路長度（ft） S：流域平均坡度
加州公路局公式（1942） 道路暗渠排水	$$t_c = 60\left(\frac{11.9L^3}{H}\right)^{0.385}$$ L：水路最長之長度（哩） H：水路上游分水嶺與出口之高程差（ft）
Izzard 公式（1946）	$$t_c = \frac{41.025(0.0007I+c)L^{0.33}}{S^{1/3}I^{2/3}}$$ I：降雨強度（in/hr） c：遲延係數 L：漫地流長度（ft） S：地面坡度
聯邦航空管理部門（1970）	$$t_c = 1.8(1.1-C)L^{0.5}S^{-1/3}$$ C：合理化公式之逕流係數 L：漫地流長度（ft） S：地表坡度（%）
運動波公式Morgali與Linsley（1965） Aron與Erborge（1973）	$$t_c = \frac{0.94L^{0.6}n^{0.6}}{I^{0.4}S^{0.3}}$$ L：漫地流長度（ft） n：曼寧粗糙係數 I：降雨強度（in/hr） S：平均漫地流坡度
SCS稽延公式（1973）	$$t_c = \frac{100L^{0.8}\left(\frac{1000}{CN}-9\right)^{0.7}}{1900S^{0.5}}$$ L：集水區水力長度（最長流路）（ft） CN：SCS逕流曲線號碼 S：集水區平均坡度（%）

續附表2-1

公式名稱	t_c（min）
SCS平均流速圖（1975, 1986）	$$t_c = \frac{1}{60} \Sigma \frac{L}{V}$$ L：流路長（ft） V：不同表面之平均流速（ft/s）

摘自：美國地球物理學會，Kibler，1982。

附表2-2　漫地流速度常數k（SCS, 1986）

地表覆蓋		k（m/s）
森林	茂密矮樹叢	0.21
	稀疏矮樹叢	0.43
	大量枯枝落葉	0.76
草叢	百慕達草	0.30
	茂密草叢	0.46
	矮短草叢	0.64
放牧地	—	0.40
農耕地	有殘株	0.37
	無殘株	0.67
農地	休耕地	1.37
	等高耕作地	1.40
	直行耕作地	2.77
道路鋪面	—	6.22

附表2-3　渠道流公式

公式名稱	V（m/s）
曼寧公式	$V = \dfrac{1}{n} R^{2/3} S^{1/2}$
加州公路局公式	$V = \dfrac{0.855 H^{0.385}}{L^{0.155}}$
Rziha公式	$V = 20 \left(\dfrac{H}{L}\right)^{0.6}$

附表2-4　集流時間和單位降雨延時關係表

集流時間	$t_r \leqq 0.133\,t_c$	採用值（min）
$t_c \geq 6.0$hr	> 48 min	60
$5.0 \leq t_c < 6.0$hr	$40 \leq t_r < 48$ min	50
$4.0 \leq t_c < 5.0$hr	$32 \leq t_r < 40$ min	40
$3.0 \leq t_c < 4.0$hr	$24 \leq t_r < 32$ min	30
$2.0 \leq t_c < 3.0$hr	$16 \leq t_r < 24$ min	20
$1.0 \leq t_c < 2.0$hr	$8 \leq t_r < 16$ min	10
$t_c < 1.0$hr	$t_r < 8$ min	5

附表2-5　逕流係數

集水區狀況	陡峻山地	山嶺區	丘陵地或森林地	平坦耕地	非農業使用
無開發整地區	0.75～0.90	0.70～0.80	0.50～0.75	0.45～0.60	0.75～0.95
開發整地區	0.95	0.90	0.90	0.85	0.95～1.00

附表2-6　臺灣土壤性質分類表

分類代碼	表土質地分類	SCS分類
0	粗砂土、砂土	A
1	細砂土、壤質砂土、壤質粗砂土	
2	壤質細砂土、粗砂質壤土、砂質壤土、細砂質壤土	
3	極細砂土、壤質極細砂土、極細砂質壤土	B
4	坋質壤土、坋土	
5	壤土	B
6	砂質黏壤土	
7	黏質壤土、坋質黏壤土	C
8	坋質壤土、砂質黏土	
9	黏土	

附表2-7　SCS曲線號碼表

SCS分類	土地利用情形	土壤分類		
		A	B	C
耕地				
1	無保護措施	72	81	88
2	有保護措施	62	78	78
牧草地或放牧地				
3	不良情況	68	79	86
4	良好情況	39	61	74
5	草地：良好情況	30	58	71
森林				
6	稀疏、覆蓋少、無覆蓋物	45	66	77
7	良好覆蓋	25	55	70
空地、林間空地、公園、高爾夫球場、墓地等				
8	良好情況：草地覆蓋面積超過75%	39	61	74
9	稍好情況：草地覆蓋面積50～75%	49	69	79
10	商業區（85%面積不透水）	89	92	94
11	工業區（72%面積不透水）	81	88	91
住宅				
12	≦1/8 英畝（65%）	77	85	90
13	1/4 英畝（38%）	61	75	83
14	1/3 英畝（30%）	57	72	81
15	1/2 英畝（25%）	54	70	80
16	1 英畝（20%）	51	68	79
17	鋪石（混凝土或柏油）、停車場、屋頂、道路等	98	98	98
18	街道	98	98	98
19	鋪石（混凝土或柏油）道路及雨水下水道	76	85	89
20	碎石道路及泥土道路	72	82	87
21	水體	98	98	98

附表2-8　國土利用現況對應土地利用型態SCS分類表

國土利用分類						SCS分類
第 I 類		第 II 類		第 III 類		
類別	代碼	類別	代碼	類別	代碼	
農業使用土地	01	農作	0101	稻作	010101	2
			0102	旱作	010102	1
			0103	果樹	010103	2
			0104	廢耕地	010104	1
		水產養殖	0102	水產養殖	010200	21
		畜牧	0103	畜禽舍	010301	9
				牧場	010302	4
		農業附屬設施	0104	溫室	010401	9
				倉儲設施	010402	9
				農產品展售場	010403	9
				其他設施	010404	9
森林使用土地	02	天然林	0201	天然針葉樹純林	020101	7
				天然闊葉樹純林	020102	7
				天然竹林	020103	7
				天然竹針闊葉混淆林	020104	7
		人工林	0202	人工針葉樹純林	020201	7
				人工闊葉樹純林	020202	7
				人工竹林	020203	7
				人工竹針闊葉混淆林	020204	7
		其他森林使用地	0203	伐木跡地	020301	6
				苗圃	020302	6
				防火線	020303	6
				土場	020304	6
交通使用土地	03	機場	0301	機場	030100	17
		鐵路	0302	一般鐵路	030201	19
				高速鐵路	030202	19
				鐵路相關設施	030203	18

續附表2-8

國土利用分類						SCS分類
第Ⅰ類		第Ⅱ類		第Ⅲ類		
類別	代碼	類別	代碼	類別	代碼	
交通使用土地	03	道路	0303	國道	030301	18
				省道、快速道路	030302	18
				一般道路	030303	18
				道路相關設施	030304	18
		港口	0304	商港	030401	21
				漁港	030402	21
				專用港	030403	21
				其他港口相關設施	030404	21
水利使用土地	04	河道	0401	河川	040101	21
				減河（疏洪道）	040102	21
				運河	040103	21
				堤防	040104	18
		溝渠	0402	溝渠	040200	18
		蓄水池	0403	水庫	040301	21
				湖泊	040302	21
				其他蓄水池	040303	21
				人工湖	040304	21
		水道沙洲灘地	0404	水道沙洲灘地	040400	21
		水利構造物	0405	水閘門	040501	17
				抽水站	040502	17
				水庫堰壩	040503	17
				地下抽水井	040504	17
				其他設施	040505	17
		防汛道路	0406	防汛道路	040600	18
		海面	0407	海面	040700	21
建築使用土地	05	商業	0501	零售批發	050101	10
				服務業	050102	10

續附表2-8

國土利用分類						SCS分類
第 I 類		第 II 類		第 III 類		
類別	代碼	類別	代碼	類別	代碼	
建築使用土地	05	住宅	0502	純住宅	050201	12
				兼工業使用住宅	050202	12
				兼商業使用住宅	050203	12
				兼其他使用住宅	050204	12
		工業	0503	製造業	050301	11
				倉儲	050302	11
		其他建築用地	0504	宗教	050401	9
				殯葬設施	050402	9
				興建中	050403	9
				其他	050404	9
公共設施使用土地	06	政府機關	0601	政府機關	060100	10
		學校	0602	幼稚園	060201	9
				小學	060202	9
				中學	060203	9
				大專院校	060204	9
				特種學校	060205	9
		醫療保健	0603	醫療保健	060300	9
		社會福利建設	0604	社會福利設施	060400	10
		公用設備	0605	氣象	060501	11
				電力	060502	11
				瓦斯	060503	11
				自來水	060504	11
				加油站	060505	11
		環保設施	0606	環保設施	060600	11
遊憩使用土地	07	文化設施	0701	法定文化資產	070101	9
				一般文化資產	070102	9
				其他文化設施	070103	9

續附表2-8

國土利用分類						SCS分類
第Ⅰ類		第Ⅱ類		第Ⅲ類		
類別	代碼	類別	代碼	類別	代碼	
遊憩使用土地	07	休閒設施	0702	公園綠地廣場	070201	9
				遊樂場所	070202	9
				體育場所	070203	9
礦鹽使用土地	08	礦業	0801	礦場	080101	9
				礦業相關設施	080102	9
		土石	0802	土石採取場	080201	19
				土石相關設施	080202	17
		鹽業	0803	鹽田	080301	9
				鹽業相關設施	080302	9
其他使用土地	09	軍事用地	0901	軍事用地	090100	9
		溼地	0902	溼地	090200	21
		草生地	0903	草生地	090300	5
		裸露地	0904	溝地	090401	1
				崩塌地	090402	1
				礁岩	090403	1
				裸露空地	090404	3
		灌木荒地	0905	灌木荒地	090500	4
		災害地	0906	災害地	090600	9
		營建剩餘土石方	0907	營建剩餘土石方	090700	9
		空置地	0908	未使用地	090801	9
				人工改變中土地	090802	9
				測量標	090803	17

附表2-9　水產養殖及蓄水池、光電設施曲線號碼表

土地利用型態	曲線號碼CN
水產養殖及蓄水池	55
光電設施	98

附錄三　各雨量站無因次降雨強度公式係數表

附表3-1　離島各雨量站無因次降雨強度公式A、B、C、G、H係數表

測站	站號	A	B	C	G	H
彭佳嶼	—	41.24459	55	0.76884	0.45652	0.37764
澎湖	—	67.43539	55	0.87459	0.43048	0.39567
蘭嶼	—	23.88976	55	0.65632	0.54268	0.31782
東吉島	—	46.77038	55	0.82291	0.45675	0.37746

附表3-2　北部地區各雨量站無因次降雨強度公式A、B、C、G、H係數和年平均雨量表

測站	站號	A	B	C	G	H	年平均雨量 (mm)
基隆	012001	22.32395	55	0.65509	0.55394	0.30996	3,301.3
鞍部	030005	9.85432	55	0.50718	0.55906	0.30647	4,459.3
福山(2)	030037	13.88876	55	0.53952	0.52893	0.32755	2,976.9
孝義(1)	030038	17.95987	55	0.59706	0.63588	0.25322	3,558.8
龜山	030042	29.73367	55	0.70359	0.66837	0.23070	3,234.9
乾溝(1)	030050	21.54449	55	0.63497	0.60264	0.27630	2,841.6
粗坑	030055	45.61652	55	0.81544	0.59061	0.28463	2,757.6
臺北	030065	36.86933	55	0.75934	0.53313	0.32442	2,126.2
火燒寮	030069	18.66015	55	0.59330	0.58439	0.28887	5,547.5
竹子湖	030080	10.17801	55	0.49434	0.54251	0.31795	4,761.3
淡水	030083	24.62938	55	0.68187	0.53402	0.32378	2,011.6
桶後	030121	19.02911	55	0.59839	0.62949	0.25762	3,845.8
南山	100002	13.45068	55	0.55261	0.49857	0.34850	2,195.4
梵梵(2)	100012	10.79076	55	0.48751	0.48099	0.36078	3,016.5
圓山進水口	100013	12.88224	55	0.54525	0.54395	0.31716	3,297.0
天埤	100018	10.03551	55	0.47346	0.54376	0.31728	3,362.3
宜蘭	100026	18.93080	55	0.61162	0.50141	0.34648	2,729.0
新寮	120003	11.19436	55	0.49043	0.49507	0.35098	4,192.2
冬山	120004	17.08174	55	0.58006	0.50703	0.34265	3,594.2

續附表3-2

測站	站號	A	B	C	G	H	年平均雨量（mm）
新竹	130012	28.51528	55	0.69696	0.52670	0.32891	1,763.5
大元山	180001	12.59072	55	0.52193	0.48741	0.35694	4,968.0
山腳	180002	7.61074	55	0.41063	0.59074	0.28460	5,552.0
新北城	—	23.15892	55	0.66036	0.52986	0.32677	—

附表3-3　中部地區各雨量站無因次降雨強度公式A、B、C、G、H係數和年平均雨量表

測站	站號	A	B	C	G	H	年平均雨量（mm）
環山	250002	8.91790	55	0.49562	0.51791	0.33524	2,172.5
梨山(2)	250004	19.83246	55	0.60886	0.57620	0.29462	2,196.9
達見(3)	250006	15.04943	55	0.55921	0.54762	0.31450	2,462.6
青山(3)	250007	14.59370	55	0.55016	0.50476	0.34432	2,628.2
谷關	250009	13.81604	55	0.52045	0.53656	0.32227	2,624.4
八仙新山	250011	13.85284	55	0.52709	0.56451	0.30264	2,674.5
天輪	250017	14.70180	55	0.54040	0.48611	0.35743	2,429.9
新伯公	250020	21.47802	55	0.63991	0.58446	0.28719	2,315.6
大南	250022	13.44786	55	0.53240	0.63553	0.25352	2,286.6
思源(2)	250040	13.70636	55	0.52242	0.50235	0.35694	2,263.0
佳陽山	250061	16.88423	55	0.56236	0.52085	0.33315	2,575.4
臺中	270042	25.20544	55	0.67379	0.46230	0.37368	1,728.8
靜觀	290005	15.31955	55	0.56622	0.57215	0.29750	2,157.2
天池(2)	290006	13.68458	55	0.49276	0.59452	0.28188	4,341.4
雲海(2)	290007	10.10490	55	0.46724	0.53649	0.32233	3,160.6
廬山	290010	20.08373	55	0.61455	0.60699	0.27333	2,307.1
萬大	290014	29.11286	55	0.68070	0.49629	0.35024	2,161.5
奧萬大	290017	26.25378	55	0.65873	0.56938	0.29899	2,323.3
武界	290019	24.40627	55	0.64431	0.57024	0.29887	2,449.5
青雲(2)	290026	26.87536	55	0.68801	0.58218	0.29056	1,831.1
玉山	290029	10.79076	55	0.46930	0.62179	0.26279	2,743.8

續附表3-3

測站	站號	A	B	C	G	H	年平均雨量（mm）
水社	290039	25.87844	55	0.67626	0.50850	0.34177	2,064.5
日月潭	290040	20.55841	55	0.61944	0.52178	0.33239	2,310.5
大觀	290042	16.18605	55	0.53997	0.45655	0.37798	4,581.2
鉅工	290043	28.43697	55	0.66529	0.56718	0.30092	2,163.8
集集	290046	26.60795	55	0.69219	0.58603	0.28783	2,366.0
阿里山	290055	13.21153	55	0.50597	0.56849	0.29988	4,106.4
平岩山	290060	11.52628	55	0.49536	0.49837	0.34881	2,101.3
龍神橋	290075	26.36823	55	0.68796	0.62293	0.26216	1,957.0
西螺(2)	290080	63.94031	55	0.85671	0.60374	0.27543	1,356.7
立鷹	290082	29.57058	55	0.65106	0.53562	0.32280	2,633.2
高峰	290084	26.09516	55	0.63310	0.53546	0.32298	1,953.1
望鄉	290087	14.05812	55	0.54659	0.53095	0.32608	2,427.0
西巒	290088	16.01029	55	0.57247	0.52234	0.33205	2,359.6
褒忠(2)	313048	34.03808	55	0.74349	0.52951	0.32707	1,096.0
林內	330001	34.31148	55	0.75384	0.63367	0.25470	2,039.2
北港(2)	330055	42.69279	55	0.78103	0.57643	0.29443	1,328.4
大埔	330061	35.34334	55	0.73459	0.60982	0.27126	2,391.7
溪口(3)	330063	43.54566	55	0.78545	0.53373	0.32412	1,392.2
中坑(3)	330068	30.48668	55	0.72606	0.60916	0.27171	1,947.7

附表3-4　南部地區各雨量站無因次降雨強度公式A、B、C、G、H係數和年平均雨量表

測站	站號	A	B	C	G	H	年平均雨量（mm）
樟腦寮(2)	350042	16.49158	55	0.59612	0.59594	0.28094	3,021.5
大湖山	370002	27.00170	55	0.67889	0.57420	0.29601	3,290.2
關子嶺	390043	30.16885	55	0.70997	0.62637	0.25975	2,776.0
六溪	390047	41.56008	55	0.77689	0.55038	0.31256	2,172.0
達邦	410001	13.29157	55	0.52735	0.54883	0.31359	2,711.6
照興(2)	410007	20.68110	55	0.61739	0.60212	0.27605	2,625.5

續附表3-4

測站	站號	A	B	C	G	H	年平均雨量（mm）
臺南	430022	19.71402	55	0.63609	0.53450	0.32352	1,750.9
木柵	450001	37.72111	55	0.74893	0.58880	0.28582	2,230.9
阿蓮(3)	450007	30.15468	55	0.69772	0.57104	0.29818	1,542.9
竹子腳	470015	31.09416	55	0.72237	0.56087	0.30526	1,904.1
高雄	490005	36.15409	55	0.70541	0.46238	0.37358	1,748.7
甲仙(2)	510036	57.71863	55	0.84343	0.55292	0.31066	2,759.8
屏東(5)	510060	3.12358	55	0.64500	0.62328	0.26194	2,137.9
美濃(2)	510081	22.72760	55	0.66283	0.65446	0.24028	2,771.3
新豐	510092	24.20526	55	0.65117	0.61317	0.26892	2,819.6
旗山(4)	510107	23.72620	55	0.66663	0.63202	0.25580	2,262.2
泰武(3)	550001	26.56727	55	0.47048	0.60127	0.27719	5,164.8
恆春	650001	23.27919	55	0.66477	0.56130	0.30485	2,197.8
新大觀	—	7.29807	55	0.38723	0.52092	0.33304	—
新北城	—	23.15892	55	0.66036	0.52986	0.32677	—

附表3-5　東部地區各雨量站無因次降雨強度公式A、B、C、G、H係數和年平均雨量表

測站	站號	A	B	C	G	H	年平均雨量（mm）
達美多	220005	9.15884	55	0.45203	0.43058	0.39072	2,128.2
洛韶	220011	11.86888	55	0.49852	0.44946	0.39863	1,997.0
合歡埡口	220012	14.58524	55	0.55850	0.53196	0.32537	2,397.6
花蓮	246002	18.96718	55	0.62415	0.59511	0.28134	2,044.0
溪口	300015	21.38800	55	0.65809	0.56047	0.30563	2,300.6
水簾	300029	10.35542	55	0.47781	0.45257	0.38066	2,276.3
清水第一	300031	16.81229	55	0.56955	0.43254	0.39454	1,981.0
奇萊(1)	300034	10.47991	55	0.47412	0.48055	0.36120	2,644.3
立山	340024	9.87356	55	0.48335	0.54795	0.31421	2,031.6
臺東	400021	16.89673	55	0.60746	0.57554	0.29495	1,822.0
紅葉	400023	12.55664	55	0.52886	0.60210	0.27659	2,010.0

續附表3-5

測站	站號	A	B	C	G	H	年平均雨量（mm）
鹿鳴橋	400033	10.77254	55	0.46708	0.56754	0.30063	1,926.7
紹家	540003	23.14480	55	0.65250	0.51950	0.33396	2,568.3
大武	546002	17.78650	55	0.59530	0.52993	0.32667	2,471.3
成功	—	17.01372	55	0.60148	0.56717	0.30079	1,767.8
新大觀	—	7.29807	55	0.38723	0.52092	0.33304	—

附表3-6　北部地區各雨量站之年平均雨量表

測站	站號	年平均雨量（mm）	測站	站號	年平均雨量（mm）
富貴角	013001	2,050.3	大竹	057003	1,759.0
三光(1)	030009	2,050.3	埔心	057005	1,765.6
巴陵	030012	2,266.6	平鎮(1)	070002	2,066.7
高義	030015	2,206.2	宋屋(1)	070004	1,869.9
水流東(1)	030018	2,694.7	水尾	070010	1,868.8
石門(2)	030022	2,539.4	觀音(1)	079001	1,664.1
大溪(1)	030024	2,254.7	新坡	079003	1,809.5
缺子	030027	2,157.1	大崙	079006	1,814.6
三峽	030030	2,234.9	礁溪(2)	080002	2,439.9
海山	030034	2,005.0	新屋	090003	1,846.2
新莊	030035	1,868.9	永安	090004	1,661.9
烏來(1)	030041	3,654.2	湖口(1)	091001	1,643.6
四堵	030044	3,454.4	留茂安	100005	2,549.1
坪林(2)	030048	3,153.6	土場(1)	100008	2,692.8
新店(1)	030056	2,489.0	圓山(1)	100016	3,014.3
石碇(1)	030058	3,341.4	三關	100020	2,629.3
鞍部(2)	030081	4,762.7	竹林	130002	2,294.5
雙峻頭	030082	2,273.1	大閣南	130003	2,250.0
嘎拉賀	030088	2,385.4	梅花	130006	2,450.8
暖暖(2)	030095	4,666.6	竹東(1)	130011	2,035.8

續附表3-6

測站	站號	年平均雨量（mm）	測站	站號	年平均雨量（mm）
瑞芳(2)	030105	4,664.0	新竹(3)	130015	1,556.0
桃園(1)	050002	1,882.1	新竹(2)	130016	1,576.6
八德	050004	1,849.8	竹南	150001	1,543.6
竹圍	050006	1,810.8	蘇澳(1)	160001	3,989.4
大園	057002	1,781.4	大濁水	200003	2,403.4

附表3-7　中部地區各雨量站之年平均雨量表(1)

測站	站號	年平均雨量（mm）	測站	站號	年平均雨量（mm）
南庄(1)	170003	2,362.4	山子腳	270054	1,465.0
大南埔	170004	1,868.5	大肚(1)	270057	1,288.2
峨眉	170005	1,928.5	永安(1)	279001	1,148.3
珊珠湖	170006	1,745.8	大城(1)	279003	1,193.0
竹南(2)	170008	1,525.4	竹塘(2)	279009	1,219.6
橫龍山	190002	2,483.9	二林(4)	279012	1,136.4
大湖(1)	190003	2,081.9	后寮	279014	1,069.0
苗栗(2)	190005	1,581.7	路上(2)	279015	1,076.5
新店	190006	2,204.1	溪洲(2)	279017	1,411.2
後龍	190008	1,475.9	溪洲(1)	279018	1,387.8
三義(2)	210002	2,038.9	原斗	279021	1,201.8
苑裡(1)	213001	1,244.0	萬興	279026	1,140.6
象鼻(1)	230005	2,423.4	溪湖(1)	279028	1,280.8
卓蘭(1)	230009	2,004.8	田中(1)	279031	1,535.4
泰安	230010	1,740.6	永靖	279034	1,374.0
日南	230013	1,472.9	員林(1)	279035	1,461.4
磁磘	235002	1,402.5	埔鹽	279037	1,215.4
大甲	235003	1,427.0	打鐵厝	279038	1,169.1
白冷(1)	250018	2,446.2	安東	279040	1,165.0
東勢(1)	250021	2,196.4	彰化(1)	279042	1,400.5
社寮(1)	250023	1,874.6	東埔	290030	2,389.9

續附表3-7

測站	站號	年平均雨量 （mm）	測站	站號	年平均雨量 （mm）
七星	250024	1,535.4	和社	290033	1,607.7
月眉(2)	250028	1,616.0	蓮華池	290041	2,389.9
出雲山	250038	3,024.5	集集(1)	290045	2,366.0
清水(2)	257003	1,256.6	清水溝	290047	2,624.8
惠蓀	270003	2,640.0	溪頭	290048	2,645.1
埔里(1)	270012	2,160.0	二水	290065	2,031.5
埔里(2)	270013	2,449.5	下水埔	290067	1,515.9
同源	270029	1,966.5	鹿場	290071	1,348.4
草屯(1)	270035	1,641.4	西螺(1)	290072	1,366.9
萬斗六	270037	1,642.1	大義	290073	1,293.1
霧峰(1)	270038	1,621.0	桶頭(2)	290079	2,782.6
草湖	270041	1,612.8	湳子	291001	1,283.1
臺中(2)	270043	1,721.0	阿勸(1)	291002	1,100.9
聚興	270047	1,771.4	大有(1)	291005	1,142.3
豐原(1)	270048	1,840.8	豐榮(1)	291006	1,218.9
林厝	270052	1,493.6	過溪	310004	1,447.9
水崛頭	270053	1,508.0	廉使	310005	1,371.3

附表3-8　中部地區各雨量站之年平均雨量表(2)

測站	站號	年平均雨量 （mm）	測站	站號	年平均雨量 （mm）
麥寮(1)	310010	1,192.9	同安	313044	1,138.2
水林(1)	313001	1,381.3	新光	313045	1,193.1
水井	313006	1,353.6	海豐	313051	1,206.5
宜梧(2)	313007	1,252.8	梅林	330004	2,194.3
頂灣	313011	1,249.3	竹圍子(1)	330008	1,659.9
口湖(1)	313013	1,289.4	斗六(2)	330012	1,614.8
土庫(2)	313016	1,455.1	惠來	330013	1,503.6
埤腳	313018	1,357.3	大崙	330014	1,921.2

續附表3-8

測站	站號	年平均雨量 （mm）	測站	站號	年平均雨量 （mm）
元長(1)	313020	1,311.9	古坑(1)	330021	2,187.5
五塊	313021	1,240.4	斗南(1)	330027	1,502.3
飛沙	313026	1,247.2	大埔美(2)	330031	1,817.7
三合	313029	1,395.3	大埤(1)	330035	1,460.5
虎尾	313030	1,260.4	大林(1)	330037	1,551.7
東屯	313033	1,423.3	鹿寮	330043	1,389.5
馬光	313034	1,346.6	客厝	330044	1,394.4
埔姜	313035	1,270.6	內寮	330045	1,337.2
褒忠(1)	313036	1,094.1	民雄(1)	330048	1,579.2
東勢(1)	313037	1,269.4	北港(5)	330053	1,324.9
臺西(1)	313041	1,225.6	鳥松(1)	330058	1,362.8
昌南	313043	1,095.3			

附表3-9 南部地區各雨量站之年平均雨量表(1)

測站	站號	年平均雨量 （mm）	測站	站號	年平均雨量 （mm）
興中	335004	1,491.6	菁寮(1)	370022	1,630.8
月眉	335006	1,522.8	仕安	370027	1,580.7
新港(1)	335008	1,495.8	義竹(2)	370028	1,453.2
大客	335009	1,484.9	義竹(1)	370029	1,506.0
六腳	335013	1,409.0	白河(2)	390002	1,346.7
溪下子(2)	335017	1,370.4	白河(5)	390005	1,994.7
鰲股(1)	335018	1,244.4	安溪	390009	1,730.7
下揖(2)	335019	1,362.1	西口	390011	2,355.5
竹崎(1)	350003	2,478.8	重溪	390016	1,790.9
嘉義(1)	350007	2,048.0	柳營(1)	390022	1,577.0
過溝	350011	1,502.1	歡雅	390033	1,487.5
中島	350014	1,433.2	鹽水(2)	390037	1,542.5
太保(2)	350017	1,256.6	尖山埤	390040	1,720.5

續附表3-9

測站	站號	年平均雨量 （mm）	測站	站號	年平均雨量 （mm）
蒜頭(1)	350019	1,412.3	分歧	391001	1,827.9
蒜頭(2)	350020	1,224.8	隆田(1)	391003	1,745.9
後潭	350021	1,554.7	中營	391008	1,602.6
梅埔	350022	1,526.8	大屯	391011	1,580.0
東勢寮	350025	1,213.3	麻豆 （總爺）	391013	1,746.0
朴子(1)	350026	1,373.2	後營	391017	1,684.1
永和	350029	1,355.6	子龍	391021	1,620.6
鹿草(1)	350030	1,448.3	佳里(2)	391022	1,549.9
馬稠後	350032	1,336.7	樹子腳	391029	1,636.4
松梅	350033	1,475.0	七股	391031	1,550.1
竹村	350034	1,167.1	將軍(1)	391035	1,525.9
下潭(2)	350036	1,360.6	舊田	391039	1,538.3
竹崎(2)	350040	2,967.9	東口	410006	2,685.4
岸內場	357002	1,451.4	楠西	410010	2,479.0
光榮	357006	1,433.6	玉井(2)	410012	2,454.8
樹林	357007	1,421.5	北寮	410014	2,480.3
前東港	357010	1,323.2	二溪	410017	2,055.5
新厝	357011	1,335.6	茄拔(2)	410026	1,794.7
中安	357019	1,386.1	烏山頭	410028	1,991.5
奮起湖	370001	3,763.1	麻豆	410030	1,677.3
頂六(1)	370006	2,097.1	後大埔	410037	2,643.5
中埔(1)	370008	2,978.6	善化	413002	1,737.9
中埔(2)	370009	2,391.2	豐華	413004	1,701.7
嘉義(1)	370013	1,984.1	安南	413013	1,611.3
南靖	370017	1,716.6	安定(1)	413014	1,637.5

附表3-10　南部地區各雨量站之年平均雨量表(2)

測站	站號	年平均雨量（mm）	測站	站號	年平均雨量（mm）
善化(2)	413026	1,619.9	中壇	510042	2,655.2
新市(1)	430003	1,781.3	手巾寮	510044	2,524.8
新化(2)	430009	1,841.0	萊子坑	510045	2,337.7
仁德	450015	1,782.7	旗尾(3)	510047	2,440.3
岡山	470003	1,865.7	旗山(1)	510048	2,423.9
楠梓	479002	1,903.3	彌力肚	510050	2,371.3
鳥松	490001	1,865.9	里港(1)	510055	2,305.1
舊城	490003	1,745.6	屏東(1)	510062	2,369.7
澄清湖	490007	1,189.4	屏東(2)	510065	2,307.7
高樹(1)	510020	2,912.1	東港(1)	530030	1,825.3
月眉(1)	510038	2,711.0	牡丹	630001	3,245.9
月眉(2)	510039	2,694.3			

附表3-11　東部地區各雨量站之年平均雨量表

測站	站號	年平均雨量（mm）	測站	站號	年平均雨量（mm）
溪畔(1)	220003	2,014.7	玉里(3)	340012	2,187.9
北埔	246001	2,036.7	富源(1)	340018	2,565.6
田埔(1)	280003	1,839.9	瑞德穗	340025	1,858.9
大富(1)	300001	2,582.8	新港	368001	2,283.3
大農	300002	2,771.2	霧鹿	400002	1,770.4
萬里	300009	2,281.2	關山(2)	400006	1,981.4
鳳林(1)	300011	2,324.6	瑞豐	400009	2,006.6
平和	300017	1,979.1	鹿野	400011	1,870.5
豐田(2)	300019	2,213.2	岩灣	400018	1,659.9
吳全城(2)	300022	2,009.7	利嘉	420002	1,812.2
銅門	300032	2,015.6	大南(2)	440002	2,417.8
池上(1)	340002	1,916.6	知本(2)	460003	1,718.7
池上(2)	340003	1,857.5	太麻里	480004	2,194.0
富里(1)	340004	2,014.0			

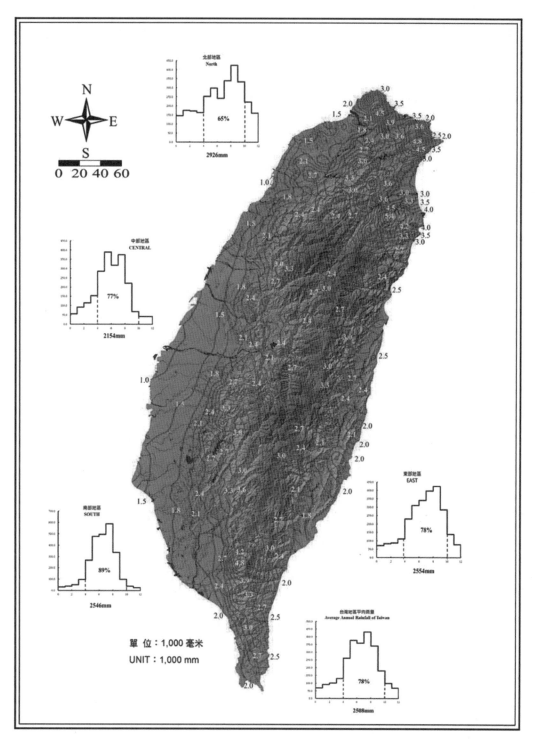

附圖3-1　臺灣地區年平均雨量之等雨量線圖（1949～2018）
資料來源：中華民國107年臺灣水文年報。

附錄四　土壤流失公式

通用土壤流失公式（Universal Soil Loss Equation, USLE）

　　當地表土壤抗蝕力小於如降雨、逕流等沖蝕力時，就會發生土壤流失現象。降雨沖蝕力大小決定於降雨型態及降雨特性；土壤抗蝕力則受土壤物理、化學特性，以及外在坡長、坡度、覆蓋與管理及水土保持處理等因子影響。自1940年開始發展田間土壤流失量估算公式以來，經過Zingg（1940）、Browning（1947）、Musgrave（1947）的努力，Wischmeier, W. H.和Smith, D. D.蒐集美國21州、36個地區，超過7,500個標準試區年和500個集水區年的資料，發展出通用土壤流失公式：

$$A_m = R_m \cdot K_m \cdot L \cdot S \cdot C \cdot P$$

式中，A_m：每公頃之年平均土壤流失量（t/ha-yr）；R_m：年平均降雨沖蝕指數（J-mm/ha-hr-yr）；K_m：土壤沖蝕性指數（t-ha-hr-yr/J-mm-ha-yr）；L：坡長因子；S：坡度因子；C：覆蓋與管理因子；P：水土保持處理因子。

　　求出上述各個參數值後相乘，即可得到每年每公頃之土壤流失量A_m (t)，即$A_m = R_m \cdot K_m \cdot L \cdot S \cdot C \cdot P$。以1.4t/m³可換算成體積單位之土壤流失量。

　　由於通用土壤流失公式，係由標準單位試區（坡長22.13m；坡度9%之均勻坡面）發展而來，該公式中之L、S、C、P等因子均為無因次，係各參數（如坡長）之土壤流量和標準試區土壤流失量之比值。

　　由於土壤流失量大小受到降雨強度、降雨總量等水文因子，土壤結構、性質等土壤物理化學性質，坡長、坡度等地形因子，以及覆蓋、管理和水土保持等外在因子影響，量體估算非常不容易。目前最常採用定值（如30m³/ha）或通用土壤流失公式計算永久沉砂池容量。

　　估算臺灣各地之土壤流失量之步驟如下：

(一) 決定年降雨沖蝕指數Rm值：根據臺灣地區已建立之年降雨沖蝕指數Rm值，直接由表查出，詳見附錄五。

(二) 若估算地點之年降雨沖蝕指數Rm值無法由表中直接查得時，得依據「臺灣等降雨沖蝕指數圖」，採內插法由等降雨沖蝕指數線求得，或得

由估算地點附近三個已知地點之Rm值，以下列公式估算之：

$$Rm = \frac{\sum_{i=1}^{3} \dfrac{Rm_i}{L_i^{\,2}}}{\sum_{i=1}^{3} \dfrac{1}{L_i^{\,2}}} = \frac{Rm_1/L_1^{\,2} + Rm_2/L_2^{\,2} + Rm_3/L_3^{\,2}}{1/L_1^{\,2} + 1/L_2^{\,2} + 1/L_3^{\,2}}$$

式中，Rm：估算地點之年降雨沖蝕指數；Rm_i：已知地點之年降雨沖蝕指數；L_i：已知地點至估算地點之直線距離。

(三) 決定土壤沖蝕指數Km參數：應根據臺灣各地區已建立之土壤沖蝕指數Km值，直接由表查出，詳見附錄六。

(四) 倘若估算地點的Km值不在表中或估算地點因施工之故，須進行表土夯實而影響表土滲透性時，得根據土壤調查與分析結果，分別求出下列a、b、c、d、e等五個參數。

a：有機質含量百分比（％）。

b：土壤結構參數，參數值之判定如下表。

土壤結構參數表

參數值	土壤結構	土粒大小
1	極細顆粒狀	未滿1公釐
2	細顆粒狀	1～2公釐
3	中或粗顆粒狀	超過2～10公釐
4	塊狀、片狀或整塊狀	超過10公釐

c：土壤滲透性參數之判別如下表，土壤粒徑分級請參閱附錄七。

土壤滲透性參數表

參數值	滲透速度	單位：公釐／小時
1	極快	超過125
2	快	超過62.5～125
3	中等	超過20.0～62.5
4	中等慢	超過5.0～20.0

土壤滲透性參數表（續）

參數值	滲透速度	單位：公釐／小時
5	慢	超過1.25至5.0
6	極慢	未滿1.25

d：土壤坋粒與極細砂（粒徑0.002～0.1公釐）含量百分比（％）。

e：土壤粗砂（粒徑0.1～2.0公釐）含量百分比（％）。

經土壤調查與分析求得上列a、b、c、d、e等五參數值後，以下列公式求得估算地點之Km值：

$$Km = 0.1317\{2.1[d(d + e)]1.14 (10 - 4)(12 - a) + 3.25(b - 2) + 2.5(c - 3)\} / 100$$

(五) 決定坡長因子L值：應先行測出現場代表坡長之水平距離（ℓ），再以下列公式求之：

$$L = (\ell / 22.13)m$$

式中，ℓ：坡長之水平距離（公尺）

當坡度小於1%，$m = 0.2$

當坡度介於1%與3%，$m = 0.3$

當坡度介於3%與5%，$m = 0.4$

當坡度大於5%，$m = 0.5$

(六) 決定坡度因子S值：若現場之原地形、開發中、後地形之變化不大，則應先求得代表坡長之平均坡度後，再以下列公式求得S值。

$$S = 65.4 \sin2\theta + 4.56 \sin\theta + 0.0654$$

式中，θ：坡度。

(七) 倘若現場之原地形或開發中、後地形變化明顯，無法以單一平均坡度來表示時，應先將代表坡長（Le）之地形縱斷面，依坡度分割成上坡面（Lu）及下坡面（Ld）（如下圖所示）。再依據上、下坡面之平均坡度，以上列公式分別求出上、下坡面之S值（Su、Sd）。最後依據上、下坡面所占之比例（Lu：Ld），自下表中分別查出上、下坡面S值之修

正比（Cu、Cd），分別乘以上、下坡面之S值，累加乘積，即為地形起伏變化明顯坡地之S值。但需注意，此複合地形之L值需以代表坡長之全坡長（Le）計算之。

$$S = CuSu + CdSd$$

式中，Cu：上游坡面S值修正比；Cd：下游坡面S值修正比；Su：上游坡面S值；Sd：下游坡面S值

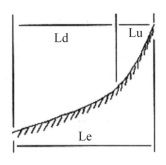

上、下坡面示意圖

上、下游比例S值修正比表

上、下游比例 （Lu：Ld）	S值修正比	
	上游坡面（Cu）	下游坡面（Cd）
1：1	0.354	0.646
1：2	0.192	0.808
1：3	0.125	0.875
1：4	0.089	0.911
1：5	0.068	0.932
2：1	0.544	0.456
3：1	0.650	0.350
4：1	0.716	0.284
5：1	0.761	0.239

(八) 若現場之原地形或開發中、後地形複雜，無法以上、下坡面表示時，則應先將代表坡長（Le）之地形縱斷面，依坡度分割成上（Lu）、中

（Lm）及下坡面（Ld）（如下圖所示）。再依據上、中、下坡面之平均坡度，求出上、中、下游坡面之S值（Su、Sm、Sd）。最後依據上、中、下坡面所占之比例（Lu：Lm：Ld），自下表中分別查出S值之修正比（Cu、Cm、Cd），分別乘以上、中、下坡面之S值，累加乘積，即為地形起伏變化明顯坡地之S值。但需注意，此複合地形之L值需以代表坡長之全坡長（Le）計算之。

$$S = C_uS_u + C_mS_m + C_dS_d$$

式中，Cu：上游坡面S值修正比；Cm：中游坡面S值修正比；Cd：下游坡面S值修正比；Su：上游坡面S值；Sm：中游坡面S值；Sd：下游坡面S值。

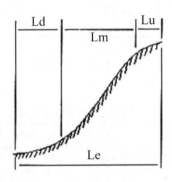

上、中、下坡面示意圖

上、中、下坡面比例S值修正比表

Lu：Lm：Ld	Cu	Cm	Cd	Lu：Lm：Ld	Cu	Cm	Cd
1：1：1	0.192	0.352	0.456	1：2：1	0.125	0.525	0.350
1：1：2	0.125	0.229	0.646	1：2：2	0.089	0.375	0.535
1：1：3	0.089	0.164	0.747	1：2：3	0.068	0.286	0.646
1：1：4	0.068	0.124	0.808	1：2：4	0.054	0.227	0.719
1：1：5	0.054	0.099	0.847	1：2：5	0.044	0.185	0.770
1：3：1	0.089	0.626	0.284	1：4：1	0.068	0.693	0.239
1：3：2	0.068	0.476	0.456	1：4：2	0.054	0.550	0.396
1：3：3	0.054	0.378	0.568	1：4：3	0.044	0.450	0.506

上、中、下坡面比例S值修正比表（續）

Lu：Lm：Ld	Cu	Cm	Cd	Lu：Lm：Ld	Cu	Cm	Cd
1：3：4	0.044	0.309	0.646	1：4：4	0.037	0.377	0.586
1：3：5	0.037	0.259	0.704	1：4：5	0.032	0.332	0.646
1：5：1	0.054	0.740	0.206	2：1：1	0.354	0.296	0.350
1：5：2	0.044	0.650	0.350	2：1：2	0.253	0.212	0.535
1：5：3	0.037	0.507	0.456	2：1：3	0.192	0.161	0.646
1：5：4	0.032	0.433	0.535	2：1：4	0.153	0.128	0.719
1：5：5	0.027	0.375	0.597	2：1：5	0.125	0.105	0.770
2：2：1	0.253	0.463	0.284	2：3：1	0.192	0.568	0.239
2：2：2	0.192	0.352	0.456	2：3：2	0.153	0.451	0.396
2：2：3	0.153	0.279	0.568	2：3：3	0.125	0.369	0.506
2：2：4	0.125	0.229	0.646	2：3：4	0.105	0.309	0.586
2：2：5	0.105	0.192	0.704	2：3：5	0.089	0.264	0.646
2：4：1	0.153	0.641	0.206	2：5：1	0.125	0.369	0.506
2：4：2	0.125	0.525	0.350	2：5：2	0.105	0.581	0.314
2：4：3	0.105	0.440	0.456	2：5：3	0.089	0.496	0.414
2：4：4	0.089	0.375	0.535	2：5：4	0.078	0.430	0.492
2：4：5	0.078	0.325	0.597	2：5：5	0.068	0.377	0.554
3：1：1	0.465	0.251	0.284	3：2：1	0.354	0.407	0.239
3：1：2	0.354	0.191	0.456	3：2：2	0.281	0.323	0.396
3：1：3	0.281	0.151	0.568	3：2：3	0.230	0.264	0.506
3：1：4	0.230	0.124	0.646	3：2：4	0.192	0.222	0.586
3：1：5	0.192	0.104	0.704	3：2：5	0.164	0.189	0.646
3：3：1	0.281	0.513	0.206	3：4：1	0.230	0.124	0.646
3：3：2	0.230	0.420	0.350	3：4：2	0.192	0.493	0.314
3：3：3	0.192	0.352	0.456	3：4：3	0.164	0.421	0.414
3：3：4	0.164	0.300	0.535	3：4：4	0.142	0.365	0.492
3：3：5	0.142	0.260	0.597	3：4：5	0.125	0.321	0.554
3：5：1	0.192	0.646	0.162	4：1：1	0.544	0.216	0.239
3：5：2	0.164	0.551	0.284	4：1：2	0.432	0.172	0.396

上、中、下坡面比例S值修正比表（續）

Lu：Lm：Ld	Cu	Cm	Cd	Lu：Lm：Ld	Cu	Cm	Cd
3：5：3	0.142	0.478	0.380	4：1：3	0.354	0.141	0.506
3：5：4	0.125	0.419	0.456	4：1：4	0.296	0.118	0.586
3：5：5	0.111	0.372	0.517	4：1：5	0.253	0.101	0.646
4：2：1	0.432	0.362	0.206	4：3：1	0.354	0.465	0.182
4：2：2	0.354	0.296	0.350	4：3：2	0.296	0.390	0.314
4：2：3	0.296	0.248	0.456	4：3：3	0.253	0.333	0.414
4：2：4	0.253	0.212	0.535	4：3：4	0.219	0.288	0.492
4：2：5	0.219	0.184	0.597	4：3：5	0.192	0.253	0.554
4：4：1	0.296	0.542	0.162	4：5：1	0.253	0.601	0.146
4：4：2	0.253	0.463	0.284	4：5：2	0.219	0.521	0.260
4：4：3	0.219	0.401	0.380	4：5：3	0.192	0.457	0.350
4：4：4	0.192	0.352	0.456	4：5：4	0.171	0.405	0.424
4：4：5	0.171	0.312	0.517	4：5：5	0.153	0.363	0.485
5：1：1	0.604	0.190	0.206	5：2：1	0.494	0.324	0.182
5：1：2	0.494	0.155	0.350	5：2：2	0.414	0.272	0.314
5：1：3	0.414	0.130	0.456	5：2：3	0.354	0.232	0.414
5：1：4	0.354	0.111	0.535	5：2：4	0.306	0.201	0.492
5：1：5	0.306	0.096	0.597	5：2：5	0.269	0.177	0.554
5：3：1	0.414	0.424	0.162	5：4：1	0.354	0.500	0.146
5：3：2	0.354	0.362	0.284	5：4：2	0.306	0.434	0.260
5：3：3	0.306	0.314	0.380	5：4：3	0.269	0.381	0.350
5：3：4	0.269	0.275	0.456	5：4：4	0.239	0.338	0.424
5：3：5	0.239	0.244	0.517	5：4：5	0.213	0.302	0.485
5：5：1	0.306	0.560	0.133				
5：5：2	0.269	0.492	0.239				
5：5：3	0.239	0.436	0.325				
5：5：4	0.213	0.390	0.396				
5：5：5	0.192	0.352	0.456				

(九) 決定覆蓋與管理因子C值：依現地上不同種類之植生、生育狀況、季節、覆蓋及敷蓋程度而定。覆蓋與管理因子C值為冠層遮蔽次因子（CC值）與殘株敷蓋次因子（CS值）的乘積；亦即

$$C = CC \times CS$$

式中，CC：冠層遮蔽次因子；CS：殘株敷蓋次因子。

C值之估算方法如下：（裸露地之C值設定為1.0）

a. 依現地之地表及植被狀況，由下表直接求得C。

作物及植被狀況C值表

作物及植被狀況	C值	作物及植被狀況	C值
水泥地	0.00	檳榔	0.10
瀝青地	0.00	香蕉	0.14
水體	0.00	茶	0.15
百喜草	0.01	牧草地	0.15
林地	0.01	鳳梨	0.20
雜石地	0.01	果樹	0.20
建屋	0.01	特用作物	0.20
高爾夫球場植草地	0.01	雜作	0.25
墓地	0.01	蔬菜類	0.39
雜草地	0.05	裸露地	1.00
水稻	0.10		

b. 若現地之地表及植被狀況不在表中時，則應依現地植物冠層遮蔽百分比、植株平均落高，由圖A或下表求出CC值。

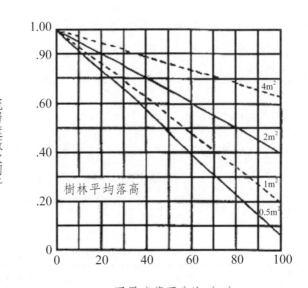

冠層遮蔽次因子

樹林平均落高

冠層遮蔽百分比（％）

植物冠層對降雨沖蝕性指數值的影響

冠層遮蔽百分比與植株平均落高表

冠層遮蔽百分比（%）	植株平均落高（m）							
	0.5	1.0	1.5	2.0	2.5	3.0	3.5	4.0
0	1.0	1.0	1.0	1.0	1.0	1.0	1.0	1.0
5	0.958	0.965	0.971	0.975	0.979	0.982	0.984	0.986
10	0.917	0.930	0.941	0.950	0.957	0.963	0.969	0.973
15	0.875	0.895	0.912	0.925	0.936	0.945	0.953	0.959
20	0.833	0.860	0.882	0.900	0.915	0.927	0.937	0.946
25	0.792	0.825	0.853	0.875	0.894	0.909	0.921	0.932
30	0.750	0.790	0.823	0.850	0.872	0.890	0.906	0.919
35	0.708	0.755	0.794	0.825	0.851	0.872	0.890	0.905
40	0.667	0.720	0.764	0.800	0.830	0.854	0.874	0.892
45	0.625	0.685	0.735	0.775	0.808	0.835	0.858	0.878
50	0.584	0.650	0.705	0.750	0.787	0.817	0.843	0.865
55	0.542	0.615	0.676	0.725	0.766	0.799	0.827	0.851
60	0.500	0.580	0.646	0.700	0.744	0.780	0.811	0.837
65	0.459	0.545	0.617	0.675	0.723	0.762	0.795	0.824
70	0.417	0.510	0.587	0.650	0.702	0.744	0.780	0.810

冠層遮蔽百分比與植株平均落高表（續）

冠層遮蔽百分比 (%)	植株平均落高（m）							
	0.5	1.0	1.5	2.0	2.5	3.0	3.5	4.0
75	0.375	0.475	0.558	0.625	0.681	0.726	0.764	0.797
80	0.334	0.440	0.528	0.600	0.659	0.707	0.748	0.783
85	0.292	0.405	0.499	0.575	0.638	0.689	0.732	0.770
90	0.250	0.370	0.469	0.550	0.617	0.671	0.717	0.756
95	0.209	0.335	0.440	0.525	0.595	0.652	0.701	0.743
100	0.167	0.300	0.410	0.500	0.574	0.634	0.685	0.729

c. 再依現地地表殘株敷蓋百分比，由下表求出CS值。將CC值與CS值相乘，即為現地之C值。

地表殘株敷蓋百分比表

敷蓋百分比 (%)	+0	+1*	+2	+3	+4	+5	+6	+7	+8	+9
0	1.0	1.0	0.998	0.959	0.925	0.896	0.869	0.844	0.821	0.799
10	0.778	0.759	0.740	0.722	0.704	0.687	0.671	0.655	0.640	0.625
20	0.611	0.597	0.583	0.570	0.557	0.544	0.532	0.519	0.507	0.496
30	0.484	0.473	0.462	0.451	0.441	0.430	0.420	0.410	0.400	0.391
40	0.381	0.372	0.363	0.354	0.345	0.336	0.327	0.319	0.311	0.303
50	0.295	0.287	0.279	0.271	0.264	0.256	0.249	0.242	0.235	0.228
60	0.221	0.215	0.208	0.202	0.195	0.189	0.183	0.177	0.171	0.165
70	0.159	0.154	0.148	0.143	0.137	0.132	0.127	0.122	0.117	0.112
80	0.107	0.102	0.098	0.093	0.089	0.084	0.080	0.0176	0.072	0.068
90	0.064	0.060	0.056	0.053	0.049	0.045	0.042	0.039	0.035	0.032
100	0.029	—	—	—	—	—	—	—	—	—

備註：*代表敷蓋百分比之個位數。因此，敷蓋百分比11%之CS值為0.759。

d. 如遇地表礫石敷蓋明顯，應先估計地表礫石敷蓋百分比，再利用上表求出CS值，即為礫石敷蓋之CS值。

e. 如採用地工織物作為土壤沖蝕控制之資材時，應先估計其敷蓋百分

比，再利用上表求出CS值，即為該地工織物之CS值。

(十) 決定水土保持處理因子P值：無任何水土保持處理、棄土場，或陸砂及農地砂石開採處，P值設定為1.0。

a. 等高耕作之P值與其坡長最長限制如下。

地面坡度之P值表

地面坡度（%）	P值	坡長限制（m）
1～2	0.6	120
3～5	0.5	90
6～8	0.5	60
9～12	0.6	36
13～16	0.7	24
17～20	0.8	20
21～25	0.9	15

b. 露天採掘之P值如下。

露天採掘之P值表

採掘面坡度（度）	採掘面高度（m）	P值
60	5	$P = 0.1299\ln(n)-0.0536$
	10	$P = 0.0628\ln(n)-0.0202$
	15	$P = 0.0453\ln(n)-0.0128$
65	5	$P = 0.1229\ln(n)-0.0509$
	10	$P = 0.0593\ln(n)-0.0186$
	15	$P = 0.0431\ln(n)-0.0116$
70	5	$P = 0.1166\ln(n)-0.0482$
	10	$P = 0.0563\ln(n)-0.0170$
	15	$P = 0.0414\ln(n)-0.0105$
75	5	$P = 0.1109\ln(n)-0.0456$
	10	$P = 0.0538\ln(n)-0.0154$
	15	$P = 0.0401\ln(n)-0.0093$

備註：n＝階段個數；n≧2。

c. 高填土坡之P值如下。

高填土坡之P值表

填土坡度（度）	P值
25	0.125
26	0.120
27	0.115
28	0.111
29	0.107
30	0.103

(十一) 求出全部之土壤流失量A_m：利用通用土壤流失公式，將第一至十款步驟求出之各數值相乘，即$A_m = R_m \times K_m \times L \times S \times C \times P$。即獲得每公頃之年土壤流失量。

修訂通用土壤流失公式（Modified Universal Soil Loss Equation, MUSLE）

修訂土壤流失公式係Williams於1975年利用德州和內布拉斯加州（Riesel, Texes and Hastings, Nebraska）18個小集水區修訂降雨沖蝕指數。通用土壤流失公式適用於估算每年每公頃之土壤流失量；而修訂通用土壤流失公式則是估算每場降雨之土壤流失量，比通用土壤流失公式更適合估算臨時沉砂池之設計容量。修訂通用土壤流失公式如下：

$$A_m = 95(V_r \cdot Q_p)^{0.56} \cdot K_m \cdot L \cdot S \cdot C \cdot P$$

式中，A_m：每場降雨之土壤流失量（t）；V_r：逕流體積（acre-feet）；Q_p：洪峰流量（cfs）；K_m、L、S、C、P：同通用土壤流失公式。

改成公制，有

$$A_m = 12.988(V_r \cdot Q_p)^{0.56} \cdot K_m \cdot L \cdot S \cdot C \cdot P$$

式中，A_m：每場降雨之土壤流失量（t）；V_r：逕流體積（m^3）；Q_p：洪峰流量（cms）；K_m、L、S、C、P：同通用土壤流失公式。

附錄五　降雨沖蝕指數

附表5-1　臺灣各地區之降雨沖蝕指數

地區	地點	Rm	地點	Rm
臺北市、新北市及基隆市	基隆	9393	臺北	11800
	五堵	11674	淡水	10898
	乾溝	8842	三峽	12808
	四堵	10335	孝義	24219
	竹子湖	14035	粗坑	13907
	瑞芳	15568	富貴角	10226
	火燒寮	17030	福山	16918
桃園市	大溪	12176	石門	15737
	八德	8821	觀音	7855
	平鎮	11208	嘎拉賀	11017
	復興	17861		
新竹縣	關西	13817	白石	11533
	新竹	8352	鞍部	10447
	湖口	7429	竹東	10985
	大閣南	14205	鎮西堡	10120
苗栗縣	竹南	5908	新店	13041
	後龍	6449	卓蘭	16593
	大湖	11509	南庄	15100
	三義	11276	橫龍山	16777
	苑裡	4485	天狗	15796
	土城	16069	馬達拉	21115
臺中市	臺中港	7521	環山	13459
	月眉	11815	梨山	13670
	番子寮	12037	達見	16744
	臺中	13155	八仙新山	16028
	橫山	10326	天輪	15080

續附表5-1

地區	地點	Rm	地點	Rm
臺中市	雙崎	17997	大南	13676
	雪嶺	29465	鞍馬山	26192
南投縣	玉山	24830	開化	9262
	南投	14201	和社	10095
	翠巒	14879	集集	15135
	清流	13250	明潭	15090
	國姓	13677	溪頭	19582
	埔里	13305	竹山	14658
	北山	12198	龍神橋	11240
	廬山	17936	望鄉	16618
	武界	16320	卡奈托灣	8401
	奧萬大	14504		
彰化縣	大城	6560	員林	9441
	萬合	8352	彰化	9519
	溪湖	8171	二水	17165
	永靖	10105	鹿港	4982
	溪湖	8171	二水	17165
	永靖	10105	鹿港	4982
雲林縣	竹圍	9133	褒忠	8241
	大義	8183	斗南	12440
	後安寮	5737	北港	9398
	林內	17195	草嶺	17558
	飛沙	8042		
嘉義縣市	溪口	9638	達邦	18637
	月眉	11815	大埔	17175
	永和	9084	水山	20531
	馬稠後	9276	嘉義	16407
	義竹	10600	南靖	13020
	阿里山	40191	新港	11495
	大湖山	26880	中埔	22696

續附表5-1

地區	地點	Rm	地點	Rm
臺南市	崁子頭	16288	二溪	16067
	西口	19641	左鎮	18177
	柳營	11420	烏山頭	15931
	尖山埤	13293	溪海	12203
	麻豆	13310	新化	14229
	漚汪	11165	崎頂	14773
	將軍	11182	臺南	13088
	玉井	20850	車路墘	13361
	照興	18082		
高雄市	天池	48008	古亭坑	13361
	土壟	24470	阿蓮	12237
	林園	12135	前峰子	13037
	甲仙	21028	本洲	13208
	美濃	23191	楠梓	14773
	小林	21294	鳳山	13650
	馬里山	30197	高雄	12918
	表湖	24511	旗山	20305
	木柵	18603		
屏東縣	古夏	24500	泰武	44712
	三地門	24556	來義	21854
	阿禮	39890	里港	19539
	龍泉	18909	大響營	17258
	屏東	19301	加祿堂	14773
	四林	18501	大漢山	53259
	萬丹	15318	牡丹	38310
	東港	13888	恒春	23341
	新豐	22873	壽卡	46819
臺東縣	向陽	35551	鹿野	11471
	紹家	32661	臺東	7336
	大武	29239	里壟2林班	16254

續附表5-1

地區	地點	Rm	地點	Rm
臺東縣	太麻里	13378	里壠40 林班	20662
	忠勇	9679	大南	15663
	池上	11659	林班	16595
	霧鹿	10331	大武	16560
	瑞豐	12493		
花蓮縣	西林	8343	壽豐	7365
	溪畔	9172	高嶺	20826
	合歡埡口	13100	西林	11189
	托博闊	9521	玉里	9906
	陶塞	11654	富源	14307
	花蓮	9000	立山	10011
	大觀	34882	三民	8983
	鳳林	11284	奇萊	17360
	清水第一	8787	富里	11982
宜蘭縣	宜蘭	8015	池端	30110
	冬山	11191	天埤	21158
	南山	9410	南澳	21144
	太平山	19884	山腳	52250
	土場	15306	大濁水	12854

R_m單位：百萬焦耳・公釐／公頃・小時・年（資料來源：修改自黃俊德，1979）。

附錄六　土壤沖蝕指數

附表6-1　臺灣各地區之土壤沖蝕指數

地點	Km	地點	Km	地點	Km
臺北市、新北市及基隆市					
石碇小格頭	0.0277	坪林石槽	0.0342	貢寮三紹角	0.0448
貢寮望遠坑	0.0514	雙溪牡丹	0.0132	瑞芳九份	0.0408
瑞芳中坑	0.0263	平溪十分寮	0.0250	石碇永定	0.0408
深坑土庫	0.0474	汐止	0.0527	萬里大坪	0.0316
萬里磺潭	0.0250	金山三界	0.0250	石門草埔尾	0.0290
石門白沙灣	0.0184	三芝八賢	0.0198	三芝北新莊	0.0224
淡水小坪頂	0.0079	八里埤頭	0.0119	五股成仔寮	0.0211
林口（TP-22）	0.0224	新店屈尺	0.0211	烏來	0.0184
烏來孝義	0.0421	新店雙城	0.0395	泰山崎子腳	0.0356
樹林	0.0237	鶯歌中湖社區	0.0369	三峽忠義山莊	0.0382
三峽插角	0.0237	林口下福	0.0461	林口頂福	0.0198
林口（TP-34）	0.0237	八里觀音山麓	0.0369	淡水	0.0329
土城清水	0.0540	八堵	0.0435	七堵東勢中股	0.0369
宜蘭縣					
南澳金岳	0.0290	蘇澳東澳	0.0250	蘇澳猴猴坑	0.0158
蘇澳後湖	0.0158	冬山新寮	0.0171	冬山得安	0.0119
大同寒溪	0.0263	大同松羅	0.0132	員山頭圳	0.0263
員山枕山	0.0250	礁溪鮑崙	0.0277	礁溪大忠	0.0250
頭城金面	0.0277	頭城大溪	0.0593		
桃園縣					
龍潭銅鑼臺地	0.0329	龍潭二角林	0.0211	龍潭二坪	0.0435
復興水源地	0.0053	復興三民	0.0040	楊梅	0.0237
龜山下湖	0.0356	龜山	0.0079	龜山大湖頂	0.0329
龜山兔坑國小	0.0184	八德仁善	0.0158	大溪三層	0.0158
大溪慈湖	0.0171				

續附表6-1

地點	Km	地點	Km	地點	Km
新竹縣市					
峨眉富興	0.0261	峨眉西富	0.0268	北埔獅尾	0.0268
五峰桃山	0.0195	竹東軟橋	0.0616	橫山	0.0389
竹東托盤山麓	0.0270	竹東二重	0.0210	香山元培醫專	0.0435
寶山寶豐牧場	0.0237	新竹市關東橋	0.0250	新豐明新工專	0.0250
芎林	0.0277	新埔昭門	0.0289	竹北義民廟旁	0.0276
關西馬武督	0.0039	新豐新莊子	0.0434	新竹青草湖	0.0158
苗栗縣					
三義	0.0191	三義勝興	0.0243	三義彭厝	0.0081
銅鑼老雞籠	0.0271	苗栗市西郊	0.0407	西湖北坑	0.0110
公館	0.0140	頭屋明德水庫	0.0176	竹南崎頂	0.0101
頭份坪頂	0.0049	頭份東興水庫	0.0117	造橋	0.0219
造橋北極宮旁	0.0040	後龍飯店仔	0.0154	通霄福龍宮旁	0.0345
通霄	0.0160	通霄南勢	0.0130	苑裡蕉埔	0.0216
卓蘭坪頂	0.0070	卓蘭拖車尾	0.0340	大湖中興村	0.0288
大湖	0.0257	獅潭竹木村	0.0250	獅潭和興	0.0226
南庄田美	0.0209				
臺中市					
龍井東海大學	0.0356	霧峰	0.0421	大里塗城	0.0421
外茅埔	0.0448	北屯大坑	0.0487	新社中興嶺	0.0421
新社水井村	0.0395	石岡德興村	0.0487	東勢新伯公	0.0395
東勢中坑坪	0.0553	豐原南嵩里	0.0382	后里昆盧寺	0.0303
后里仁里村	0.0474	后里月眉	0.0395	清水海風里	0.0342
南投縣					
國姓大旗村	0.0474	大坪頂	0.0132	埔里虎仔山	0.0329
東光	0.0158	過溪仙水農場	0.0461	水頭山隧道口	0.0290
南投武東	0.0369	南投橫山	0.0395	赤水	0.0342
名間松柏坑	0.0329	名間頂南仔	0.0303	竹山外田	0.0395
延平照鏡山	0.0369	鹿谷廣興	0.0277	鹿谷永隆	0.0382
中寮包尾	0.0619	中寮社區	0.0632	中寮桃米坑	0.0579

續附表6-1

地點	Km	地點	Km	地點	Km
集集北勢坑	0.0369	水里民和村	0.0211	魚池太平村	0.0316
魚池魚池茶場	0.0132	魚池新城	0.0435		
彰化縣					
芬園下樟	0.0500	芬園八股	0.0603	花壇橋頭	0.0461
雲林縣					
古坑外湖	0.0495	古坑草嶺	0.0463	古坑蕃尾坑	0.0547
古坑內館	0.0377	古坑桂林	0.0326	古坑樟湖	0.0482
古坑尖山埔	0.0264	古坑旱寮	0.0281	古坑大埔	0.0279
古坑枋寮埔	0.0274	古坑圳頭坑	0.0236	古坑湖山岩	0.0257
林內觸口	0.0281	林內坪頂	0.0274	林內湖山寮	0.0287
斗六楓樹湖	0.0212	林內林茂	0.0170		
嘉義縣市					
梅山安靖	0.0553	竹崎木履寮	0.0421	竹崎（CY-3）	0.0500
民雄三興	0.0356	民雄寶林寺	0.0566	竹崎（CY-6）	0.0514
嘉義蘭潭水庫	0.0290	嘉義番路江西	0.0487	番路半天岩	0.0408
中埔鹿腳	0.0421	番路下路行	0.0566	中埔（CY-12）	0.0257
中埔沄水	0.0514	中埔（CY-14）	0.0659	水上檳榔樹腳	0.0474
民和	0.0356	大埔	0.0527		
臺南市					
白河內角	0.0395	白河白河水庫	0.0514	東山六重溪	0.0593
東山仙公廟	0.0421	東山青山	0.0527	東山枋仔林	0.0685
東山牛山礦場	0.0435	官田	0.0421	大內	0.0412
大內烏頭	0.0527	官田鎮安宮旁	0.0369	柳營王爺宮旁	0.0435
六甲大丘園	0.0527	楠栖烏山嶺	0.0290	楠栖曾文水庫	0.0408
楠栖	0.0421	楠栖龜甲溫泉	0.0553	南化水寮	0.0711
南化（TN-19）	0.0395	南化（TN-20）	0.0487	玉井九層林	0.0500
關廟八甲寮	0.0527	龍崎	0.0369	關廟	0.0448
新化新化農場	0.0474	左鎮岡林	0.0540		
高雄市					
內門萊仔坑	0.0435	旗山觀亭	0.0514	杉林愛丁寮	0.0461

續附表6-1

地點	Km	地點	Km	地點	Km
甲仙埔尾	0.0329	甲仙	0.0421	六龜（KH-6）	0.0408
六龜（KH-7）	0.0448	旗山	0.0303	旗山花旗山莊	0.0448
田寮崇德	0.0395	燕巢	0.0134	阿蓮小岡山	0.0316
阿蓮	0.0474	小港	0.0369	大寮新莊	0.0158
大寮義仁	0.0329	大寮內坑	0.0250	大樹	0.0408
旗山	0.0316	嶺口	0.0250	燕巢深水	0.0250
大社觀音山麓	0.0487	仁武	0.0408	鳳山	0.0421
屏東縣					
車城射寮龜山	0.0158	恆春社頂	0.0119	恆春水蛙堀	0.0147
恆春鵝鑾鼻	0.0158	墾丁畜牧分場	0.0079	恆春籠子埔	0.0211
墾丁公園（PT-7）	0.0132	墾丁公園（PT-8）	0.0119	恆春核電廠旁	0.0171
恆春貓鼻頭	0.0092	恆春白沙	0.0132	滿州港乾橋旁	0.0079
滿州（PT-13）	0.0277	滿州（PT-14）	0.0290	牡丹	0.0290
壽卡	0.0329	楓港	0.0303	楓林	0.0316
春日	0.0277	新開	0.0198	新埤	0.0263
餉潭	0.0250	來義丹林社區	0.0224	來義古樓國小	0.0303
內埔老埤農場	0.0290	三地門	0.0171	高樹廣興	0.0303
高樹大烏	0.0290				
臺東縣					
富岡	0.0290	東河興昌	0.0277	東河	0.0277
成功	0.0171	長濱	0.0211	池上	0.0237
海端新武	0.0145	關山	0.0369	達仁	0.0211
大武尚武	0.0158	大武大竹	0.0198	太麻里金崙	0.0263
金峰	0.0263	太麻里南坑	0.0237	卑南	0.0237
卑南初鹿	0.0250	延平紅葉	0.0263	鹿野	0.0250
鹿野新豐	0.0342	關山月眉	0.0342		
花蓮縣					
新城	0.0303	秀林	0.0448	吉安	0.0277
壽豐	0.0263	鳳林	0.0342	萬榮	0.0342

續附表6-1

地點	Km	地點	Km	地點	Km
光復	0.0250	瑞穗富源	0.0215	瑞穗舞鶴	0.0364
卓溪太平	0.0261	玉里樂合	0.0198	富里東里	0.0184
富里石牌	0.0250	光復海岸山脈	0.0237	豐濱	0.0158
澎湖縣					
七美東湖	0.0230	七美南港	0.0147	望安水樓	0.0176
望安將軍	0.0096	白沙後寮	0.0197	白沙通梁	0.0134
西嶼竹灣	0.0125	白沙中屯	0.0212	白沙赤崁	0.0131
西嶼大池	0.0161	西嶼池東	0.0151	馬公朝陽	0.0212
湖西中西	0.0202	湖西東衛	0.0057	湖西湖東	0.0147
馬公鎮港	0.0120				

Km單位：公噸-公頃-小時-年／106焦耳-毫米-公頃-年（資料來源：修改自黃俊德，1979）。

附錄七　土壤粒徑分級

土壤粒徑分級（按：USDA分類系統分級，United States Department of Agriculture）如下：

美國農業部

名稱	粒徑（mm）
礫石（gravel）	＞2
砂粒（sand）	2～0.05
坋粒（silt）	0.05～0.002
黏粒（clay）	0.002以下

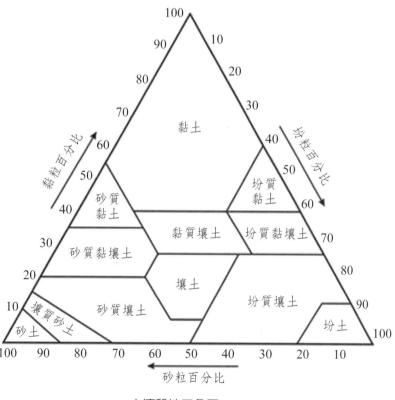

土壤質地三角圖

　　土壤質地三角圖可用以表示各級土壤質地分布範圍，目前臺灣的土壤質地分級係以USDA的分法為準，將土壤質地分為12級。

1. 二字稱呼：有砂土（sand）、坋土（slit）、壤土（loam）、黏土（clay）等四種。

2. 四字稱呼：有坋質黏土（silty clay）、砂質黏土（sandy clay）、黏質壤土（clay loam）、坋質壤土（silty loam）、砂質壤土（sandy loam）、壤質砂土（loamy sand）等六種。

3. 五字稱呼：坋質黏壤土（slity clay loam）、砂質黏壤土（sandy clay loam）兩種。

依顆粒的粒徑大小區分土壤顆粒種類如下：

名稱	Name	粒徑範圍	篩號
中礫石	Cobble	D > 150 mm	—
礫石	Gravel	4.75 mm < D < 150 mm	No.4
粗砂	Coarse Sand	2.00 mm < D < 4.75 mm	No.10～No.4
中砂	Medium Sand	0.425 mm < D < 2.00 mm	No.40～No.10
細砂	Fine Sand	0.075 mm < D < 0.425 mm	No.200～No.40
粉土、沉泥	Silt	0.002 mm < D < 0.075 mm	—
黏土	Clay	D < 0.002 mm	—

ASTM (American Society for Testing and Materials):

American Standard Sieve Series

mm	No.
4.75	4
4	5
3.35	6
2.8	7
2.36	8
2	10

續前表

mm	No.
1.7	12
1.4	14
1.18	16
1	18
0.85	20
0.6	30
0.425	40
0.3	50
0.25	60
0.212	70
0.18	80
0.15	100
0.125	120
0.106	140
0.075	200

附錄八 採樣點曼寧 n 值計算

採樣點曼寧 n 值計算表

採樣點	平均粒徑					Strickler Dm	Strickler D50	Strickler D65	Meyer-Peter D90	Keulegan D90	Keulegan D65	Einstein D65	Lane& Carlson D75	何黃氏 Dm
上游昇福坑	84.27	84.86	85.26	85.86	51.02	0.134	0.038	0.041	0.038	0.024	0.040	0.028	0.046	0.120
中游主支流匯流處	85.90	86.19	86.38	86.67	53.61	0.135	0.038	0.041	0.038	0.024	0.041	0.028	0.046	0.121
下游連鑽壩壩群	25.74	26.28	26.64	27.18	14.25	0.108	0.031	0.033	0.031	0.020	0.033	0.023	0.038	0.097
錦豐橋下游500m	10.45	13.25	14.83	17.21	11.63	0.105	0.027	0.030	0.029	0.018	0.030	0.020	0.034	0.094
錦豐橋	16.81	22.68	24.81	28.02	19.24	0.114	0.029	0.033	0.031	0.020	0.032	0.022	0.038	0.102
錦豐橋上游500m	23.86	24.67	25.81	27.58	21.15	0.116	0.031	0.033	0.031	0.020	0.033	0.023	0.038	0.104
施工區下游	58.39	59.38	62.54	69.00	52.33	0.135	0.036	0.038	0.036	0.023	0.038	0.026	0.044	0.121
南溪梳子壩上游	75.43	79.02	80.69	83.19	71.53	0.142	0.037	0.040	0.037	0.024	0.040	0.027	0.046	0.127
佳民橋	14.48	57.24	69.12	70.72	17.87	0.113	0.028	0.038	0.036	0.023	0.038	0.026	0.045	0.101
匯流口下游NO.9固床工下游	47.38	50.04	51.82	54.48	41.39	0.129	0.034	0.037	0.035	0.022	0.037	0.025	0.042	0.116
北溪防砂壩上游	59.53	61.40	62.64	64.50	34.91	0.126	0.036	0.039	0.036	0.023	0.038	0.026	0.044	0.113
南溪No.4防砂壩上游	36.42	37.43	38.11	39.12	13.33	0.107	0.033	0.035	0.033	0.021	0.035	0.024	0.040	0.096
南溪上游	99.95	100.57	100.98	101.60	98.24	0.150	0.039	0.042	0.039	0.025	0.042	0.028	0.047	0.134
霞雲溪與大漢溪匯流處上游	16.175	19.856	24.018	41.325	19.61	0.114	0.029	0.032	0.033	0.021	0.032	0.022	0.037	0.103
山水洞溪畔	15.729	21.474	27.67	42.048	19.761	0.114	0.029	0.032	0.033	0.021	0.032	0.022	0.038	0.103
流霞谷	8.815	10.517	13.666	22.726	12.515	0.106	0.026	0.029	0.030	0.019	0.029	0.020	0.034	0.095
清龍谷	20.674	29.505	36.843	45.457	23.5	0.118	0.030	0.034	0.034	0.022	0.034	0.023	0.040	0.106
金暖谷	36.546	40.942	43.873	48.269	30.102	0.123	0.033	0.036	0.034	0.022	0.036	0.025	0.041	0.110
彩霞谷	33.421	39.603	42.916	47.887	31.18	0.123	0.032	0.036	0.034	0.022	0.036	0.024	0.041	0.111
庫志橋	24.591	37.496	41.411	47.285	26.828	0.120	0.031	0.035	0.034	0.022	0.035	0.024	0.041	0.108

採樣點曼寧n值計算表（續）

採樣點	平均粒徑					Strickler Dm	Strickler D50	Strickler D65	Meyer-Peter D90	Keulegan D90	Keulegan D65	Einstein D65	Lane&Carlson D75	何黃氏 Dm
優霞橋	39.188	42.792	45.194	48.798	34.614	0.126	0.033	0.036	0.034	0.022	0.036	0.025	0.042	0.113
霞雲溪上游	36.384	40.829	43.792	48.237	33.044	0.125	0.033	0.036	0.034	0.022	0.036	0.024	0.041	0.112
霞雲溪與大漢溪匯流處上游	1.67	2.20	2.70	5.65	2.07	0.079	0.020	0.022	0.024	0.015	0.022	0.015	0.026	0.071
山水洞溪畔	1.144	1.703	2.226	4.973	1.568	0.075	0.019	0.021	0.023	0.015	0.021	0.014	0.025	0.067
清龍谷	1.661	2.304	3.415	5.938	2.152	0.079	0.020	0.022	0.024	0.015	0.022	0.015	0.027	0.071
杉霞谷	1.638	2.915	4.259	6.276	2.151	0.079	0.020	0.023	0.024	0.016	0.023	0.016	0.028	0.071
霞雲溪與庫志溪匯流處（位於庫志溪）	1.661	2.402	3.739	6.067	2.222	0.080	0.020	0.022	0.024	0.016	0.022	0.015	0.027	0.071
霞雲溪與庫志溪匯流處（位於霞雲溪）	1.45	2.054	2.707	5.655	1.974	0.078	0.019	0.022	0.024	0.015	0.022	0.015	0.026	0.070
庫志溪	1.399	2.123	3.184	5.846	2	0.078	0.019	0.022	0.024	0.015	0.022	0.015	0.027	0.070
霞雲溪上游	1.695	2.274	3.201	5.852	2.171	0.079	0.020	0.022	0.024	0.015	0.022	0.015	0.027	0.071

附錄九　水土保持計畫內容（一般性適用）

一、計畫目的：目的事業開發或利用之目的。

二、計畫範圍：土地坐落及面積。

三、目的事業開發或利用計畫內容概要：含土地使用計畫圖，標示土地開發使用之布置。

四、基本資料：

　　(一) 水文：

　　　　1. 降雨頻率與降雨強度分析。

　　　　2. 開發前、中、後之逕流係數估測。

　　　　3. 利用地下水或湧水地區，應附地下水調查資料。

　　　　4. 環境水系圖：標示天然水系分區及面積，以相片基本圖製作。

　　(二) 地形：應詳細說明坡度、坡向及地形特徵等項目，並附下列圖說。

　　　　1. 地理位置圖。

　　　　2. 現況地形圖。

　　　　3. 坡度、坡向圖。

　　(三) 地質：

　　　　1. 應詳細說明基地及影響範圍內之土壤、岩石、地質作用等項目，並分析其對工程之影響（可引用中央地質調查所之地質資料、前臺灣省政府建設廳環境地質資料庫，及其他相關專業、學術機構之資料；資料不足者，可用地表調查和航照判釋方式調查之）。

　　　　(1) 環境地質：含地質構造、特殊地質現象、崩塌及災害區域，並附環境地質圖。

　　　　(2) 基地地質：依水土保持技術規範或其他相關工程技術規範進行基地地質調查及做相關試驗，並附基地地質圖。

　　　　　　包括

　　　　　　①岩性地質（岩層）：類別、厚度及力學參數等。

　　　　　　②未固結地質（表土層、填土、崩積層）：類別、厚度及力學參數等。

(3) 工程地質評估：含地質適宜性、地質災害潛勢等。

2. 申請開發基地依地質法規定，須進行基地地質調查及地質安全評估者：除前開說明內容外，應另冊檢附依地質法相關規定及格式製作之基地地質調查與地質安全評估。

(四) 土壤：應詳細說明土壤分類及其分布、深度、物理性、化學性等。

(五) 土壤流失量估算（含開發前、中、後之土砂生產量）。

(六) 土地利用現況調查。

(七) 植生：計畫區內及周遭需實施植生調查，包括：

1. 植生定性調查。

2. 植生定量分析。

3. 植生適宜性評估。

五、開挖整地：

(一) 整地工程：說明整地順序並檢附下列資料。

1. 開挖整地前、後等高線地形對照圖。

2. 挖、填土石方區位圖。

3. 整地平面配置圖。

4. 開挖整地縱、橫斷面剖面圖（每25公尺一處），但地形平順，經主管機關同意者，酌予放寬。

5. 計算挖、填土石方量。

(二) 剩餘土石方之處理方法、地點。

六、水土保持設施：

(一) 說明水土保持設施規劃及配置，並附圖。

(二) 排水設施：

1. 排水設施：排水系統配置圖、水理計算、斷面檢算、重要結構之應力分析、設施數量及詳細設計圖。

2. 坡面截水及排水處理：排水量計算、設計配置、設計圖。

(三) 滯洪及沉砂設施：

1. 滯洪設施：開發前、中、後之洪峰流量比較、滯洪方式、滯洪量估算、滯洪池容量計算及詳細設計圖。

2. 沉砂設施：永久性及臨時性沉砂池設計圖和囚砂量。

(四) 邊坡穩定設施：說明坡腳及坡面穩定工程，採行工法分析、結構之穩定及安全分析（應力分析）、數量等，檢附設計圖。

(五) 植生工程：說明植生方法及設計圖、設計原則、種類、數量、範圍及配置圖、維護管理計畫。

(六) 擋土構造物：

1. 構造物之設計圖、數量、型式。

2. 擋土構造物之穩定及安全分析（應力分析）。

3. 主管機關認為有必要時，得要求提供挖、填方邊坡穩定分析（邊坡5公尺以下者免）。

(七) 道路工程：說明道路之配置與設計，並檢附下列資料。

1. 道路平面配置圖。

2. 道路縱斷面圖。

3. 道路橫斷面圖（每20公尺一處）。

4. 道路排水。

5. 道路邊坡穩定。

(八) 工程項目及數量：須列表說明。

七、開發期間之防災措施：

(一) 分區施工前之臨時排水及攔砂設施：

1. 安全排水：包括臨時截水設施、聯外排水、基地內地面及地下排水等，檢附平面配置圖。

2. 攔砂設施：包括臨時性之沉砂池、滯洪池及其他控制土砂流動之設施，檢附平面配置圖。

(二) 施工便道：

1. 施工便道設計：施工便道應納入申請範圍，並說明便道長度、規格、配置、邊坡穩定及安全排水等，檢附平面配置圖。

2. 工程完工後，施工便道應予封閉或恢復原狀，並植生綠化。

(三) 剩餘土石方處理方法及地點：敘明預定堆置剩餘土石方處理方法、堆置地點、水土保持處理與維護及安全設施等。

(四) 防災設施：構造物設計圖。

八、預定施工方式：

(一) 預定施工作業流程：

　　1. 各項工程分區施工之範圍、施工作業項目、施工方式、施工程序及預定進度、配合之防災措施等。

　　2. 如須分期施工者，應再敘明各分期之施工內容及相互配合銜接之施工方式，檢附作業流程圖。

(二) 預定施工期限。

九、水土保持計畫設施項目、數量及總工程造價。

附錄十　水土保持計畫格式（含水土保持規劃書）

一、規格：

(一) 水土保持計畫（水土保持規劃書）應包括封面、內頁、目錄、計畫內容、附圖等，依序裝訂成冊。相關資料、文件、數據等得以附錄型式製作。

(二) 紙張規格為21公分×29.2公分（A4），圖、表需摺疊者亦同（另冊附圖不在此限），文字部分以打字方式撰寫。

(三) 前二款之文字、圖、表、頁之字體須清晰且間距分明。

二、封面以橫式由左至右書寫下列資料：

(一) 水土保持計畫（水土保持規劃書）名稱

(二) 水土保持義務人

(三) 承辦技師姓名

　　技師執業機構或事務所

　　電話

(四) 製作年月日

三、內頁以橫式由左至右書寫下列資料：

(一) 水土保持計畫（水土保持規劃書）名稱

(二) 水土保持義務人

　　自然人姓名

　　住址

　　身分證統一編號

　　電話

　　法人或團體名稱

　　事務所或營業所

　　營利事業統一編號

　　電話

　　傳真

　　　　代表人或管理人姓名

　　　　住址

　　　　身分證統一編號

　　　　電話

　　　　傳真

　　(三) 承辦技師姓名

　　　　技師執業機構或事務所

　　　　電話

　　　　住、居所

　　　　電話

　　　　傳真

　　　　技師執業執照證書字號

　　　　技師執業圖記及簽名

　　(四) 協辦技師姓名

　　　　技師執業機構或事務所

　　　　電話

　　　　住、居所

　　　　電話

　　　　傳真

　　　　技師執業執照證書字號

　　　　技師執業圖記及簽名

　　(五) 製作年月日

四、檢核表（詳見後附檢核表）

五、目錄

六、計畫內容（詳見後附計畫內容）

七、附圖

　　水土保持計畫或水土保持規劃書依據不同撰寫格式內容，須檢附下列相關附圖，承辦技師撰寫及製圖時，請使用下列統一圖名繪製。

	圖名	比例尺	備註
1	土地使用計畫圖	S≧1/1,200	
2	地理位置圖(1)	1/5,000≧S≧1/25,000	
	地理位置圖(2)	S≧1/5,000	像片基本圖或現況地形圖套繪
3	現況地形圖	S≧1/1,200	
4	坡度圖	S≧1/1,200	以現況地形圖套繪
5	坡向圖	S≧1/1,200	以現況地形圖套繪
6	環境地質圖	1/5,000≧S≧1/50,000	
7	基地地質圖	1/1,000≧S≧1/1,200	
8	基地土壤圖	1/5,000≧S≧1/50,000	
9	土地利用現況圖		以調查基圖套繪
10	基地現況照片		須檢附基地拍攝地點位置及方向圖
11	環境水系圖	S≧1/5,000	以相片基本圖套繪
12	開挖整地前、後等高線地形對照圖		以現況地形圖套繪
13	挖、填土石方區位圖		以現況地形圖套繪
14	開挖整地縱、橫斷面剖面圖	水平S≧1/1,200 垂直S≧1/600	含縱、橫剖面樁號位置
15	整地平面配置圖	S≧1/1,200	
16	剩餘土石方之處理位置圖		
17	水土保持設施配置圖	S≧1/1,200	
18	排水系統配置圖	S≧1/1,200	
19	排水系統設計圖	S≧1/200	
20	永久性滯洪池設計圖	S≧1/200	
21	臨時性滯洪池設計圖	S≧1/200	
22	永久性沉砂池設計圖	S≧1/200	
23	臨時性沉砂池設計圖	S≧1/200	
24	坡腳及坡面穩定工程設計圖	S≧1/200	
25	坡面截水及排水處理設計圖	S≧1/200	
26	植生設計範圍及配置圖	S≧1/1,200	
27	植生方法設計圖	S≧1/200	

續前表

	圖名	比例尺	備註
28	道路平面配置圖	S≧1/1,200	
29	道路縱斷面圖	水平S≧1/1,000 垂直S≧1/200	
30	道路橫斷面圖	S≧1/200	
31	道路排水工程圖	S≧1/200	
32	構造物之設計圖	S≧1/200	須說明構造物名稱及位置
33	臨時性安全排水平面配置圖	S≧1/1,200	
34	攔砂設施平面配置圖	S≧1/1,200	
35	施工便道平面配置圖	S≧1/1,200	
36	防災設施構造物設計圖	S≧1/200	
37	預定施工作業流程圖		
38	分期施工之預定施工作業流程圖		

八、附錄。

九、電子檔：核（審）定本之PDF檔（數量依主管機關要求）。

國家圖書館出版品預行編目資料

水土保持工程／黃宏斌著. －－二版.－－
　臺北市：五南圖書出版股份有限公司，
　2021.10
　面；　公分
　ISBN 978-626-317-213-5(平裝)

1.水土保持

434.273　　　　　　　　110015328

5I30

水土保持工程

作　　　者 — 黃宏斌（305.5）

發 行 人 — 楊榮川

總 經 理 — 楊士清

總 編 輯 — 楊秀麗

副總編輯 — 王正華

責任編輯 — 金明芬

封面設計 — 王麗娟

出 版 者 — 五南圖書出版股份有限公司

地　　　址：106台北市大安區和平東路二段339號4樓

電　　　話：(02)2705-5066　　傳　　真：(02)2706-6100

網　　　址：https://www.wunan.com.tw

電子郵件：wunan@wunan.com.tw

劃撥帳號：01068953

戶　　　名：五南圖書出版股份有限公司

法律顧問　林勝安律師事務所　林勝安律師

出版日期　2014年4月初版一刷
　　　　　2021年10月二版一刷

定　　　價　新臺幣650元

經典永恆・名著常在

五十週年的獻禮——經典名著文庫

五南，五十年了，半個世紀，人生旅程的一大半，走過來了。

思索著，邁向百年的未來歷程，能為知識界、文化學術界作些什麼？

在速食文化的生態下，有什麼值得讓人雋永品味的？

歷代經典・當今名著，經過時間的洗禮，千錘百鍊，流傳至今，光芒耀人；

不僅使我們能領悟前人的智慧，同時也增深加廣我們思考的深度與視野。

我們決心投入巨資，有計畫的系統梳選，成立「經典名著文庫」，

希望收入古今中外思想性的、充滿睿智與獨見的經典、名著。

這是一項理想性的、永續性的巨大出版工程。

不在意讀者的眾寡，只考慮它的學術價值，力求完整展現先哲思想的軌跡；

為知識界開啟一片智慧之窗，營造一座百花綻放的世界文明公園，

任君遨遊、取菁吸蜜、嘉惠學子！